Aufgaben aus dem Wasserbau

Angewandte Hydraulik

40 vollkommen durchgerechnete Beispiele

von

Dr.-Ing. Otto Streck

Mit 133 Abbildungen, 35 Tabellen und 11 Tafeln

Zweite, berichtigte Auflage

Springer-Verlag Berlin Heidelberg GmbH 1929

ISBN 978-3-662-35837-5 ISBN 978-3-662-36667-7 (eBook)
DOI 10.1007/978-3-662-36667-7

Ursprünglich erschienen bei Julius Springer in Berlin 1924
Softcover reprint of the hardcover 2nd edition 1924

Vorwort zur 1. Auflage.

Der raschere Pulsschlag technischer Entwicklung ermöglicht es den Studierenden der technischen Hochschulen kaum noch, den in allen technischen Hauptgebieten gleich rasch anwachsenden Stoff während der normalen Studienzeit gleichmäßig gründlich zu verarbeiten. Diese Erkenntnis führt ja auch dazu, dem werdenden Ingenieur in erster Linie die wissenschaftlichen Grundlagen und die Übersicht über die Hauptfachgebiete zu vermitteln, um ihn dann in einem oder einigen wenigen selbstgewählten Fächern um so gründlicher und vertieft auszubilden. Dies hat naturgemäß zur Folge, daß in den nicht vertieften Fächern die lebendige Verbindung zwischen dem vorgetragenen Stoff und seiner Verarbeitung in der Praxis durch Übungsbeispiele nicht so innig gestaltet werden kann, wie in den vertieften Fächern. In der Praxis aber ergibt sich für den Ingenieur nur zu häufig die Notwendigkeit, sich auf ein ehedem weniger gepflegtes Fachgebiet rasch umstellen zu müssen. Eine solche Umstellung auf das Gebiet des Wasserbaues rasch und doch systematisch zu ermöglichen, bezweckt die vorliegende Aufgabensammlung. Die während meiner Assistententätigkeit an der Münchener technischen Hochschule wiederholt an mich ergangenen Anregungen von in der Praxis stehenden Kollegen, das mir zur Verfügung stehende hydraulische Material in Form einer solchen Sammlung herauszugeben, sprechen für das Bedürfnis nach einem solchen Werkchen.

Die Aufgaben selbst haben — mit wenig Ausnahmen — Verhältnisse zur Grundlage, die aus praktischen Wasserbauaufgaben der letzten Jahre geschöpft sind, an denen mitzuarbeiten mir in hohem Maße Gelegenheit geboten war.

Die Gliederung der Sammlung wurde so gewählt, daß sie sich etwa der Stoffbehandlung einer Hydraulikvorlesung an einer

Hochschule anpaßt. Dadurch gewinnt das Buch nicht nur Wert als Repetitorium, sondern es gestattet dem Studierenden auch, soweit Hydraulikübungen fehlen, dauernd die Verarbeitung des Vorlesungsstoffes für praktische Fälle (Zahlenbeispiele!) mitverfolgen zu können. Die einfache mathematische Behandlung der meisten Aufgaben in Verbindung mit weitgehenden textlichen Erläuterungen wird es sicherlich auch einem großen Technikerkreise ermöglichen, sich der Aufgabensammlung mit Erfolg zu bedienen.

Der meist empirische Charakter der hydraulischen Formeln ließ es angezeigt erscheinen, das mathematische Gewand nicht so sehr in den Vordergrund zu rücken, vielmehr den konkreten Vorgängen, auf deren Untersuchung es ankommt, das Hauptaugenmerk zuzuwenden. Und um insbesondere den mit der Materie weniger Vertrauten nicht von vornherein zu verwirren, wurde versucht, mit einem Minimum an Koeffizienten auszukommen, Koeffizienten, deren Wahl der Konflikt zwischen weitgehender Sicherheit und Wirtschaftlichkeit bei so mancher hydraulischen Rechnung erschwert.

Die Empirie, welche der Hydraulik ein besonderes Gepräge gibt, bringt es mit sich, daß die eine oder andere Aufgabe auch auf anderem Wege bzw. mit anderen Formeln gelöst werden kann, als es in der vorliegenden Aufgabensammlung geschehen ist. Da das vorliegende Werkchen keine Formelsammlung sein will, konnte auch von der Berücksichtigung solcher Ansprüche Abstand genommen werden; es mußte sogar geschehen, sollten Zweck und Ziel des Buches nicht Schaden nehmen. Aus dem gleichen Grunde wurde das Tabellenmaterial des Anhangs auf das unbedingt notwendige Maß beschränkt.

Meine Wasserbau-Aufgabensammlung ist als ein erster Versuch zu betrachten, den oben geschilderten Zwecken zu dienen. Sie ist auch nicht allen Teilgebieten der Hydraulik gleichmäßig gerecht geworden. Manche Aufgabe mußte zunächst zurückgestellt werden. Bewährt sich die Sammlung in der vorliegenden Form, so soll dies nachgeholt werden. Für Anregungen und evtl. notwendige Berichtigungen bin ich stets dankbar. Andererseits sollte es mich freuen, wenn das eine oder andere der im Rahmen der Sammlung behandelten schwierigeren Probleme auch den älteren Fachkollegen noch Anregungen zu geben vermöchte.

Die Zahlenrechnungen wurden, soweit notwendig, mit einem Nestler-Schieber von 50 cm Länge, im übrigen mit dem normalen 25 cm-Schieber der gleichen Firma durchgeführt.

Dem Verlag Julius Springer spreche ich auch hier für das Verständnis und das Entgegenkommen, das er für meine Wünsche gezeigt hat und für die vorzügliche Ausstattung der Aufgabensammlung meinen besten Dank aus.

München, im Juli 1924.

Streck.

Vorwort zur 2. Auflage.

Die „Aufgaben aus dem Wasserbau“ haben in der vorliegenden Form bei den in der Praxis stehenden Fachkollegen sowie bei den Studierenden eine so freundliche Aufnahme gefunden, daß bei der Neuauflage von einer Umarbeitung Abstand genommen werden konnte und damit auch der Preis für diese Neuauflage erträglich gestaltet werden kann.

Die Überarbeitung beschränkte sich im wesentlichen auf die Beseitigung von Druckfehlern. Außerdem wurde in Aufgabe 1 statt des in Belgien gewalzten „Rothe Erde“ Spundwandprofils nunmehr das deutsche Spundwandprofil „Larssen“ eingesetzt.

In einem Ergänzungsband, welcher Aufgaben über die bisher unberücksichtigt gebliebenen Gebiete des Wasserbaues bringen wird, soll dann auch den Anregungen stattgegeben werden, welche hinsichtlich einiger Aufgaben an mich ergangen sind. Für diese Anregungen spreche ich schon hier meinen verbindlichsten Dank aus. Ebenso danke ich der Verlagsbuchhandlung Julius Springer für das bereitwillige Eingehen auf meine Wünsche und für die Sorgfalt, welche sie auch dieser Auflage zuteil werden ließ.

Für Interessenten sei noch erwähnt, daß demnächst im Verlag Labor in Barcelona eine spanische Ausgabe meiner Aufgabensammlung in der 2. Auflage herauskommt.

München, im Mai 1929.

Streck.

Inhaltsverzeichnis.

A. Hydrostatische Aufgaben.

B. Hydrodynamische Aufgaben.

C. Niederschlag und Abfluß. Verarbeitung hydrographischen Materials. Einfluß der Änderung der Wasserwirtschaft (Wasserentzug) auf die Geschiebefracht. Wasserwirtschaftsplan. Seeretension.

Anhang.

A. Hydrostatische Aufgaben.

Aufgabe 1.

Die Baugrube für einen großen Strompfeiler wird zum Zwecke der Wasserhaltung eingespundet.

1. Welchem jeweiligen statischen Wasserdruck sind die Spundwände ausgesetzt bei den verschiedenen, in Abb. 1 näher beschriebenen Flußwasserständen, wenn die Baugrubensohle auf Kote 520,90 m zu liegen kommt?

2. Welche jeweiligen Beanspruchungen ergeben sich aus diesen statischen Wasserdrücken für 1 lfd. m Spundwand „Larssen" Nr. III, dessen Widerstandsmoment 1363 cm^3 pro lfd. m Spundwand beträgt?

(Boden: Geschiebe auf durchlässigem Kiessandgemisch.)

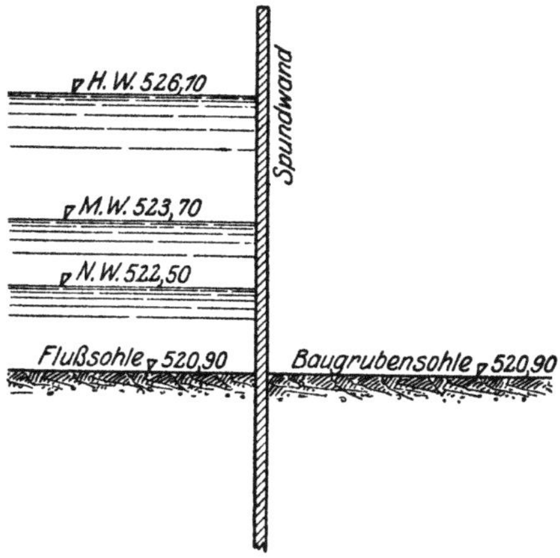

Abb. 1.

3. Wie ändert sich die Beanspruchung der Spundwand, wenn bei Hochwasser (Flußwasserspiegelkote 526,10) die Wasserhaltungsmaschinen stillgelegt werden und die Baugrube von der flußabwärts gelegenen Seite her bis auf Kote 523,70 unter Wasser gesetzt wird?

4. Bis zu welcher Kote muß das Wasser in der Baugrube bei Hochwasser im Flusse (Wasserspiegelkote 526,10) steigen, damit die Beanspruchung der Spundwand nicht größer ist, als bei einem Flußwasserstand von der Spiegelkote 525,0 und trockengelegter Baugrube?

Lösung.

Bevor an die Lösung der einzelnen Teilfragen der Aufgabe herangegangen wird, möge kurz auf die wichtigsten Sätze aus der Hydrostatik hingewiesen werden.

Der hydrostatische Druck (= Druck des ruhenden Wassers zum Unterschied vom Druck oder Stoß des bewegten Wassers) entsteht aus folgenden Ursachen:

a) Das Wasser setzt der Verschiebung seiner Teilchen einen äußerst geringen Widerstand entgegen und ist nahezu inkompressibel;

b) die Wasserteilchen stehen unter dem Einfluß der Schwere (sind nicht gewichtslos).

Daraus erklärt sich die wichtige Erscheinung, daß alle flüssigen Körper, also auch das Wasser, den Druck nach allen Seiten hin unverändert fortpflanzen. Im Innern einer Flüssigkeit ist also an irgendeinem Punkte der Druck nach allen Richtungen gleich.

Dieser Druck ist eine wirkende Kraft und hat als solche drei Bestimmungsgrößen:

1. die zahlenmäßige Größe,
2. die Richtung, in welcher der Druck wirkt,
3. den Angriffspunkt.

Die Größe des statischen Wasserdruckes auf ein ebenes, beliebig geformtes und geneigtes Flächenstück ist gleich dem Gewicht einer Wassersäule, welche die gedrückte Fläche zur Grundfläche und den Schwerpunktsabstand der gedrückten Fläche vom Wasserspiegel zur Höhe hat. (Größe des Wasserdruckes bei gekrümmten Flächen siehe Aufgabe 5b!)

Die Richtung des Wasserdruckes ist stets normal zur gedrückten Fläche.

Sein Angriffspunkt liegt stets in der gedrückten Fläche selbst, ist aber nicht identisch mit dem Flächenschwerpunkt, wie in den Beispielen gezeigt wird.

Nun zu den einzelnen Aufgaben selbst.

Zu 1. Wie groß ist der hydrostatische Druck auf jeden Breitenmeter der Spundwand bei 1,60 m Wasserstand außerhalb der Baugrube?

Nach obigem ist für ein ebenes Flächenelement ΔF, dessen Schwerpunkt vom Wasserspiegel den Abstand y hat, der Wasserdruck

$$\Delta W = \gamma \cdot \Delta F \cdot y,$$

wobei γ = spez. Gewicht des Wassers. Hätte das gedrückte Flächenelement ΔF eine horizontale Lage, so stellte der Wasserdruck unmittelbar das Gewicht des über dem Flächenelement stehenden Wasserprismas dar. Da der Druck im Innern der Flüssigkeit an ein und derselben Stelle nach allen Seiten hin gleich groß ist, ändert sich an der Größe des Wasserdruckes nichts, wenn wir benanntes Flächenelement ΔF im Wasser um seinen Schwerpunkt beliebig drehen, es also — um auf unser Beispiel zu kommen — senkrecht stellen.

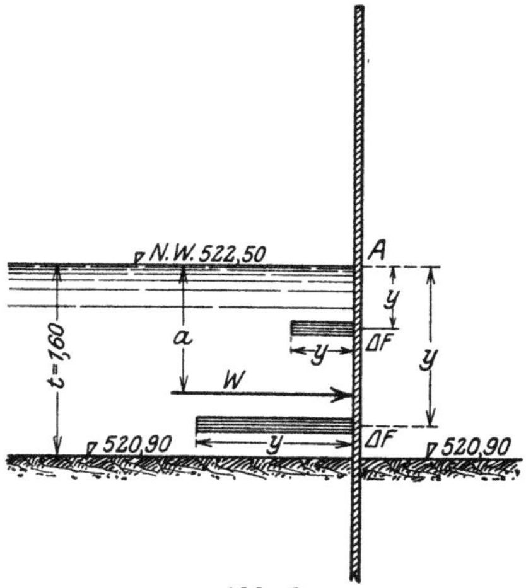

Abb. 2.

Bei unverändertem spezifischem Gewicht und gleichbleibender Größe der jeweiligen ebenen Flächenelemente ist der Wasserdruck direkt proportional der zugehörigen Wassertiefe y, was aus der Beziehung

$$\Delta W = \gamma \cdot \Delta F \cdot y$$

ohne weiteres abgelesen werden kann.

Wählt man rechteckige Flächenelemente von 1,0 m Breite und Δy m Höhe, setzt also $\Delta F = 1{,}0 \cdot \Delta y$, führt außerdem $\gamma = 1{,}0\ \mathrm{t/m^3}$ ein, so wird ΔW für ein solches Flächenelement

$$\Delta W = \Delta y \cdot y.$$

Mit dieser Beziehung läßt sich für jeden Flächenstreifen die Größe des Wasserdruckes ermitteln. Die Summierung aller dieser Teildrücke liefert den Gesamtwasserdruck auf die Gesamtfläche.

Geht man von unendlich kleinen Flächenelementen aus, dann wird der Gesamtwasserdruck W:

$$W = \int dW = \int dy \cdot y = \left[\frac{y^2}{2}\right]_{y_1}^{y_2}.$$

In unserem Falle ist die Summierung von $y = 0$ bis $y = 1{,}6$ m zu erstrecken. Daher erhält man die Größe des Wasserdruckes zu

$$W = \int_{y_1=0}^{y_2=1{,}6} y\,dy = \left[\frac{y_2^{\,2}}{2} - \frac{y_1^{\,2}}{2}\right] = \frac{1{,}60^2}{2} - 0 = 1{,}28 \text{ t}$$

pro 1 m Breite.

Die Richtung dieses Druckes W ist senkrecht zur gedrückten Fläche, in unserem Falle also horizontal.

Der Angriffspunkt des Gesamtwasserdruckes liegt in der gedrückten Spundwandfläche. Sein Abstand a von der oberen Benetzungslinie dieser Fläche wird bestimmt durch die Beziehung

$$a = \frac{\text{Trägheitsmoment der gedrückten Fläche}}{\text{statisches Moment dieser Fläche}},$$

bezogen auf die Schnittlinie der Spundwandfläche mit der Wasserspiegelfläche als Achse (Punkt A in Abb. 2).

Also

$$a = \frac{\int y^2\,dF}{\int y \cdot dF}.$$

Nimmt man wieder einen Flächenstreifen von 1,0 m Breite und dy Höhe, setzt also

$$dF = dy \times 1{,}0,$$

so wird

$$a = \frac{\int y^2\,dF}{\int y\,dF} = \frac{\left[\frac{y^3}{3}\right]_{y_1=0}^{y_2=t=1{,}6}}{\left[\frac{y^2}{2}\right]_{y_1=0}^{y_2=t=1{,}6}} = \frac{\frac{1{,}60^3}{3}}{\frac{1{,}60^2}{2}}$$

$$a = \frac{2}{3} \cdot 1{,}60 = \mathbf{1{,}07\ m}.$$

Wir sahen weiter oben, daß die Größe des Wasserdruckes auf ein ebenes Flächenelement gleich dem Gewicht einer Wassersäule ist, welche das gedrückte Flächenteilchen zur Grundfläche und dessen Schwerpunktsabstand vom Wasserspiegel zur Höhe hat. Es läßt sich daher der hydrostatische Druck auf jedes Element der gedrückten Fläche durch eine Wassersäule darstellen, welche normal zum gedrückten Flächenelement steht und deren Höhe gleich ist dem Abstand dieses Flächenteilchens vom Wasserspiegel.

Davon wird in der Praxis nun weitgehendst Gebrauch gemacht. Deshalb soll dieser Weg zur Darstellung und Ermittlung des Wasserdruckes auch für die vorliegende und die nächsten Aufgaben eingeschlagen werden.

Nach Vorstehendem ist der Abstand des Schwerpunktes eines Flächenteilchens B (Abb. 3) vom Wasserspiegel = Null; daher hat auch die Wassersäule, welche den Wasserdruck darstellt, die Höhe = Null, d. h. der Wasserdruck auf das Flächenelement B ist = Null.

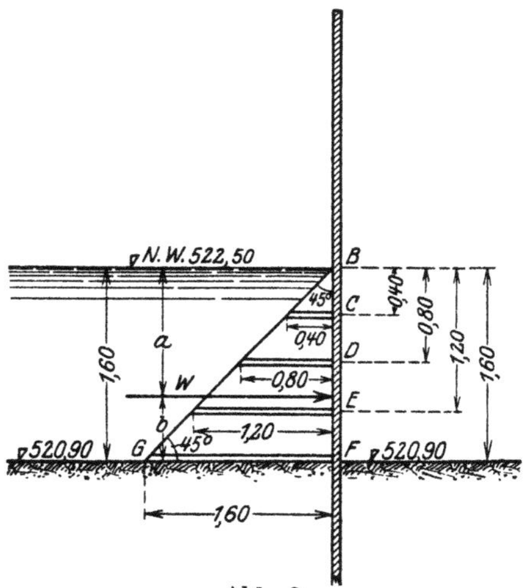

Abb. 3.

Der Abstand des Flächenteilchens C vom Wasserspiegel ist 0,40 m; deshalb wird der Wasserdruck in C durch eine Wassersäule von 0,40 m Höhe dargestellt.

Der Abstand des Flächenteilchens F vom Wasserspiegel beträgt 1,60 m; folglich wird der hydrostatische Druck auf F dargestellt durch eine Wassersäule von 1,60 m Höhe.

Trägt man in analoger Weise für sämtliche Flächenelemente des gedrückten ebenen Flächenstreifens BF die zugehörigen Wassersäulen auf und verbindet deren Endpunkte, so müssen diese ohne Ausnahme auf der Verbindungsgeraden BG liegen.

Die Fläche des Dreieckes $BFG = \frac{1,60^2}{2} = 1,28$ t pro 1 m Breite gibt dann bei einem spezifischen Gewicht des Wassers $\gamma = 1,0$ t/m³ ohne weiteres den Gesamtwasserdruck auf den ebenen, 1,0 m breiten Flächenstreifen *BF*.

Aus der Darstellung Abb. 3 läßt sich auch sofort entnehmen, daß das Wasserdruckdreieck (die Belastungsfläche!) ein gleichschenklig-rechtwinkliges ist, dessen Hypotenuse *BG* mit dem Flächenstreifen *BF* einen Winkel von 45⁰ einschließt.

Der Gesamtwasserdruck, welcher nunmehr durch das Dreieck *BFG* der Größe nach dargestellt ist, ergab sich aus Teilwasserdrücken, die sämtlich senkrecht auf den zugehörigen Flächenelementen stehen. Deshalb muß auch der resultierende Wasserdruck senkrecht auf *BF* stehen. Sein Angriffspunkt wird durch den Schwerpunkt des Wasserdruckdreiecks festgelegt, denn durch diesen muß der Wasserdruck gehen. Da der Schwerpunkt eines Dreiecks in $\frac{h}{3}$ von der Dreiecksbasis entfernt liegt, wenn h die Höhe des Dreiecks bedeutet, so folgt für unseren Fall (vgl. Abb. 3)

$$b = \tfrac{1}{3} \cdot 1{,}60 = \mathbf{0{,}53}\ \text{m}$$

oder

$$a = 1{,}60 - 0{,}53 = \mathbf{1{,}07}\ \text{m},$$

wie bereits weiter oben auf anderem Wege gefunden wurde. Zusammenfassend ergibt sich also bei Niederwasserstand (= Flußwasserspiegelkote 522,50) ein Gesamtwasserdruck

$$W_N = \mathbf{1{,}28\ t}\ \text{pro 1 m Spundwandbreite;}$$

dessen Abstand von der Flußsohle beträgt unter Bezugnahme auf die Bezeichnungen in Abb. 4

$$a_N = \mathbf{0{,}53}\ \text{m}.$$

Analog erhält man für Mittelwasser (Spiegelkote 523,70):

$$W_M = \frac{2{,}80^2}{2} = \mathbf{3{,}92\ t}$$

pro 1 m Spundwand,

$$a_M = \frac{2{,}80}{3} = \mathbf{0{,}93}\ \text{m};$$

und für Hochwasser (Spiegelkote 526,10):

$$W_H = \frac{5{,}20^2}{2} = \mathbf{13{,}52\ t}$$

pro 1 m Spundwand,

$$a_H = \frac{5,20}{3} = \mathbf{1,73}\ \mathrm{m}\,.$$

Man beachte das rasche Anwachsen des Wasserdruckes als Folge seiner Abhängigkeit vom Quadrat der Wassertiefe.

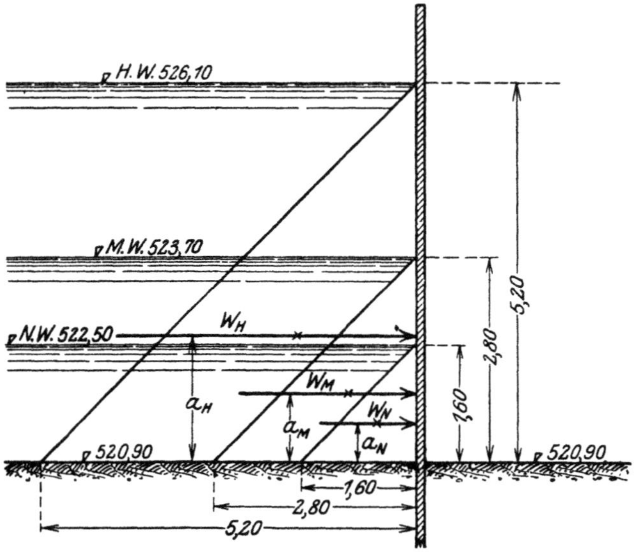

Abb. 4.

Zu 2. Die Spundwand kann als ein im Boden eingespannter Konsolträger betrachtet werden. Nehmen wir mit Rücksicht auf die oben aufliegende lockere Geschiebeschicht an, die Einspannstelle liege in unserem Falle ca. 0,50 m unter der Flußsohlenkote, also auf Kote

$$520,90 - 0,50 = 520,40\ \mathrm{m},$$

so ergibt sich pro 1 lfd. m Spundwand

für Niederwasser bei einem Hebelsarm von

$$l_N = a_N + 0,50 = 0,53 + 0,50 = \mathbf{1,03\ m}$$

ein Moment

$$M_N = W_N \cdot l_N = 1,28 \cdot 1,03 = \mathbf{1,32}\ \mathrm{tm},$$

also eine Beanspruchung

$$\sigma_N = \frac{M_N}{\mathfrak{W}} = \frac{132\,000 \text{ cmkg}}{1363 \text{ cm}^3} = \mathbf{97} \text{ kg/cm}^2;$$

für Mittelwasser:

$$l_M = a_M + 0{,}50 = 0{,}93 + 0{,}50 = \mathbf{1{,}43} \text{ m}$$

$$M_M = W_M \cdot l_M = 3{,}92 \cdot 1{,}43 = \mathbf{5{,}60} \text{ tm}$$

$$\sigma_M = \frac{M_M}{\mathfrak{W}} = \frac{560\,000 \text{ cmkg}}{1363 \text{ cm}^3} = \mathbf{410} \text{ kg/cm}^2;$$

für Hochwasser:

$$l_H = a_H + 0{,}50 = 1{,}73 + 0{,}50 = \mathbf{2{,}23} \text{ m}$$

$$M_H = W_H \cdot l_H = 13{,}52 \cdot 2{,}23 = \mathbf{30{,}2} \text{ tm}$$

$$\sigma_H = \frac{M_H}{\mathfrak{W}} = \frac{3\,020\,000 \text{ cmkg}}{1363 \text{ cm}^3} = \mathbf{2210} \text{ kg/cm}^2.$$

(Die zulässige Beanspruchung geht bis etwa 1600 kg/cm², die Bruchfestigkeit liegt bei 3700 ∼ 4400 kg/cm².)

Würde man noch den Wasserdruck berücksichtigen, der im Boden zwischen Flußsohle und Einspannstelle auf die Spundwand möglicherweise wirksam sein kann, dann ergäbe sich

für Niederwasser:

$$W'_N = \frac{(1{,}60 + 0{,}50)^2}{2} = 2{,}20 \text{ t}$$

$$a'_N = \frac{1{,}60 + 0{,}50}{3} = \frac{2{,}10}{3} = 0{,}70 \text{ m} = l'_N$$

$$M'_N = W'_N \cdot l'_N = 2{,}20 \cdot 0{,}70 = 1{,}54 \text{ tm}$$

$$\sigma'_N = \frac{154\,000}{1363} = \mathbf{113} \text{ kg/cm}^2;$$

für Mittelwasser:

$$W'_M = \frac{(2{,}80 + 0{,}50)^2}{2} = 5{,}43 \text{ t}$$

$$a'_M = \frac{2{,}80 + 0{,}50}{3} = 1{,}10 \text{ m} = l'_M$$

$$M_M = W'_M \cdot l'_M = 5{,}43 \cdot 1{,}10 = 6{,}98 \text{ tm}$$

$$\sigma'_M = \frac{698\,000}{1363} = \mathbf{511} \text{ kg/cm}^2;$$

für Hochwasser:

$$W'_H = \frac{(5,20+0,50)^2}{2} = 16,25\,\text{t}$$

$$a'_H = \frac{5,20+0,50}{3} = 1,90\,\text{m} = l'_H$$

$$M'_H = W'_H \cdot l'_H = 16,25 \cdot 1,90 = 30,8\ \text{tm}$$

$$\sigma'_H = \frac{3080000}{1363} = \mathbf{2260}\ \text{kg/cm}^2.$$

Zu 3. Wenn die Baugrube bis auf Kote 528,70 m unter Wasser gesetzt wird, während außerhalb ein Wasserspiegel von 526,10 (H.W.) vorhanden ist, so wirken auf die Spundwand 2 Wasserdrücke:

von außen der Druck

$$W_H = \frac{5,20^2}{2} = 13,52\ \text{t pro 1 m Spundwand},$$

von innen

$$W_J = W_M = \frac{2,80^2}{2} = 3,92\ \text{t pro 1 m Spundwand.}$$

Es verbleibt somit ein resultierender Druck, der sich ergibt als Differenz der Drücke $W_H - W_J$ zu $13,52 - 3,92 = 9,6$ t pro 1 m Spundwand. Dieser von außen auf die Spundwand wirkende Überdruck ist in Abb. 5 durch das schraffierte Trapez dargestellt. Seine Resultierende W_R muß durch den Schwerpunkt des Trapezes gehen. (Die schraffierte Fläche stellt jetzt die Belastungsfläche der Spundwand dar!)

Der Abstand dieses Schwerpunktes von der längeren Parallelseite des Trapezes (d. h. also von der Spundwand) ist

$$s = \frac{h}{3} \cdot \frac{a+2b}{a+b},$$

wenn h = Höhe des Trapezes, a = Ausmaß der längeren Parallelseite, b = Länge der kürzeren Parallelseite des Trapezes.

In unserem Falle wird

$$s = \frac{5,20-2,80}{3} \cdot \frac{5,20+2\cdot 2,80}{5,20+2,80}$$

$$s = \frac{2,40}{3} \cdot \frac{10,80}{8,00} = 1,08\ \text{m},$$

und

$$a_R = \frac{5{,}20 - 1{,}08}{2} = 2{,}06 \text{ m (vgl. Abb. 5).}$$

Die Lage der Resultierenden W_R läßt sich auch aus der Momentengleichung

$$W_R \cdot a_R = W_H \cdot a_H - W_J \cdot a_J$$

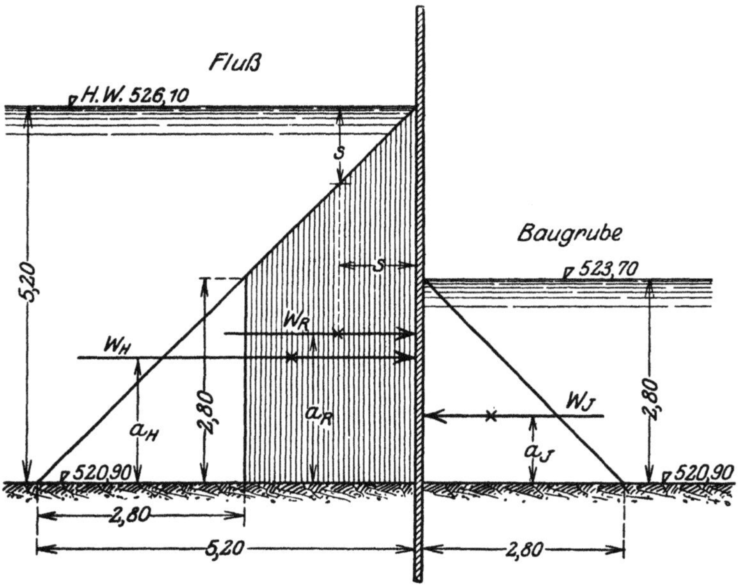

Abb. 5.

ermitteln; denn es folgt daraus ebenfalls

$$a_R = \frac{W_H \cdot a_H - W_J \cdot a_J}{W_R}$$

$$a_R = \frac{13{,}52 \cdot 1{,}73 - 3{,}92 \cdot 0{,}93}{9{,}60}$$

$$a_R = \mathbf{2{,}06} \text{ m}.$$

Für die weiter oben bereits angenommene Einspannstelle 0,50 m unter Flußsohle wird dann der Hebelarm

$$l_R = 2{,}06 + 0{,}50 = 2{,}56 \text{ m}$$

und das Einspannmoment

$$M_R = W_R \cdot l_R = 9{,}60 \cdot 2{,}56 = \mathbf{24{,}60}\ \text{tm}.$$

Eine andere sehr einfache Möglichkeit, das Einspannmoment M_R zu ermitteln, wenn W_R und a_R noch n i c h t bekannt sind, bietet die Momentengleichung:

$$M_R = W_H (a_H + 0{,}50) - W_J \cdot (a_J + 0{,}50)$$
$$M_R = 13{,}52 \cdot (1{,}73 + 0{,}50) - 3{,}92\,(0{,}93 + 0{,}50)$$
$$M_R = 30{,}2 - 5{,}6 = \mathbf{24{,}60}\ \text{tm}.$$

Man erhält daraus eine Beanspruchung der Spundwand σ_R:

$$\sigma_R = \frac{M_R}{\mathfrak{W}} = \frac{2\,460\,000\ \text{cmkg}}{1363\ \text{cm}^3} = \mathbf{1800\ kg/cm^2}.$$

Würde man die Wasserdrücke bis zur Einspannstelle, also bis 0,50 m unter Flußsohle berücksichtigen, so ergäbe sich für

$$W_H' = \frac{(5{,}20 + 0{,}50)^2}{2} = \mathbf{16{,}25}\ \text{t}; \qquad a_H' = \frac{5{,}20 + 0{,}50}{3} = \mathbf{1{,}90}\ \text{m};$$
$$W_J' = \frac{(2{,}80 + 0{,}50)^2}{2} = \mathbf{5{,}43}\ \text{t}; \qquad a_J' = \frac{2{,}80 + 0{,}50}{3} = \mathbf{1{,}10}\ \text{m};$$
$$W_R' = 16{,}25 - 5{,}43 = \mathbf{10{,}82}\ \text{t};$$
$$a_R' = \frac{W_H' \cdot a_H' - W_J' \cdot a_J'}{W_R'} = \frac{16{,}25 \cdot 1{,}90 - 5{,}43 \cdot 1{,}10}{10{,}82} = \mathbf{2{,}30}\ \text{m}.$$

Dabei geben a_H', a_J' und a_R' die Abstände der zugeordneten Wasserdrücke von der Einspannstelle an. Das resultierende Wasserdrucktrapez reicht jetzt natürlich bis zur Einspannstelle, also 0,50 m in den Boden hinein.

Das Einspannmoment wird jetzt

$$M_R' = W_R' \cdot a_R' = 10{,}82 \cdot 2{,}30 = \mathbf{24{,}9}\ \text{tm},$$

und damit

$$\sigma_R' = \frac{M_R'}{\mathfrak{W}} = \frac{2\,490\,000\ \text{cmkg}}{1363\ \text{cm}^3} = \mathbf{1826\ kg/cm^2}.$$

Vergleicht man σ_R mit der Beanspruchung bei trockengelegter Baugrube und Hochwasser außen ($\sigma_H = 2210$ kg/cm²), so erkennt man, daß eine erhebliche Entlastung der Spundwandbeanspruchung bei der angenommenen Baugrubenfüllung noch nicht erzielt ist, daß vielmehr zur Erreichung dieses Zweckes der Wasserstand in der Baugrube noch weiter gehoben werden müßte.

Zu 4. Zunächst ist die Beanspruchung der Spundwand bei einer Flußwasserspiegelkote 525,0 und leer gepumpter Baugrube festzustellen. Die Wassertiefe beträgt in diesem Falle

$$525{,}0 - 520{,}90 = 4{,}10 \text{ m}.$$

Daher wird der Wasserdruck

$$W = \frac{4{,}10^2}{2} = 8{,}40 \text{ t pro 1 lfd. m}$$

und

$$a = \frac{4{,}10}{3} = 1{,}37 \text{ m}.$$

Für $l = a + 0{,}50 = 1{,}37 + 0{,}50 = 1{,}87$ m

ergibt sich ein Moment

$$M = 8{,}40 \cdot 1{,}87 = 15{,}7 \text{ tm}$$

und die Beanspruchung der Spundwand

$$\sigma = \frac{1\,570000 \text{ cmkg}}{1363 \text{ cm}^3} = 1150 \text{ kg/cm}^2.$$

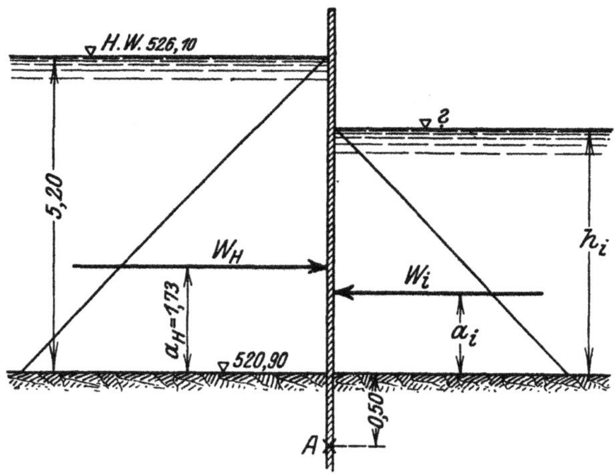

Abb. 6.

Damit nun für den zu untersuchenden Fall (vgl. Abb. 6) an der Einspannstelle A die gleiche Beanspruchung σ auftritt, wie vorstehend ermittelt ($\sigma = 1150$ kg/cm²), muß das resultierende Moment M_R aus W_H und W_i, bezogen auf Punkt A, gleich 15,7 tm sein, d. h.

$$W_H \cdot (a_H + 0{,}50) - W_i \cdot (a_i + 0{,}50) = M_R = 15{,}7 \text{ tm}.$$

Nach früherem ist

$$W_H \cdot (a_H + 0{,}50) = 30{,}2 \text{ tm},$$

daher

$$30{,}2 - 15{,}7 = 14{,}5 \text{ tm} = W_i(a_i + 0{,}50).$$

Da nun

$$W_i = \frac{h_i^2}{2} \quad \text{und} \quad a_i = \frac{h_i}{3},$$

ergibt sich

$$14{,}50 = \frac{h_i^2}{2} \cdot \left(\frac{h_i}{3} + 0{,}50\right)$$

oder

$$\frac{h_i^3}{6} + \frac{h_i^2}{4} = 14{,}5 = M_i = f(h_i).$$

Wir lösen diese Gleichung durch das graphisch-rechnerische Verfahren, das für wasserbauliche Rechnungen häufig Verwendung findet. Es beruht in diesem Beispiel darauf, daß für verschiedene Werte h_i jeweils der Wert der rechten Gleichungsseite $M_i = f(h_i)$ ermittelt wird. In einem rechtwinkligen Koordinatensystem werden dann die Werte h_i als Ordinaten und die zugehörigen Werte $f(h_i)$ als Abszissen aufgetragen und die erhaltenen Punkte durch eine Kurve verbunden.

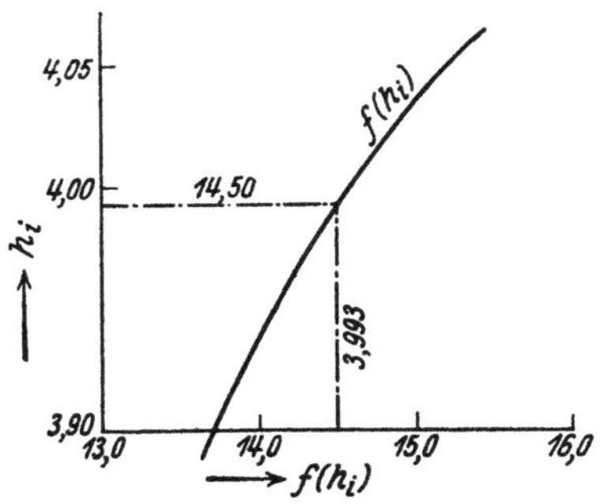

Abb. 7.

Für $f(h_i) = 14{,}50$ ergibt sich dann ein Kurvenpunkt, dessen Ordinate h_i das gesuchte h_i ist (vgl. nachstehende Tabellenrechnung und Abb. 7)

h_i	h_i^2	$\frac{h_i^2}{4}$	h_i^3	$\frac{h_i^3}{6}$	$f(h_i)$
3,90	15,21	3,81	59,4	9,89	**13,70**
4,00	16,00	4,00	64,0	10,56	**14,56**
4,05	16,40	4,10	66,4	11,07	**15,17**

Die gesuchte Fülltiefe der Baugrube beträgt somit 3,993 ∼ **4,00** m, die Spiegelkote in der Baugrube daher 520,90 + 4,00 = **524,90** m.

Aufgabe 2.

Gelegentlich der Ausführung einer wasserbaulichen Anlage ergibt sich die Notwendigkeit, tunlichst rasch eine Schützenöffnung, für welche die Schützentafeln noch nicht zur Stelle sind, provisorisch zu verschließen.

Die lichte Weite der Öffnung, gemessen von Nische zu Nische, beträgt rd. 2,0 m, der äußere Wasserstand 4,0 m, der innere 1,5 m.

Zur Erstellung der provisorischen Schützentafel stehen 12 m² Bohlen von 4 cm Stärke und 5 Stück Riegel von je 2 m Länge und 14/18 cm Stärke zur Verfügung.

1. Genügen diese 5 Riegel, um den resultierenden Wasserdruck aufzunehmen, wenn unter Berücksichtigung des provisorischen Charakters der Verschlußtafel eine Beanspruchung des Holzes von 95 kg/cm² als zulässig betrachtet wird?

2. An welchen Stellen sind in diesem Falle die Riegel anzuordnen?

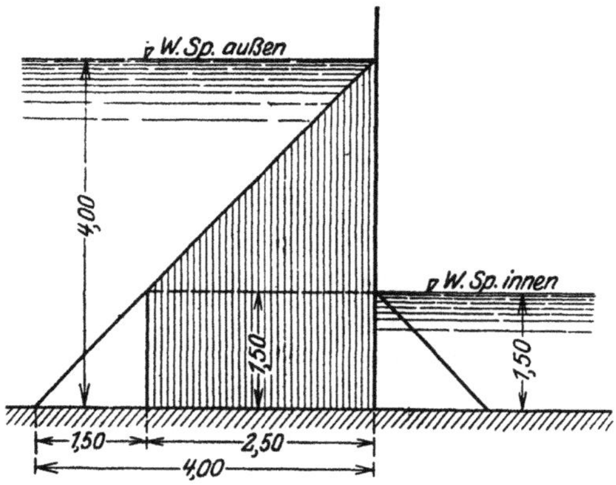

Abb. 8.

Lösung.

1. Nach früherem (vgl. Aufgabe 1) ist die Größe des resultierenden Wasserdruckes (Abb. 8):

$$W_R = \gamma \cdot \frac{1{,}5 + 4{,}0}{2} \cdot 2{,}5 \cdot b\,,$$

$$W_R = 1{,}0 \cdot \frac{1{,}5 + 4{,}0}{2} \cdot 2{,}5 \cdot 2{,}0\,,$$

$$W_R = \mathbf{13{,}75\ t}\,.$$

Wenn jeder Riegel den gleichen Anteil dieses Wasserdruckes aufnimmt, so trifft pro Riegel

$$w_r = \frac{13,75}{5} = 2,75 \text{ t}.$$

Darnach kommt auf jeden Riegel ein Moment von

$$M_r = (p\,l) \cdot \frac{l}{8} = 2,75 \cdot \frac{2,0}{8} = 0,688 \text{ tm} = 68\,800 \text{ kgcm}.$$

Da das Widerstandsmoment eines Riegels gleich ist

$$\frac{14 \cdot 18^2}{6} = 755 \text{ cm}^3,$$

so resultiert eine Beanspruchung des Riegelholzes von

$$\sigma_r = \frac{68\,800}{755} = 91,1 \text{ kg/cm}^2 < 95 \text{ kg/cm}^2,$$

d. h. die 5 Riegel genügen, um den resultierenden Wasserdruck aufzunehmen.

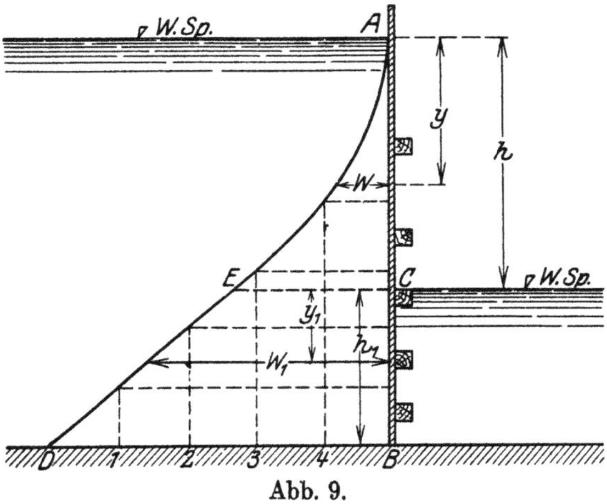

Abb. 9.

2. Es müssen die Riegel nunmehr so angeordnet werden, daß auf jeden derselben 2,75 t Wasserdruck treffen. Dazu möge folgende Überlegung angestellt werden:

Im Bereiche AC der Schützentafel, also im Bereiche zwischen der äußeren und inneren Wasserspiegellage ergibt sich der Wasserdruck auf die Schützentafel bis zur Tiefe y zu

$$W = \gamma \cdot \frac{y^2}{2} \cdot b;$$

für $\gamma = 1{,}0\ \mathrm{t/m^3}$ und für $b = 2{,}0$ m wird

$$W = 1{,}0 \cdot \frac{y^2}{2} \cdot 2{,}0 = y^2\ \mathrm{t}.$$

Der Wasserdruck für die verschiedenen Werte y zwischen A und C wird demnach dargestellt durch eine Parabel mit horizontaler Achse und mit dem Scheitel in A. Zur Auftragung dieser Kurve ($A\,E$ in Abb. 9) wurden für die nachstehend aufgeführten y-Werte die entsprechenden Werte W ermittelt.

Für	$y = 0{,}0$ m	wird	$W = 0{,}0$ t
„	$y = 0{,}5$ „	„	$W = 0{,}25$ „
„	$y = 1{,}0$ „	„	$W = 1{,}00$ „
„	$y = 1{,}5$ „	„	$W = 2{,}25$ „
„	$y = 2{,}0$ „	„	$W = 4{,}00$ „
„	$y = h = 2{,}5$ m	„	$W = 6{,}25$ „

Im Bereiche $B\,C$ der Schützentafel, also von der inneren Wasserspiegellage nach abwärts, ergibt sich der Wasserdruck auf die Schützentafel bis zur Tiefe y_1 zu

$$W_1 = \gamma \cdot \frac{(h + y_1)^2}{2} \cdot b - \gamma \cdot \frac{y_1^{\,2}}{2} \cdot b,$$

$$W_1 = \gamma \cdot \frac{h^2}{2}\, b + \gamma \cdot h \cdot y_1 \cdot b + \gamma \cdot \frac{y_1^{\,2}}{2}\, b - \gamma \cdot \frac{y_1^{\,2}}{2} \cdot b,$$

$$W_1 = \gamma \cdot \frac{h^2}{2}\, b + \gamma \cdot h \cdot y_1 \cdot b.$$

Der 1. Summand $\gamma \cdot \frac{h^2}{2} \cdot b$ stellt den Wasserdruck W_h für $y = h = 2{,}5$ m dar; er wurde oben mit $W_h = 6{,}25$ t ermittelt.

Werden die Zahlenwerte in den Ausdruck für W_1 eingesetzt, so erhält man

$$W_1 = 6{,}25 + 1{,}0 \cdot 2{,}5 \cdot y_1 \cdot 2{,}0,$$

$$W_1 = 6{,}25 + 5{,}0 \cdot y_1.$$

Die Schaulinie des Wasserdrucks zwischen C und B, also im Bereiche, wo dem äußeren Wasserdruck der innere entgegenwirkt, ist demnach eine Gerade, welche sich im Punkte E berührend an die Parabel anschließt. Man hat also lediglich den Wert W_1 für $y_1 = h_1 = 1{,}50$ m mit 13,75 t von B aus aufzutragen und dann den so erhaltenen Punkt D mit E zu verbinden.

Teilt man nun DB in 5 gleiche Teile, macht also jeden Teil $\frac{13,75}{5} = 2,75$ t, zieht durch diese Teilpunkte die Vertikalen bis zur Schaulinie AED und durch die so erhaltenen Punkte auf der Schaulinie die Horizontalen nach AB, so erhält man auf AB diejenigen Abschnitte, für welche der Wasserdruck jeweils 2,75 t beträgt.

Die Lage der Riegelmittelpunkte wird gefunden, indem man analog den vorstehend beschriebenen Verfahren die Mittelpunkte der gleichen Teilstrecken $\overline{D1}$, $\overline{12}$ usw. vertikal auf AED und von da horizontal auf AB projiziert.

Nachdem nunmehr die Riegelabstände festliegen, müßte noch geprüft werden, ob die Bohlen den auftretenden maximalen Beanspruchungen gewachsen sind, ohne daß dabei die zulässige Beanspruchung des Holzes von 95 kg/cm² überschritten wird. Von der Durchführung dieser rein statischen Aufgabe wird hier Abstand genommen.

Aufgabe 3.

Ein für die Gründung eines Brückenstrompfeilers bestimmter Druckluftsenkkasten, welcher den in Abb. 10 dargestellten Querschnitt aufweist, hat im Verlaufe seiner Absenkung durch stark wasserdurchlässigen Kiesboden die Kote + 90,0 m ü. N.N. mit seinen Schneiden erreicht. Der Wasserspiegel liegt auf Kote + 100,0 m ü. N.N., die Flußsohle auf + 96,0 m ü. N.N.

1. Wie groß muß der Preßluftdruck im Innern der Arbeitskammer sein, wenn er im Gleichgewicht mit dem von außen wirkenden Wasserdruck stehen soll? Welchen Auftrieb erleidet der Senkkasten pro 1 m Länge?

2. Welcher Auftrieb herrscht, wenn die Arbeitskammer und die Einsteigschächte bis auf Kote + 100,0 m ü. N.N. mit Wasser gefüllt sind?

3. Welche Druckverhältnisse ergeben sich im Senkkastenarbeitsraum im Augenblick des plötzlichen Entweichens der Preßluft (z. B. bei Bruch des Einsteigrohres)? Wie groß ist in diesem Augenblick der Auftrieb pro 1 m Senkkastenlänge?

Lösung.

Zu 1. Der Wasserdruck auf den unendlich schmalen Flächenstreifen dF am Senkkastenfuß ist gleich dem dort herrschenden hydrostatischen Druck, also gleich $\gamma \cdot t \cdot dF$, wobei γ das spez. Gewicht des Wassers bedeutet und t den Abstand des Senkkastenfußes vom Wasserspiegel angibt. Da aber auf dem Wasserspiegel noch der Atmosphärendruck p_0 lastet, ergibt sich ein Gesamtdruck von

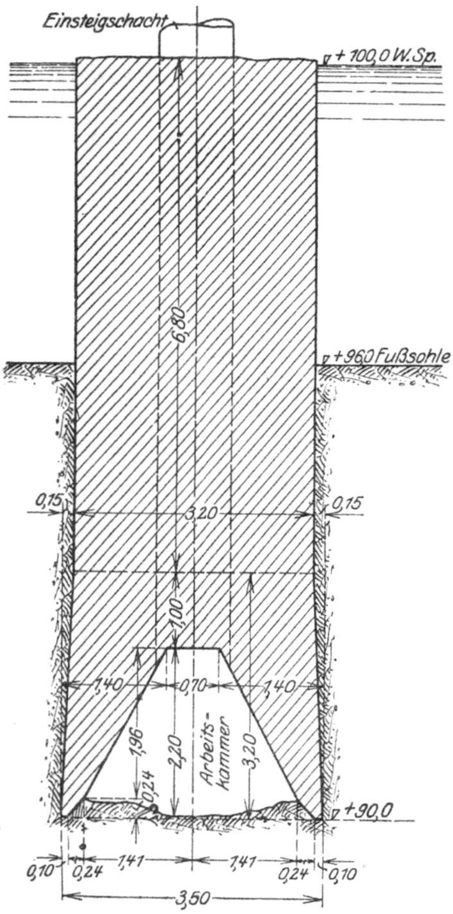

Abb. 10.

$$W = p_0 \cdot dF + \gamma \cdot t \cdot dF.$$

Dieser Druck W in der Tiefe t wirkt, wie bereits bekannt, nach allen Seiten hin gleich. Er beansprucht also die Senkkastenschneide nicht nur horizontal, sondern ist auch unter dem Senkkasten vertikal nach oben gerichtet, d. h. er tritt gleichzeitig als Seiten- und Unterdruck auf.

Wäre im Arbeitsraum des Senkkastens keine Preßluft vorhanden, so würde das unter diesem Drucke W stehende Wasser in diesen Hohlraum eingepreßt, weil derselbe nach unten offen ist. Um das zu verhindern, wird der Arbeitsraum mit Preßluft gefüllt. Man erkennt, daß nur dann kein Wasser in die Arbeitskammer eintreten kann, wenn der in ihr herrschende

Preßluftdruck L gleich dem äußeren Drucke W ist. Die Gleichgewichtsbedingung lautet also:

$$L = W = p_0 dF + \gamma \cdot t \cdot dF$$

oder für die Flächeneinheit und für $\gamma = 1{,}0\,\text{t/m}^3$

$$L = W = p_0 + t.$$

Da der Atmosphärendruck in der Arbeitskammer ebenfalls gleich p_0 gesetzt werden kann, muß der Preßluftdruck L' als Überdruck uber den Atmosphärendruck gleich t m Wassersäule sein.

In unserem Beispiel ergibt sich L' zu $t = 100{,}0 - 90{,}0 = 10{,}0$ m Wassersäule, d. h. das Manometer muß im Senkkastenarbeitsraum rd. 2 at Gesamtdruck anzeigen.

Wir haben gesehen, daß der Druck W in jedem Flächenelement der Niveauebene + 90,0 m ü. N.N. senkrecht nach oben wirkt. Berücksichtigen wir, daß der Atmosphärendruck $p_0 \cdot dF$ auch auf dem Senkkastenmauerwerk lastet bzw. im Gesamtpreßluftdruck als eine nach unten wirkende Kraft mitenthalten ist, so können wir den Atmosphärendruck $p_0 \cdot dF$ für die Bestimmung des Auftriebs aus der Betrachtung ausschalten. Wir haben dann in der Niveauebene + 90,0 m ü. N.N. in jedem Flächenelement einen senkrecht nach oben wirkenden hydrostatischen Druck

$$W' = \gamma \cdot t \cdot dF.$$

Für die Breite 3,50 m und für 1 lfd. m Senkkastenlänge erhält man demnach einen Gesamtunterdruck

$$W' = 1{,}0 \cdot 10{,}0 \cdot 3{,}5 \cdot 1{,}0 = \mathbf{35{,}0}\,\text{t}.$$

Dieser von unten nach oben wirkenden Kraft W' steht entgegen die auf den schrägen Außenflächen der Kammerseitenwände ruhende Wasserlast, welche vertikal nach abwärts wirkt. Sie ergibt sich zu

$$W'' = 1{,}0 \cdot \frac{10{,}0 + 6{,}80}{2} \cdot 0{,}15 \cdot 1{,}0 \cdot 2 = 2{,}52\,\text{t}.$$

Der nach oben wirkende resultierende Wasserdruck (Unterdruck) A_1 beträgt also

$$A_1 = W' - W'' = 35{,}0 - 2{,}52 = \mathbf{32{,}48}\,\text{t}.$$

Alle übrigen, auf die Senkkastenwände wirkenden Wasserdrücke sind horizontal gerichtet. Deshalb gibt der resultierende Wasserdruck A_1 die Größe des Senkkastenauftriebes pro lfd. m an.

Wird beachtet, daß der Ausdruck $W' - W''$ gleichzeitig den Inhalt des Senkkastens pro 1 lfd. m einschließlich der Arbeitskammer und der Einsteigschächte darstellt, so erkennt man, daß unser Resultat mit der üblichen Definition des Auftriebs im Einklang steht. Denn diese besagt, daß die Größe des Auftriebs, den ein Körper in einer Flüssigkeit erleidet, gleich ist dem Gewicht des vom Körper verdrängten Flüssigkeitsvolumens. Und dieses ist in unserem Falle in der Tat, wie man sich leicht überzeugen kann, 32,48 m^3, also auch der Auftrieb — bei $\gamma = 1{,}0$ t/m^3 — $A_1 = 32{,}48$ t.

Es bleibt nun allerdings noch die Frage offen, ob der Preßluftüberdruck in der Arbeitskammer eventuell eine Komponente vertikal nach oben erzeugt, welche den normalen Auftrieb A_1 vergrößert. Die Klärung dieser Frage ergibt sich am besten im Zusammenhang mit der Lösung der 2. Frage der vorliegenden Aufgabe.

Zu 2. Es sei angenommen, daß der Senkkasten 16,0 m lang und mit 2 Einsteigschächten ausgerüstet ist. Dann trifft auf 1 lfd. m Senkkasten $^1/_8$ Einsteigschacht. Ist dessen Querschnitt F eine Ellipse mit der großen Halbachse $a = 0{,}50$ m und der kleinen Halbachse $b = 0{,}35$ m, dann wird

$$F = a \cdot b \cdot \pi = 0{,}50 \cdot 0{,}35 \cdot 3{,}14 = 0{,}55 \text{ m}^2,$$

und das Volumen J eines Einsteigschachtes

$$J = 7{,}8 \cdot 0{,}55 = 4{,}28 \text{ m}^3.$$

Auf den lfd. m Senkkasten trifft davon

$$J' = \frac{4{,}28}{8} = 0{,}525 \text{ m}^3.$$

Gegenüber dem Gesamtinhalt eines lfd. m Senkkastens einschließlich Arbeitsraum von 32,48 m^3 macht der auf diesen lfd. m treffende Anteil J' eines Einsteigschachtes in unserem Falle so wenig aus, daß er unbedenklich außer Berücksichtigung gelassen werden darf, wenn wir für unsere weiteren Untersuchungen 1 lfd. m Senkkasten zwischen den zwei Einsteigschächten herausgreifen.

Nach dieser Vorüberlegung, die in jedem speziellen Falle anzustellen ist, kann zur Beantwortung der gestellten Frage geschritten werden.

Die Decke des wassererfüllten Arbeitsraumes steht — da der Atmosphärendruck wiederum außer Betrachtung bleiben kann — unter einem hydrostatischen Druck, der für jedes Flächenelement derselben gleich ist einer Wassersäule von der Höhe, welche dem Abstand dieser Stelle vom Flußwasserspiegel entspricht. Daraus erhellt, daß der Unterdruck für den wagrechten Deckenstreifen 7,80 m beträgt, also um 2,20 m Wassersäule kleiner ist, als im Falle 1.

Längs der schrägen Kammerwände wächst er allmählich von 7,80 m auf 10,0 m an. Für jedes Flächenelement der inneren Kammerbegrenzung gibt demnach der Abstand dieses Elements von der Senkkastenschneide (Niveauebene + 90,0 m ü. N.N.) die Verminderung des Unterdruckes gegenüber dem Falle 1 an.

Die gesamte Unterdruckminderung gegenüber Fall 1 wird also dargestellt durch den Inhalt des lichten Arbeitsraumes, multipliziert mit dem spez. Gewicht des Wassers $\gamma = 1{,}0\ \mathrm{t/m^3}$. Da sich an den von oben nach unten wirkenden Druckverhältnissen gegenüber Fall 1 nichts geändert hat, ist auch die Auftriebsminderung im Vergleich zum Falle 1 genau so groß wie die Unterdruckminderung. Letztere beträgt:

$$\left(\frac{3{,}30 + 2{,}82}{2} \cdot 0{,}24 + \frac{2{,}82 + 0{,}70}{2} \cdot 1{,}96\right) \cdot 1{,}0 \cdot 1{,}0 = \mathbf{4{,}18}\ \mathrm{t}.$$

Daher wird der Auftrieb A_2:

$$A_2 = A_1 - 4{,}18 = 32{,}48 - 4{,}18 = \mathbf{28{,}30}\ \mathrm{t}.$$

Das Ergebnis steht wiederum im Einklang mit der üblichen Definition des Auftriebs. Denn in unserem Falle 2 deckt sich das verdrängte Flüssigkeitsvolumen mit dem Inhalt des Senkkastenmauerwerks ohne Arbeitskammerhohlraum.

Im Zusammenhang mit vorstehenden Betrachtungen läßt sich auch die noch offene Frage beantworten, ob der Preßluftüberdruck im Falle 1 auf die Arbeitskammerdecke eine Vertikalkraft nach oben erzeugt, welche den normalen Auftrieb A vergrößert.

Zu diesem Zwecke stellen wir uns nochmals die beiden Fälle vor, daß der Senkkastenarbeitsraum

a) mit Preßluft gefüllt ist (Fall 1),

b) mit Wasser gefüllt ist (Fall 2).

Im Falle 1 herrscht in der Niveauebene + 90,0 ü. N.N.-Gleichgewicht, d. h. der nach abwärts gerichtete Preßluftüberdruck pro Flächeneinheit in dieser Tiefe unter dem Flußwasserspiegel ist genau so groß, wie der nach aufwärts gerichtete Wasserdruck pro Flächeneinheit an dieser Stelle. Da der Preßluftüberdruck an allen Stellen der Arbeitskammer der gleiche ist, steht auch jedes Flächenelement der Arbeitskammerdecke unter diesem gleichen Drucke, den wir für unser Beispiel (Fall 1) mit 10,0 Wassersäule bereits ermittelt haben. Scheiden wir demnach die entgegengesetzt gerichteten, aber gleich großen Kräfte, welche sich in der Ebene der Senkkastenschneiden das Gleichgewicht halten, aus, so bleiben die vertikal nach oben gerichteten Preßluftüberdruckkomponenten von 10,0 m Wassersäule als wirkende Kräfte übrig. (Daneben treten natürlich auch Horizontalkomponenten des Preßluftüberdruckes auf, welche den Wasserseitendruck überwiegen und daher die Kammerseitenwände auf Biegung beanspruchen. Für unsere Aufgabenstellung interessieren diese Komponenten aber nicht, da sie keinen Einfluß auf die Größe des Auftriebes haben. Im Falle 2 kommen sie an und für sich in Wegfall.)

Die Summierung der vertikalen Überdruckkomponenten auf die Horizontalprojektionen sämtlicher in Frage kommenden Flächenelemente ergibt dann ohne weiteres wieder den in Fall 1 ermittelten Unterdruck von 35,0 t. Unter Berücksichtigung der unverändert von oben nach unten wirkenden Wasserdruckkomponenten W'' (vgl. Fall 1) heißt das:

Der Preßluftüberdruck im Arbeitsraum des Senkkastens ruft keine nach oben wirkende Kraft hervor, welche über den normalen Auftrieb A_1 hinausgeht.

Der Beweis für diese Tatsache läßt sich auch noch durch einen Vergleich der Fälle 1 und 2 sehr einfach führen:

Im Falle 1 steht jedes Flächenelement der Arbeitskammerdecke einschließlich Seitenwände unter einem Preßluftüberdruck, welcher gemessen wird durch eine Wassersäule von der Höhe gleich dem Abstand des Flußwasserspiegels von der Senkkastenschneide. Im Falle 2 wirkt an jeder Stelle der inneren Arbeitskammerbegrenzung ein verschieden großer hydrostatischer Druck nach oben, dessen Größe in Wassersäule sich jeweils ergibt aus dem Abstand dieser Stelle vom Flußwasserspiegel. Die Differenz der Vertikaldrücke ein und derselben Stelle im Falle 1 und 2 wird demnach dargestellt durch den Abstand dieser Stelle von der Niveauebene + 90,0 m ü. N. N.

Werden diese Abstände nun für alle in Frage kommenden Flächenelemente summiert, so ergibt das nichts anderes als den Arbeitskammerhohlraum, so daß der Auftrieb im Falle 1 um die Wasserverdrängung des Arbeitskammerhohlraumes größer ist als im Falle 2. Neben dem normalen, rechnungsmäßig ermittelten Auftrieb erzeugt der Preßluftüberdruck also keine weitere Kraftkomponente nach oben.

Zu 3. Das plötzliche Entweichen der Preßluft aus dem Senkkasten ruft eine Störung des Gleichgewichtszustandes in der Niveauebene + 90,0 m ü. N.N. hervor, weil dem von unten nach oben wirkenden hydrostatischen Druck + Atmosphärendruck in diesem Augenblick im Innern der Kammer nur etwa noch der Atmosphärendruck entgegenwirkt, so daß rechnungsmäßig ein von unten nach oben wirkender Überdruck gleich dem hydrostatischen Druck in der Niveauebene + 90,0 m ü. N.N. vorhanden ist.

Dieser Überdruck kann aber nicht als Druck zur Auswirkung gelangen, da er nirgends auf Widerstand stößt. Die Folge ist, daß sich dieser Druck (potentielle Energie!) in Bewegungsenergie umsetzt, indem das Wasser mit großer Geschwindigkeit in die Kammer eindringt. Eine weitere Folge ist, daß beim Entweichen der Preßluft plötzlich der nach oben gerichtete Überdruck auf die innere Arbeitskammerbegrenzung aufhört. In dem Maße, in welchem das von unten in den Arbeitsraum eindringende und ihn allmählich füllende Wasser wieder hydrostatische Druckwirkung nach oben ausübt, nähern wir uns den Druck- und Auftriebsverhältnissen des Falles 2. Im Augenblick der Gleichgewichtsstörung ist demnach auch der Auftrieb gleich Null. Praktisch wirkt sich dies dahin aus, daß der Senkkasten unter der momentanen Wirkung seines unverminderten vollen Gewichtes ruckartig in den Boden einsinkt.

Man erkennt, daß es für die Bestimmung des Auftriebes nach der allgemein üblichen Art (Auftrieb = Gewicht des verdrängten Flüssigkeitsvolumens) unerläßlich ist, sich davon zu überzeugen, daß Gleichgewichtszustand herrscht. In Fällen, wie sie das Beispiel unserer Frage 3 zeigt, wo also für das Untersuchungsstadium kein Gleichgewicht herrscht, würde die mechanische Anwendung obiger Definition für die Bestimmung des Auftriebes zu groben Falschschlüssen führen. Deshalb wurde in der vorliegenden Aufgabe bei Ermittlung des Auftriebes von den vertikalen Druckkomponenten ausgegangen, um jeweils die Gleichgewichtsverhältnisse klar zu übersehen.

Aufgabe 4.

Bei einem Wehr wird der Stau von 2,50 m Höhe mit Stauklappen von 2,00 m Breite erzeugt. Die Neigung der Stauklappen gegen die Vertikale beträgt 30°.

1. Kann sich die Stauklappe bei 2,50 m Stautiefe oder aber bei steigendem Oberwasser drehen, wenn das Drehgelenk D an der Klappe in halber Klappenhöhe angebracht ist?

2. In welcher Entfernung x vom oberen Ende der Klappe ist das Drehgelenk D anzuordnen, damit sich die Klappe bei einem Steigen des Oberwassers um 90 cm umlegt?

In beiden Fällen ist die Stoßwirkung des Wassers, ferner die Reibung im Drehgelenk usw. zu vernachlässigen!

Lösung.

1. Bei 2,50 m Wassertiefe reicht der Wasserspiegel gerade bis zur Oberkante der Klappe. Der Klappendrehpunkt liegt in $\frac{2{,}50}{2} = 1{,}25$ m Abstand vom Wasserspiegel.

Nachdem von der Stoßwirkung des Wassers, ferner vom Einfluß der Reibung im Drehgelenk usw. abgesehen wird, wirkt auf die Klappe lediglich der ruhende Wasserdruck. Die Klappe wird sich nun um ihren Drehpunkt D drehen, wenn das Moment aus dem Druck auf die obere Klappenhälfte jenes aus dem Druck auf die untere Klappenhälfte übertrifft, oder für den Grenzfall, wenn die algebraische Summe dieser zwei Momente zu Null wird. Dieser Gleichgewichtszustand läßt sich auch so formulieren, daß der resultierende Wasserdruck durch den Klappendrehpunkt gehen muß. Bei 2,50 m Wassertiefe wird der Gesamtwasserdruck auf die Klappe dargestellt durch ein Dreieck von der Grundlinie gleich der Klappenlänge und der Höhe gleich der Wassertiefe. Damit ist die Größe des Wasserdruckes festgelegt. Sein Angriffspunkt liegt im Schwerpunkt der Wasserdruckfigur (hier Dreieck!), seine Richtung

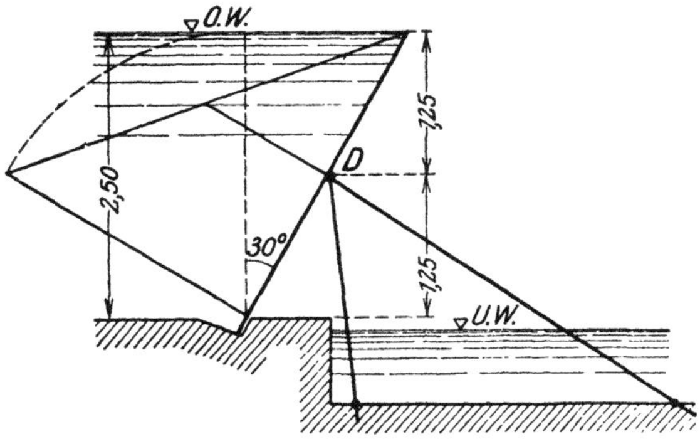

Abb. 11.

ist senkrecht zur Klappe. Daraus ergibt sich, daß der resultierende Wasserdruck in unserem Beispiel nicht durch den Klappendrehpunkt geht, sondern unterhalb liegt und die Klappe in der ursprünglichen Lage festhält. Zerlegt man den resultierenden Wasserdruck in die zwei Komponenten, welche auf die beiden Klappenhälften wirken, so steht über dem unteren Klappenteil ein Wasserdrucktrapez, über dem oberen ein Dreieck. Die Richtung der beiden Komponenten ist wieder senkrecht zur Klappe, ihr Angriffspunkt in den Schwerpunkten der Druckfiguren (untere Klappenhälfte Trapez, obere Hälfte Dreieck (Abb. 12)). Dann ergibt sich:

$$\text{Dreiecksfläche} = \frac{1}{2}\, a \cdot \frac{b}{2}$$

$$\text{Hebelsarm} = \frac{a}{3}$$

$$M_o = \frac{1}{2}a \cdot \frac{b}{2} \cdot \frac{a}{3} = \frac{1}{12}\boldsymbol{a^2 b}.$$

$$\text{Trapezfläche} = \frac{\frac{2}{2}b + \frac{b}{2}}{2} \cdot a = \frac{3}{4}a\,b$$

$$\text{Hebelsarm} = \frac{a}{3} \cdot \frac{\frac{4}{2}b + \frac{b}{2}}{\frac{2}{2}b + \frac{b}{2}} = \frac{5}{9}a$$

$$M_u = \frac{3}{4}a\,b \cdot \frac{5}{9}a = \frac{5}{12}\boldsymbol{a^2 b}.$$

Es ist also für eine beliebige Neigung der Klappe M_u 5mal so groß als M_o, d. h. die Klappe kann sich nicht drehen, sondern bleibt an den Boden angepreßt.

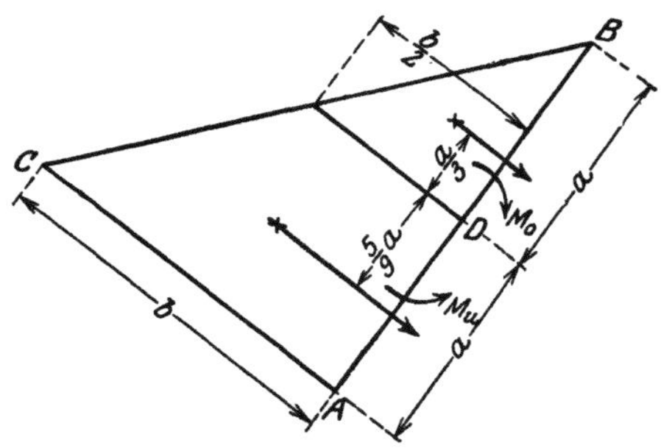

Abb. 12.

Wie ändern sich nun die Verhältnisse, wenn der Wasserspiegel ansteigt? Das ursprüngliche Wasserdruckdreieck ABC geht jetzt in ein Trapez über. Da der resultierende Wasserdruck im Schwerpunkt dieses Trapezes angreift und senkrecht zur Klappe steht, schneidet er wegen der Schwerpunktslage im Trapez die Klappe unterhalb des Drehpunktes, ruft also ein Moment hervor, welches die Klappe weiterhin an den Boden festpreßt. Je höher aber der Wasserspiegel steigt, um so mehr rückt der Schwerpunkt des Trapezes nach oben, d. h. um so näher rückt der Schnittpunkt der Wasserdruckresultierenden mit der Klappe an den Drehpunkt heran. Für einen unendlich hohen Wasserstand geht dann auch diese Resultierende durch den Drehpunkt und aus dem bisher stabilen Gleichgewicht wird ein labiles (Grenzfall!).

Wenn sich die Klappe bei einem bestimmten Wasserstand selbsttätig umlegen soll, darf der Drehpunkt nicht in der Klappenmitte angebracht, sondern muß tiefer gelegt werden. Wie tief, das hängt von der Wasserspiegellage ab, bei welcher das Drehen vor sich gehen soll. Den Rechnungsgang zeigt das nachstehende Beispiel (Frage 2 dieser Aufgabe).

2. Es ist gefragt, in welcher Entfernung x vom oberen Klappenrand der Klappendrehpunkt anzuordnen ist, damit sich die Klappe bei einem Steigen des Oberwassers um 90 cm umlegt. Es ist also die Lage des Klappendrehpunktes zunächst unbekannt und zu ermitteln.

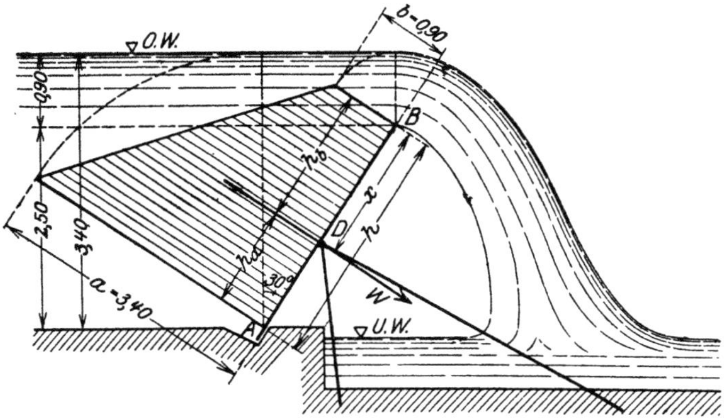

Abb. 13.

Wenn der Wasserspiegel um 90 cm steigt, so lastet auf der Klappe ein Wasserdruck, welcher durch ein Trapez dargestellt ist. Wie aus der Überlegung zur 1. Frage ersichtlich ist, ergibt sich der Grenzfall für das Drehen der Klappe, wenn die Wasserdruckresultierende durch den Klappendrehpunkt geht, d. h. wenn das Moment dieser Resultierenden in bezug auf diesen Drehpunkt als Momentenpunkt = Null wird. Da bei dem vorgeschriebenen Wasserstand und der festgegebenen Länge der Klappe Größe, Angriffspunkt und Richtung der Resultierenden gegeben sind, müssen wir das Drehgelenk in den Schnittpunkt dieser Wasserdruckresultierenden mit der Klappe legen. Oder was dasselbe besagt: der Klappendrehpunkt muß vom oberen Rand der Klappe denselben Abstand haben, wie der Schwerpunkt des Wasserdrucktrapezes, im Schnitt der Klappe gemessen,

Nach dieser Überlegung ist die Zahlenrechnung selbst sehr einfach.

$$h = \frac{2,50}{\cos 30^0} = 2,888 \text{ m}.$$

$$x = h_b = \frac{h}{3} \cdot \frac{2a + b}{a + b} = \frac{2,888}{3} \cdot \frac{2 \cdot 3,40 + 0,90}{3,40 + 0,90} = \mathbf{1,724} \text{ m}.$$

Zur Kontrolle:

$$h_a = \frac{h}{3} \cdot \frac{a + 2b}{a + b} = 0,963 \cdot \frac{5,20}{4,30} = \mathbf{1,164} \text{ m}.$$

$$h_a + h_b = h = 1,724 + 1,164 = \mathbf{2,888} \text{ m}.$$

Die Bestimmung der Größe von W hat sich in diesem Falle erübrigt. Für die Dimensionierung der Klappe, ferner zur Abschätzung der Reibungsgrößen in den Drehpunkten usw. muß die Größe von W selbstredend ermittelt werden. Sie ergibt sich zu:

$$W = \text{Drucktrapezfläche} \cdot \gamma \cdot b_1,$$

wenn $\gamma = 1,0 \text{ t/m}^3$ das spez. Gewicht des Wassers und $b_1 = 2,0$ m die Breite der Klappe bedeuten.

$$W = \frac{3,40 + 0,90}{2} \cdot 2,888 \cdot 1,0 \cdot 2,0 = \mathbf{12,4} \text{ t}.$$

Aufgabe 5.

Beim Einlaufbauwerk einer Hochdruckwasserkraftanlage ist zum Abschluß des Druckstollens eine Drehklappe und dahinter ein Segmentverschluß vorgesehen (vgl. Abb. 14).

Die Drehklappe hat eine Länge von 2,40 m bei einer Breite von 2,40 m. Zur Verminderung der Aufzugskräfte ist die Klappe in zwei Teile von je 1,20 m Breite geteilt. Jeder Klappenteil hat ein Gewicht von 1,20 t. Der Abstand der Gewichtsresultierenden vom Klappendrehpunkt beträgt $g = 0,69$ m, der senkrechte Abstand des Zugseiles vom Klappendrehpunkt beträgt $z = 3,00$ m (vgl. Abb. 14a).

Die als zweiter Verschluß dienende Segmentschütze hat dieselbe Öffnung zu verschließen. Der Zentriwinkel des Segments beträgt $\varphi_b - \varphi_a = 41^0\,20' - 2^0\,50' = 38^0\,30'$, der Radius 4,50 m (vgl. Abb. 14b).

Der Wasserspiegel liegt 24,21 m über der Oberkante der Drehklappe, 24,24 m über der Oberkante des Segmentverschlusses, 26,55 m über der Unterkante der Drehklappe und 27 m über der Unterkante der Segmentschütze.

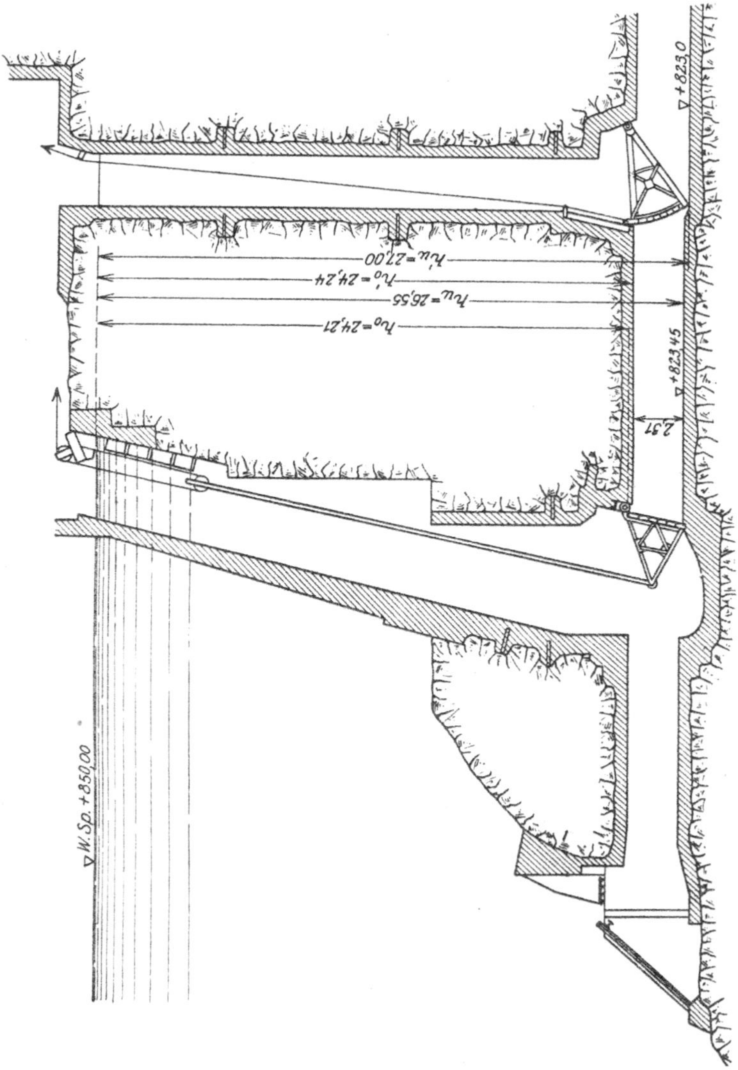

Abb. 14. Übersichtsskizze zu Aufgabe 5.

Zu bestimmen sind die Wasserdrücke und die Größe der Aufzugskräfte!

Lösung.

1. Drehklappenverschluß.

Nach früherem ergibt sich die Größe des Wasserdruckes W zu:

$$W = \gamma \cdot F \cdot h,$$

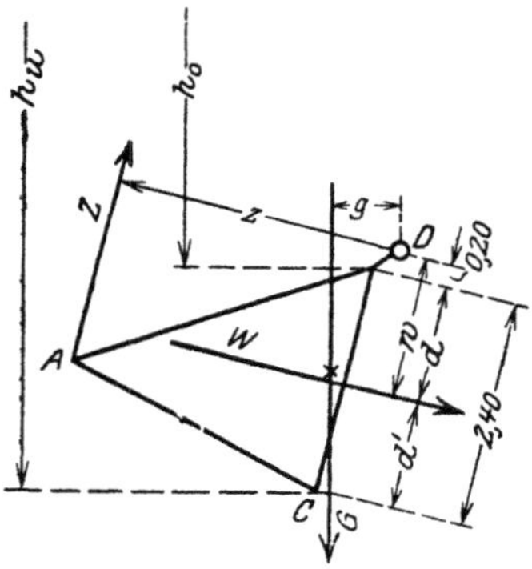

Abb. 14a.

$G = 1{,}20$ t für eine Klappenhälfte

$g = 0{,}69$ m

$z = 3{,}00$ m

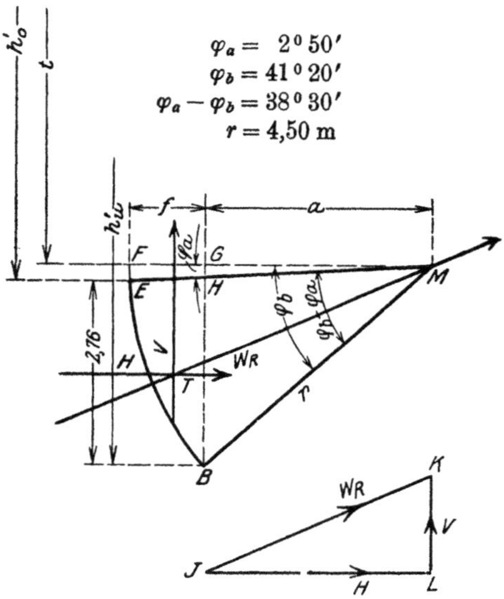

Abb. 14b.

wobei W = Wasserdruck auf eine Klappenhälfte von 1,20 m Breite,

γ = spez. Gew. des Wassers,

F = Fläche einer Klappenhälfte,

h = Abstand des Schwerpunktes der Klappenfläche vom Wasserspiegel

bedeuten.

$$h = \frac{h_o + h_u}{2} = \frac{24{,}21 + 26{,}55}{2} = 25{,}38 \text{ m},$$

daher

$$W = 1{,}0 \cdot (1{,}20 \cdot 2{,}40) \cdot 25{,}38 = 73{,}0 \text{ t}.$$

Es lastet demnach auf jeder Klappenhälfte ein Wasserdruck von der Größe $W = 73{,}0$ t.

Die Richtung dieses Wasserdruckes ist senkrecht zur Klappe.

Der Angriffspunkt von W liegt im Schwerpunkt des Wasserdrucktrapezes. Letzterer kann entweder graphisch oder, wie bereits in Aufgabe 4 geschehen, rechnerisch ermittelt werden. Bei den vorliegenden Größenverhältnissen ist letzteres Verfahren vorzuziehen. Es ergibt sich d zu:

$$d = \frac{2{,}40}{3} \cdot \frac{2 \cdot 26{,}55 + 24{,}21}{26{,}55 + 24{,}21} = 1{,}22 \text{ m}.$$

(Zur Kontrolle:

$$d' = \frac{2{,}40}{3} \cdot \frac{2 \cdot 24{,}21 + 26{,}55}{24{,}21 + 26{,}55} = 1{,}18 \text{ m};$$

$$d + d' = 1{,}22 + 1{,}18 = 2{,}40 \text{ m}.)$$

Der Abstand des resultierenden Wasserdruckes vom Drehpunkt D beträgt demnach

$$w = d + 0{,}20 = 1{,}22 + 0{,}20 = 1{,}42 \text{ m}.$$

Die Aufzugsvorrichtung besteht für jede Klappenhälfte aus zwei unteren und zwei oberen Tragarmen, die im Punkte A zusammenlaufen. Von A führt eine Zugstange nach oben.

Der Gang der Untersuchung wäre nun folgender: Nachdem W eindeutig bestimmt ist, läßt sich die Klappe CD dimensionieren und damit das Klappengewicht G ermitteln. Von der Dimensionierung wurde hier Abstand genommen, statt dessen das Gewicht G und dessen Hebelsarm g in bezug auf den Drehpunkt D gegeben. Der nächste Schritt wäre die Festlegung des Punktes A bzw. des Abstandes z unter Berücksichtigung konstruktiver Belange. Auch diese Wahl wurde vorweg getroffen und $z = 3{,}00$ m gegeben.

Beim Hochziehen der Klappe wirken nun drei Kräfte: der Zug Z in der Zugstange, der Wasserdruck W und das Gewicht G. Da Gleichgewichtszustand herrscht, besteht folgende Bestimmungsgleichung für D als Momentenpunkt:

$$\overset{\curvearrowright}{Z \cdot z} = \overset{\curvearrowleft}{W \cdot w} + \overset{\curvearrowleft}{G \cdot g}.$$

Daraus folgt
$$Z = \frac{W \cdot w + G \cdot g}{z}.$$

Bei Einsetzung der Zahlenwerte ergibt sich
$$Z = \frac{73{,}0 \cdot 1{,}42 + 1{,}20 \cdot 0{,}69}{3{,}00}$$
$$= \frac{103{,}7 + 0{,}83}{3{,}00}$$
$$= \mathbf{34{,}8\ t}.$$

Man erkennt, daß in diesem Falle das Eigengewicht auf die Größe des Stangenzuges keinen nennenswerten Einfluß ausübt.

Da, wie aus Abb. 14 ersichtlich, bei der Klappe ein einfacher Flaschenzug angeordnet ist, beträgt der Seilzug an der Aufzugswinde pro Klappenhälfte:
$$Z' = \frac{Z}{2} = \frac{34{,}8}{2} = \mathbf{17{,}4\ t}.$$

2. Segmentverschluß.

Hier handelt es sich zunächst darum, den Wasserdruck auf die gekrümmte Fläche BE zu ermitteln. Das geschieht, indem man dessen horizontale und vertikale Komponente sucht. Die Größe der horizontalen Druckkomponente auf eine gekrümmte Fläche ist dabei

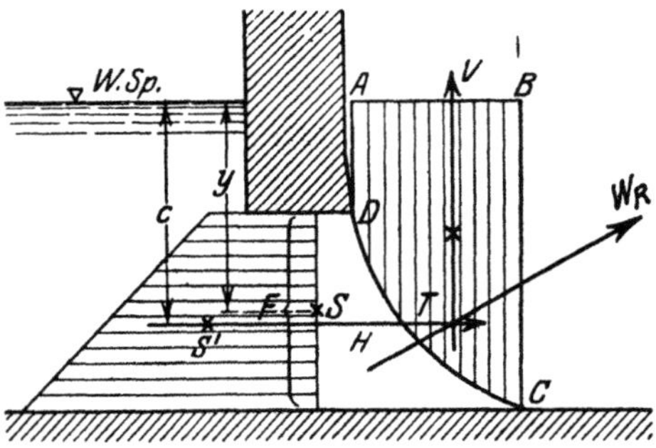

Abb. 15.

$$H = \gamma \cdot F \cdot y,$$

wenn F die Projektion der gekrümmten Fläche auf eine Ebene normal zur Richtung von H darstellt und y den Abstand des Schwerpunktes S dieser projizierten Fläche F vom Wasserspiegel bedeutet. In unserem Falle ist bei $\gamma = 1{,}0\ t/m^3$ die Größe von H pro 1 lfd. m Zylinderfläche dargestellt durch den Inhalt des Drucktrapezes. Der Angriffspunkt der Kraft H liegt natürlich wieder im Schwerpunkt S' des Drucktrapezes.

Die Größe der vertikalen Komponente des Wasserdruckes auf eine gekrümmte Fläche ist

$$V = \gamma \cdot \text{Rauminhalt von } ABCD.$$

In unserem Falle erfüllt das Wasser diesen Raum $ABCD$ nicht, deshalb ist V vertikal nach oben gerichtet. Der Angriffspunkt liegt im Schwerpunkt von $ABCD$. In den Fällen, wo die Bestimmung der Lage dieses Schwerpunktes auf rechnerischem oder zeichnerischem Wege Schwierigkeiten bereitet, hilft man sich mit dem mechanischen Probierverfahren durch Ausschneiden der Figur $ABCD$ aus Karton.

Die endgültige Zusammenfassung von H und V in einem Kräftedreieck liefert dann die gesuchte Wasserdruckresultierende W_R auf die gekrümmte Fläche CD nach Richtung und Größe. Seine Lage ist durch den Schnittpunkt T der Komponenten H und V festgelegt (vgl. Abb. 15).

Nachdem auf vorstehendem Wege die Aufgabe, den Wasserdruck auf die Segmentschütze zu bestimmen, bereits grundsätzlich gelöst ist, bietet die Zahlenrechnung für unser Beispiel keine Schwierigkeiten mehr.

Die Horizontalkomponente H wird:

$$H = \gamma \cdot F \cdot y.$$

Dabei ist

$$\gamma = 1{,}0\ \text{t/m}^3$$

$$F = 2{,}76 \cdot 2{,}40 = 6{,}62\ \text{m}^2$$

$$y = \frac{27{,}00 + 24{,}24}{2} = 25{,}62\ \text{m (vgl. Abb. 14).}$$

Daher

$$H = 1{,}0 \cdot 6{,}62 \cdot 25{,}62 = 170\ \text{t},$$

Abstand des Schwerpunktes S' des Drucktrapezes vom W.Sp. (Abb. 15)

$$c = h_o' + \frac{h_u' - h_o'}{3} \cdot \frac{2h_u' + h_o'}{h_u' + h_o'}.$$

$$c = 24{,}24 + \frac{2{,}76}{3} \cdot \frac{2 \cdot 27{,}00 + 24{,}24}{27{,}00 + 24{,}24}$$

$$= 24{,}24 + 1{,}40$$

$$= 25{,}64\ \text{m}.$$

Nunmehr ist die Horizontalkomponente H nach Größe, Angriffspunkt und Richtung eindeutig festgelegt.

Die Größe der vertikalen Druckkomponente V wird dargestellt durch ein Trapez und ein Kreisflächenstück. Unter Bezugnahme auf die Bezeichnungen in Abb. 14b und 15 ergibt sich:

$$\overline{FE} = h_o' - t = r \cdot \sin \varphi_a = 4{,}50 \cdot \sin 2^0\,50' = 0{,}22\,\text{m};$$

daher

$$t = 24{,}24 - 0{,}22 = 24{,}02\,\text{m};$$

$$\overline{FM} = f + a = r \cdot \cos \varphi_a = 4{,}50 \cdot \cos 2^0\,50' = 4{,}49\,\text{m};$$

$$\overline{GB} = r \cdot \sin \varphi_b = 4{,}50 \cdot \sin 41^0\,20' = 2{,}98\,\text{m};$$

$$\overline{GM} = a = \sqrt{r^2 - \overline{GB}^2} = \sqrt{4{,}50^2 - 2{,}98^2} = 3{,}37\,\text{m};$$

also

$$\overline{FG} = f = \overline{FM} - a = 4{,}49 - 3{,}37 = 1{,}12\,\text{m};$$

$$\overline{GH} = \overline{FE} \cdot \frac{a}{a+f} = 0{,}22 \cdot \frac{3{,}37}{3{,}37 + 1{,}12} = 0{,}17\,\text{m}.$$

Demnach Trapez:

$$\begin{aligned} F_1 &= \left(t + \frac{\overline{FE} + \overline{GH}}{2}\right) \cdot f \\ &= \left(24{,}02 + \frac{0{,}22 + 0{,}17}{2}\right) \cdot 1{,}12 \\ &= 27{,}2\,\text{m}^2. \end{aligned}$$

Flächenstück $EHB = F_2 =$ Sektor $EBM - \triangle HBM$

$$\begin{aligned} F_2 &= \frac{r^2 \pi (\varphi_a - \varphi_b)}{360^0} - \frac{1}{2} a \left[\overline{BG} - \overline{HG}\right] \\ &= \frac{4{,}50^2 \cdot 3{,}14 \cdot 38^0\,30'}{360^0} - \frac{3{,}37}{2} [2{,}98 - 0{,}17] \end{aligned}$$

$$F_2 = 6{,}8 - 4{,}73 = 2{,}07\,\text{m}^2,$$

$$V = \gamma (F_1 + F_2) \cdot b;$$

wenn b die Breite der Schütze, senkrecht zur Bildebene gemessen, ist; daher

$$V = 1{,}0 \cdot (27{,}2 + 2{,}07) \cdot 2{,}40 = 70{,}3\,\text{t}.$$

Nunmehr wäre der Schwerpunkt der Druckfigur für V zu ermitteln. In unserem Beispiel erübrigt sich dies, weil von vornherein bekannt ist, daß W_R durch M gehen muß. Denn die resultierenden Wasserdrücke auf jedes Flächenelement der Zylinderfläche der Schütze stehen jeweils normal zum zugehörigen Flächenelement, decken sich also mit der Richtung des zugehörigen Halbmessers und gehen somit durch M. Daher muß auch der Gesamtwasserdruck W_R durch M gehen.

Die Größe von W_R wird nun:

$$W_R = \sqrt{H^2 + V^2} = \sqrt{170^2 + 70{,}3^2} = 184{,}0\,\mathrm{t}.$$

Aus dem Kräftedreieck JKL (Abb. 14b) ergibt sich die Richtung von W_R und durch die Lage des Drehpunktes M der Segmentschütze die Lage von W_R. V geht dann durch den Schnittpunkt von W_R und H.

Da W_R durch den Drehpunkt M geht, ist das Moment dieser Kraft in bezug auf M gleich Null. Deshalb muß auch das Moment der Seilzugkraft in bezug auf diesen Punkt M als Momentenpunkt gleich Null sein, d. h. es muß — da der Hebelsarm nicht Null wird — die Seilkraft zu Null werden. Es ist mit anderen Worten beim Hochziehen der Schütze lediglich das Schützengewicht und die Reibung in den Drehgelenken M zu überwinden. Für die Aufzugskraft spielt die Größe des Wasserdruckes W_R nur eine mittelbare Rolle, indem letztere in der Größe der Reibung zahlenmäßigen Ausdruck findet.

Aufgabe 6.

Die Strompfeiler einer neu zu erstellenden Brücke im Mündungsgebiet eines Stromes sollen mittels Caissons gegründet

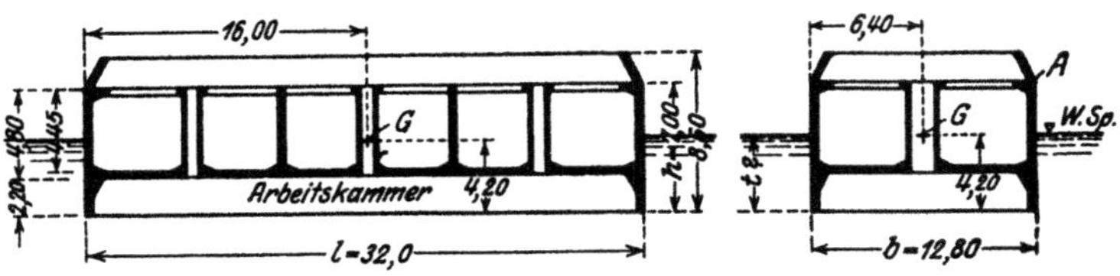

Abb. 16. *G* Lage des Caissonschwerpunktes.

werden. Die gewählten Eisenbetoncaissons zeigen die in Abb. 16 eingetragenen Hauptabmessungen. Beim Anschleppen der Caissons zur Verwendungsstelle ist mit einem Durchschnittsgewicht von 4,38 t pro m² Caissongrundriß zu rechnen. Es ist zu prüfen, ob die Caissons schwimmfähig sind und ob die Gefahr des Kenterns z. B. bei Wellengang gegeben ist! Welches ist bezüglich der Gefahr des Kenterns der Grenzwert für die Caissonbreite?

(Zur Vereinfachung sei angenommen, daß in der Arbeitskammer des Caissons ein Überdruck herrscht, welcher gleich ist dem Gewicht einer Wassersäule von der Größe der Eintauchtiefe!)

Graphische Darstellung des Kräftespiels, wenn der Caisson so schief geneigt ist, daß die Kante A (vgl. Abb. 16) den Wasserspiegel berührt, und zwar

a) für $b = 12{,}80$ m,

b) für $b = 8{,}00$ m.

Lösung.

Wenn der Caisson schwimmfähig sein soll, dann müßte im Grenzfall, d. h. beim Eintauchen bis zum Bordrand, der Auftrieb oder die Wasserverdrängung gerade gleich dem Caissongewichte sein. Ist der Auftrieb größer als das Gewicht, dann steigt der Caisson so lange, bis Auftrieb und Gewicht gleich groß sind. In unserem Falle beträgt das Gewicht pro m² 4,38 t. Im Schwimm-Gleichgewichtszustand muß der Auftrieb gleich groß sein, also auch 4,38 t betragen. Dies ist der Fall für eine Tauchtiefe von $t = 4{,}38$ m bei $\gamma = 1{,}0$ t/m³ spez. Gewicht des Wassers. Da diese Tauchtiefe t wesentlich kleiner ist als die Caissonhöhe, ist die Schwimmfähigkeit gewährleistet.

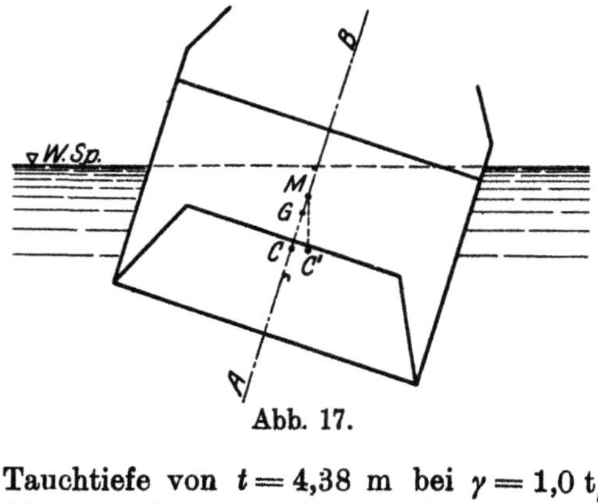

Abb. 17.

Die Gefahr des Kenterns ist ausgeschaltet, wenn der Abstand des Metazentrums vom Angriffspunkt des Auftriebes $\geqq$ dem Abstand des Systemschwerpunktes vom Angriffspunkt des Auftriebes ist.

In Abb. 17 bedeuten

G = Schwerpunkt des Caissons,

C = Schwerpunkt des verdrängten Flüssigkeitsvolumens in der Ruhelage, d. h. bei lotrechter Lage der Schwerpunktsachse AB (C also Angriffspunkt des Auftriebes für diese Lage),

C' = Schwerpunkt des verdrängten Flüssigkeitsvolumens in der dargestellten schiefen Lage des Caissons, also auch Angriffspunkt des Auftriebes für diese schiefe Lage des Caissons,

M = Metazentrum, erhalten als Schnittpunkt des Lotes durch C' mit der Achse AB.

Der Abstand des Metazentrums vom Angriffspunkt des Auftriebes ist bekanntlich gegeben durch die Beziehung

$$\overline{MC} = \frac{\Theta_x}{V} = \frac{\text{Trägheitsmoment der horiz. Querschnittsfläche in bezug auf die längere Achse}}{\text{Wasserverdrängung}}$$

$$\overline{MC} = \frac{\frac{l \cdot b^3}{12}}{b \cdot l \cdot t}.$$

Dabei ist die Bedeutung der Größen b, l und t aus Abb. 16 ersichtlich:

$$\overline{MC} = \frac{b^2}{12\,t}.$$

Für $b = 12{,}80$ m und $t = 4{,}38$ m wird

$$\overline{MC} = \frac{12{,}80^2}{12 \cdot 4{,}38} = 3{,}10 \text{ m}.$$

Der Abstand des Systemschwerpunktes G vom Angriffspunkt C des Auftriebes ist:

$$\overline{GC} = 4{,}20 - \frac{4{,}38}{2} = 2{,}01 \text{ m}.$$

Da demnach $\overline{MC}$ größer als $\overline{GC}$ ist, kommt die Gefahr des Kenterns nicht in Frage.

Der Grenzfall des Kenterns wäre gegeben, wenn $\overline{MG} = \overline{GC}$ würde:

$$\overline{MC} = \overline{GC} = 2{,}01 = \frac{Q_x}{V} = \frac{b^2}{12 \cdot t} = \frac{b^2}{52{,}5};$$

daraus

$$b^2 = 2{,}01 \cdot 52{,}5$$

und

$$b = \mathbf{10{,}3}\ \text{m}.$$

Für $b \leqq 10{,}3$ m fehlt demnach die Stabilität gegen Kentern.

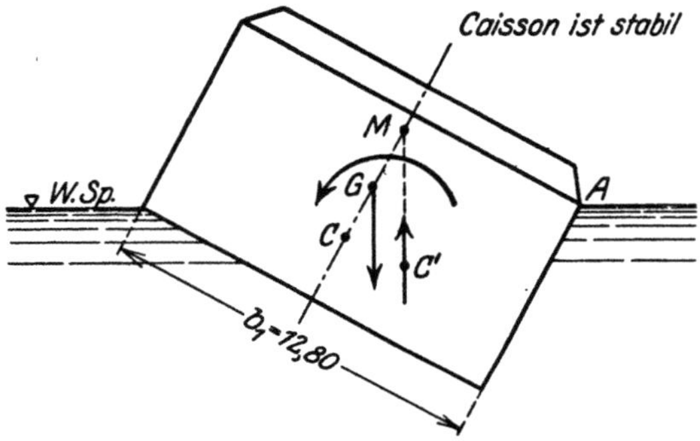

Abb. 18.

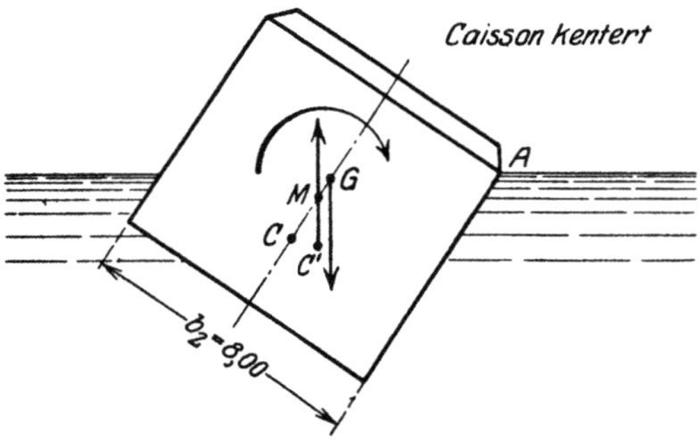

Abb. 19.

In den Abb. 18 und 19 ist für die Caissonbreiten $b_1 = 12{,}80$ m und $b_2 = 8{,}00$ m das Kräftespiel dargestellt. Es zeigt in Abb. 18 ein Stabilitätsmoment, welches den Caisson in die ursprünglich horizontale Lage zurückdreht, während in Abb. 19 ein Moment entsteht, welches den Caisson zum Kentern bringt.

B. Hydrodynamische Aufgaben.

Aufgabe 7.

Es soll für ein bestimmtes Flußprofil festgestellt werden, welche mittlere Profilgeschwindigkeit v daselbst herrscht und welche Wassermenge Q pro sec durch dieses Profil durchfließt, wenn der in der Nähe befindliche Pegel einen Stand von — 60 cm aufweist. An Unterlagen stehen zur Verfügung die maßstäbliche Auftragung des Meßprofils und die graphische Auftragung der Flügelmessungsergebnisse für 16 Peilstellen dieses Flußprofils. (Von den Darstellungen in Abb. 20a u. b sind demnach als gegeben zu betrachten das Flußprofil ohne die Geschwindigkeitskurven v_0' und v_m' und die Vertikalgeschwindigkeitskurven ohne die zugehörigen mittleren Geschwindigkeiten v_m'.)

Lösung.

Zunächst bedarf es einer Erläuterung der gegebenen Größen. Diese soll auf dem Wege einer kurzen Skizzierung ihrer Entstehung gegeben werden.

Als erstes wurde an Ort und Stelle bei dem verlangten Pegelstand von — 60 cm das fragliche Profil mit Meßdrahtseil (Peilseil) und Peilstange aufgenommen (vgl. Querprofil Abb. 20a ohne die darüber gezeichneten Geschwindigkeitskurven). Nachdem so ein Bild über den Verlauf der Sohle gewonnen war, wurden die Profilvertikalen 0, I, II, ... bis XV festgelegt, in denen Flügelmessungen vorgenommen werden sollten. Aus den in Abb. 20b gegebenen Vertikalgeschwindigkeitskurven ist jeweils zu entnehmen, wieviel Messungen bzw. in welchen Tiefen sie in jedem der Lote 0 bis XV ausgeführt wurden. Aus der Flügelgleichung des benutzten Meßflügels oder rascher aus dessen Flügelkurve, welche die Beziehung zwischen der sekundlichen Umdrehungszahl des Flügels und der Wasser-

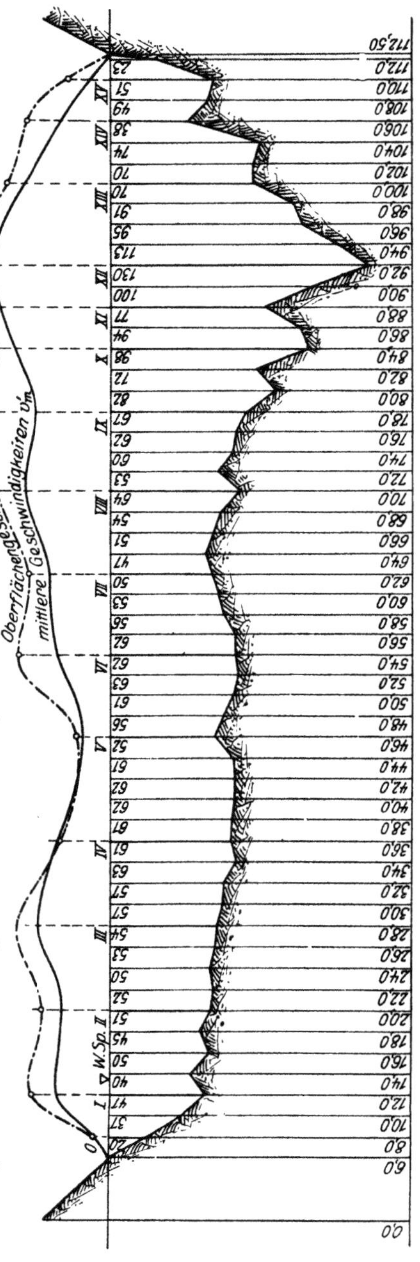

Maßstab des Profils: Längen 1 : 750; Höhen 1 : 37,5
" der Geschwindigkeiten 1 cm = 30 cm/sec.

Abb. 20a. Geschwindigkeiten in einem natürlichen Flußprofil.

geschwindigkeit v' darstellt, ergaben sich dann die Geschwindigkeitswerte v'. Trägt man nun an jeder der Meßvertikalen 0 bis XV diese Werte v' in der zugehörigen Wassertiefe normal zum Lot auf und verbindet die so erhaltenen Punkte durch eine Kurve, so erhält man die Vertikalgeschwindigkeitskurven. Auf diese Weise sind die in vorliegender Aufgabe gegebenen und in Abb. 20b dargestellten Vertikal-Geschwindigkeitskurven entstanden.

Man erkennt sofort die große Unregelmäßigkeit, welche hinsichtlich der Größe der Geschwindigkeiten an den verschiedenen Stellen des untersuchten Wasser-Querschnitts herrscht. Die Geschwindigkeiten ändern sich nicht nur mit der Tiefe, sondern auch mit dem Abstand von den Ufern. Wenn dafür nun auch keine absolute Gesetzmäßigkeit besteht, welche sich ein für allemal scharf mathematisch ausdrücken läßt, so zeigt sich immerhin einwandfrei der Einfluß der Rei-

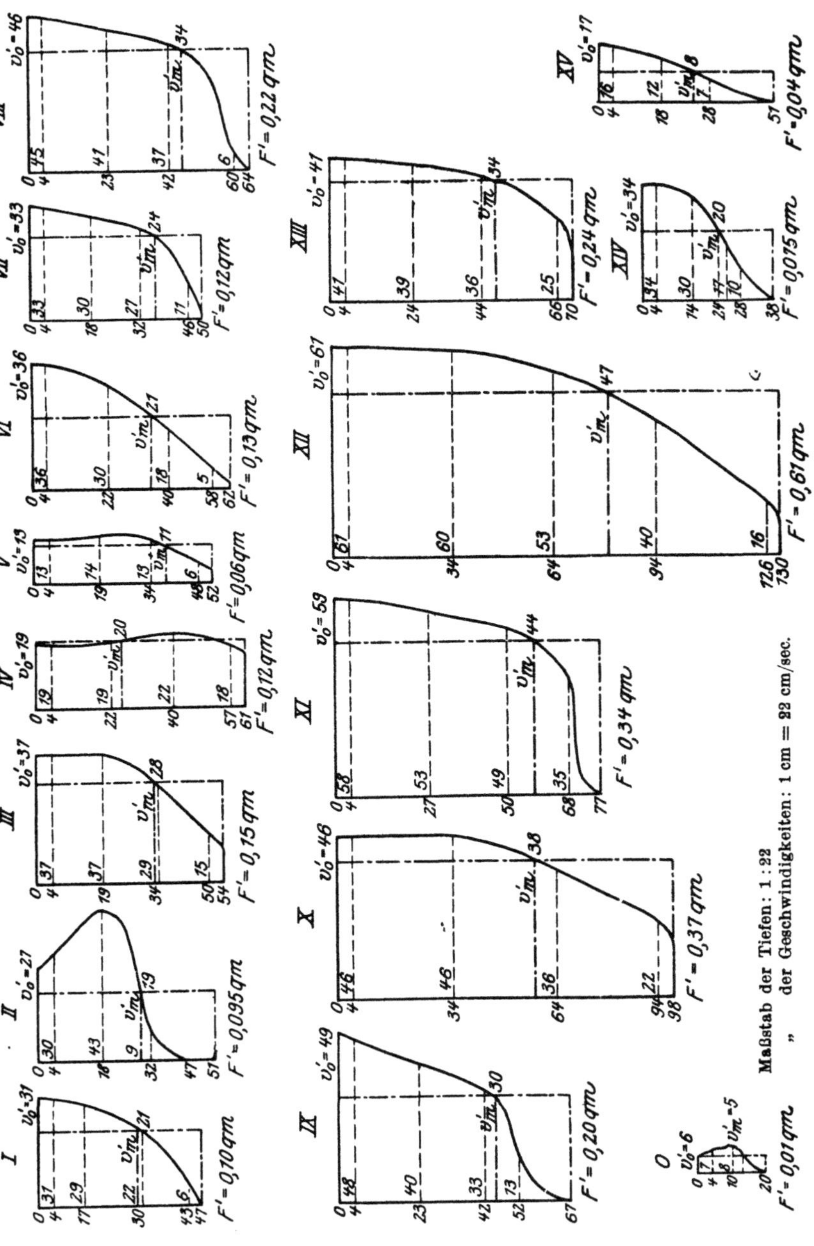

Maßstab der Tiefen: 1 : 22
" der Geschwindigkeiten: 1 cm = 22 cm/sec.

Abb. 20 b. Vertikalgeschwindigkeits-Kurven.

bung der Sohle und der Uferböschungen auf die Größe der Geschwindigkeit der einzelnen Wasserfäden. Denn nach unten und nach den Ufern zu nehmen die Geschwindigkeiten ausnahmslos ab. Außerdem ergibt sich die geringste Oberflächengeschwindigkeit an der seichtesten Stelle, die größte an der tiefsten Stelle.

Sehr anschaulich kommen diese eben skizzierten Tatsachen in Abb. 21, welche für das zur Untersuchung stehende Querprofil die Linien gleicher Geschwindigkeit (Isotacheen) zeigt,

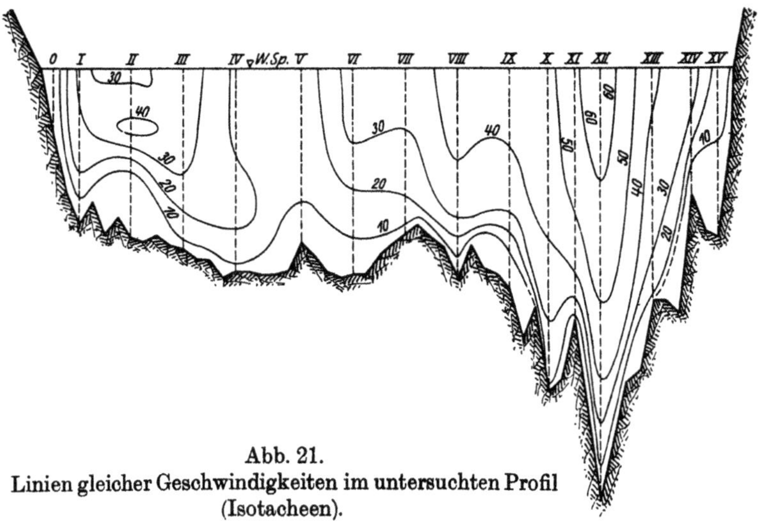

Abb. 21.
Linien gleicher Geschwindigkeiten im untersuchten Profil (Isotacheen).

zum Ausdruck. Es ist notwendig, sich dieses Strömungsbild einzuprägen und an dessen Unregelmäßigkeiten zu denken, wenn in den späteren Aufgaben mit einer mittleren Profilgeschwindigkeit v gerechnet wird und wenn dabei die Verluste für Reibung und innere Wirbelung Berücksichtigung finden. — —

Wir sind in unserer Betrachtung bis zur Auftragung der *Vertikalgeschwindigkeitskurven* gekommen. In der Praxis wird nun mit diesen vielen verschiedenen Werten v' nicht gerechnet. Man faßt sie vielmehr zu einer mittleren Geschwindigkeit v zusammen und legt dabei die Vorstellung zugrunde, daß sich der ganze Wasserkörper, welcher durch das Profil begrenzt ist, als Ganzes mit dieser mittleren Geschwindigkeit v durch das Profil schiebt.

Um dieses gedachte v zu ermitteln, verfahren wir wie folgt: Zunächst bilden wir für jede Meßvertikale des Profils, also für die jeweiligen v' der Lote 0 bis XV die mittleren Geschwindigken v'_m. Wir planimetrieren zu diesem Behufe die Flächen, welche von der Vertikalgeschwindigkeitskurve und dem zugehörigen Peillot gebildet sind, erhalten damit die Werte F' der Abb. 20b und dividieren diese durch die zugehörige Peiltiefe. Der Quotient gibt jeweilig das gesuchte v'_m. (Wir verwandeln mit anderen Worten diese Flächen F' in flächengleiche Rechtecke, deren Höhen gleich den Peiltiefen und deren Breiten gleich den gesuchten v'_m sind.) Damit gelangen wir für unser Beispiel zu 16 Werten v'_m. Deren Auftragung über dem Meßprofil in Abb. 20a ergibt die Kurve der mittleren Geschwindigkeiten v'_m. Um von diesen 16 Werten v'_m auf die mittlere Profilgeschwindigkeit v zu kommen, lassen sich verschiedene Wege einschlagen. Hier sei nachstehend beschriebenes Verfahren gewählt!

Wir denken uns den ganzen Wasserquerschnitt in ebenso viele Streifen zerlegt, als Meßlote (oder v'_m-Werte) vorhanden sind. Dann gehört zu jedem Meßlot (zu jedem v'_m-Wert) ein solcher Streifen. Die obere und untere Begrenzung eines solchen Streifens bildet jeweils der Wasserspiegel und die Sohle. Beiderseits wird ein solcher Streifen begrenzt von den Loten, welche den Abstand der in Frage kommenden Meßvertikalen von den beiden benachbarten halbiert. Z. B. wird der Streifen,

Tabelle 1.

Profilabschnitt	0	I	II	III	IV	V	VI	VII	VIII	IX	X	XI	XII	XIII	XIV	XV	$\Sigma f'$ bzw. $\Sigma q'$
t'_m	0,19	0,44	0,50	0,54	0,61	0,59	0,61	0,55	0,56	0,69	0,86	0,90	1,10	0,80	0,57	0,37	
b'	4,00	6,00	8,00	8,00	9,00	9,00	8,00	8,00	8,00	7,00	5,00	4,00	6,00	7,00	5,00	4,50	
f'	0,76	2,60	3,97	4,35	5,48	5,30	4,85	4,44	4,52	4,85	4,30	3,62	6,58	5,61	2,87	1,64	65,74
v'_m	0,05	0,21	0,19	0,28	0,20	0,11	0,21	0,24	0,34	0,30	0,38	0,44	0,47	0,34	0,20	0,08	
q'	0,038	0,546	0,753	1,220	1,096	0,581	1,020	1,064	1,536	1,455	1,628	1,600	3,100	1,960	0,575	0,132	18,304

welcher zum Meßlot VIII gehört, begrenzt von den Loten, welche den Abstand VII bis VIII und VIII bis IX halbieren. Man erhält so eine Fläche vom Ausmaß f'_{VIII}. Diesem Streifen f'_{VIII} entspricht die mittlere Geschwindigkeit ${}_{\mathrm{VIII}}v'_m$. Wir stellen uns nun vor, daß sich bei VIII ein Wasserprisma vom Querschnitt gleich der Lage, Form und dem Ausmaß des Streifens VIII (also $= f'_{\mathrm{VIII}}$) mit der Geschwindigkeit ${}_{\mathrm{VIII}}v'_m$ abwärts schiebt. Das heißt: es fließt durch den Streifen VIII eine Wassermenge von $f'_{\mathrm{VIII}} \cdot {}_{\mathrm{VIII}}v'_m = q'_{\mathrm{VIII}} = \mathrm{m}^3/\mathrm{sec}$. Dieses Verfahren wird auf alle Flächenstreifen f' angewendet und damit für jeden derselben der zugehörige Wert q' gefunden. Die Summierung sämtlicher Werte q' führt dann auf die Gesamtwassermenge, welche pro sec durch das ganze Meßprofil hindurchgeht. Der Quotient aus der sekundlichen Wassermenge $\Sigma q' = Q$ und dem Gesamtwasserquerschnitt $\Sigma f' = F$ gibt dann die mittlere Profilgeschwindigkeit v; also

$$v = \frac{\Sigma q'}{\Sigma f'} = \frac{Q}{F}\ \mathrm{m/sec}.$$

In der umstehenden Tabelle 1 ist diese Rechnung durchgeführt.

Es herrscht demnach in dem untersuchten Flußprofil eine mittlere Profilgeschwindigkeit

$$v = \frac{\Sigma q'}{\Sigma f'} = \frac{Q}{F} = \frac{18{,}304}{65{,}74} = 0{,}28\ \mathrm{m/sec},$$

bei einem Wasserführungsvermögen von $18{,}304\ \mathrm{m}^3/\mathrm{sec}$.

I. Unveränderliche Wasserbewegung.

1. Gleichförmige Wasserbewegung.

a) Offene Gerinne.

Aufgabe 8.

1. Für das in Abb. 22 beschriebene Maulprofil ($r = 1{,}30$ m) sind die Kurven der Geschwindigkeiten v und der sekundlichen Abflußmengen Q für einen zwischen Sohle und Scheitel schwankenden Wasserstand bei einem Sohlgefälle von $J = 1:500$ und gleichförmiger Wasserbewegung zu berechnen und aufzuzeichnen!

Die Berechnung ist durchzuführen:

a) mit der neuen Bazinschen Formel ($\gamma = 0{,}20$),

b) mit der Formel nach Ganguillet-Kutter ($n = 0{,}014$).

[Die Rauhigkeitsbeiwerte γ und n beziehen sich etwa auf „unverputzten, glatten Feinbeton".]

2. Wie groß müßte der Radius eines Kreisprofiles sein, wenn es bei dem oben gegebenen Sohlgefälle $J = 1:500$, bis zum Scheitel gefüllt, die gleiche Wassermenge Q fördern soll, wie das vorstehend gegebene Maulprofil bei ganzer Füllung? Dabei soll zu dieser Ermittlung für beide Profile der Geschwindigkeitsbeiwert durch die sogenannte kleine Kuttersche Formel

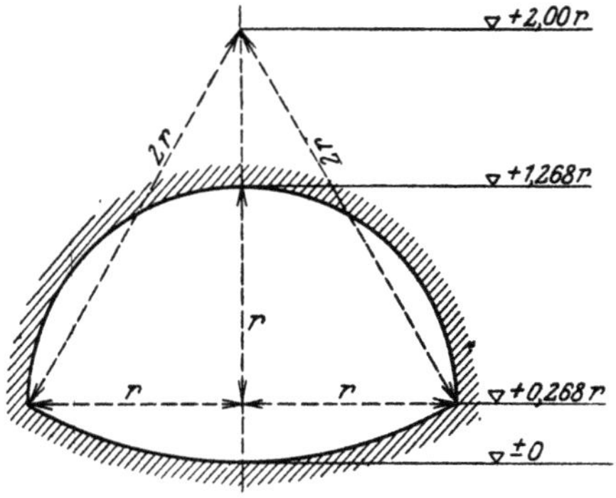

Abb. 22.

$$c = \frac{100 \cdot \sqrt{R}}{m + \sqrt{R}}$$ mit $m = 0{,}35$ ausgedrückt werden!

Lösung.

Zu 1. Wenn hier und in der Folge von Geschwindigkeiten schlechthin die Rede ist, so wird darunter stets die mittlere Profilgeschwindigkeit des in Frage stehenden Wasserquerschnitts verstanden, wie sie in Aufgabe 7 für ein natürliches Flußprofil ermittelt wurde. Wir wissen ja bereits, daß es sich hierbei um eine gedachte Geschwindigkeitsgröße handelt.

Diese Geschwindigkeitsgröße hängt nun ab:

1. vom Gefälle,
2. von der Größe und Form des Gerinnes,
3. von der Rauhigkeit der Gerinnewandung.

Für künstliche Gerinne mit durchweg gleichmäßigen Profilverhältnissen[1]) (zum Unterschied von natürlichen, unregulierten

[1]) Zur weiteren Erläuterung dieser Bedingung vgl. Aufgabe 15.

Flußläufen) hat man diesen Zusammenhang in folgende mathematische Form gekleidet:

$$v = c\sqrt{R \cdot J}.$$

Darin bedeuten

J = Spiegelgefälle;

R = hydraulischer Radius; er ergibt sich aus der Beziehung $R = \frac{F \text{ m}^2}{p \text{ m}}$, wobei F = Wasserquerschnitt in m^2 und p = benetzter Umfang in m;

c = Geschwindigkeitsbeiwert.

Die Größen R bzw. F und p sind reine Formgrößen; ebenso J, weil es sich in unserem Fall um gleichförmige Wasserbewegung handelt, bei welcher das Spiegelgefälle gleich ist dem Sohlgefälle.

Die Größe c (= Geschwindigkeitsbeiwert) ist in erster Linie abhängig von der Rauhigkeit des Bettes, d. h. abhängig vom Sohlen- und Böschungsmaterial; in zweiter Linie ist c eine Funktion vom hydraulischen Radius, d. h. eine Funktion von der Größe des Wasserquerschnitts und von der Form des Gerinnequerschnittes $\left(R = \frac{F}{p}\right)$.

Bazin hat dafür diese empirische Formel aufgestellt:

$$c = \frac{87}{1 + \frac{\gamma}{\sqrt{R}}}.$$

γ ist der Rauhigkeitsbeiwert. Man hat seine Größe für verschiedene Materialien durch Messungen und Versuche zu bestimmen versucht und für seine handliche Benutzung Tabellen angelegt (vgl. Anhang, Tafel 1).

Ganguillet-Kutter gingen noch einen Schritt weiter, indem sie c auch noch vom Rinngefälle J abhängig machten.

Sie ermittelten folgende Formel auf dem empirischen Wege:

$$c = \frac{23 + \frac{1}{n} + \frac{0{,}00155}{J}}{1 + \left(23 + \frac{0{,}00155}{J}\right) \cdot \frac{n}{\sqrt{R}}}.$$

J und R haben hierin die gleiche Bedeutung wie oben. n ist der Rauhigkeitsbeiwert, für welchen ebenfalls eine Klassifikation entsprechend den verschiedenen Gerinnematerialien getroffen wurde (vgl. Anhang, Tafel 2). Der verschiedenen Konstruktion der Formeln für c entsprechend, müssen natürlich auch die Werte γ und n für ein und dasselbe Rinnsal verschieden sein.

An dieser Stelle sei auch gleich noch die in Frage 2) erwähnte „abgekürzte Kuttersche" Formel für c aufgeführt. Sie lautet:

$$c = \frac{100 \cdot \sqrt{R}}{m + \sqrt{R}} .$$

m ist der Rauhigkeitskoeffizient, bedeutet also das Analoge wie γ und n.

Man erkennt, daß dieser letztere Ausdruck für den Geschwindigkeitsbeiwert genau so aufgebaut ist, wie das Bazinsche c, wenn man dieses entsprechend umformt[1]). Die Erhöhung des Koeffizienten 87 im Zähler auf 100 bedingt natürlich auch ein m, das — für das gleiche Bettmaterial — von γ verschieden und zwar größer ist als dieses.

In der vorliegenden Aufgabe ist nun zunächst nach den Geschwindigkeiten für verschiedene Fülltiefen gefragt. Da die Profilform gegeben und durch die Bedingung $r = 1{,}30$ m zahlenmäßig festgelegt ist, da ferner J und γ bzw. n gegeben sind, kann für jede gedachte Fülltiefe der zugehörige Wasserquerschnitt F und der zugehörige benetzte Umfang p, und damit R ermittelt werden. Aus γ und R (Bazin), bzw. aus n, R und J (Ganguillet-Kutter) ergibt sich das entsprechende c und so letzten Endes die gesuchte Geschwindigkeit v aus

$$v = c \cdot \sqrt{R \cdot J} \text{ m/sec} .$$

Da sich diese Rechnung für jede gewählte Fülltiefe wiederholen läßt, entspricht somit jeder Fülltiefe eine ganz bestimmte Geschwindigkeit.

---

[1]) $c = \dfrac{87}{1 + \dfrac{\gamma}{\sqrt{R}}} = \dfrac{87 \cdot \sqrt{R}}{\gamma + \sqrt{R}}$ (nach Bazin).

Die Wassermenge Q ist — wie wir bereits in der vorigen Aufgabe gesehen haben — eine Funktion des Wasserquerschnitts F und der Wassergeschwindigkeit v, ausgedrückt durch die Beziehung

$$Q = F \cdot v \text{ m}^3/\text{sec}.$$

Da jedem Füllungsgrad, d. h. also jeder Fülltiefe ein bestimmter Wasserquerschnitt F und eine bestimmte mittlere Profilgeschwindigkeit v zukommt, ergibt sich auch für jede Fülltiefe eine ganz bestimmte Wassermenge Q, welche mittels obiger Beziehung ohne weiteres berechnet werden kann.

Somit ist die Frage 1) dieser Aufgabe im Prinzip gelöst.

Zur praktischen Durchführung der Zahlenrechnung wählen wir uns von den unendlich vielen möglichen Fülltiefen zwischen Fülltiefe 0 und Füllung bis zum Scheitel folgende aus:

Profil leer;	Wasserspiegelkote	± 0
	"	$+ 0{,}116$
	"	$+ 0{,}232$
	"	$+ 0{,}348$
	"	$+ 0{,}648$
	"	$+ 0{,}948$
	"	$+ 1{,}148$
	"	$+ 1{,}348$
	"	$+ 1{,}548$
Profil voll;	"	$+ 1{,}648$

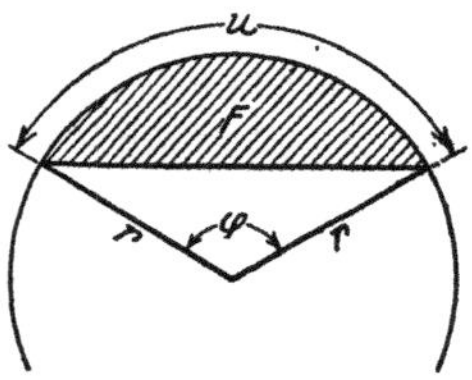

Abb. 23.

Zur Berechnung der F und p gehen wir am zweckmäßigsten von den Kreissegmenten aus. Allgemein gilt:

$$F = \frac{1}{2} r^2 \left(\frac{\varphi^0 \cdot \pi}{180^0} - \sin \varphi \right) = a \, (b \cdot \varphi^0 - \sin \varphi)$$

$$U = \frac{\varphi^0 \cdot \pi}{180} \cdot r = c \cdot \varphi^0.$$

a, b und c sind hierbei festgegebene Größen für alle vorkommenden Kreissegmente F und Kreisbögen U; oberhalb Kote $+ 0{,}348$ wird:

$$a = \frac{1{,}3^2}{2} = 0{,}84; \quad b = \frac{\pi}{180^0} = 0{,}0174;$$

$$c = \frac{\pi \cdot 1{,}3}{180^0} = 0{,}0227.$$

Unterhalb Kote + 0,348 werden diese Zahlengrößen

$$a = \frac{2{,}6^2}{2} = 3{,}38; \quad b = 0{,}0174; \quad c = \frac{\pi \cdot 2{,}60}{180^0} = 0{,}0454\,.$$

Berechnung von F und U.

Zwischen den Spiegelkoten	$\cos\frac{\varphi}{2}$	$\frac{\varphi}{2}$	φ	$\sin\varphi$	F m²	U m
1,648 und 1,548	$\frac{1{,}2}{1{,}3} = 0{,}922$	22° 47′	45° 34′	0,714	0,07	1,03
1,648 „ 1,348	$\frac{1{,}0}{1{,}3} = 0{,}7696$	39° 40′	79° 20′	0,983	0,338	1,80
1,648 „ 1,148	$\frac{0{,}8}{1{,}3} = 0{,}6155$	52° 0′	104° 0′	0,970	0,715	2,36
1,648 „ 0,948	$\frac{0{,}6}{1{,}3} = 0{,}4615$	62° 30′	125° 0′	0,819	1,142	2,84
1,648 „ 0,648	$\frac{0{,}3}{1{,}3} = 0{,}2307$	76° 40′	153° 20′	0,449	1,874	3,44
1,648 „ 0,348 (Halbkreis)	0	90° 0′	180° 0′	0	2,660	4,08
± 0 und 0,116	$\frac{2{,}484}{2{,}6} = 0{,}956$	17° 0′	34° 0′	0,559	0,108	1,54
± 0 „ 0,232	$\frac{2{,}368}{2{,}6} = 0{,}9103$	24° 30′	49° 0′	0,755	0,338	2,22
± 0 „ 0,348	$\frac{2{,}252}{2{,}6} = 0{,}8680$	29° 46,4′	59° 33′	0,862	0,602	2,71

Daraus Gesamtwasserquerschnitt bei voller Füllung (W.Sp.K. 1,648) und benetzter Umfang:

$$F = 0{,}602 + 2{,}66 = 3{,}262 \text{ m}^2,$$
$$p = 2{,}71 + 4{,}08 = 6{,}79 \text{ m};$$

do. bei Füllung bis 0,10 m unter Scheitel (W.Sp.K. 1,548)

$$F = 3{,}262 - 0{,}07 = 3{,}192 \text{ m}^2,$$
$$p = 6{,}79 - 1{,}03 = 5{,}76 \text{ m};$$

do. bei Füllung bis 0,30 m unter Scheitel (W.Sp.K. 1,348)

$$F = 3{,}262 - 0{,}338 = 2{,}924 \text{ m}^2,$$
$$p = 6{,}79 - 1{,}8 = 4{,}99 \text{ m}$$

usw.

Weitere Berechnung der v und Q siehe Tafel 2, die Auftragung der Ergebnisse Abb. 24.

Tabelle 2.

Tabelle zur Berechnung der v und Q (Aufgabe 8).

Wassersp. im Profil (Profilfüllung)	Wasserquerschnitt F m²	Benetzter Umfang p m	Hydr. Radius R m	$\sqrt{R}$	$\sqrt{J}$	$\sqrt{R\cdot J}$	Nach Bazin $1+\frac{\gamma}{\sqrt{R}}$	Nach Bazin c_b [1]	v_b [2] m/sec	Q_b [3] m³/sec	Nach Ganguillet-Kutter Zähler [4]	Nach Ganguillet-Kutter $\frac{n}{\sqrt{R}}$	Nach Ganguillet-Kutter Nenner [5]	Nach Ganguillet-Kutter c_g [6]	v_g [7] m/sec	Q_g [8] m³/sec
1,648	3,262	6,79	0,481	0,694	0,0447	0,0310	1,288	67,6	2,10	6,85	95,175	0,0202	1,480	64,4	1,99	6,50
1,548	3,192	5,76	0,554	0,744	0,0447	0,0332	1,269	68,6	2,28	7,28	95,175	0,0188	1,447	65,8	2,18	6,95
1,348	2,924	4,99	0,587	0,766	0,0447	0,0342	1,261	68,9	2,35	6,87	95,175	0,0183	1,435	66,4	2,27	6,65
1,148	2,547	4,43	0,575	0,758	0,0447	0,0339	1,264	68,8	2,33	5,94	95,175	0,0185	1,440	66,1	2,24	5,70
0,948	2,120	3,95	0,537	0,733	0,0447	0,0328	1,273	68,3	2,24	4,75	95,175	0,0191	1,454	65,5	2,15	4,56
0,648	1,388	3,35	0,414	0,644	0,0447	0,0288	1,311	66,3	1,91	2,65	95,175	0,0218	1,518	62,8	1,81	2,51
0,348	0,602	2,71	0,222	0,471	0,0447	0,0210	1,424	61,0	1,28	0,77	95,175	0,0297	1,705	55,8	1,17	0,65
0,232	0,338	2,22	0,152	0,390	0,0447	0,0174	1,512	57,5	1,00	0,34	95,175	0,0359	1,852	51,3	0,89	0,30
0,116	0,108	1,54	0,070	0,265	0,0447	0,0118	1,755	49,5	0,58	0,06	95,175	0,0528	2,254	42,2	0,50	0,05
± 0	0	0	0	0	0,0447	0	∞	0	0	0	95,175	∞	∞	0	0	0

Bemerkungen:

1) $c_b = \frac{87}{1+\frac{\gamma}{\sqrt{R}}}$ für $\gamma = 0{,}20$.

2) $v_b = c_b \cdot \sqrt{R\cdot J}$ m/sec.

3) $Q_b = v_b \cdot F$ m³/sec.

4) $\text{Zähler} = 23 + \frac{1}{n} + \frac{0{,}001\,55}{J}$ für $n = 0{,}014$ und $J = 0{,}002$.

5) $\text{Nenner} = 1 + \left(23 + \frac{0{,}001\,55}{J}\right) \cdot \frac{n}{\sqrt{R}}$.

6) $c_g = \frac{23 + \frac{1}{n} + \frac{0{,}001\,55}{J}}{1 + \left(23 + \frac{0{,}001\,55}{J}\right)\cdot \frac{n}{\sqrt{R}}} = \frac{\text{Zähler}}{\text{Nenner}}$

7) $v_g = c_g \cdot \sqrt{R\cdot J}$ m/sec.

8) $Q_g = v_g \cdot F$ m³/sec.

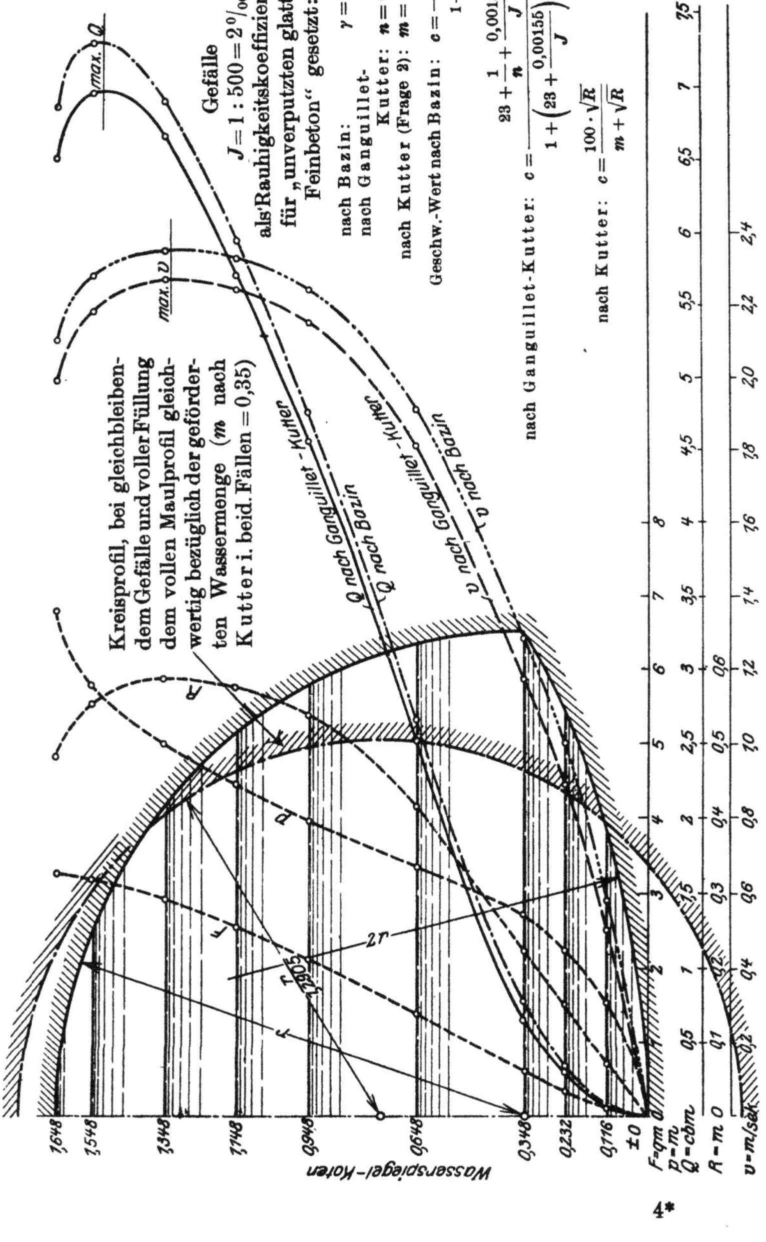

Abb. 24. Veränderung der Geschwindigkeit und Wassermenge bei wechselndem Wasserstand in einem Maulprofil. $r = 1{,}30$ m.

Zu 2. Es ist gefragt, wie groß der Radius eines dem Maulprofil gleichwertigen Kreisprofiles sein müßte, wenn bei unveränderlichem Gefälle und unveränderlichem Rauhigkeitsbeiwert durch beide Profile — vollgefüllt — die gleiche Wassermenge pro Sekunde durchgehen soll.

Die Bedingungsgleichung ist hierfür:

$$Q_M = Q_{Kr},$$

wobei sich der Index *M* auf das Maulprofil, *Kr* auf das Kreisprofil bezieht.

Da

$$Q_M = v_M \cdot F_M = c_M \cdot \sqrt{R_M \cdot J} \cdot F_M$$

und

$$Q_{Kr} = v_{Kr} \cdot F_{Kr} = c_{Kr} \cdot \sqrt{R_{Kr} \cdot J} \cdot F_{Kr},$$

ergibt sich bei Division mit der konstanten Größe $\sqrt{J}$

$$\frac{Q_M}{\sqrt{J}} = c_M \cdot \sqrt{R_M} \cdot F_M \quad \text{und} \quad \frac{Q_{Kr}}{\sqrt{J}} = c_{Kr} \cdot \sqrt{R_{Kr}} \cdot F_{Kr},$$

d. h. wegen $\frac{Q_M}{\sqrt{J}} = \frac{Q_{Kr}}{\sqrt{J}}$ ist auch

$$c_M \cdot \sqrt{R_M} \cdot F_M = c_{Kr} \cdot \sqrt{R_{Kr}} \cdot F_{Kr}.$$

Die Größen, welche sich auf das Maulprofil beziehen und den Index *M* zeigen, sind bekannt, so daß die linke Seite der Gleichung ergibt:

$$c_M \cdot \sqrt{R_M} \cdot F_M = \frac{100 \cdot 0{,}694}{0{,}35 + 0{,}694} \cdot 0{,}694 \cdot 3{,}262$$

$$= 66{,}5 \cdot 0{,}694 \cdot 3{,}262 = 150{,}2.$$

c_{Kr}, R_{Kr} und F_{Kr} lassen sich durch den gesuchten Kreisradius r_{Kr} ausdrücken, so daß dann eine Gleichung mit der Unbekannten r_{Kr} zur Verfügung steht.

Es ergibt sich:

$$c_{Kr} \cdot \sqrt{R_{Kr}} \cdot F_{Kr} = \frac{100 \cdot \sqrt{R_{Kr}}}{0{,}35 + \sqrt{R_{Kr}}} \cdot \sqrt{R_{Kr}} \cdot r_{Kr}^2 \cdot \pi$$

$$150{,}2 = \frac{100 \cdot \sqrt{\frac{r_{Kr}}{2}}}{0{,}35 + \sqrt{\frac{r_{Kr}}{2}}} \cdot \sqrt{\frac{r_{Kr}}{2}} \cdot r_{Kr}^2 \cdot \pi$$

$$\frac{100 \cdot \sqrt{\frac{r_{Kr}}{2}}}{0{,}35 + \sqrt{\frac{r_{Kr}}{2}}} \cdot \sqrt{r_{Kr}^5} = \frac{150{,}2}{\pi} \cdot \sqrt{2} = 67{,}7\,.$$

Die Gleichung wird am zweckmäßigsten durch Versuchsrechnung gelöst. Wegen der nachfolgenden Überlegungen wollen wir dabei vorstehende Gleichung nicht weiter umformen.

Schätzungsweise ergibt sich r_{Kr} aus der Überlegung, daß:

1. $F_{Kr} < F_M$ sein muß (Kreisprofil günstigstes Abflußprofil!), d. h.

$$r_{Kr} < \sqrt{\frac{F_M}{\pi}} = \sqrt{\frac{3{,}262}{3{,}14}} = 1{,}02 \text{ m};$$

2. $c_{Kr} > c_M$ sein muß (ebenfalls aus der Tatsache, daß das Kreisprofil das absolut günstigste Profil ist), d. h.

$$c_{Kr} = \frac{100 \cdot \sqrt{\frac{r_{Kr}}{2}}}{0{,}35 + \sqrt{\frac{r_{Kr}}{2}}} > \frac{100 \cdot \sqrt{R_M}}{0{,}35 + \sqrt{R_M}} = 66{,}5 \quad \text{(siehe oben!).}$$

Setzen wir deshalb c_{Kr} versuchsweise gleich dem Werte 67,7 der rechten Seite der Bestimmungsgleichung für r_{Kr}, so wird

$$67{,}7 \cdot \sqrt{r_{Kr}^5} = 67{,}7$$

oder

$$r_{Kr} = 1{,}00 \text{ m}.$$

Für $r_{Kr} = 1{,}00$ m wird die linke Seite der Gleichung für r_{Kr}:

$$\frac{100 \cdot 0{,}707}{0{,}35 + 0{,}707} \cdot 1 = 66{,}9 < 67{,}7\,,$$

für $r_{Kr} = 1{,}01$ m ergibt sich

$$\frac{100 \cdot 0{,}71}{0{,}35 + 0{,}71} \cdot 1{,}025 = 68{,}6 > 67{,}7.$$

Durch Interpolation

$$r_{Kr} \sim = 1{,}005 \text{ m},$$

d. h. unter den vorliegenden Bedingungen entspricht dem gegebenen Maulprofil ein Kreisprofil von 1,005 m Radius oder 2,01 m Durchmesser[1]).

Die Darstellung der Ergebnisse in Abb. 24 gibt zugleich jene Fülltiefen an, für welche v und Q zu einem Maximum werden. Man ersieht daraus einmal, daß diese Maxima nicht bei voller Füllung auftreten, sondern bei geringerer Fülltiefe, außerdem daß die Fülltiefe für das maximale v nicht übereinstimmt mit der Fülltiefe für das maximale Q. Wollte man also für das gegebene Maulprofil die größtmögliche mittlere Profilgeschwindigkeit erzielen, so dürfte die Füllung nur etwa bis zur Kote 1,33 m reichen. Soll dagegen für das gleiche Profil die größtmögliche Wassermenge pro sec zum Abfluß gelangen, so muß die Füllung etwa bis zur Kote 1,52 m reichen.

Analog wie in diesem Falle liegen die Verhältnisse bei jedem Freispiegelstollen, wie auch die Profilform sonst gestaltet sein mag.

Aufgabe 9.

Die Normalwassermenge, welche der Oberwasserkanal einer Wasserkraftanlage bei gleichförmiger Wasserbewegung abführen soll, betrage 70 m^3/sec. Der Kanal ist an Sohle und Böschungen mit Betonverkleidung zu versehen. Die Böschungen sind $^5/_4$ füßig ($\operatorname{ctg} \alpha = m = {^5/_4}$). Welche Ausmaße muß das trapezförmige Profil des Kanals erhalten:

1. wenn die Bedingung gestellt ist, daß die Wassertiefe 2,00 m und die Wassergeschwindigkeit 2,50 m/sec nicht überschreiten darf? Welches Gefälle erhält die Kanalsohle?

2. wenn günstigste Profilform und 2,50 m/sec Maximalgeschwindigkeit gefordert wird? Gefälle der Kanalsohle?

---

[1]) Es ist also F_{Kr} tatsächlich kleiner als F_M und $c_{Kr} > c_M$.

3. wenn günstigste Profilform und die Einhaltung von $0{,}10\,^0/_{00}$ Rinngefälle verlangt werden?

Profile maßstäblich auftragen!

Lösung.

Zu 1. Charakteristisch für die gleichförmige Wasserbewegung ist bekanntlich, daß in jedem beliebigen Querprofil des Gerinnes die gleiche mittlere Wassergeschwindigkeit v herrscht. Dies wirkt sich dahin aus, daß bei durchaus gleichgeformten und gleichgroßen Profilen des Gerinnes auch die Wassertiefen gleich groß sind, oder, was dasselbe besagt, Spiegelgefälle und Sohlgefälle übereinstimmen.

Um diesen Fall handelt es sich in unserem Beispiel. Wenn wir demnach die Wassergeschwindigkeit von $v = 2{,}50$ m/sec bei einer Wasserführung von $Q = 70$ m³/sec für die Dimensionierung zugrunde legen, so muß jedes Querprofil unseres Gerinnes die mittlere Profilgeschwindigkeit 2,50 m/sec aufweisen. Daraus folgt, daß jeder Wasserquerschnitt F des Gerinnes das Ausmaß

$$F = \frac{Q}{v} = \frac{70\ \text{m}^3/\text{sec}}{2{,}5\ \text{m/sec}} = \mathbf{28{,}0}\ \text{m}^2\ ^{1)}$$

zeigen muß, weil ja durch jeden Querschnitt 70 m³/sec abfließen (Kontinuität).

Die Form sämtlicher Profile unseres Kanals ist bestimmt durch die Bedingungen: trapezförmiges Profil, $^5/_4$ malige Böschungen, Wassertiefe $t = 2{,}00$ m; außerdem durch das vorstehend ermittelte **Flächenausmaß** $F = 28{,}0$ m². Denn es lassen sich nun folgende Beziehungen zur Ermittlung der noch unbekannten Formgrößen des Querprofils aufstellen (vgl. Abb. 25):

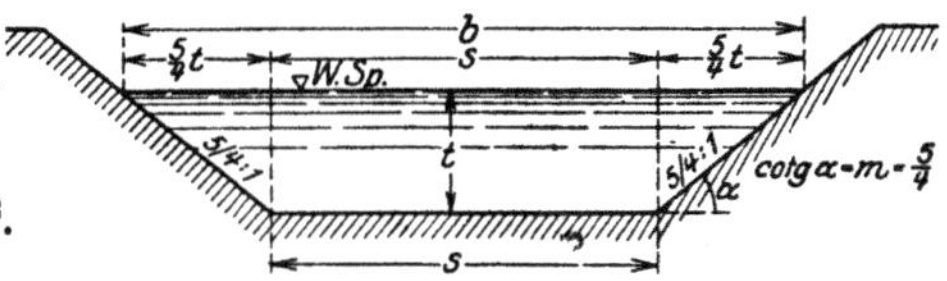

Abb. 25.

$$1.\quad b = s + 2\cdot\frac{5}{4}\cdot t = s + \frac{5}{2}\cdot t = s + \frac{5}{2}\cdot 2{,}0 = s + 5{,}0\,.$$

$$2.\quad F = \frac{s+b}{2}\cdot t = \frac{s + (s + 5{,}0)}{2}\cdot 2{,}0 = 28{,}0\,.$$

---

1) Unter Heranziehung des Begriffes der Energielinie (vgl. Aufgabe 32 S. 231ff.) läßt sich der Zustand des gleichförmigen Fließens allgemein wie folgt erläutern: Das Charakteristische dieses Fließens besteht in der Parallelität zwischen Wasserspiegel und Energielinie.

Aus 2. $2\,s = 28{,}0 - 5{,}0 = 23{,}0$

$s = \mathbf{11{,}50}$ m

in 1. $b = 11{,}50 + 5{,}0 = \mathbf{16{,}50}$ m.

Damit ist das gesuchte Profil, welches den gegebenen Bedingungen entspricht, eindeutig beschrieben.

Es ist nun noch gefragt, welches Gefälle der Kanalsohle gegeben werden muß, damit durch sämtliche Profile von der Form und dem Ausmaß des vorstehend ermittelten 70 m^3/sec bei 2,50 m/sec hindurchfließen. In Aufgabe 8 haben wir bereits eine Beziehung zwischen v und J kennengelernt. Sie lautete:

$$v = c\sqrt{R \cdot J}\,.$$

Hierin ist v ohne weiteres bekannt, weil gegeben. Wenn wir uns daran erinnern, daß der hydraulische Radius $R = \frac{F}{p}$ ist, wobei F berechnet und p aus dem festgelegten Profil ermittelt werden kann, so darf auch R als grundsätzlich bekannt angesehen werden. Es bleibt also noch der Geschwindigkeitsbeiwert c. Nach Bazin lautet er:

$$c = \frac{87}{1 + \frac{\gamma}{\sqrt{R}}}\,.$$

Da R als bekannt anzusehen ist, da außerdem für das Gerinne Betonverkleidung vorgeschrieben ist, also γ nach Bazin mit 0,30 in Ansatz gebracht werden soll (vgl. Anhang Tafel 1), darf auch c als bekannt angesehen werden. Die Gleichung

$$v = c\sqrt{R \cdot J}$$

enthält demnach nur noch die eine Unbekannte J, die sich ohne weiteres ermitteln läßt.

$$J = \frac{v^2}{c^2 \cdot R}$$

$$R = \frac{F}{p}$$

$$p = s + 2 \cdot \sqrt{t^2 + (mt)^2}$$

$$= s + 2\,t \cdot \sqrt{1 + m^2}$$

für $m = \frac{5}{4}$ wird $2 \cdot \sqrt{1 + m^2} = 3{,}20$ (vgl. Anhang Tafel 4), daher

$$p = s + 3{,}20\ t$$
$$= 11{,}50 + 6{,}40 = 17{,}90\ \text{m}.$$

Also

$$R = \frac{28{,}0\ \text{m}^2}{17{,}90\ \text{m}} = 1{,}56\ \text{m};$$

für $R = 1{,}56$ m und $\gamma = 0{,}30$ nach Anhang Tafel 3:

$$c = 70{,}2.$$

$v = 2{,}5$ m/sec, $c = 70{,}2$ und $R = 1{,}56$ m in die Bedingungsgleichung für J eingesetzt, gibt

$$J = \frac{2{,}5^2}{70{,}2^2 \cdot 1{,}56} = 0{,}00082 = 0{,}82\,^0/_{00}.$$

Wenn unser Gerinne also an jeder Stelle eine Sohlenbreite $s = 11{,}50$ m, eine Spiegelbreite $b = 16{,}50$ m hat, ferner betonverkleidete Sohle und Böschungen erhält, letztere unter einer Neigung $\operatorname{ctg} \alpha = m = \frac{5}{4}$ stehend, außerdem mit einem durchgehenden Sohlgefälle von $0{,}82\,^0/_{00}$ ausgerüstet wird, dann haben wir theoretisch[1]) allenthalben eine Wassertiefe von 2,0 m, eine mittlere Profilgeschwindigkeit von 2,50 m/sec und 70 m³/sec Wasserführung.

Zu 2. Zunächst sind wieder die zwei Bedingungen gestellt: das Wasserführungsvermögen muß 70 m³/sec betragen, die Wassergeschwindigkeit darf über 2,50 m/sec nicht hinausgehen. Wiederum folgt, wie in 1., das Ausmaß des Wasserquerschnitts aus der Kontinuität zu

$$F = \frac{Q}{v} = \frac{70{,}0\ \text{m}^3/\text{sec}}{2{,}50\ \text{m/sec}} = 28{,}0\ \text{m}^2.$$

Damit liegt der Wasserquerschnitt F fest. Da aber s bzw. b und t unbekannt sind, gibt es unendlich viele Möglichkeiten für die Wahl einer dieser Größen, ohne daß sich F zu ändern

---

[1]) Theoretisch, weil die Benützung empirischer Formeln und die Wahl des Rauhigkeitskoeffizienten γ zu einem Zahlenergebnis führt, das die tatsächlichen Verhältnisse nach der Bauausführung nur angenähert zu treffen vermag.

braucht. Von diesen unendlich vielen Möglichkeiten suchen wir jene, welche ein Profil ergibt, bei dem der Einfluß der Wandrauhigkeit möglichst klein wird. Dies wird erreicht, wenn der benetzte Umfang p, längs dessen die Reibung wirkt, möglichst klein wird, ohne daß das Böschungsverhältnis m eine Änderung erfährt. Wir machen also mit anderen Worten p zu einem Minimum. Zu diesem Zwecke müssen wir eine Beziehung aufstellen, in der p und eine der Veränderlichen s oder t vorkommen.

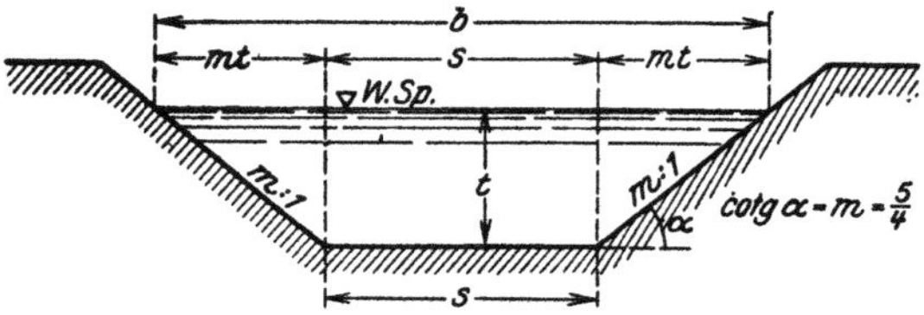

Abb. 26.

Nun gilt mit Bezugnahme auf Abb. 26:

1) $$F = s \cdot t + 2 \cdot \frac{t \cdot m t}{2} = s \cdot t + m t^2$$

2) $$p = s + 2\sqrt{t^2 + m^2 t^2} = s + 2t\sqrt{1 + m^2}.$$

Aus 1) folgt:

$$s = \frac{F}{t} - m t;$$

eliminiert man nun s, indem man diesen Wert in Gleichung 2) einführt, so ergibt sich

3) $$p = \frac{F}{t} - m t + 2t \cdot \sqrt{1 + m^2}.$$

Da p ein Minimum werden soll, differenzieren wir Gleichung 3) nach t, der Veränderlichen, und setzen den Differentialquotienten $= 0$. Man erhält:

$$\frac{dp}{dt} = 0 = -\frac{F}{t^2} - m + 2 \cdot \sqrt{1 + m^2},$$

hieraus

$$F = t^2 (2 \cdot \sqrt{1 + m^2} - m).$$

Setzen wir $(2\sqrt{1 + m^2} - m) = M$, da dieser Ausdruck bei gegebenem Böschungsverhältnis eine feste Zahlengröße darstellt, so wird F

$$F = t^2 \cdot M \quad \text{und} \quad t = \frac{\sqrt{F}}{\sqrt{M}}.$$

Dies in Gleichung 3) eingeführt, ergibt

$$p = 2\,t\,(2\sqrt{1+m^2} - m) = 2\,t\,M.$$

Ferner wird die Sohlenbreite s für das günstigste Profil:

$$\begin{aligned} s &= p - 2\,t\sqrt{1+m^2} \\ &= 2\,t\sqrt{1+m^2} - 2\,t\,m \\ &= t\,(2\sqrt{1+m^2} - m - m) \\ &= t\,(M - m) \end{aligned}$$

und die Spiegelbreite b:

$$\begin{aligned} b &= s + 2\,m\,t \\ &= t\,(M - m) + 2\,m\,t \\ &= t\,(M + m). \end{aligned}$$

Hier sei auch gleich noch der hydraulische Radius R für das günstigste Profil ermittelt. Er wird:

$$R = \frac{F}{p} = \frac{t^2\,M}{2\,t\,M} = \frac{t}{2}.$$

Für das günstigste trapezförmige Kanalprofil, dessen Böschungsverhältnis gegeben ist, lassen sich also für verschiedene Werte F auf sehr rasche und einfache Weise die Profilformgrößen angeben. In der einen oder anderen der nachfolgenden Aufgaben wird davon noch Gebrauch gemacht werden. Hier seien die Ergebnisse der Rechnung noch einmal zusammengestellt[1]):

[1]) Manchmal mag es von Vorteil sein, alle Profilgrößen statt auf t auf F zu beziehen. Man erhält dann

$$t = \frac{\sqrt{F}}{\sqrt{M}}$$

$$p = 2\,t\,M = 2\,\frac{\sqrt{F}}{\sqrt{M}} \cdot \sqrt{M^2} = 2\sqrt{F}\,\sqrt{M}$$

(Fortsetzung siehe nächste Seite.)

Wasserquerschnitt . $F = t^2 \cdot M$

Wassertiefe . . . . . $t = \dfrac{\sqrt{F}}{\sqrt{M}}$

benetzter Umfang . $p = 2\,t\,M$

Sohlenbreite . . . . $s = t\,(M - m)$

Spiegelbreite . . . . $b = t\,(M + m)$

hydraulischer Radius $R = \dfrac{t}{2}$.

Für gegebene Werte m können die Werte M und $\sqrt{M}$, dann $M + m$ und $M - m$, sowie im Gebrauchsfalle die Werte $2\sqrt{1 + m^2}$ der Tafel 4 im Anhang entnommen werden.

In unserem Beispiel ist $m = \frac{5}{4} = 1{,}25$; daher

$$M = 1{,}95 \quad \text{und} \quad \sqrt{M} = 1{,}396\,.$$

Für $F = 28{,}0$ m² wird demnach $t = \dfrac{\sqrt{28}}{1{,}396} = \mathbf{3{,}79}$ m.

$$p = 2 \cdot 3{,}79 \cdot 1{,}95 = \mathbf{14{,}75}\ \text{m}$$
$$s = 3{,}79 \cdot (1{,}95 - 1{,}25) = \mathbf{2{,}65}\ \text{m}$$
$$b = 3{,}79 \cdot (1{,}95 + 1{,}25) = \mathbf{12{,}10}\ \text{m}.$$

Probe: $\dfrac{s + b}{2} \cdot t = \dfrac{2{,}65 + 12{,}10}{2} \cdot 3{,}79 = 28{,}0\ \text{m}^2$.

$$s = t\,(M - m) = \frac{\sqrt{F}}{\sqrt{M}}\,(M - m) = \sqrt{F}\left(\sqrt{M} - \frac{m}{\sqrt{M}}\right)$$

$$b = t\,(M + m) = \frac{\sqrt{F}}{\sqrt{M}}\,(M + m) = \sqrt{F}\left(\sqrt{M} + \frac{m}{\sqrt{M}}\right)$$

$$R = \frac{t}{2} = \frac{\sqrt{F}}{2\sqrt{M}}\,.$$

In der Tafel 4 des Anhangs sind auch die Werte $\left(\sqrt{M} - \dfrac{m}{\sqrt{M}}\right)$ und $\left(\sqrt{M} + \dfrac{m}{\sqrt{M}}\right)$ für die ausgewählten Böschungsverhältnisse m angegeben. Wie man oben nur t einmal im Rechenschieber einzustellen braucht, um dann die anderen Profilgrößen mit dem Schieber abzulesen, können hier durch einmalige Einstellung des Wertes $\sqrt{F}$ sämtliche Größen sofort abgelesen werden.

Zur Bestimmung des Rinngefälles J steht uns die gleiche Beziehung wie in 1) zur Verfügung

$$J = \frac{v^2}{c^2 R}$$

$$v = 2{,}5 \text{ m/sec}; \qquad R = \frac{t}{2} = \frac{3{,}79}{2} = 1{,}90 \text{ m}.$$

Für $R = 1{,}90$ m und $\gamma = 0{,}30$ wird c nach Tafel 3 im Anhang 71,5.

Daher

$$J = \frac{2{,}5^2}{71{,}5^2 \cdot 1{,}90} = 0{,}000644 \sim 0{,}64\,^0/_{00}.$$

Im Vergleich zum Ergebnis des 1. Teils dieser Aufgabe benötigen wir bei Anordnung des günstigsten Profils bei sonst unveränderten Verhältnissen nur $0{,}64\,^0/_{00}$ Gefälle zur Abführung von 70 m^3/sec bei 2,5 m/sec Geschwindigkeit gegen $0{,}82\,^0/_{00}$ bei der Wahl 1. Dies bedeutet einen Gefällsgewinn von $0{,}82 - 0{,}64 = 0{,}18$ m auf 1 km Kanallänge oder einen Leistungsgewinn von rd. $10 \cdot 70 \cdot 0{,}18 = 126$ PS für jeden km Kanal bei Wahl des günstigsten Profils.

Zu 3. Welchen Bedingungen hat nunmehr das Kanalprofil zu genügen? Nach wie vor sind 70 m^3/sec abzuführen in einem mit Betonverkleidung versehenen Gerinne (d. h. $\gamma = 0{,}30$ nach Bazin), dessen Böschungen $^5/_4$ füßig sind ($m = \frac{5}{4}$). Außerdem soll das Profil ein günstigstes sein mit einem Rinngefälle von $0{,}10\,^0/_{00}$. Es ist also jetzt statt der Geschwindigkeit v das Gefälle J gegeben. Wir haben demnach in der Kontinuitätsgleichung

$$Q = v \cdot F$$

v und F als Unbekannte. Wird für v der Wert $c\sqrt{R \cdot J}$ gesetzt, also

$$Q = c \cdot \sqrt{R \cdot J} \cdot F,$$

und wird weiter berücksichtigt, daß für günstigstes Profil $R = \frac{t}{2}$ und $F = t^2 \cdot M$ ist, so erkennt man, daß die Gleichung für Q nur noch die eine Unbekannte t enthält. Denn es wird:

$$Q = \frac{87}{1 + \frac{\gamma}{\sqrt{\frac{t}{2}}}} \cdot \sqrt{\frac{t}{2} \cdot J \cdot t^2 \cdot M}.$$

Für $Q = 70{,}0\ \text{m}^3/\text{sec}$; $\gamma = 0{,}30$; $J = 0{,}10\,^0/_{00} = 0{,}0001$ und $M = 1{,}95$ (entsprechend $m = \frac{5}{4} = 1{,}25$ lt. Tafel 4, Anhang) ergibt sich

$$70{,}0 = \frac{87}{1 + \frac{0{,}30}{\sqrt{\frac{t}{2}}}} \cdot \sqrt{\frac{t}{2}} \cdot \sqrt{0{,}0001} \cdot t^2 \cdot 1{,}95$$

oder

$$3590 = \frac{87}{1 + \frac{0{,}30}{\sqrt{\frac{t}{2}}}} \cdot \sqrt{\frac{t}{2}} \cdot t^2 = f(t).$$

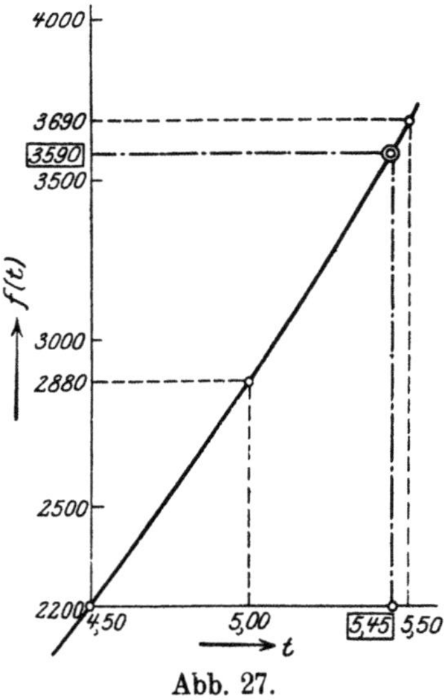

Abb. 27.

Wie in Frage 4 der 1. Aufgabe dieses Buches machen wir auch hier wiederum von dem graphisch-rechnerischen Verfahren zur Lösung vorstehender Gleichung Gebrauch.

Für $t = 4{,}5$ m wird die rechte Seite der Gleichung, also

$f(t) = 2200$,

für $t = 5{,}0$ m wird $f(t) = 2880$,

„ $t = 5{,}5$ m „ $f(t) = 3690$.

Trägt man in einem rechtwinkligen Koordinatensystem die zusammengehörigen Werte t und $f(t)$ ein und verbindet die so erhaltenen Punkte durch eine Kurve, so muß auf dieser auch der Punkt liegen, für welchen $f(t) = 3590$ ist.

Auf der Abszisse liest man für diesen Punkt $t = 5{,}45$ m ab (vgl. Abb. 27).

Probe für $t = 5{,}45$ m:

$$\frac{87}{1+\dfrac{0{,}30}{\sqrt{\dfrac{5{,}45}{2}}}}\cdot\sqrt{\frac{5{,}45}{2}}\cdot 5{,}45^2 = 3590\,.$$

Nachdem nunmehr t festliegt, lassen sich die übrigen Größen des Profils leicht ermitteln:

$$s = t\,(M - m) = 5{,}45\ (1{,}95 - 1{,}25) = 3{,}81 \text{ m}$$

$$b = t\,(M + m) = 5{,}45\ (1{,}95 + 1{,}25) = 17{,}40 \text{ m}$$

$$F = t^2 M = 5{,}45^2 \cdot 1{,}95 = \mathbf{57{,}9}\ \text{m}^2$$

$$\left(\text{Probe:}\ \ F = \frac{s+b}{2}\cdot t = \frac{3{,}81 + 17{,}40}{2}\cdot 5{,}45 = 57{,}9 \text{ m}^2.\right)$$

Mit $F = 57{,}9$ m² und $Q = 70$ m³/sec ergibt sich aus der Kontinuitätsbedingung v zu

$$v = \frac{Q}{F} = \frac{70{,}0 \text{ m}^3/\text{sec}}{57{,}9 \text{ m}^2} = \mathbf{1{,}21}\ \text{m/sec}.$$

Probe:

$$v = c\sqrt{R\cdot J} = c\cdot\sqrt{\frac{t}{2}\cdot J}\,;$$

für $R = \dfrac{t}{2} = \dfrac{5{,}45}{2} = 2{,}72$ m und $\gamma = 0{,}30$ wird $c = 73{,}6$, also

$$v = 73{,}6\cdot 1{,}65\cdot 0{,}01 = \mathbf{1{,}21}\ \text{m/sec}.$$

Vergleicht man dieses Ergebnis mit jenem des Teils 2 dieser Aufgabe, so ersieht man, daß der Gefällsgewinn gegenüber dem dortigen Rinngefälle von $0{,}64\,^0/_{00}$ im Betrage von 54 cm auf 1000 m und der hieraus resultierende Kraftgewinn von $10\cdot 70{,}0\cdot 0{,}54 = 378$ PS auf 1 km Kanallänge mit dem mehr als doppelt so großen Wasserquerschnitt, d. h. dem mindestens mehr als doppelt so großen Erdaushub und der wesentlich größeren Betonabdeckfläche erkauft ist.

Maßstäbliche Auftragung der berechneten Profile vgl. Abb. 28.

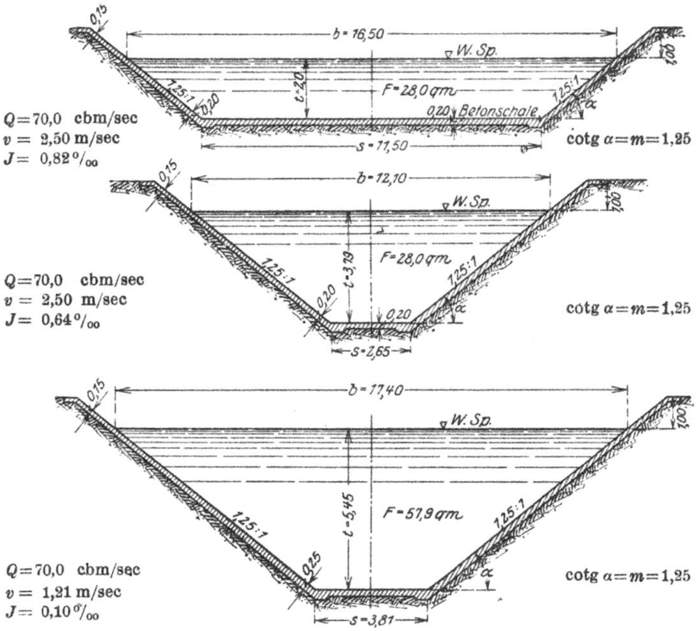

Abb. 28. Darstellung der errechneten Profile.

Aufgabe 10.

Für die Abführung von 0,75 m³/sec Wasser soll ein Entwässerungsgraben in grobem Kiesboden angelegt werden. Dem Sohlen- und Böschungsmaterial entsprechend ist die Böschung zweifüßig auszugestalten (also $\operatorname{ctg} \alpha = m = 2$). Die maximale Wassergeschwindigkeit darf 1,0 m/sec nicht überschreiten, um eine Beschädigung der Böschungen und Sohle durch die Wasserströmung zu vermeiden. Das Gefälle J soll möglichst klein werden.

Lösung.

Zunächst fragt es sich, wie groß die Profilfläche F des Wasserquerschnittes werden muß, damit bei $v = 1{,}0$ m/sec die Wassermenge $Q = 0{,}75$ m³/sec abgeführt wird. Gemäß der Kontinuitätsbedingung ist

$$Q = v \cdot F,$$

also

$$F = \frac{Q}{v} = \frac{0{,}75 \text{ m}^3/\text{sec}}{1{,}0 \text{ m/sec}} = 0{,}75 \text{ qm}.$$

Damit liegt die Querschnittsfläche fest, aber nur der Größe nach. Erst durch die weitere Bedingung, daß J möglichst klein werden soll, wird die Querschnittsfläche F ihrer Form nach eindeutig umschrieben.

Um uns dieserhalb Klarheit zu verschaffen, wollen wir uns überlegen, in welcher Beziehung J zu F steht. Hierzu dient die Gleichung

$$v = c\sqrt{R \cdot J},$$

oder, weil J gesucht ist,

$$J = \frac{v^2}{c^2 \cdot R}.$$

Dabei ist $R = \frac{F}{p}$, d. h. es ist in vorstehender Gleichung J und F in Beziehung gebracht. Da der benetzte Umfang p von der Querschnittsform abhängig ist, zeigt auch R diese Abhängigkeit. R steckt außerdem noch in dem Geschwindigkeitsbeiwert c, denn nach Bazin gilt für c:

$$c = \frac{87}{1 + \frac{\gamma}{\sqrt{R}}}.$$

Damit hängt auch c von der Querschnittsform ab. Dabei ist allerdings die Änderung, welche c erfährt, wenn sich für ein und dasselbe Querschnittsmaß F der hydraulische Radius R zwischen den praktisch brauchbaren Grenzen bewegt, klein, sicherlich nicht größer, als der Fehler, den man mit der nicht zu umgehenden Wahl eines Zahlenwertes für den Rauhigkeitskoeffizienten γ zu machen gezwungen ist. Denn es wäre ein Zufall, wenn das ausgebaute Gerinne genau denselben Wert γ aufweisen würde, wie er der Rechnung zugrunde gelegt wurde.

Aus diesem Grunde wird für die Zwecke der Praxis der Wert c als konstant angesehen. Dann bleibt in der Gleichung

$$J = \frac{v^2}{c^2 \cdot R}$$

nur das R als Veränderliche. Da J möglichst klein werden soll, v als gegebener Wert und c auf Grund unserer Überlegung als konstante Größen figurieren, muß R möglichst groß werden. Aus der Definition des hydraulischen Radius R als Quotient $\frac{F}{p}$ folgt, da F ebenfalls bereits festliegt, daß p möglichst klein, also zu einem Minimum wird. Nach Früherem (Aufgabe 9!) wissen wir, daß diese Forderung beim günstigsten Profil erfüllt ist. Unter Benützung der dort abgeleiteten Formeln ergibt sich:

$$t = \frac{\sqrt{F}}{\sqrt{M}},$$

für $m = 2$ wird $M = 2{,}47$ und $\sqrt{M} = 1{,}57$, daher

$$t = \frac{\sqrt{0{,}75}}{1{,}57} = \mathbf{0{,}55}\ \text{m};$$

$$p = 2\,t\,M = 2 \cdot 0{,}55 \cdot 2{,}47 = \mathbf{2{,}72}\ \text{m},$$

$$s = t\,(M - m) = 0{,}55 \cdot (2{,}47 - 2{,}0) = \mathbf{0{,}26}\ \text{m},$$

$$b = t\,(M + m) = 0{,}55 \cdot (2{,}47 + 2{,}0) = \mathbf{2{,}46}\ \text{m},$$

$$R = \frac{t}{2} = \frac{0{,}55}{2} = \mathbf{0{,}27_5}\ \text{m}.$$

Damit ist das gesuchte Profil eindeutig beschrieben.

Zur Ermittlung des Gefälles benötigen wir noch c. Für Kanäle in Erde gibt Bazin ein $\gamma = 1{,}30$ an. Für dieses γ und $R = 0{,}27_5$ entnimmt man der Tafel 3 des Anhanges $c = 25{,}0$.

Somit ergibt sich:

$$J = \frac{v^2}{c^2 \cdot R} = \frac{1{,}0^2}{25{,}0^2 \cdot 0{,}27_5} = 0{,}0058 = \mathbf{5{,}8\,^0/_{00}}.$$

Aufgabe 11.

Ein Entwässerungsgraben soll für die Abführung von 1,6 m^3/sec dimensioniert werden. Es steht ein Gefälle von höchstens $2\,^0/_{00}$ zur Verfügung. Kann der Graben bei dem verlangten Wasserführungsvermögen und dem vorhandenen Gefälle ohne Verkleidung, also in Erde, ausgeführt werden, oder ist zur Verminderung der Reibungsverluste eine Betonverkleidung notwendig?

Lösung.

Wir versuchen zunächst ohne Betonverkleidung auszukommen, denken uns den Graben also in Erde ausgeführt. Damit derselbe an den Böschungen vom Wasser nicht angegriffen wird, ist 2malige Böschung geboten, also $\operatorname{ctg} \alpha = m = 2$. Aus dem gleichen Grunde soll die mittlere Profilgeschwindigkeit 0,80 bis 1,0 m/sec nicht überschreiten. Wir legen, um sicher zu gehen, $\max v = 0{,}80$ m/sec zugrunde.

Mit der Wahl von $v = 0{,}80$ m/sec und dem verlangten Wasserführungsvermögen von $Q = 1{,}6\ \mathrm{m^3/sec}$ ist nunmehr — infolge der Kontinuitätsbedingung — der Durchflußquerschnitt seiner Größe nach fest bestimmt. Denn aus

$$Q = v \cdot F$$

folgt

$$F = \frac{Q}{v} = \frac{1{,}60\ \mathrm{m^3/sec}}{0{,}80\ \mathrm{m/sec}} = 2{,}0\ \mathrm{m^2}.$$

Bezüglich der Querschnittsgestalt sind wir aus praktisch-konstruktiven Gründen nur auf 2malige Böschung festgelegt. Im übrigen haben wir Freiheit für die Wahl der Wassertiefe t oder statt dessen der Sohlenbreite s.

Nun kommt es hier darauf an, ein gegebenes Gefälle nicht zu überschreiten. Es erscheint deshalb zweckmäßig, für die erste Versuchsrechnung gleich eine solche Querschnittsgestalt zu wählen, welche das günstigste Abführungsvermögen besitzt, welche also ein Minimum an Gefälle für die Abführung von 1,5 $\mathrm{m^3/sec}$ erfordert. Wir wählen also von allen Profilen, deren Querschnitt 2,0 $\mathrm{m^2}$ und deren Böschungsverhältnis $m = 2$ ist, das sogenannte „günstigste“ aus.

Dann wird für $m = 2$, $M = 2{,}47$, $\sqrt{M} = 1{,}57$ und

$$t = \frac{\sqrt{F}}{\sqrt{M}} = \frac{\sqrt{2{,}0}}{1{,}57} = \mathbf{0{,}90}\ \mathrm{m};$$

$$p = 2\,t M = 2 \cdot 0{,}90 \cdot 2{,}47 = \mathbf{4{,}45}\ \mathrm{m};$$

$$s = t\,(M - m) = 0{,}90\,(2{,}47 - 2{,}0) = \mathbf{0{,}42}\ \mathrm{m};$$

$$b = t\,(M + m) = 0{,}90\,(2{,}47 + 2{,}0) = \mathbf{4{,}02}\ \mathrm{m};$$

$$R = \frac{t}{2} = \frac{0{,}90}{2} = \mathbf{0{,}45}\ \mathrm{m}.$$

Damit in einem Gerinne mit den vorstehend ermittelten Ausmaßen 1,60 m^3/sec zum Abfluß gelangen können, ist bei einer Rauhigkeitsziffer $\gamma = 1{,}30$ nach Bazin ein Gefälle J notwendig von

$$J = \frac{v^2}{c^2 \cdot R}.$$

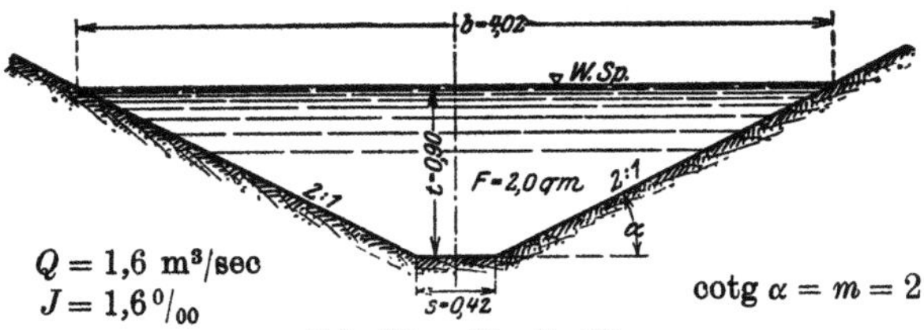

Abb. 29. $M = 1:25$.

Für $R = 0{,}45$ m und $\gamma = 1{,}30$ wird $c = 29{,}6$, daher

$$J = \frac{0{,}80^2}{29{,}6^2 \cdot 0{,}45} = 0{,}0016 = 1{,}6\,‰ < 2{,}0\,‰.$$

Eine Betonabdeckung ist deshalb nicht notwendig.

Man könnte nun die Frage aufwerfen, wie der Grabenquerschnitt (d. i. das Durchflußprofil) auszugestalten ist, damit für die Wassermenge $Q = 1{,}6$ m^3/sec, die Geschwindigkeit 0,8 m/sec, für das gewählte Böschungsverhältnis $m = 2$ und der Rauhigkeitsziffer $\gamma = 1{,}30$ (nach Bazin) das Gefälle 2,0 ‰ voll ausgenutzt wird?

Da Q und v unverändert bleiben sollen, muß auch $F = 2{,}0$ m^2 beibehalten werden (Kontinuitätsbedingung). Betrachten wir außerdem die Gleichung

$$v = c\sqrt{R \cdot J} = \frac{87}{1 + \frac{\gamma}{\sqrt{R}}} \cdot \sqrt{R \cdot J},$$

so erkennen wir, daß nur durch geeignete Wahl eines Wertes R obiger Bedingung genügt werden kann, weil die Größen v, γ und J zahlenmäßig festliegen. Wir haben also diese Gleichung nach R aufzulösen und erhalten

$$1 + \frac{\gamma}{\sqrt{R}} = \frac{87}{v} \cdot \sqrt{J} \cdot \sqrt{R}$$

oder

$$\frac{\sqrt{R} + \gamma}{R} = \frac{87}{v} \cdot \sqrt{J} = \frac{87}{0,8} \cdot \sqrt{0,002} = 4,86\,.$$

Durch Versuchsrechnung ergibt sich $R = 0,397$ m.

Da nun

$$R = \frac{F}{p},$$

wird

$$p = \frac{F}{R} = \frac{2,0}{0,397} = 5,04 \text{ m}\,.$$

Aus

1) $$F = \frac{s + s + 2\,m\,t}{2} \cdot t = 2,0$$

und

2) $$p = s + 2\,t\sqrt{1 + m^2} = 5,04$$

folgen s und t.

1) $$2,0 = s\,t + 2\,t^2$$

2) $$5,04 = s + 4,47\,t$$

aus

2) $$s = 5,04 - 4,47\,t$$

in

1) $$2,0 = 5,04\,t - 4,47\,t^2 + 2\,t^2$$

Daraus

$$t_1 = 1,50 \text{ m}; \qquad t_2 = 0,54 \text{ m}\,.$$

Für t_1 wird s_1 negativ, daher unbrauchbar; für $t_2 = 0,54$ m wird $s_2 = 2,63$ m.

Der Graben müßte bei einem Gefälle von $2\,^0/_{00}$ mit einer Sohlenbreite von 2,63 m und für 0,54 m Wassertiefe ausgestaltet werden.

Aufgabe 12.

Eine neukorrigierte Flußstrecke hat das Gefälle 1 : 4000. Das Profil ist trapezförmig mit 40 m Sohlenbreite und 2 maligen Böschungen ($m = 2$) in Erde. Die Tiefe bis zur Bordhöhe beträgt 3 m.

Es ist für dieses Profil das Abführungsvermögen für die Wassertiefen 1,0 m, 2,0 m und 3,0 m zu rechnen und die so gewonnene Schlüsselkurve in einer analytischen Gleichung von der Form

$$Q_a = a + b \cdot z + c \cdot z^2$$

darzustellen, wobei die Werte z die jeweiligen Wassertiefen über der Sohle bedeuten. Zur Rechnung ist die Bazinsche Formel zu benutzen.

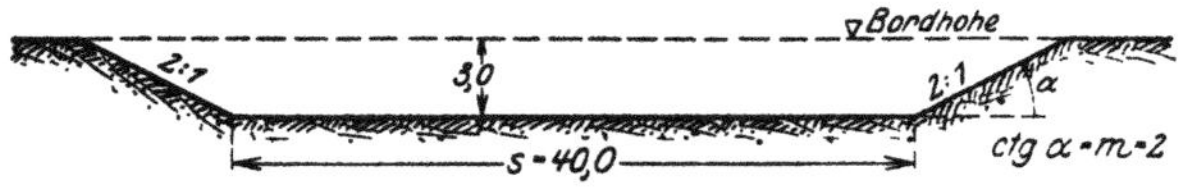

Abb. 30.

Lösung.

Wir wissen bereits, daß das Abführungsvermögen ganz allgemein durch die Beziehung

$$Q = v \cdot F$$

dargestellt ist. Q ist gesucht; F ist für einen bestimmten Wert z, d. h. für eine bestimmte Wassertiefe gegeben, weil die Profilgestalt eindeutig beschrieben ist. v ist unbekannt. Wir führen deshalb in obige Kontinuitätsgleichung für v den Wert $c\sqrt{R \cdot J}$ ein und erhalten

$$Q = c\sqrt{R \cdot J} \cdot F.$$

Nach Bazin ist c

$$c = \frac{87}{1 + \frac{\gamma}{\sqrt{R}}}.$$

Das Profil ist in Erde, daher wird $\gamma = 1{,}30$ gesetzt. Wie steht es nun mit dem hydraulischen Radius R? Da $R = \frac{F}{p}$, ist R eine Funktion der Profilgestalt und der Wassertiefe z. In unserem Falle ist die Profilform gegeben, nur die Wassertiefen sind variabel. Daher hängen hier F und p, und damit auch R lediglich von der Wassertiefe z ab. Für jeden gewählten Zahlenwert z ergeben sich eindeutige Werte F und p, damit ein bestimmtes R und c, sodaß sich Q dann leicht ermitteln läßt.

Führen wir diese Rechnung für die Werte $z_1 = 1{,}0$ m, $z_2 = 2{,}0$ m und $z_3 = 3{,}0$ m durch, so ergeben sich die drei zugehörigen Werte Q_1 m³/sec, Q_2 m³/sec, Q_3 m³/sec. In der Funktion

$$Q = a + b \cdot z + c z^2$$

sind also die Größen Q und z als bekannt, die Koeffizienten a, b und c als unbekannt zu betrachten. Mittels der 3 Wertepaare z_1, Q_1; z_2, Q_2; z_3, Q_3 lassen sich 3 solche Funktionsgleichungen aufstellen:

1) $$Q_1 = a + b \cdot z_1 + c z_1^2$$

2) $$Q_2 = a + b \cdot z_2 + c z_2^2$$

3) $$Q_3 = a + b \cdot z_3 + c z_3^2.$$

Daraus können die drei Unbekannten a, b und c leicht berechnet werden.

Allgemeine Lösung für die Berechnung der Werte Q:

$$Q = \frac{87}{1 + \frac{1{,}3}{\sqrt{R}}} \cdot \sqrt{R \cdot J} \cdot F.$$

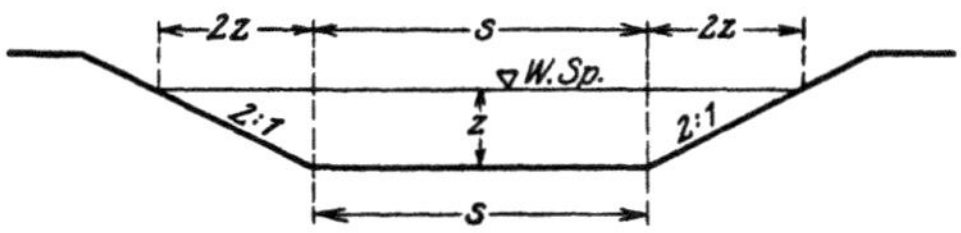

Abb. 31.

Mit Bezugnahme auf Abb. 31 ergibt sich

$$F = \frac{s + s + 2 \cdot 2 z}{2} \cdot z = (s + 2z) \cdot z$$

$$p = s + 2\sqrt{z^2 + 4 z^2} = s + 2 z \sqrt{5}$$

$$R = \frac{F}{p} = \frac{(s + 2z) z}{s + 2 z \sqrt{5}}.$$

Daher

$$Q = \frac{87}{1 + \frac{1{,}3}{\sqrt{\frac{(s + 2z) z}{s + 2 z \sqrt{5}}}}} \cdot \sqrt{\frac{(s + 2z) z}{s + 2 z \sqrt{5}} \cdot 0{,}00025} \cdot (s + 2z) z.$$

Zahlenrechnung:

Für $z_1 = 1{,}0$ m

$$Q_1 = \frac{87}{1 + \frac{1{,}3}{\sqrt{\frac{42{,}0}{44{,}47}}}} \cdot \sqrt{0{,}940 \cdot 0{,}00025} \cdot 42{,}0 = \mathbf{24{,}0}\ \mathrm{m^3/sec.}$$

Für $z_2 = 2{,}0$ m:

$$Q_2 = \frac{87}{1 + \frac{1{,}3}{\sqrt{\frac{88{,}0}{48{,}94}}}} \cdot \sqrt{1{,}800 \cdot 0{,}0158} \cdot 88{,}0 = \mathbf{82{,}2}\ \mathrm{m^3/sec.}$$

Für $z_3 = 3{,}0$ m:

$$Q_3 = \frac{87}{1 + \frac{1{,}3}{\sqrt{\frac{138{,}0}{53{,}42}}}} \cdot \sqrt{2{,}585 \cdot 0{,}0158} \cdot 138{,}0 = \mathbf{169{,}0}\ \mathrm{m^3/sec.}$$

Daraus ergeben sich die 3 Funktionsgleichungen:

1) $24{,}0 = a + b \cdot 1{,}0 + c \cdot 1{,}0^2$

2) $82{,}2 = a + b \cdot 2{,}0 + c \cdot 2{,}0^2$

3) $169{,}0 = a + b \cdot 3{,}0 + c \cdot 3{,}0^2$

2) − 1) = 4) $58{,}2 = b + 3 \cdot c$

3) − 2) = 5) $86{,}8 = b + 5 \cdot c$

5) − 4) = 6) $28{,}6 = 2 \cdot c$

Daher $c = +\,\mathbf{14{,}3}$

in

4) $58{,}2 = b + 42{,}9$

$b = +\,\mathbf{15{,}3}$

in

1) $24{,}0 = a + 15{,}3 + 14{,}3$

$a = -\,\mathbf{5{,}6}\,.$

Die gesuchte Gleichung lautet daher:

$$Q = -\,5{,}6 + 15{,}3 \cdot z + 14{,}3 \cdot z^2\,.$$

Natürlich kann diese Gleichung nur den Werten z genügen, für welche ihre Koeffizienten berechnet sind. Daraus erklärt es sich auch, daß für $z = 0$, $Q = -5{,}6\ \mathrm{m^3/sec}$ und nicht $Q = 0$ wird. Wollte man eine Gleichung aufstellen, welche auch noch dieser Bedingung genügt, so müßte man für die insgesamt vier Bedingungen entweder vier Gleichungen mit vier unbekannten Koeffizienten a, b, c und d ansetzen oder aber bei Beibehaltung der drei Koeffizienten die Überbestimmung durch die vierte Bedingung mit Hilfe der Methode der kleinsten Quadrate in a, b und c zum Ausdruck bringen.

Praktischer als das rechnerische Verfahren ist für den letzteren Fall aber das zeichnerische Verfahren, indem man durch die in einem rechtwinkligen Koordinatensystem aufgetragenen Punkte der vier Wertepaare $Q_0 z_0$, $Q_1 z_1$, $Q_2 z_2$ und $Q_3 z_3$ eine stetige Kurve legt. Praktische Bedeutung erlangt dieses Verfahren bei der Ermittlung der Schlüsselkurve eines Flußprofiles aus den Wassermessungsergebnissen, um dadurch für jeden Pegelstand die zugehörige Wassermenge sofort entnehmen zu können. Bei den wasserwirtschaftlichen Aufgaben am Schlusse dieser Sammlung wird darauf noch ausführlich zurückgekommen (vgl. Aufgabe 37).

Aufgabe 13.

In einem rechtwinkligen Koordinatensystem soll durch Kurven die Beziehung zwischen Q und J für Werte von Q zwischen 10 und 300 $\mathrm{m^3/sec}$ dargestellt werden für ein trapezförmiges künstliches Gerinne, welches mit der günstigsten Profilform und mit $1^1/_2$ maliger Böschung ausgestattet ist, und zwar für folgende Rauhigkeitswerte nach Bazin:

1. $\gamma = 0{,}06$ (Gerinnewandung aus älterem, vollständig glattgeputztem Beton),
2. $\gamma = 0{,}30$ (Gerinnewandung aus rauh zugeriebenen, älteren Betonputzflächen),
3. $\gamma = 0{,}85$ (Böschungen mit altem Beton ohne Putz bedeckt, Sohle unbefestigt),
4. $\gamma = 1{,}30$ (Böschungen und Sohle unbefestigt; mit Kies bedeckt),
5. $\gamma = 1{,}75$ (das Gerinne ist aus Fels herausgesprengt; die Wandungen zeigen keine weitere Bearbeitung).

Um die Vergleichbarkeit nicht zu stören, soll dabei für alle Werte Q und alle Werte γ mit einer mittleren Profilgeschwindigkeit $v = 2{,}0$ m/sec gerechnet werden, ohne Rücksicht darauf, ob diese Geschwindigkeit für alle hier vorkommenden Fälle als praktisch brauchbar anzusehen ist oder nicht. Das gleiche gilt übrigens auch für die Annahme des günstigsten Profils für sämtliche vorkommenden Fälle (vgl. diesbezüglich Aufgabe 27 dieser Sammlung!).

Lösung.

Die Berechnung wird mit den in Abb. 32 angegebenen Beziehungen durchgeführt, und zwar zweckmäßig in Tabellenform (vgl. Tabelle 3). Dabei sind die Werte c jeweils der Tafel 3 des Anhangs entnommen.

Die Kurven zeigen in sehr anschaulicher Weise das Kleinerwerden des notwendigen Rinngefälles mit wachsendem Q.

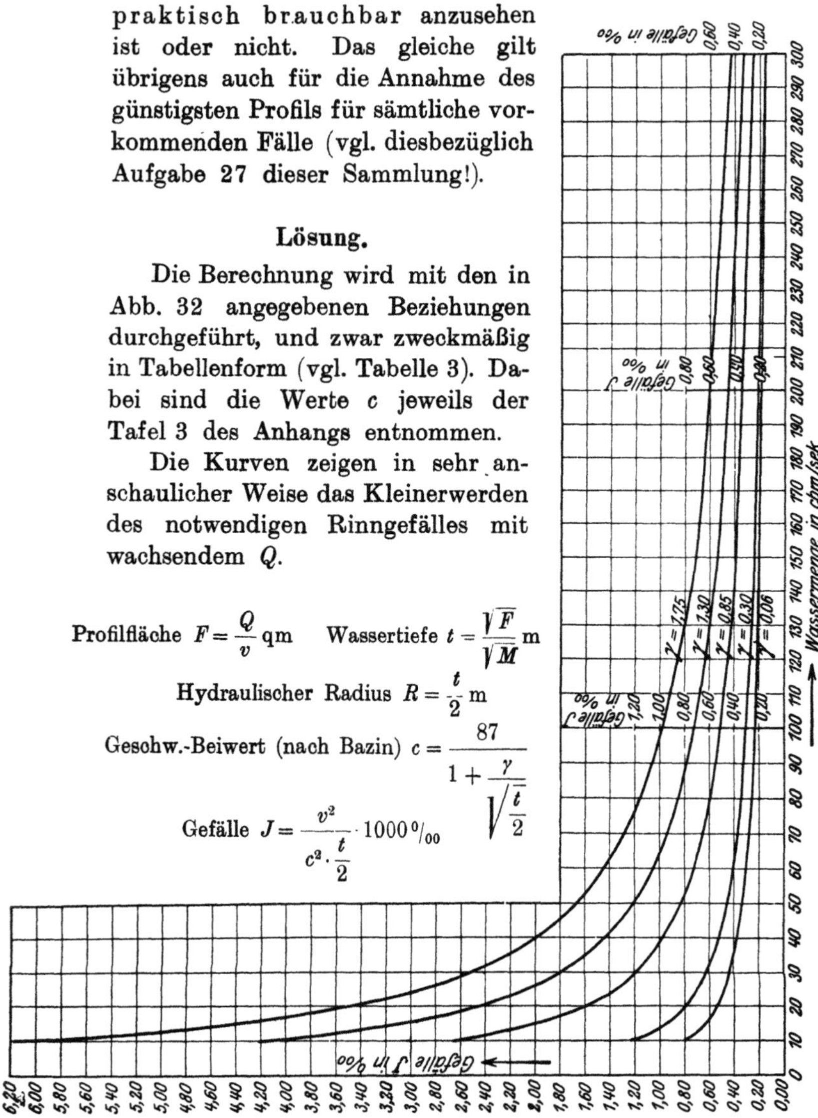

Profilfläche $F = \frac{Q}{v}$ qm Wassertiefe $t = \frac{\sqrt{F}}{\sqrt{M}}$ m

Hydraulischer Radius $R = \frac{t}{2}$ m

Geschw.-Beiwert (nach Bazin) $c = \dfrac{87}{1 + \dfrac{\gamma}{\sqrt{\frac{t}{2}}}}$

Gefälle $J = \dfrac{v^2}{c^2 \cdot \frac{t}{2}} \cdot 1000$ ‰

Abb. 32. Beziehung zwischen Wassermenge Q und Gefälle J für verschiedene Rauhigkeiten der Gerinnewandung (γ nach Bazin) bei durchweg 2,0 m/sec Geschwindigkeit und jeweils günstigster Profilform mit $1^1/_2$ maliger Böschung.

Solche und ähnliche Rechnungen sind gerade für den mit den hydraulischen Rechnungen noch wenig Geübten fruchtbar, da sie einmal eine gute Übung für das hydraulische Zahlrechnen bilden, außerdem durch verständnisvolle Vergleichung der Zahlenergebnisse der untersuchten Fälle für zukünftige Rechnungen den Blick für hydraulische Möglichkeit oder Unwahrscheinlichkeit eines Resultats schärfen.

Tabelle 3.

Q	v	F	t	R	Geschwindigkeitsbeiwert c bei $\gamma =$					Gefälle J in ‰ bei $\gamma =$				
m³/sec	m/sec	m²	m	m	0,06	0,30	0,85	1,30	1,75	0,06	0,30	0,85	1,30	1,75
10	2,0	5,0	1,54	0,77	81,4	64,8	44,2	35,1	29,0	0,79	1,24	2,66	4,22	6,17
20	"	10,0	2,18	1,09	82,2	67,6	47,9	38,7	32,5	0,54	0,80	1,60	2,45	3,48
30	"	15,0	2,67	1,335	82,7	69,1	50,1	40,9	34,6	0,44	0,63	1,19	1,80	2,51
40	"	20,0	3,08	1,54	82,9	70,1	51,6	42,5	36,1	0,38	0,53	0,98	1,44	2,00
50	"	25,0	3,45	1,725	83,1	70,9	52,8	43,8	37,3	0,34	0,46	0,83	1,21	1,67
60	"	30,0	3,78	1,89	83,3	71,5	53,7	44,7	38,2	0,31	0,41	0,73	1,06	1,45
80	"	40,0	4,36	2,18	83,6	72,2	55,2	46,3	39,8	0,26	0,35	0,60	0,86	1,16
100	"	50,0	4,87	2,435	83,7	73,0	56,3	47,4	40,9	0,23	0,31	0,52	0,73	0,98
120	"	60,0	5,34	2,67	83,8	73,5	57,2	48,4	42,1	0,21	0,28	0,46	0,64	0,85
150	"	75,0	5,97	2,985	84,0	74,2	58,3	49,7	43,3	0,21	0,24	0,39	0,54	0,71
300	"	150,0	8,44	4,22	84,5	75,9	61,5	53,3	47,0	0,15	0,16	0,25	0,33	0,43

Aufgabe 14[1]).

Es soll an den folgenden zwei Beispielen nachgeprüft werden, welchen Einfluß die Berücksichtigung des Gefälles J in der Formel für den Geschwindigkeitsbeiwert c nach Ganguillet-Kutter auf die Größe dieses c hat. Welche praktischen Folgerungen lassen sich aus dem Ergebnis ziehen?

1. Betonierter Werkkanal mit hydraulischem Radius $R = 2{,}0$ m und Gefälle $J = 0{,}155$ ‰.

2. Wasserschloßbecken in Erde mit hydraulischem Radius $R = 3{,}0$ m und Gefälle $J = 0{,}03$ ‰.

Lösung.

Um den Einfluß festzustellen, den die Berücksichtigung des Gefälles auf den Geschwindigkeitsbeiwert c hat, ermitteln wir diesen zunächst mit Formeln, welche ohne Einbeziehung des

[1]) Vgl. Rümelin: Wie bewegt sich fließendes Wasser? Verlag von v. Zahn & Jaensch, Dresden 1913.

Gefälles auskommen. Die für den Vergleich nächstliegende und daher zweckmäßigste Formel für c ist jene von Kutter (abgekürzte Kuttersche Formel). Außerdem ziehen wir zum Vergleich noch die Bazinsche Formel für c heran, da sie genau wie die kleine Kutterformel aufgebaut ist.

Für Beispiel 1 ergibt sich

α) nach Bazin ($\gamma = 0{,}30$)

$$c_B = \frac{87}{1 + \frac{\gamma}{\sqrt{R}}} = \frac{87}{1 + \frac{0{,}30}{\sqrt{2{,}0}}} = \mathbf{71{,}7},$$

β) nach Kutter (kurze Formel)

$$c_K = \frac{100\sqrt{R}}{m + \sqrt{R}}.$$

Da zwischen m und n (nach Ganguillet-Kutter) ungefähr die Beziehung besteht

$$m = 100 \cdot n - 1$$

und n für rauh zugeriebene ältere Betonputzflächen (entsprechend $\gamma = 0{,}30$ nach Bazin): $n = 0{,}015$ ist, wird

$$m = 100 \cdot 0{,}015 - 1 = \mathbf{0{,}50}.$$

Also

$$c_K = \frac{100 \cdot \sqrt{2}}{0{,}50 + \sqrt{2}} = \mathbf{73{,}8}.$$

γ) Wenn wir nun das gegebene Gefälle J mit berücksichtigen durch Benutzung der Ganguillet-Kutterschen Formel für c:

$$c_G = \frac{23 + \frac{1}{n} + \frac{0{,}001\,55}{J}}{1 + \left(23 + \frac{0{,}001\,55}{J}\right) \cdot \frac{n}{\sqrt{R}}},$$

wobei das relative Gefälle J dem absoluten Werte nach einzusetzen ist, also mit 0,000155, oder

$$c_G = \frac{23 + \frac{1}{n} + \frac{1{,}55}{J_r}}{1 + \left(23 + \frac{1{,}55}{J_r}\right) \cdot \frac{n}{\sqrt{R}}},$$

wobei das relative Gefälle J_r in $^0/_{00}$ einzusetzen ist, so ergibt sich bei $n = 0{,}015$, $R = 2{,}0$ m und $J_r = 0{,}155\,^0/_{00}$

$$c_G = \frac{23 + \dfrac{1}{0{,}015} + \dfrac{1{,}55}{0{,}155}}{1 + \left(23 + \dfrac{1{,}55}{0{,}155}\right) \cdot \dfrac{0{,}015}{\sqrt{2}}} = \mathbf{73{,}8}.$$

Nun zum Beispiel 2! Hier ergeben sich folgende entsprechende Geschwindigkeitswerte c:

α) nach Bazin $$c_B = \frac{87}{1 + \dfrac{1{,}30}{\sqrt{3}}} = \mathbf{49{,}7}.$$

Der Rauhigkeitsziffer 1,30 nach Bazin entspricht ein Kanalprofil in Erde, das schon längere Zeit der Benutzung unterliegt, also da und dort schon etwas Pflanzenwuchs zeigt. Der entsprechende Rauhigkeitskoeffizient n nach Ganguillet-Kutter ist etwa 0,027, der Wert m demnach

$$m = 100 \cdot 0{,}027 - 1 = 1{,}7.$$

Demnach

β) nach Kutter (abgekürzt) $$c_K = \frac{100 \cdot \sqrt{3}}{1{,}7 + \sqrt{3}} = \mathbf{50{,}5}.$$

Bei Berücksichtigung von J wird

γ) nach Ganguillet-Kutter

$$c_G = \frac{23 + \dfrac{1}{0{,}027} + \dfrac{1{,}55}{0{,}03}}{1 + \left(23 + \dfrac{1{,}55}{0{,}03}\right) \cdot \dfrac{0{,}027}{\sqrt{3}}} = \mathbf{51{,}7}.$$

Die zwei Beispiele lehren, daß bei Zugrundelegung der gleichen Rauhigkeitsklasse die Geschwindigkeitsbeiwerte nach Kutter (abgekürzt) und nach Ganguillet-Kutter größer werden als *jene* nach Bazin. Das führt bei sonst gleichem R und J auch auf größere Werte v und damit letzten Endes auf größere Wassermengen, als die Rechnung nach Bazin ergibt. Wenn es sich also darum handelt, festzustellen, welche Wassermenge ein Gerinne sicher abzuführen vermag, so bietet die Berechnung mit c nach Bazin eine gewisse Sicherheit dafür, daß das Abführungsvermögen in praxi tatsächlich so ist, wie es die Rechnung ausweist.

Wesentlicher als diese Feststellung ist die Erkenntnis, daß die Berücksichtigung des Gefälles J im Ganguillet-Kutterschen Geschwindigkeitsbeiwert nichts bringt. Denn selbst für den extremen Fall, daß J nur $0{,}03\,^0/_{00}$ beträgt, ist der Einfluß dieses J auf die Größe des Wertes c kleiner, als die Unsicherheit, welche durch die Wahl der Rauhigkeitsziffer n in das Resultat hineingetragen wird. Für die Rechnungen der praktischen Hydraulik kann demnach auf die Benutzung der großen Ganguillet-Kutter-Formel nicht nur bei Gefällen $J \geqq 0{,}5\,^0/_{00}$, wie Lueger meinte, sondern, wie Rümelin schon 1913 zeigte, überhaupt verzichtet werden.

Aufgabe 15.

Ein für Nieder- und Mittelwasser regulierter Fluß (Niederwasserbett und Mittelwasserbett) soll für Hochwasser eingedeicht werden, um das beiderseits ebene Vorland gegen Überschwemmungen zu schützen. Die Böschungen des Nieder- und Mittelwasserbettes sind gepflastert. Dagegen sind die Hochwasserdammböschungen sowie die Sohlen des Nieder- und Mittelwasserbettes und das Vorland des Hochwasserbettes in Erde. Sämtliche Böschungen sind $1^1/_2$ malig. Die übrigen Profilmaße sind aus beistehender Skizze zu entnehmen (vgl. Abb. 33). Das Gefälle des Flusses beträgt $0{,}4\,^0/_{00}$.

Welche Wassermenge fördert der Fluß

a) bei Niederwasser (Niederwasserbett bordvoll),

b) bei Mittelwasser (Mittelwasserbett bordvoll),

c) bei Hochwasser (Hochwasserspiegel 1,0 m unter Dammkrone)?

Lösung.

Da die Form und die Ausmaße der Profile gegeben sind, kann die Profilfläche F, sowie der benetzte Umfang p und damit der hydraulische Radius R ermittelt werden. Aus den Bettungsmaterialien der Profilteile folgt die Rauhigkeitsziffer γ. Mit R und γ kann nunmehr der Geschwindigkeitsbeiwert c berechnet werden. Da das Gefälle J gegeben, R und c als durch Rechnung bekannt zu betrachten sind, ergibt sich v aus der Beziehung $v = c\sqrt{R \cdot J}$ und Q aus der Kontinuitätsbedingung $Q = v \cdot F$.

Freilich liegen hier die Verhältnisse nicht so einfach wie in den bisherigen Aufgaben. Bei ihnen allen hat es sich um künstliche Gerinne gehandelt mit durchweg gleichmäßigen Profilverhältnissen (einfache, regelmäßige Profilform und gleiche Rauhigkeit längs des ganzen benetzten Umfangs). In dem vorliegenden Beispiel ist nicht nur das Gesamtprofil von unsymmetrischer Gestalt, sondern es wechseln auch die Rauhigkeiten, je nachdem sich der Wasserstrom

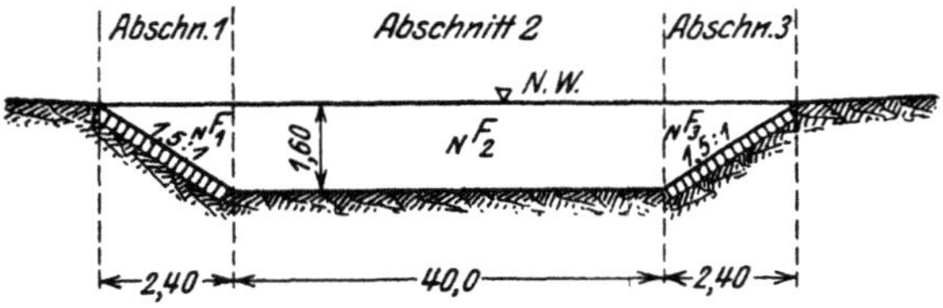

Abb. 34.

über den Sohlen oder aber über den gepflasterten Böschungen bewegt. Aus diesem Grunde läßt sich die Formel $v = c\sqrt{R \cdot J}$ hier nicht ohne weiteres für die jeweiligen Gesamtprofile (Niederwasserprofil, Mittelwasserprofil, Hochwasserprofil) anwenden. Wir müssen diesen Unregelmäßigkeiten vielmehr dadurch Rechnung tragen, daß wir das jeweilige Gesamtprofil in Abschnitte zerlegen, so daß für einen solchen Abschnitt jeweils durchweg gleichartige Verhältnisse vorliegen. Für jeden solchen Abschnitt wird dann das F_n, p_n, R_n, damit v_n und so das Q_n aus $v_n \cdot F_n$ ermittelt. Die Summierung aller Q_n ergibt schließlich die gesamtabfließende Wassermenge.

Im einzelnen ergibt sich folgender Gang der Rechnung:

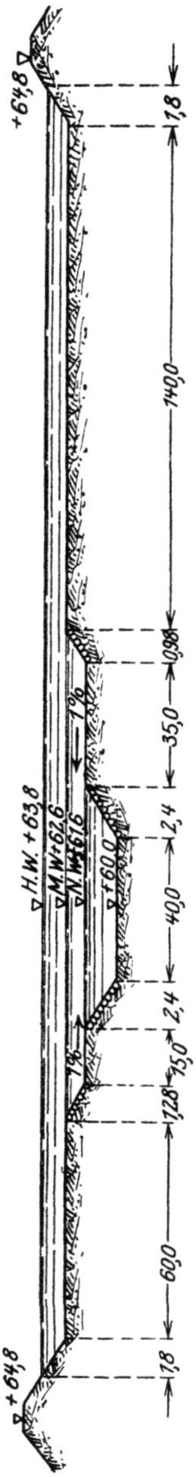

Abb. 33.

a) Niederwasser (Abb. 34).

Abschnitt 1 bzw. 3:

$$_N F_1 = {_N F_3} = \frac{2{,}40}{2} \cdot 1{,}60 = \mathbf{1{,}92}\ \mathrm{m}^2$$

$$_N p_1 = {_N p_3} = \sqrt{2{,}40^2 + 1{,}60^2} = \mathbf{2{,}88}\ \mathrm{m}$$

$$_N R_1 = {_N R_3} = \frac{1{,}92}{2{,}88} = \mathbf{0{,}666}\ \mathrm{m}$$

$$_N \gamma_1 = {_N \gamma_3} = \mathbf{0{,}46} \text{ (Pflasterung!)}$$

$$_N c_1 = {_N c_3} = \mathbf{55{,}6}$$

$$_N v_1 = {_N v_3} = \mathbf{0{,}91}\ \mathrm{m/sec}$$

$$_N Q_1 = {_N Q_3} = {_N v_1} \cdot {_N F_1} = {_N v_3} \cdot {_N F_3} = \mathbf{1{,}75}\ \mathrm{m^3/sec}.$$

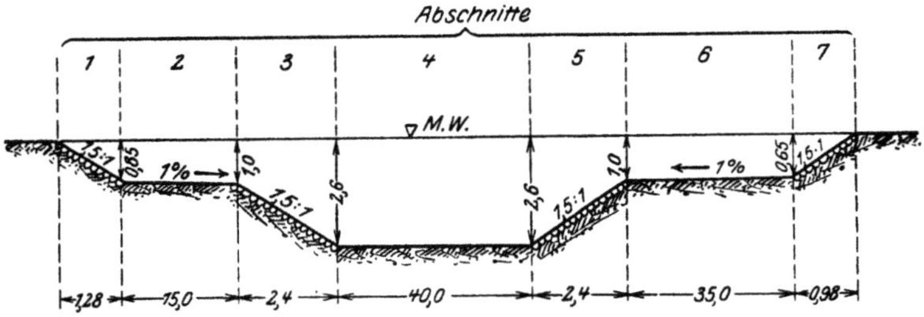

Abb. 35.

Abschnitt 2:

$$_N F_2 = 40{,}0 \cdot 1{,}6 = \mathbf{64{,}0}\ \mathrm{m}^2$$

$$_N p_2 = \mathbf{40{,}0}\ \mathrm{m}$$

$$_N R_2 = \frac{64{,}0}{40{,}0} = \mathbf{1{,}60}\ \mathrm{m}$$

$$_N \gamma_2 = \mathbf{1{,}30} \text{ (Erde!)}$$

$$_N c_2 = \mathbf{43{,}0}$$

$$_N v_2 = \mathbf{1{,}06}\ \mathrm{m/sec}$$

$$_N Q_2 = {_N v_2} \cdot {_N F_2} = \mathbf{67{,}9}\ \mathrm{m^3/sec}.$$

Demnach Gesamtniederwassermenge:

$$_N Q = {_N Q_1} + {_N Q_2} + {_N Q_3} = 1{,}75 + 67{,}9 + 1{,}75 = \mathbf{71{,}4}\ \mathrm{m^3/sec}.$$

Daraus mittlere Profilgeschwindigkeit

$$_N v = \frac{_N Q}{_N F} = \frac{71{,}4}{67{,}84} = \mathbf{1{,}05}\ \mathrm{m/sec}.$$

Analog wird die Berechnung für das Mittelwasser- und das Hochwasserprofil durchgeführt. Die Rechnungsergebnisse sind jeweils in einer Tabelle zusammengestellt. Dabei ist die Bedeutung der Größen aus den beigegebenen Übersichtsfiguren zu entnehmen.

b) Mittelwasser.

Tabelle 4.

Profil-abschnitte	${}_MF_n$ m²	${}_Mp_n$ m	${}_MR_n$ m	$\sqrt{{}_MR_n}$	${}_M\gamma_n$	${}_Mc_n$	${}_Mv_n$ m/sec	${}_MQ_n$ m³/sec
1	0,54	1,54	0,35	0,59	0,46	48,8	0,58	0,31
2	13,90	15,00	0,93	0,96	1,30	37,1	0,71	9,80
3	4,32	2,88	1,50	1,22	0,46	63,2	1,54	6,65
4	104,00	40,00	2,60	1,61	1,30	48,1	1,55	161,00
5	4,32	2,88	1,50	1,22	0,46	63,2	1,54	6,65
6	28,80	35,00	0,83	0,91	1,30	35,9	0,65	18,63
7	0,32	1,17	0,27	0,52	0,46	46,1	0,47	0,15
${}_MF = \sum_{n=1}^{n=7} {}_MF_n =$	**156,20**						${}_MQ = \sum_{n=1}^{n=7} {}_MQ_n =$	**203,19**

Demnach beträgt die Gesamtmittelwassermenge

$${}_MQ = 203{,}19 \text{ m}^3/\text{sec}.$$

Dem entspricht eine mittlere Profilgeschwindigkeit ${}_Mv$ von

$${}_Mv = \frac{\sum\limits_{n=1}^{n=7} {}_MQ_n}{\sum\limits_{n=1}^{n=7} {}_MF_n} = \frac{203{,}19}{156{,}20} = 1{,}30 \text{ m/sec}.$$

Hätte man statt dessen das Mittelwasserprofil als einheitliches Profil behandelt, indem man ${}_MR'$ aus $\dfrac{\sum\limits_1^7 {}_MF_n}{\sum\limits_1^7 {}_Mp_n}$ gebildet hätte, also

$${}_MR' = \frac{156{,}20}{98{,}47} = 1{,}59 \text{ m}$$

und würde nunmehr ${}_Mv'$ rechnen unter Annahme eines $\gamma = 1{,}20$

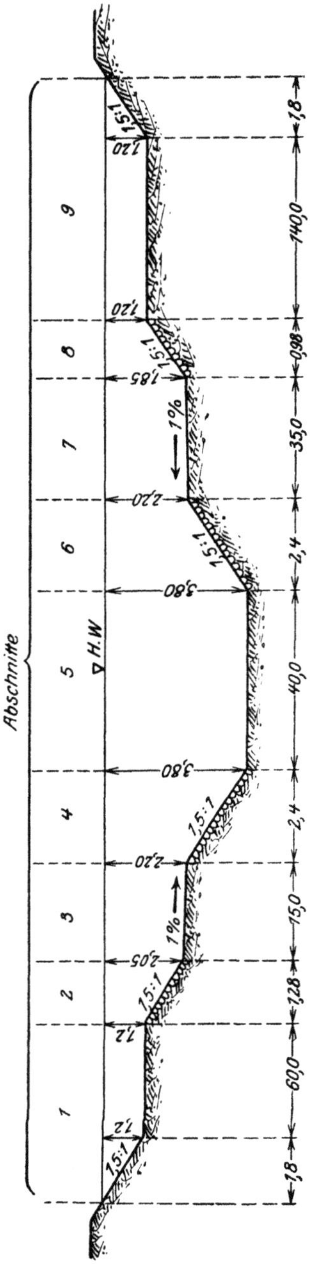

Abb. 36.

statt $\gamma = 1{,}30$ unter Berücksichtigung der Böschungspflasterung (vgl. vereinfachte Berechnungsmethode im Anschluß an die genaue Berechnungsart), d. i. ein

$$_Mc' = \frac{87}{1 + \frac{1{,}20}{\sqrt{1{,}59}}} = 44{,}6\,,$$

also

$$_Mv' = 44{,}6 \cdot \sqrt{_MR' \cdot J}$$
$$= \sim 1{,}12 \text{ m/sec},$$

dann würde

$$_MQ' = {_Mv'} \cdot {_MF} = 1{,}12 \cdot 156{,}20$$
$$= \sim \mathbf{175} \text{ m}^3/\text{sec}.$$

Wie noch gezeigt wird, liegt dieser Unterschied zwischen $_MQ$ und $_MQ'$ nicht an einer falschen Annahme der mittleren Rauhigkeitsziffer, sondern ist im wesentlichen auf das gerechnete mittlere $_MR'$ zurückzuführen, das zu einem falschen Ergebnis führt.

Daß man aus den nackten Zahlen der v-Werte der Tabelle 4 nicht ohne weiteres einen Mittelwert für die Geschwindigkeit v bilden darf, mit dem man dann sofort die Gesamtwassermenge $_MQ$ bestimmt, bedarf wohl keines anderen Hinweises als den, daß diese falsche Berechnungsweise den Einfluß des Ausmaßes der Teilflächen auf die tatsächliche mittlere Profilgeschwindigkeit außer acht läßt.

c) Hochwasser.

Tabelle 5.

Profil-abschnitte	${}_HF_n$ m²	${}_Hp_n$ m	${}_HR_n$ m	$\sqrt{{}_HR_n}$	${}_H\gamma_n$	${}_Hc_n$	${}_Hv_n$ m/sec	${}_HQ_n$ m³/sec
1	73,00	62,16	1,17	1,08	1,30	39,5	0,86	62,50
2	2,08	1,54	1,35	1,16	0,46	62,3	1,45	3,00
3	31,85	15,00	2,12	1,46	1,30	45,9	1,34	42,70
4	7,20	2,88	2,50	1,58	0,46	67,4	2,13	15,30
5	152,00	40,00	3,80	1,95	1,30	52,2	2,04	310,00
6	7,20	2,88	2,50	1,58	0,46	67,4	2,13	15,30
7	70,80	35,00	2,02	1,42	1,30	45,4	1,30	91,70
8	1,50	1,17	1,28	1,13	0,46	61,9	1,40	2,10
9	169,00	142,16	1,19	1,09	1,30	39,7	0,87	146,90
${}_HF = \sum_{n=1}^{n=9} {}_HF_n =$	**514,63**						${}_HQ = \sum_{n=1}^{n=9} {}_HQ_n =$	**689,50**

Die Gesamthochwassermenge ${}_HQ$ beträgt demnach 689,50 m³/sec, daher die mittlere Profilgeschwindigkeit

$$ {}_Hv = \frac{{}_HQ}{{}_HF} = \frac{689,50}{514,63} = 1,34 \text{ m/sec}. $$

Hätte man das Hochwasserprofil als einheitliches, regelmäßiges Profil betrachtet, indem man

$$ {}_HR' = \frac{\sum_{n=1}^{n=9} {}_HF_n}{\sum_{n=1}^{n=9} {}_Hp_n} = \frac{514,63}{302,79} = 1,70 \text{ m} $$

gesetzt hätte, so würde für ein mittleres $\gamma = 1,20$

$$ {}_Hv' = {}_Hc' \cdot \sqrt{{}_HR' \cdot J} = 45 \cdot 1,3 \cdot 0,02 = 1,18 \text{ m/sec} $$

und ${}_HQ' = {}_Hv' \cdot {}_HF = 1,18 \cdot 514,63 = 604,0$ m³/sec, also zu klein.

Man könnte nun die Frage aufwerfen, ob die hier *vorgenommene* weitgehende Zerlegung in Abschnitte unbedingt notwendig gewesen sei, ob man vielmehr nicht mit einer einfacheren Art der Zerlegung in Abschnitte zum gleichen Ergebnis gelangt wäre. Die Antwort hierauf geben nachstehende Rechnungen.

Vereinfachte Rechnung.

a) Niederwasser.

Das Niederwasserprofil wird jetzt als regelmäßiges Trapezprofil betrachtet, mit einem mittleren Rauhigkeitskoeffizienten γ, der zu 1,20 geschätzt wird. Dann ergeben sich folgende Bestimmungsgrößen:

$$_NF = 67{,}84\ \mathrm{m}^2$$

$$_Np = 45{,}76\ \mathrm{m}$$

$$_NR = \frac{67{,}84}{45{,}76} = 1{,}48\ \mathrm{m} \qquad \sqrt{_NR} = 1{,}22$$

$$_N\gamma = 1{,}20; \quad _Nc = 43{,}8$$

$$_Nv = 43{,}8 \cdot 1{,}22 \cdot 0{,}02 = 1{,}07\ \mathrm{m/sec}$$

$_NQ = 1{,}07 \cdot 67{,}84 = 72{,}5\ \mathrm{m^3/sec}$ gegen $71{,}4\ \mathrm{m^3/sec}$ der 1. Rechnungsart.

b) Mittelwasser.

Das Profil wird jetzt in 3 statt in 7 Abschnitte zerlegt. Die Abschnitte 1 und 2, dann 3, 4 und 5, sowie 6 und 7 geben zusammen je einen Abschnitt. Mittlere Rauhigkeitsziffer wiederum $\gamma = 1{,}20$.

Man erhält nun:

$_MF_1 = 14{,}44\ \mathrm{m}^2$; $_Mp_1 = 16{,}04\ \mathrm{m}$;
$_Mv_1 = 0{,}706\ \mathrm{m/sec}$; $_MQ_1 = 10{,}20\ \mathrm{m^3/sec}$.

$_MF_2 = 112{,}64\ \mathrm{m}^2$; $_Mp_2 = 45{,}76\ \mathrm{m}$;
$_Mv_2 = 1{,}55\ \mathrm{m/sec}$; $_MQ_2 = 174{,}50\ \mathrm{m^3/sec}$.

$_MF_3 = 29{,}12\ \mathrm{m}^2$; $_Mp_3 = 36{,}17\ \mathrm{m}$;
$_Mv_3 = 0{,}67\ \mathrm{m/sec}$; $_MQ_3 = 19{,}60\ \mathrm{m^3/sec}$.

$\Sigma F = 156{,}20\ \mathrm{m}^2$. $\Sigma\, _MQ = 204{,}30\ \mathrm{m^3/sec}$.

Demnach Gesamtmittelwassermenge $204{,}30\ \mathrm{m^3/sec}$ gegen $203{,}19\ \mathrm{m^3/sec}$ der 1. Rechnungsart.

c) Hochwasser.

Wir zerlegen nunmehr das Gesamtprofil in 5 statt in 9 Abschnitte, indem wir 2 und 3; 4, 5 und 6; 7 und 8 je zu einem Profil zusammenfassen. Mittlere Rauhigkeitsziffer wiederum

$\gamma = 1{,}20$ für die jetzigen Abschnitte 2, 3 und 4; für die Abschnitte 1 und 5 bleibt $\gamma = 1{,}30$.

Die Rechnung ergibt:

$$
\begin{aligned}
{}_Hv_1 &= 0{,}86 \text{ m/sec}; & {}_HQ_1 &= 62{,}5 \text{ m}^3\text{/sec}\\
{}_Hv_2 &= 1{,}35 \quad \text{„} \;; & {}_HQ_2 &= 45{,}9 \quad \text{„}\\
{}_Hv_3 &= 2{,}04 \quad \text{„} \;; & {}_HQ_3 &= 340{,}20 \quad \text{„}\\
{}_Hv_4 &= 1{,}33 \quad \text{„} \;; & {}_HQ_4 &= 96{,}0 \quad \text{„}\\
{}_Hv_5 &= 0{,}87 \quad \text{„} \;; & {}_HQ_5 &= 146{,}9 \quad \text{„}
\end{aligned}
$$

$$\text{Demnach } \Sigma\, {}_HQ = 691{,}5 \text{ m}^3\text{/sec gegen } 689{,}50 \text{ m}^3\text{/sec}.$$

Man ersieht, daß die zweite Berechnungsmethode fast zu dem gleichen Ergebnis führt, wie die erstere, also als genügend genau betrachtet werden kann. Die Wahl eines mittleren Wertes für γ wird dabei im allgemeinen keine sonderlichen Schwierigkeiten bereiten, jedenfalls keine größeren Schwierigkeiten, als die Annahme eines Wertes γ an und für sich bereits bietet.

Aufgabe 16.

Der 1200 m lange Unterwasserkanal einer Wasserkraftanlage führt bei 1,0 m/sec mittlerer Profilgeschwindigkeit 60 m³/sec ab. Vom Krafthaus bis 100 m vor der Einmündung in den Fluß ist durchweg eine Wassertiefe von 2,50 m vorhanden. Sohle und Böschungen des trapezförmigen Profils sind auf die ganze Kanallänge in Erde, ebenso beträgt das Böschungsverhältnis überall $m = 1{,}75$.

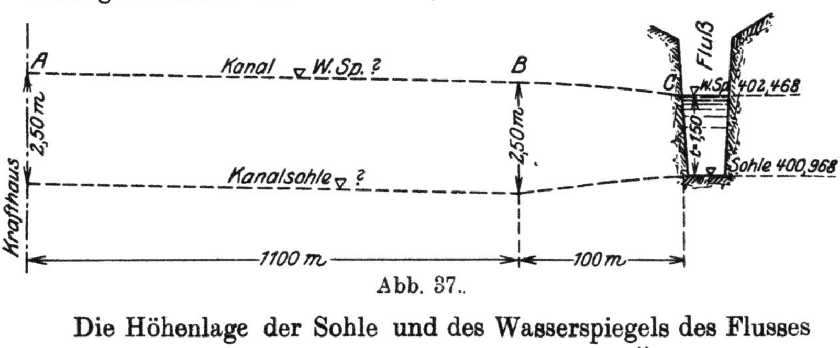

Abb. 37.

Die Höhenlage der Sohle und des Wasserspiegels des Flusses an der Kanaleinmündungsstelle bedingt einen Übergang von 2,50 m Kanalwassertiefe auf 1,50 m auf die letzten 100 Kanalmeter (vgl. Abb. 37).

Welcher Wasserspiegelverlauf ergibt sich für dieses 100 m lange Kanalstück und wie muß demgemäß die Kanalsohle daselbst kotiert werden, wenn im Kanal vom Krafthaus bis zur Einmündung in den Fluß gleichförmige Wasserbewegung herrschen soll? Welche Sohlenkote hat der Kanal am Krafthaus?

Lösung.

Da die Wassermenge Q und die Geschwindigkeit v gegeben sind, folgt das Ausmaß des Wasserquerschnittes F unmittelbar aus der Kontinuitätsbedingung $Q = v \cdot F$ zu

$$F = \frac{Q}{v} = \frac{60{,}0}{1{,}0} = 60{,}0 \text{ m}^2 .$$

Der Kernpunkt der Aufgabe liegt nun in der Forderung nach einem gleichförmigen Fließen in der gesamten Längsausdehnung des Kanals, also auch in der Übergangsstrecke BC.

Aus der Definition der gleichförmigen Wasserbewegung wonach die Geschwindigkeit v in allen Profilen längs des Kanallaufes gleich bleibt, folgt die Konstanz des Quotienten $\frac{Q}{v}$ und damit die Unveränderlichkeit der Größe F. Das heißt: an jeder Stelle des Kanals, also auch an jeder Stelle der Übergangsstrecke BC, ergibt sich der Wasserquerschnitt F zu 60,0 m^2.

Solange die Wassertiefe $t = 2{,}50$ m beträgt, ist die Form des Profils unveränderlich, weil F konstant ist. Damit bleibt auch der benetzte Umfang p konstant, also auch $\frac{F}{p} = R$. In der Gleichung

$$J = \frac{v^2}{c^2 \cdot R}$$

sind demnach alle Größen der rechten Seite konstant, solange sich t nicht ändert, d. h. es ist auch J konstant. Dies trifft zu auf die Kanalstrecke AB. In jedem Profil derselben ist die Sohlenbreite s

$$s = \frac{F}{t} - m \cdot t\,^{1)}$$

$$s = \frac{60{,}0}{2{,}50} - 1{,}75 \cdot 2{,}50$$

$$s = \mathbf{19{,}62}\ \mathrm{m};$$

damit folgt

$$\begin{aligned} p &= s + 2\,t\sqrt{1 + m^2} \\ &= 19{,}62 + 2 \cdot 2{,}50 \cdot \sqrt{1 + 1{,}75^2} \\ &= \mathbf{29{,}72}\ \mathrm{m}, \end{aligned}$$

also

$$R = \frac{F}{p} = \frac{60{,}0}{29{,}72} = \mathbf{2{,}02}\ \mathrm{m}.$$

Für $\gamma = 1{,}30$ (nach Bazin) und $R = 2{,}02$ m wird $c = 45{,}5$, daher

$$J = \frac{1{,}0^2}{45{,}5^2 \cdot 2{,}02} = 0{,}000239 \sim \mathbf{0{,}24}\,^0/_{00}.$$

Das heißt: von A bis B hat der Kanalwasserspiegel das Gefälle $0{,}24\,^0/_{00}$. Wegen der Konstanz der Profilverhältnisse von A bis B und wegen der gleichförmigen Wasserbewegung hat die Kanalsohle das gleiche Gefälle von $0{,}24\,^0/_{00}$ längs der Strecke AB.

Nun treten wir in die Übergangsstrecke BC ein. Wir wissen bereits, daß wegen der Gleichförmigkeit der Wasserbewegung an jeder Stelle dieser Strecke ein Wasserquerschnitt $F = 60{,}0$ m² vorhanden sein muß. Weil nun die Wassertiefe t veränderlich ist — sie nimmt von B bis C von 2,50 m geradlinig bis 1,50 m ab —, wird sich auch der benetzte Umfang p von Profil zu Profil ändern. Da in der Beziehung $R = \frac{F}{p}$ die Querschnittsfläche F konstant bleibt, während sich p ändert, muß auch R nunmehr veränderlich sein. Dies bedingt seinerseits wiederum eine Veränderlichkeit des Geschwindigkeitsbeiwertes c. In der Beziehung

$$J = \frac{v^2}{c^2 \cdot R}$$

---

[1]) Folgt aus $F = \frac{s + s + 2\,m\,t}{2} \cdot t = s \cdot t + m\,t^2$.

sind demnach jetzt c und R veränderlich. Es frägt sich nun, ob auch das Produkt $c^2 \cdot R$ veränderlich ist. Eine kleine Überlegung klärt diese Frage. Da in der Beziehung $R = \frac{F}{p}$ die Größe F konstant ist, während p bei abnehmender Tiefe t stetig zunimmt, muß R im gleichen Verhältnis kleiner werden. Diese stetige Abnahme der Größe R hat zur Folge, daß in dem Ausdruck für den Geschwindigkeitsbeiwert c der Nenner $1 + \frac{\gamma}{\sqrt{R}}$ dauernd größer wird, so daß c selbst ebenfalls mit abnehmendem t kleiner wird. Damit nimmt auch das Produkt $c^2 \cdot R$ stetig ab, woraus für J ein allmähliches Anwachsen folgt, wenn wir von B nach C fortschreiten.

Mit anderen Worten: Die Forderung nach Beibehaltung der gleichförmigen Wasserbewegung in der Übergangsstrecke BC führt in diesem Abschnitt zu einem nach oben konvexen Wasserspiegelverlauf. Demgemäß muß auch die Sohle — wenigstens theoretisch! — eine nach oben konvexe Krümmung in der Längsrichtung aufweisen.

Um ein Bild über die Größe dieser Krümmungen zu erhalten, zerlegen wir die Übergangsstrecke in vier gleiche Abschnitte von je 25 m und berechnen für die Berührungsstellen dieser Abschnitte das dort notwendige Gefälle J. Diese einfache Rechnung ist in Tabelle 6 durchgeführt.

Tabelle 6.

$t =$	2,25	2,00	1,75	1,50
$s =$	22,73	26,50	31,24	37,38
$p =$	31,81	34,58	38,30	43,43
$R =$	1,89	1,74	1,57	1,38
$\sqrt{R} =$	1,38	1,32	1,25	1,17
$c =$	44,9	43,9	42,7	41,3
$J = {}^0/_{00} =$	0,26	0,30	0,35	0,50

Aus den Zahlenergebnissen ersieht man, daß das Gefälle J z. B. vom Profil B zum nächsten Profil 25,0 m abwärts davon von $0{,}24\,{}^0/_{00}$ auf $0{,}26\,{}^0/_{00}$ anwachsen muß, wenn der Bedingung nach gleichförmigem Fließen genügt werden soll. Es ergibt sich also für diese Teilstrecke ein notwendiges Gefälle J von im Mittel $0{,}25\,^0/_{00}$.

Analog ist für die anderen Abschnitte zu verfahren. Mit Hilfe dieser mittleren Gefälle ergeben sich dann von der Einmündungsstelle aus rückwärts die Wasserspiegelkoten und aus den jeweiligen Wassertiefen die Sohlenkoten. Die Zahlenergebnisse sind in Abb. 38 eingetragen[1]).

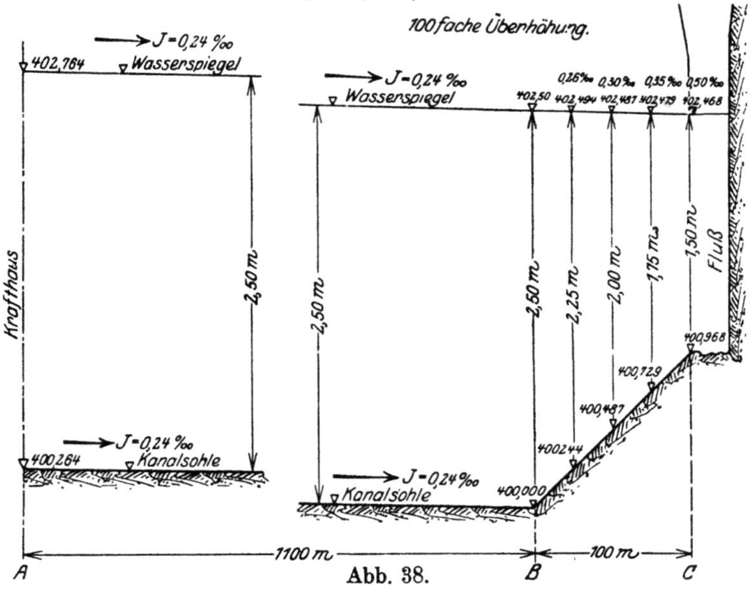

Abb. 38.

Das vorliegende Beispiel lehrt, daß das Vorhandensein eines gleichförmigen Fließvorganges in einem Gerinne durchaus nicht immer mit einem geradlinigen Spiegelverlauf verbunden zu sein braucht, worauf besonders der in der Hydraulik noch Ungeübte hingewiesen sein soll. Das Beispiel zeigt aber auch, daß bei Verhältnissen, wie sie für uns hier vorliegen, die Sohle zwischen B und C ohne merklichen hydraulischen Fehler geradlinig ausgeführt werden kann, was ja in der Praxis auch geschieht.

[1]) Eine andere Berechnungsart zeigt Dr.-Ing. Böß in der Zeitschrift „Wasserkraft und Wasserwirtschaft" Jahrgang 1929 in dem Aufsatz: „Berechnung der Abflußmengen und der Wasserspiegellage bei Abstürzen und Schwellen unter besonderer Berücksichtigung der dabei auftretenden Zusatzspannungen".

Aufgabe 17.

Ein geschiebeführender Fluß hat einen Durchflußquerschnitt $F = 50{,}5\ \text{m}^2$ bei einer Breite $b = 74{,}2$ m und einer mittleren Tiefe $t = 0{,}68$ m. Das Spiegelgefälle (= Sohlgefälle) beträgt $J = 0{,}9\,^0/_{00}$.

Welche Werte ergeben sich für die Wassermenge $Q\ \text{m}^3/\text{sec}$, wenn dieselbe

1. nach Bazin,
2. nach Ganguillet-Kutter[1]),
3. nach Kutter (abgekürzt),
4. nach Hermanek,
5. nach Siedeck

ermittelt wird?

Lösung.

1. Nach Bazin.

Für geschiebeführende Rinnsale ist hier $\gamma = 1{,}75$ zu setzen. Bei Wasserquerschnitten von großer Breite b und geringer Tiefe t können wir, ohne einen großen Fehler zu machen, den benetzten Umfang p der Breite b gleich setzen, also

$$R = \frac{F}{p} = \sim \frac{F}{b} = \frac{50{,}5}{74{,}2} = 0{,}68\ \text{m} = t.$$

Es darf mit anderen Worten $R \sim t$ eingeführt werden. Nunmehr wird die Wassermenge Q:

$$Q = v \cdot F = c \cdot \sqrt{R \cdot J} \cdot F = \frac{87}{1 + \dfrac{\gamma}{\sqrt{t}}} \cdot \sqrt{t \cdot J} \cdot F.$$

Mit obigen Zahlenwerten ergibt sich:

$$\begin{aligned} Q &= \frac{87}{1 + \dfrac{1{,}75}{\sqrt{0{,}68}}} \cdot \sqrt{0{,}68 \cdot 0{,}0009} \cdot 50{,}5 \\ &= 27{,}8 \cdot 0{,}824 \cdot 0{,}03 \cdot 50{,}5 \\ &= 0{,}687 \cdot 50{,}5 \\ &= \mathbf{34{,}7}\ \text{m}^3/\text{sec}. \end{aligned}$$

---

[1]) Zu Übungszwecken.

2. Nach Ganguillet-Kutter:

Da wir einen Fluß mit Geschiebe haben, wird die Rauhigkeitsziffer $n = 0{,}030$ gesetzt. Dann ergibt sich Q zu

$$Q = v \cdot F = c \cdot \sqrt{R \cdot J} \cdot F = \frac{23 + \frac{1}{n} + \frac{1{,}55}{J_r}}{1 + \left(23 + \frac{1{,}55}{J_r}\right) \cdot \frac{n}{\sqrt{R}}} \cdot \sqrt{R \cdot J} \cdot F^{1)}$$

$$= \frac{23 + \frac{1}{n} + \frac{1{,}55}{J_r}}{1 + \left(23 + \frac{1{,}55}{J_r}\right) \cdot \frac{n}{\sqrt{t}}} \cdot \sqrt{t \cdot J} \cdot F.$$

Mit den Zahlenwerten ergibt sich

$$Q = \frac{23 + \frac{1}{0{,}030} + \frac{1{,}55}{0{,}9}}{1 + \left(23 + \frac{1{,}55}{0{,}9}\right) \cdot \frac{0{,}030}{\sqrt{0{,}68}}} \cdot \sqrt{0{,}68 \cdot 0{,}0009} \cdot 50{,}5$$

$$= 30{,}6 \cdot 0{,}824 \cdot 0{,}03 \cdot 50{,}5$$

$$= 0{,}755 \cdot 50{,}5$$

$$= \mathbf{38{,}2}\ \text{m}^3/\text{sec}.$$

3. Nach Kutter (abgekürzt).

Mit $m = 100 \cdot n - 1 = 100 \cdot 0{,}030 - 1 = 2{,}0$ wird Q:

$$Q = v \cdot F = c\sqrt{R \cdot J} \cdot F = \frac{100\sqrt{R}}{m + \sqrt{R}} \cdot \sqrt{R \cdot J} \cdot F$$

$$= \frac{100\sqrt{t}}{m + \sqrt{t}} \cdot \sqrt{t \cdot J} \cdot F.$$

Die Zahlenwerte liefern

$$Q = \frac{100 \cdot \sqrt{0{,}68}}{2{,}0 + \sqrt{0{,}68}} \cdot \sqrt{0{,}68 \cdot 0{,}0009} \cdot 50{,}5$$

$$= 29{,}2 \cdot 0{,}824 \cdot 0{,}03 \cdot 50{,}5$$

$$= 0{,}721 \cdot 50{,}5$$

$$= \mathbf{36{,}5}\ \text{m}^3/\text{sec}.$$

---

1) Vgl. Aufgabe 14 (J_r in ‰ einzusetzen).

4. Nach Hermanek:

Hermanek hat folgende Formeln zur Ermittlung der Wassergeschwindigkeit in natürlichen Flußläufen aufgestellt:

$$v = (30{,}7 \cdot \sqrt{t}) \cdot \sqrt{t \cdot J}, \qquad \text{wenn } t \leqq 1{,}5 \text{ m},$$

$$v = (34{,}0 \cdot \sqrt[4]{t}) \cdot \sqrt{t \cdot J}, \qquad \text{wenn } 1{,}5 < t \leqq 6{,}0 \text{ m},$$

$$v = (50{,}2 + 0{,}5 \cdot t) \cdot \sqrt{t \cdot J}, \quad \text{wenn } t > 6{,}0 \text{ m}.$$

Die Geschwindigkeitsformeln von Hermanek zeigen noch den gleichen Aufbau, wie die von uns bisher benutzte Beziehung $v = c\sqrt{R \cdot J}$, wenn $R = t$ und die Klammerausdrücke der Hermanekschen Formeln $= c$ gesetzt werden. Eine Rauhigkeitsziffer kommt in diesen Hermanekschen c-Werten nicht mehr vor.

Da in unserem Zahlenbeispiel $t = 0{,}68$ m beträgt, also kleiner als 1,5 m ist, wird v

$$v = (30{,}7 \cdot \sqrt{t})\sqrt{t \cdot J}$$

und Q

$$Q = v \cdot F = (30{,}7 \cdot \sqrt{t}) \cdot \sqrt{t \cdot J} \cdot F.$$

Die Zahlenwerte liefern:

$$\begin{aligned} Q &= 30{,}7 \cdot \sqrt{0{,}68} \cdot \sqrt{0{,}68 \cdot 0{,}0009} \cdot 50{,}5 \\ &= 25{,}4 \cdot 0{,}824 \cdot 0{,}03 \cdot 50{,}5 \\ &= 0{,}628 \cdot 50{,}5 \\ &= \mathbf{31{,}7} \text{ m}^3/\text{sec}. \end{aligned}$$

5. Nach Siedeck:

Die Siedecksche Geschwindigkeitsformel für normale Flüsse (also nicht für künstliche Gerinne) lautet:

$$v = \frac{t \cdot \sqrt{J}}{\sqrt[20]{b} \cdot \sqrt{0{,}001}};$$

sie kommt also ebenfalls ohne Rauhigkeitsbeiwert aus, ist außerdem nicht mehr nach dem Gesetz $v = f(R^{1/2} \cdot J^{1/2})$ aufgebaut. Ihr Verwendungsgebiet liegt beim Flußbau. Mit dieser Formel errechnet sich ein Q von

$$Q = v \cdot F = \frac{t \cdot \sqrt{J}}{\sqrt[20]{b} \cdot \sqrt{0{,}001}} \cdot F.$$

Mit den Zahlenwerten wird dann Q:

$$Q = \frac{0,68 \cdot \sqrt{0,0009}}{\sqrt[20]{74,2} \cdot \sqrt{0,001}} \cdot 50,5$$
$$= 0,52 \cdot 50,5$$
$$= \mathbf{26,2}\ \mathrm{m^3/sec.}$$

Zusammenstellung der Ergebnisse:

1.	nach Bazin	$Q = 34,7$	$\mathrm{m^3/sec}$
2.	„ Ganguillet-Kutter . .	$Q = 38,2$	„
3.	„ Kutter (abgek.) . .	$Q = 36,5$	„
4.	„ Hermanek	$Q = 31,7$	„
5.	„ Siedeck	$Q = 26,2$	„

Zunächst überrascht die große Verschiedenheit der Ergebnisse, je nachdem man die eine oder andere Formel zur Berechnung benutzt. Wird doch Q nach Ganguillet-Kutter um 46 % größer als nach Siedeck. Um zu einer kritischen Wertung der Ergebnisse zu gelangen, sei daran erinnert, daß Bazin seinen Geschwindigkeitsbeiwert aus Versuchen an künstlichen Gerinnen empirisch hergeleitet hat[1]). Der Ganguillet-Kuttersche Wert c entstand aus der Zusammenwerfung einer Unzahl von Messungsergebnissen von Strömen, Flüssen, Bächen und künstlichen Gerinnen. Ähnlich sind die Grundlagen für die Entstehung des Wertes c nach Kutter (abgekürzt).

Bei Hermanek und Siedeck ging dem Aufbau der empirischen Formeln eine Sichtung des benutzten Zahlenmaterials voraus, wobei die Messungsergebnisse von natürlichen Flüssen und künstlichen Gerinnen auseinander geschieden wurden. Da es sich in unserem Beispiel um einen natürlichen Flußlauf handelt und die benutzten empirischen Formeln von Hermanek und Siedeck gerade für derartige Flußläufe aufgestellt sind aus einem Zahlenmaterial, das nur von natürlichen Flüssen stammt, so dürften die Ergebnisse nach Hermanek und Siedeck den tatsächlichen Verhältnissen relativ am nächsten kommen. Gegebenenfalls wird eine an Ort und Stelle vorgenommene Wassermessung (vgl. Aufgabe 7) das beste Kriterium liefern und Klarheit über die tatsächlich abfließende Wassermenge bringen.

[1]) Deshalb wurde in vorliegender Aufgabensammlung bei künstlichen Gerinnen oder ganz regelmäßigen Profilen stets mit dem Geschwindigkeitsbeiwert c nach Bazin gerechnet.

Aufgabe 18.

Im Zuge des Oberwasserkanals einer Niederdruckwasserkraftanlage muß auf 215 m Länge ein Bergrücken mit einem Stollen durchfahren werden. Die Normalwassermenge der Kraftanlage ist durch die wasserwirtschaftlichen Untersuchungen bereits festgelegt und beträgt 45,0 m^3/sec. Die geognostischen Verhältnisse bedingen eine Ausmauerung des Stollens. Es ist dafür Beton mit rauh zugeriebenem Verputz in Aussicht genommen. Damit dieser Beton seinerseits von der dauernd vorhandenen Wasserströmung nicht angegriffen wird, soll die maximale Geschwindigkeit des Wassers $\left(\text{Geschwindigkeit} = \text{mittlere Profilgeschwindigkeit, definiert mit } v = \frac{Q}{F}\right)$ bei keiner Fülltiefe 2,50 m/sec überschreiten. Es wird aber als wünschenswert betrachtet, mit einer kleineren Geschwindigkeit auszukommen, wobei der lichte Stollenquerschnitt jedoch das Ausmaß von etwa $\Phi = 22$ m^2 aus wirtschaftlichen Gründen nicht überschreiten soll. Als Richtlinie für die Querschnittsgestalt des Stollens wird beigegebenes Profil zugrunde gelegt (vgl. Abb. 39). Das Rinngefälle des Stollens wird mit $0{,}7\,^0/_{00}$ in Ansatz gebracht.

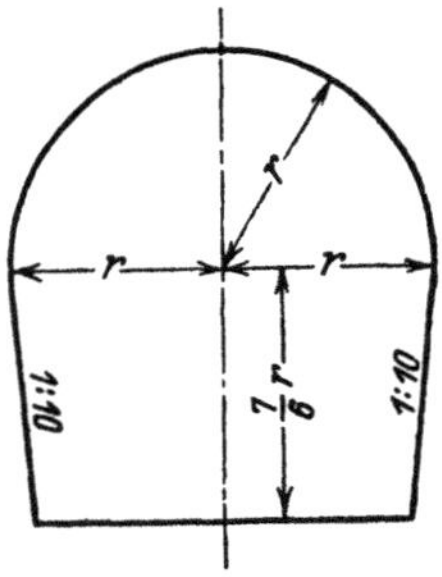

Abb. 39.

Es ist der Stollen zu dimensionieren und zwar so, daß er für die Förderung der Normalwassermenge gerade das günstigste Profil aufweist!

Lösung.

Der Stollen ist hier ein Stück des Oberwasserkanals. Man bildet ihn deshalb, wie stets in solchen Fällen, als Freispiegelstollen aus, in welchem der Stollenscheitel „frei" bleibt, d. h. vom Wasser nicht benetzt wird. Wie bereits in Aufgabe 8 gezeigt (vgl. Abb. 24), hat ein solcher Stollen sein größtes Wasserführungsvermögen nicht bei voller Füllung, sondern bei einem kleineren Wasserstand. Auch das Maximum der mittleren Profilgeschwindigkeit tritt nicht bei vollaufendem Profil auf, sondern bei einer Fülltiefe, die kleiner ist als jene für das größte Wasserführungsvermögen. Daraus folgt, daß unser endgültiges Profil zunächst zwei Bedingungen genügen muß:

1. Es soll günstigstenfalls die Normalwassermenge abführen können. Das ist so zu verstehen, daß in diesem Profile nur bei einem ganz bestimmten Wasserstande 45,0 m^3/sec abfließen. Bei allen sonst noch möglichen Fülltiefen dieses gleichen Profils muß demnach die abfließende Wassermenge kleiner sein als 45,0 m^3/sec ($= Q_{max}$).

2. Die größtmögliche Profilgeschwindigkeit dieses gemäß 1. festgelegten Profils soll 2,50 m/sec nicht überschreiten. Da diesem v_{max} eine andere Fülltiefe entspricht als dem Q_{max} im gleichen Profil, so wird das v, welches bei der Förderung Q_{max} herrscht, kleiner sein als v_{max}.

Es sind also die Profilausmaße so zu wählen, daß sie der Bedingung 1. genügen, wobei dann die Bedingung 2. von selbst mit erfüllt sein muß. Dabei ist leicht einzusehen, daß die Annahme einer entsprechend kleinen Geschwindigkeit ohne weiteres vorstehenden beiden Bedingungen gerecht würde. Überdies sinkt durch diese Annahme der Gefällsbedarf. Die kleine Geschwindigkeit bedingt aber, wie aus der Kontinuität ohne weiteres gefolgert werden kann, einen großen Wasserquerschnitt, verteuert also den Bau. Da unser Stollenprofil aus letzterem Grunde nur etwa 22 m^2 lichtes Flächenausmaß bekommen soll, muß der Wasserquerschnitt für Q_{max} noch unter diesem Maße bleiben, wodurch der Geschwindigkeitsverminderung eine Grenze gesetzt ist. Wir haben es hier also mit einer 3. Bedingung für unsere Aufgabe zu tun.

Würde diese 3. Bedingung nicht bestehen, so wäre folgender Weg zur Lösung einzuschlagen. Man geht von der gegebenen Normalwassermenge aus und versucht, mit einer diesem Wasserführungsvermögen entsprechenden Geschwindigkeit auszukommen, um einerseits keinen zu großen Querschnitt zu bekommen, andererseits nicht zuviel Gefälle zu verbrauchen.

In unserem Beispiel würde man vielleicht $v = 2{,}20$ m/sec setzen. Daraus folgt dann ein Wasserquerschnitt

$$F = \frac{Q}{v} = \frac{45{,}0}{2{,}20} = 20{,}5 \text{ m}^2.$$

Es ist nun ein Profil zu suchen, für welches bei diesem Wasserquerschnitt F die Wassermenge $Q = 45{,}0$ m³/sec die maximal abfließende Wassermenge Q_{max} des Profils bildet, und hernach zu prüfen, ob in diesem Profil v_{max} innerhalb der gesetzten Grenze von 2,50 m/sec bleibt, ob andererseits das Lichtprofil des Stollens nicht zu groß, d. h. unwirtschaftlich geworden ist bzw. der Gefällsbedarf normale Verhältnisse übersteigt.

Für die Durchführung der Rechnung könnte man zunächst daran denken, das günstigste Profil für die vorliegenden Verhältnisse auf exakt mathematischem Wege direkt zu berechnen, wie seinerzeit das günstigste Trapezprofil (vgl. Aufgabe 9b). Wie man sich nun leicht überzeugen kann, führt dieser Weg auf umfangreiche und umständliche Beziehungen und gipfelt letzten Endes doch in einer Versuchsrechnung, um zur zahlenmäßigen Lösung zu gelangen. Bei den verschiedenartigen Bedingungen, die für derlei Berechnungen in der Praxis meist bestehen, müßte dieses Verfahren evtl. wiederholte Anwendung finden. Aus diesen Gründen ist das Probierverfahren als der praktischere Weg vorzuziehen.

In dem Beispiel der uns vorliegenden Aufgabe wird die Zahl der Versuchsrechnungen wesentlich herabgemindert und damit die ganze Rechnung vereinfacht, weil die Bedingung besteht, daß der lichte Stollenquerschnitt $\Phi \gtreqless 22{,}0$ m² sein soll. Setzen wir nun in 1. Annäherung den lichten Stollenquerschnitt $\Phi = 22{,}0$ m², dann ergibt sich nachstehende Bedingungsgleichung für r (vgl. Abb. 39):

$$\Phi = \frac{1}{2}\left[2r + \left(2r - \frac{7}{30}r\right)\right] \cdot \frac{7}{6} r + \frac{r^2 \pi}{2}$$

$$= 2{,}2 \cdot r^2 + 1{,}57 \cdot r^2$$

$$= 3{,}77 \cdot r^2;$$

daraus $$r = \sqrt{\frac{\Phi}{3{,}77}};$$

für $\Phi = 22{,}0$ m² wird

$$r = \sqrt{\frac{22{,}0}{3{,}77}} = 2{,}415 \sim 2{,}40 \text{ m}.$$

Wiederholte Berechnungen von Stollenprofilen mit einer Profilgestalt, ähnlich der in unserer Aufgabe zugrunde gelegten, zeigen, daß die günstigste Fülltiefe für

$v_{max} \sim$ 5/6 der lichten Profilhöhe des Stollens

$Q_{max} \sim$ 13/14 „ „ „ „ „

beträgt.

Für unser Profil von $r = 2{,}40$ m wird demnach die günstigste Fülltiefe

$$\text{für } Q_{max}\colon \quad \frac{13}{14}\cdot\left(r + \frac{7}{6}r\right) = 2{,}01\cdot r = 2{,}01\cdot 2{,}40 = \mathbf{4{,}82\,m},$$

$$\text{für } v_{max}\colon \quad \frac{5}{6}\left(\frac{7}{6}r + r\right) = 1{,}81\cdot r = 1{,}81\cdot 2{,}40 = \mathbf{4{,}34}\,\text{m}$$

Es ist nun zu prüfen, ob die Zahlenwerte für Q_{max} und v_{max} bei $r = 2{,}40$ m im Einklang mit den gestellten Bedingungen stehen.

Allgemein gilt für den in Abb. 40 angegebenen Wasserstand: Wasserquerschnittt $F = \Phi$ — Segment

$$F = 3{,}77\cdot r^2 - \frac{r^2}{2}\left(\frac{2\,\varphi^0}{180^0}\cdot\pi - \sin 2\varphi\right)$$

$$= 3{,}77\cdot r^2 - \frac{r^2}{2}\left(\frac{\varphi^0}{90^0}\cdot\pi - \sin 2\varphi\right),$$

wobei

$$\frac{h}{r} = \cos\varphi \quad \text{und} \quad \varphi' = 90^0 - \varphi;$$

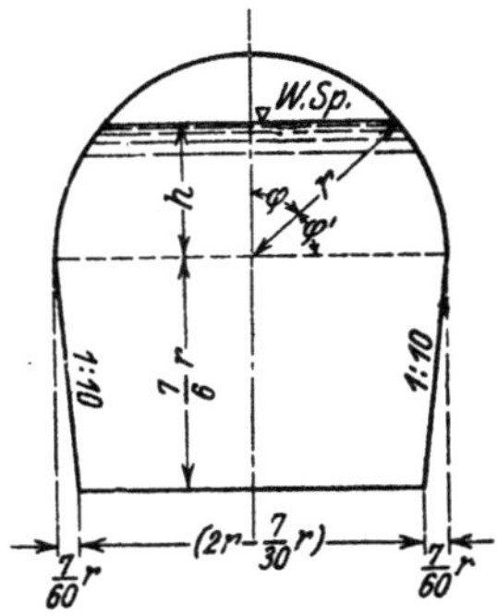

Abb. 40.

benetzter Umfang p:

$$p = \left(2r - \frac{7}{30}r\right) + 2\cdot\sqrt{\left(\frac{7}{6}r\right)^2 + \left(\frac{7}{60}r\right)^2} + 2\cdot\frac{r\,\pi\cdot\varphi'}{180^0}$$

$$= 4{,}087\cdot r + \frac{r\,\pi}{90^0}\cdot\varphi'.$$

Für $\frac{13}{14}$-Fülltiefe, also für Q_{max} wird h:

$$h = 4{,}82 - \frac{7}{6}r = 4{,}82 - 2{,}80 = 2{,}02\text{ m}.$$

Daher

$$\cos\varphi = \frac{h}{r} = \frac{2{,}02}{2{,}40} = 0{,}841;\quad \varphi = 32^0\,45';\quad 2\,\varphi = 65^0\,30';$$

$$\sin 2\,\varphi = 0{,}910;\quad \varphi' = 57^0\,15'.$$

Also

$$F = 3{,}77 \cdot 2{,}40^2 - \frac{2{,}40^2}{2}\left(\frac{3{,}14}{90^0} \cdot 32^0\,45' - 0{,}910\right)$$

$$= 21{,}68 - 2{,}88 \cdot (0{,}0349 \cdot 32{,}75 - 0{,}910)$$

$$= 21{,}68 - 0{,}66$$

$$= \mathbf{21{,}02}\ \mathrm{m}^2, \text{ wobei } \Phi = 21{,}68\ \mathrm{m}^2 \text{ ist.}$$

$$p = 4{,}087 \cdot 2{,}40 + \frac{2{,}40 \cdot 3{,}14 \cdot 57^0\,15'}{90^0}$$

$$= 9{,}80 + 0{,}0837 \cdot 57{,}25$$

$$= \mathbf{14\ 59}\ \mathrm{m}.$$

$$R = \frac{F}{p} = \frac{21{,}02}{14{,}59} = 1{,}44\ \mathrm{m};\quad \sqrt{R} = 1{,}20;$$

für $\gamma = 0{,}30$ wird $c = 69{,}5$. Daher

$$v = c\sqrt{R \cdot J}, \text{ wobei } J = 0{,}0007$$

$$v = 69{,}5 \cdot 1{,}20 \cdot 0{,}02645 = \mathbf{2{,}21}\ \mathrm{m/sec}.$$

also

$$Q_{max} = v \cdot F = 2{,}21 \cdot 21{,}02 = \mathbf{46{,}5}\ \mathrm{m^3/sec} > 45{,}0\ \mathrm{m^3/sec}.$$

Für $\frac{5}{6}$-Fülltiefe, also für v_{max} wird h:

$$h = 4{,}34 - \frac{7}{6} \cdot r = 4{,}34 - 2{,}80 = 1{,}54\ \mathrm{m}.$$

Daraus folgt:

$$\cos\varphi = \frac{h}{r} = \frac{1{,}54}{2{,}40} = 0{,}642;\quad \varphi = 50^0\,4';\quad 2\,\varphi = 100^0\,8';$$

$$\sin 2\,\varphi = \cos(2\,\varphi - 90) = 0{,}984;\quad \varphi' = 39^0\,56'.$$

Also

$$F = 21{,}68 - 2{,}88\,(0{,}0349 \cdot 50{,}07 - 0{,}984)$$

$$= 21{,}68 - 2{,}20$$

$$= \mathbf{19{,}48}\ \mathrm{m}^2,$$

$$p = 9{,}80 + 0{,}0837 \cdot 39{,}93$$

$$= 9{,}80 + 3{,}34$$

$$= \mathbf{13{,}14}\ \mathrm{m},$$

$$R = \frac{F}{p} = \frac{19{,}48}{13{,}14} = 1{,}48\ \mathrm{m};\quad \sqrt{R} = 1{,}216;\quad c = 69{,}8.$$

Daraus

$$v_{max} = c\sqrt{R \cdot J}$$

$$= 69{,}8 \cdot 1{,}216 \cdot 0{,}02645 = \mathbf{2{,}24}\ \mathrm{m/sec} < 2{,}50\ \mathrm{m/sec}.$$

Während demnach die Bedingungen 2 ($v_{max} < 2{,}50$ m/sec) und 3 (lichter Stellenquerschnitt $\Phi < 22{,}0$ m²) erfüllt sind, ist die Bedingung 1, wonach $Q_{max} = 45{,}0$ m³/sec betragen soll, nicht erfüllt. Wir können nun zwei Wege einschlagen, um auch noch der Bedingung 1) zu genügen. Der eine Weg besteht darin, das Gefälle soweit zu reduzieren, daß Q_{max} gerade 45,0 m³/sec wird. Damit würde gleichzeitig auch v kleiner. Der andere Weg besteht darin, unter Beibehaltung des Gefälles $J = 0{,}7\,^0/_{00}$ den Stollenquerschnitt etwas zu verkleinern, wodurch die Aufwendungen für den Stollen sinken.

Der 1. Weg ergibt:

$$Q_{max} = 45{,}0\ \mathrm{m^3/sec}; \qquad F = 21{,}02\ \mathrm{m^2};$$

daher

$$v = \frac{45{,}0}{21{,}02} = 2{,}14\ \mathrm{m/sec},$$

somit

$$J = \frac{v^2}{c^2 \cdot R} = \frac{2{,}14^2}{69{,}5^2 \cdot 1{,}44} = 0{,}000658 \sim 0{,}66\,^0/_{00}.$$

Rechnerisch ergäbe sich daher ein Gefällsgewinn für die Kraftanlage von

$$H = (0{,}0007 - 0{,}00066) \cdot 215 = 0{,}0086 \sim 0{,}009\ \mathrm{m}$$

und ein Kraftgewinn

$$L = 10 \cdot Q \cdot H = 10 \cdot 45{,}0 \cdot 0{,}009 = 4{,}05\ \mathrm{PS}.$$

2. Weg: Schätzen wir die Geschwindigkeit v nach der Profilverkleinerung für $\frac{13}{14}$-Füllung zu 2,20 m/sec, so würde der Wasserquerschnitt $F = \frac{45{,}0}{2{,}20} \cong 20{,}5$ m². Angenähert besteht nun folgende Beziehung zwischen den Wasserquerschnitten und den Radien r des Profils:

$$\frac{F_1}{F_2} \sim = \frac{r_1^2}{r_2^2}$$

oder mit Zahlen

$$\frac{21{,}02}{20{,}5} = \frac{2{,}40^2}{r_2^2},$$

$$\text{daraus } r_2 = \sqrt{\frac{20{,}5}{21{,}02} \cdot 2{,}40^2} = \sim \mathbf{2{,}37}\ \text{m},$$

somit

$$h = \frac{13}{14}\left(\frac{7}{6} \cdot 2{,}37 + 2{,}37\right) - \frac{7}{6} \cdot 2{,}37 = 4{,}76 - 2{,}76 = 2{,}00\ \text{m}.$$

$$\cos\varphi = \frac{h}{r} = \frac{2{,}00}{2{,}37} = 0{,}844; \quad \varphi = 32^0\,26'; \quad 2\,\varphi = 64^0\,52';$$

$$\sin 2\,\varphi = 0{,}905; \quad \varphi' = 57^0\,34',$$

also

$$F = 3{,}77 \cdot 2{,}37^2 - \frac{2{,}37^2}{2}\,(0{,}0349 \cdot 32{,}43 - 0{,}905)$$

$$= 21{,}2 - 0{,}63$$

$$= 20{,}57\ \text{m}^2, \quad \text{wobei} \quad \Phi = \mathbf{21{,}20\ m^2} < 22{,}0\ \text{m}^2$$

(Bedingung 3!).

$$p = 4{,}087 \cdot 2{,}37 + \frac{2{,}37 \cdot 3{,}14}{90^0} \cdot 57{,}57$$

$$= 9{,}69 + 0{,}0826 \cdot 57{,}57$$

$$= 14{,}45\ \text{m}.$$

$$R = \frac{20{,}57}{14{,}45} = 1{,}42\ \text{m}; \quad \sqrt{R} = 1{,}19; \quad c = 69{,}5.$$

$$v = 69{,}5 \cdot 1{,}19 \cdot 0{,}02645 = 2{,}19\ \text{m/sec}.$$

$$Q = 2{,}19 \cdot 20{,}57 = \mathbf{45{,}0\ m^3/sec}. \quad \text{(Bedingung 1!)}$$

Da durch die Profilverkleinerung alle Geschwindigkeiten kleiner geworden sind[1]), erübrigt sich die Nachprüfung von v_{max} für das neue Profil. (Bedingung 2.)

Abb. 41a zeigt das fertigdimensionierte Profil in seiner baureifen Ausgestaltung. Die kleinen Änderungen an der Profilgestalt, die aus Zweckmäßigkeitsgründen erfolgt sind, haben an den Abflußverhältnissen nichts mehr geändert, wie die Ge-

[1]) Die Verkleinerung der Profilfläche führt auf ein kleineres R, damit auch auf ein kleineres c, so daß bei gleichbleibendem Gefälle J auch die Geschwindigkeit v kleiner wird (und damit die Fördermenge Q, was der Anlaß zur Profilverkleinerung war).

schwindigkeitskurve v und die Abflußkurve Q für verschiedene Fülltiefen zeigen (Abb. 41 b). Man ersieht aus Abb. 41 b außerdem, daß der gewählte Stollen bei 45,0 m³/sec Wasserführung gegen einen Rückstau von unten her sehr empfindlich ist, weil in diesem Falle der Wasserspiegel an und für sich schon sehr nahe an den Scheitel heranreicht. Die Berücksichtigung eines solchen Staues führt auf ein größeres Profil, so daß zwischen dem Wasserspiegel für Normalwasser und dem Scheitel ein entsprechend großer Spielraum bleibt.

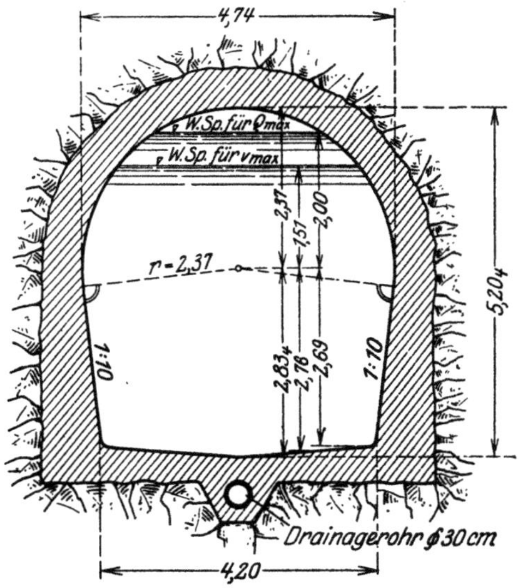

Abb. 41 a.

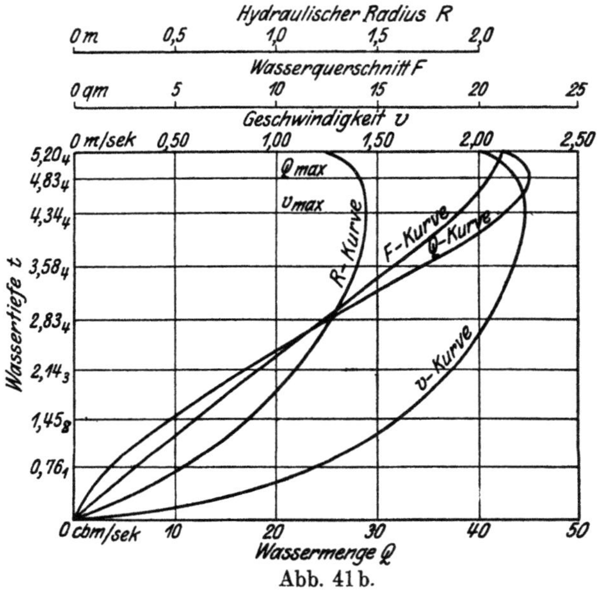

Abb. 41 b.

Ein solches Profil ist dann aber nicht mehr das günstigste für die Normalwasssermenge.

Wassertiefen t m	F m^2	p m	R m	c	v m/sec	Q m^3/sec
$0{,}76_1$	2,94	5,57	0,528	61,6	1,18	3,47
$1{,}45_2$	5,99	6,96	0,865	65,7	1,61	9,65
$2{,}14_3$	9,10	8,35	1,090	67,6	1,87	17,00
$2{,}83_4$	12,34	9,74	1,268	68,7	2,04	25,25
$3{,}58_4$	15,85	11,21	1,411	69,4	2,18	34,55
$4{,}34_4$	19,01	12,95	1,469	69,8	2,23	42,55
$4{,}83_4$	20,57	14,45	1,420	69,5	2,19	45,00
$5{,}20_4$	21,20	17,14	1,236	68,5	2,02	42,70

Nach Bazin ist $c = \dfrac{87}{1 + \dfrac{\gamma}{\sqrt{R}}}$, wobei $\gamma = 0{,}30$.

b) Geschlossene Profile. Rohrleitungen.

Aufgabe 19.

Ein Teich wird aus einem See mittels einer 650 m langen Rohrleitung gespeist. Der Seespiegel liegt auf Kote 480,20 m, das untere Ende der Rohrachse auf Kote 415,65 m, der Teichwasserspiegel auf Kote 415,00 m.

1. Mit welcher Geschwindigkeit verläßt das Wasser das unten vollkommen offene Rohr, wenn dieses 2″ (= 50,8 mm) Durchmesser hat und das obere Mundstück scharfrandig ist? Wie groß ist in diesem Falle die Fördermenge pro Sekunde? Verlauf der Piezometerlinie? Ist die berechnete Fördermenge bereits die Maximalmenge für die vorgenannten Bedingungen?

2. Welche Geschwindigkeit herrscht in derselben Rohrleitung, wenn deren Ausfluß bei B durch einen Hahn so reguliert wird, daß nur 1,5 l/sec ausströmen? Wie verläuft nunmehr die Piezometerlinie?

3. Wie ergeben sich die Abflußverhältnisse in der Rohrleitung und wie groß ist die Fördermenge, wenn der Ausfluß bei B vollkommen freigegeben ist und wenn

a) die Rohrleitung so dimensioniert wird, daß vom See aus auf 200 m Länge Rohre von 65 mm Durchmesser benützt werden, während die sich anschließende Reststrecke der Leitung bis B aus $1^3/_4$-zölligen Rohren gebildet wird? Piezometerlinie?

b) die Rohrleitung so zusammengesetzt würde, daß auf 200 m Länge Rohre von 2″, auf die anschließenden 250 m Rohre von $2^1/_4$″ Verwendung finden, während die noch ver-

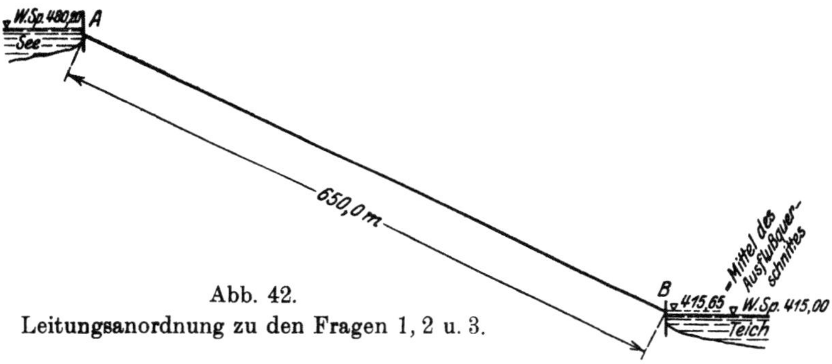

Abb. 42.
Leitungsanordnung zu den Fragen 1, 2 u. 3.

bleibende Reststrecke der Leitung aus $2^1/_2$″-Rohren gebildet würde und wenn nur die Reibungsverluste berücksichtigt werden? Piezometerlinie? Mit welchem Durchmesser ist bei A zu beginnen?

Bei Beantwortung der Fragen 1 bis 3 ist anzunehmen, daß die Rohrleitung mit stets gleichmäßigem Gefälle von A nach B geführt ist (Abb. 42).

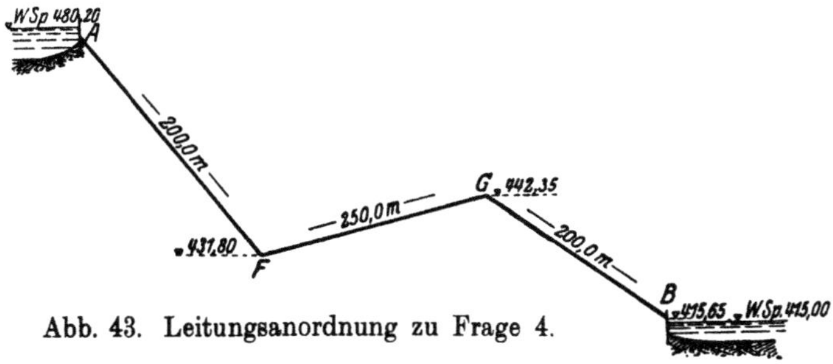

Abb. 43. Leitungsanordnung zu Frage 4.

4. Was ist über die Abflußverhältnisse in der Rohrleitung zu sagen, wenn die Geländeverhältnisse eine Führung der Rohrleitung gemäß Abb. 43 bedingen, wenn ferner bei B ungehinderter Ausfluß stattfindet und der Rohrdurchmesser wie im Falle 1) 2″ beträgt?

5. a) Die in Abb. 44 im Längenschnitt dargestellte Leitung ist unter Benutzung handelsüblicher Rohrquerschnitte so zu dimensionieren, daß sie den nachgenannten Bedingungen genau entspricht:

Förderleistung von A bis K: 8,0 l/sec,
Entnahme bei K: 4,4 l/sec,
unverbrauchter Druck am Hydranten K: 30 m Wassersäule,
keine Saugwirkung bei L,
Entnahme bei M: 1,0 l/sec,
Entnahme bei B: 2,6 l/sec,
unverbrauchte Druckhöhe bei B: 15 m Wassersäule.

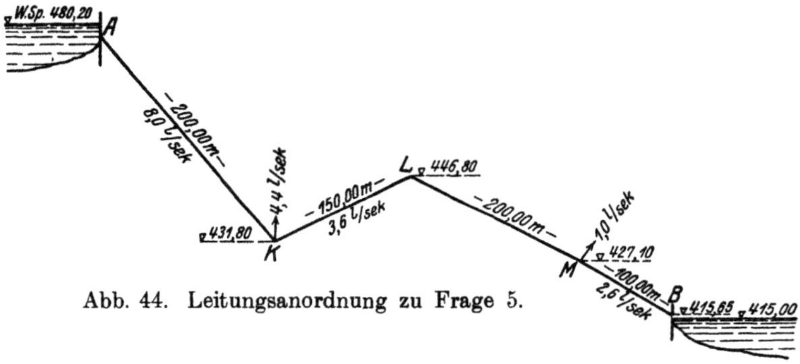

Abb. 44. Leitungsanordnung zu Frage 5.

Für die Dimensionierung sind lediglich die Reibungsverluste zu berücksichtigen.

b) Welche Piezometerlinie ergibt sich, wenn in der nach a) dimensionierten Leitung von A bis B nur 2,6 l/sec gefördert werden, wobei bei K und M keine Entnahme stattfindet? Wie groß ist nunmehr die bei B vorhandene unverbrauchteDruckhöhe?

Lösung.

Das Seewasser, soweit es über dem Mittel des Ausflußquerschnittes B liegt, besitzt in bezug auf diesen Punkt Energie der Lage. Beim Abfluß des Wassers von A nach B setzt sich potentielle Energie (Wasserdruck) in Energie der Bewegung um.

Würde sich die ganze vorhandene Druckhöhe H in Geschwindigkeit umsetzen können, dann ergäbe sich an der Abschlußstelle B eine Geschwindigkeit

$$v = \sqrt{2\,g\,H} \text{ m/sec}.$$

In diesem Falle wäre die Endgeschwindigkeit **nur** abhängig von der durchfallenen Höhe H, demnach vollkommen unabhängig von der Art und Länge des Weges. Die Wasserbewegung von A nach B wäre eine beschleunigte Bewegung. Umgekehrt entspräche der Geschwindigkeit v' an

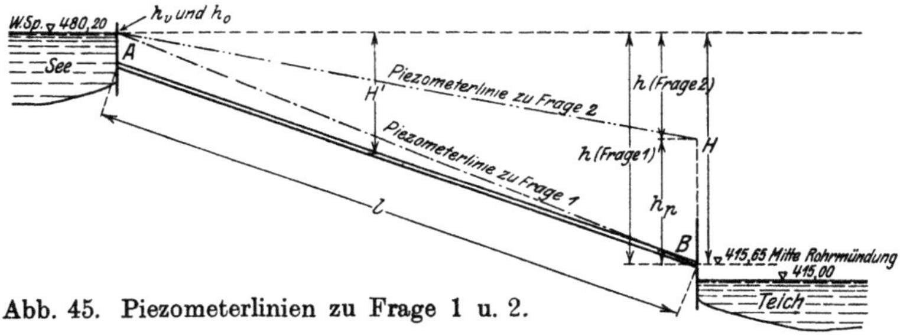

Abb. 45. Piezometerlinien zu Frage 1 u. 2.

irgendeiner Stelle der Leitung die Gefällshöhe $H' = \frac{v'^2}{2g}$, also der Geschwindigkeit v am Endpunkt B die Druckhöhe (= Geschwindigkeitshöhe)

$$H = \frac{v^2}{2g} \text{ m}.$$

Da wir annehmen, daß sich mit der Zeit weder der Seespiegel, noch der Abflußvorgang in der Leitung $A - B$, noch der Teichspiegel ändert (d. h. über die Rohrmündung emporsteigt), die Wasserbewegung also eine unveränderliche ist, muß auch die bei B ausfließende Wassermenge wegen der Kontinuität genau so groß sein, wie die bei A eintretende Wassermenge.

Nun geht aber der Abfluß bekanntlich nicht verlustlos vor sich. Schon gleich beim Eintritt des Wassers in die Rohrleitung bei A ergibt sich ein Eintrittsverlust, ferner verursacht die Reibung des Wassers an der Rohrwandung längs der ganzen Rohrleitung $A-B$ Reibungsverluste. Außerdem können noch Verluste durch Krümmer, Knickpunkte, Querschnittsänderungen, Drosselklappen usw. auftreten.

Die Überwindung dieser Widerstände geschieht auf Kosten eines Teils der Druckhöhe H. Was dann an Druckhöhe noch übrigbleibt, wird, wenn man die Wasserbewegung nicht hemmt, zur Umsetzung in Geschwindigkeit voll aufgebraucht.

Besteht dagegen eine derartige Hemmung z. B. bei Drosselung der Leitung, dann vermag sich nur eine solche Geschwindigkeit v zu entwickeln, daß die Kontinuität $v = \frac{Q}{F}$ gewahrt bleibt. Die zur Erzeugung dieses v aufzuwendende Druckhöhe ist natürlich kleiner, als der eben erwähnte Restdruck nach Abzug der Widerstandshöhen. Was dann noch an unverbrauchter Druckhöhe vorhanden ist, bleibt als Druckwirkung (potentielle Energie) bestehen.

Zusammenfassend ist also die zur Erzeugung von Geschwindigkeit verbrauchte Druckhöhe (= Geschwindigkeitshöhe) gleich der gesamten Druckhöhe H abzüglich sämtlicher Widerstandshöhen und abzüglich der noch unverbrauchten Druckhöhe (potentielle Energie). Bezeichnet man den Eintrittsverlust mit h_0, den Reibungsverlust mit h, die übrigen Verluste infolge von Widerständen mit h_s, und den verbleibenden unverbrauchten Druck mit h_p (= m Wassersäule), dann muß also die Geschwindigkeitshöhe h_v sein

$$h_v = \frac{v^2}{2g} = H - (h_0 + h + h_s + h_p).$$

Wir hatten weiter oben gesehen, daß wir von A nach B eine beschleunigte Wasserbewegung hätten, wenn keine Verluste auftreten würden. Welchen Einfluß haben nun die auftretenden Widerstände auf die Wasserbewegung? Insoweit an irgendeiner Stelle der Leitung noch unverbrauchte Druckhöhe vorhanden ist, insoweit muß die Leitung vollgefüllt sein; außerdem besteht die Beziehung $v = \frac{Q}{F}$, d. h. für konstantes Q und konstantes Lichtprofil F der Leitung muß auch v konstant, die Wasserbewegung also eine gleichförmige sein. Die gleichförmige Bewegung bleibt auch noch bestehen, wenn dieser unverbrauchte Druck für irgendeine Teilstrecke der Leitung zu Null oder sogar negativ wird (Saugwirkung!), wenn dabei nur die praktisch mögliche Saughöhe nicht überschritten wird, wenn also der Wasserfaden nicht abreißen kann.

Erst da, wo das Wasser keine potentielle Energie (keinen unverbrauchten Druck) mehr hat, wo außerdem der Gefällszuwachs von Querschnitt zu Querschnitt stets größer ist, als die zur Überwindung der Gesamtwiderstände notwendige Druckhöhe und wo überdies Saugwirkungen durch geeignete Maßnahmen (z. B. Belüftungsrohre!) ausgeschaltet sind, wird eine beschleunigte Wasserbewegung auch bei gleichbleibendem oder selbst kleiner werdendem Querschnitt auftreten können. Es handelt sich in diesem Falle um nicht vollaufende Profile, also um analoge Verhältnisse, wie sie in offenen Gerinnen vorliegen (Leerlaufleitungen von Wasserkraftanlagen usw. vgl. Aufgabe 32). Aus der Kontinuität folgt für Leitungen mit stetig zunehmendem Querschnitt eine von vornherein verzögerte, für stetig abnehmende Querschnitte eine beschleunigte Bewegung bei Vorhandensein von unverbrauchtem Druck h_p (von potentieller Energie). Fehlt letzterer, dann gilt die für das Auftreten der beschleunigten Wasserbewegung angestellte Betrachtung sinngemäß auch hier.

Bei der nun folgenden rechnerischen Lösung der gestellten Fragen dieser Aufgabe wird noch Gelegenheit genommen, auf die vorstehend angedeuteten Fließverhältnisse nach der einen oder anderen Richtung hin einzugehen.

Zu 1. Die Leitung hat von A bis B gleichbleibenden Durchmesser. Der Ausflußquerschnitt ist vollkommen offen, d. h. der Ausfluß kann ohne Hemmung vor sich gehen. Es wird sich deshalb der Abfluß so gestalten, daß von A bis B die gesamte vorhandene Druckhöhe gerade aufgebraucht wird, d. h. daß die Wassergeschwindigkeit v in der Leitung das mögliche Maximum erreicht.

Setzt man, wie üblich,

$h_0 = \zeta_0 \cdot \frac{v^2}{2g} = 0{,}505 \cdot \frac{v^2}{2g} \sim 0{,}51 \cdot \frac{v^2}{2g}$ (= Eintrittsverlust; $\zeta_0 = 0{,}51$ bezieht sich auf den Übergang des Wassers aus unendlich weitem Becken in ein zylindrisches, nicht glockenförmiges Mundstück einer Röhre),

$h = \zeta \cdot \frac{l}{d} \cdot \frac{v^2}{2g} = \frac{8g}{c^2} \cdot \frac{l}{d} \cdot \frac{v^2}{2g}$[1] (= Reibungsverlust; c = Geschwin-

[1]) Dieser Ausdruck ergibt sich wie folgt: $v = c\sqrt{R \cdot J} = c\sqrt{R \cdot \frac{h}{l}}$; daraus $h = \frac{v^2 \cdot l}{c^2 \cdot R} = \frac{2g}{c^2} \cdot \frac{l}{R} \cdot \frac{v^2}{2g}$; für $R = \frac{d}{4}$ wird also $h = \frac{8g}{c^2} \cdot \frac{l}{d} \cdot \frac{v^2}{2g}$.

digkeitsbeiwert nach Bazin [dann meist $\gamma = 0{,}16$] oder nach Kutter [abgekürzt] [$m = 0{,}25 \sim 0{,}35$], $l =$ Länge der Rohrleitung, für welche der Durchmesser $= d$ ist),

$h_s = \zeta_s \cdot \frac{v^2}{2g}$ (= Summe der übrigen Verluste; bezüglich des Koeffizienten ζ_s für jeden der hier noch in Frage kommenden Verluste vergleiche man spätere Beispiele),

$h_p = \frac{p}{\gamma}$ (= unverbrauchte Druckhöhe in m Wassersäule)

und beachtet, daß in Frage 1 außer Eintritts- und Reibungsverlust keine Verluste auftreten, dann ergibt sich folgende Bedingungsgleichung für die Druckhöhe zur Erzeugung der Geschwindigkeit (= Geschwindigkeitshöhe):

$$\frac{v^2}{2g} = H - (h_0 + h) = H - \left(0{,}51 \cdot \frac{v^2}{2g} + \frac{8g}{c^2} \cdot \frac{l}{d} \cdot \frac{v^2}{2g}\right).$$

Daraus folgt

$$\frac{v^2}{2g}\left(1 + 0{,}51 + \frac{8g}{c^2} \cdot \frac{l}{d}\right) = H,$$

$$v = \sqrt{\frac{2gH}{1 + 0{,}51 + \frac{8g}{c^2} \cdot \frac{l}{d}}}.$$

Für $H = 480{,}20 - 415{,}65 = 64{,}55$ m,

$l = 650{,}0$ m,

$d = 2'' = 50{,}8$ mm $= 0{,}0508$ m,

$m = 0{,}25$ (nach Kutter für Wasserleitungsrohre) und

$$R = \frac{d}{4} = 0{,}0127\,\text{m}, \text{ d. h. } c = \frac{100 \cdot \sqrt{R}}{m + \sqrt{R}} = \frac{100 \cdot \sqrt{0{,}0127}}{0{,}25 + \sqrt{0{,}0127}} = 31{,}1$$

ergibt sich v zu

$$v = \sqrt{\frac{2 \cdot 9{,}81 \cdot 64{,}55}{1{,}51 + \frac{8 \cdot 9{,}81}{31{,}1^2} \cdot \frac{650{,}0}{0{,}0508}}}$$

$$v = \sqrt{\frac{1266}{1{,}51 + 1039}}$$

$$v = 1{,}103 \sim 1{,}10 \text{ m/sec.}$$

Daher beträgt die in den Teich fließende Wassermenge Q

$$Q = v \cdot F = 1{,}10 \cdot \frac{0{,}0508^2 \cdot \pi}{4} = 1{,}10 \cdot 0{,}00202 = 0{,}00222 \text{ m}^3/\text{sec}$$

$$\sim = \mathbf{2{,}2} \text{ l/sec.}$$

Zur Auftragung der Piezometerlinie[1]) (= Linie des unverbrauchten Druckes) benötigt man die Größe der einzelnen Druckhöhenverbräuche. Sie werden:

Geschwindigkeitshöhe:

$$h_v = \frac{v^2}{2g} = \frac{1{,}10^2}{2g} = 0{,}06202 \qquad = \sim \mathbf{0{,}062} \text{ m}$$

Eintrittsverlust:

$$h_0 = 0{,}51 \cdot \frac{v^2}{2g} = 0{,}51 \cdot 0{,}06202 \qquad = \sim \mathbf{0{,}032} \text{ m}$$

Reibungsverlust:

$$h = \left(\frac{8g}{c^2} \cdot \frac{l}{d}\right) \cdot \frac{v^2}{2g} = 1039 \cdot 0{,}06202 = \sim \mathbf{64{,}456} \text{ m}$$

verbrauchte Gesamtdruckhöhe = 64,550 m.

Es ist also der Gesamtdruckhöhenverbrauch gleich der gesamt zur Verfügung stehenden Druckhöhe. Man sieht, daß der Druckhöhenverbrauch zur Überwindung der Reibung den Verbrauch zur Erzeugung der Geschwindigkeit und zur Überwindung des Eintrittswiderstandes weit überwiegt. (Bei dem der Abb. 45 zugrunde gelegten Maßstab verschwinden die beiden letzteren.) Deshalb wird in der Praxis bei langen Leitungen mit nicht zu großem Durchmesser, also insbesondere bei Verhältnissen, wie sie für Wasserversorgungsanlagen vorliegen, lediglich die Reibungshöhe h berücksichtigt, die übrigen Verluste vernachlässigt. Wenn nachfolgend gleichwohl da und dort die gesamten Verluste erfaßt werden, so geschieht das aus Übungszwecken.

Es ist noch gefragt, ob es unter den gegebenen Bedingungen möglich wäre, eine größere Fördermenge Q zu erzielen als 2,2 l/sec. Die Voraussetzung für eine Leistungssteigerung der Rohrleitung wäre, da $Q = v \cdot F$ ist und F als konstant betrachtet

[1]) Sie wird zur Darstellung gebracht, wenn man an verschiedenen Stellen der Rohrleitung senkrechte, oben offene Röhrchen anbringt un die Wasserspiegel, welche sich nunmehr in den Röhrchen einstellen, verbindet.

wird, die Zunahme der Geschwindigkeit v. Mit zunehmendem v wachsen aber sämtliche Verluste, es wächst also der Bedarf an Gesamtdruckhöhe H. Da aber die gesamte vorhandene Druckhöhe H zur Förderung von 2,2 l/sec bereits restlos aufgebraucht ist, so erhellt, daß diese Fördermenge bereits das Maximum darstellt. Würden die Verhältnisse eine größere Wassermenge als 2,2 l/sec erfordern, so müßte demnach entweder der Seespiegel gehoben, bzw. die Rohrausmündung tiefer gelegt werden, um an vorhandener Druckhöhe zu gewinnen, oder besser, weil ausgiebiger, es müßte ein größeres Rohrkaliber zur Verwendung gelangen.

Zu 2. Nunmehr ist $Q = 1{,}5$ l/sec $= 0{,}0015$ m³/sec. Aus der Kontinuität folgt für $F = \frac{d^2 \pi}{4} = 0{,}00202$ m² eine Wassergeschwindigkeit im Rohr von

$$v = \frac{Q}{F} = \frac{0{,}0015}{0{,}00202} = \mathbf{0.740\ m/sec.}$$

Mit der Geschwindigkeit v sind nun auch die Verluste gegeben. Sie betragen:

Geschwindigkeitshöhe:

$$h_v = \frac{v^2}{2g} = \frac{0{,}740^2}{2 \cdot 9{,}81} = 0{,}0279 \qquad = \sim \mathbf{0{,}028}\ \mathrm{m}$$

Eintrittsverlust:

$$h_0 = 0{,}51 \cdot \frac{v^2}{2g} = 0{,}51 \cdot 0{,}0279 \qquad = \sim \mathbf{0{,}014}\ \mathrm{m}$$

Reibungsverlust:

$$h = \frac{8g}{c^2} \cdot \frac{l}{d} \cdot \frac{v^2}{2g} = 1039 \cdot 0{,}0279 \qquad = \sim \mathbf{28{,}948}\ \mathrm{m}$$

gesamter Druckhöhenverbrauch $= \mathbf{28{,}990}$ m.

Demnach bei B noch vorhandener Druck:

$$h_p = H - 28{,}99 = 64{,}55 - 28{,}99 = \mathbf{35{,}56\ m.}$$

Beim Austritt aus dem Rohrende (Hahn) setzt sich diese potentielle Energie, soweit sie nicht zur Überwindung von Widerständen beim Durchfließen des Hahnes verbraucht wird, in Geschwindigkeit um. Diese beträgt dann an dieser Stelle insgesamt (bei Vernachlässigung weiterer Verluste):

$$\text{Geschwindigkeitshöhe bei } B = \frac{v'^2}{2g} = h_v + h_p$$

$$= 0{,}028 + 35{,}560 = \mathbf{35{,}588}\ \text{m}$$

und somit $v' = \sqrt{2g \cdot 35{,}588} = \mathbf{26{,}5}\ \text{m/sec}$.

Hier könnte beispielsweise das Rohrende als Springbrunnendüse im Teich angeordnet werden.

Bezüglich der Auftragung der Piezometerlinie vgl. Abb. 45 und das zu Frage 1 gesagte.

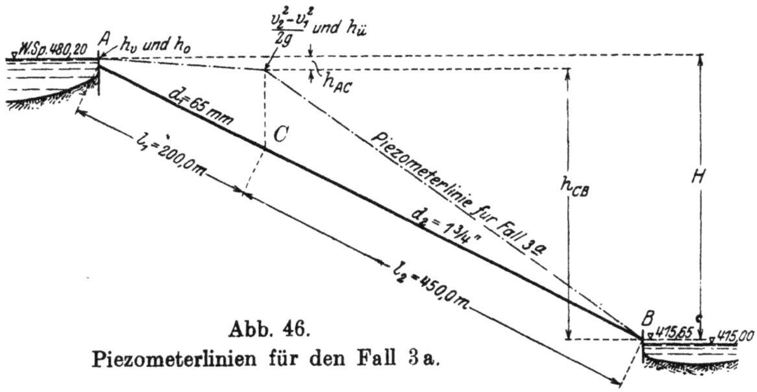

Abb. 46.
Piezometerlinien für den Fall 3a.

Zu 3. a) Die Rechnung ist analog jener zu Frage 1 zu führen. Es muß dabei nur beachtet werden, daß wegen der Kontinuität in der Leitungsstrecke AC (Abb. 46) eine andere Geschwindigkeit herrscht, als in der Strecke BC, weil die Durchmesser verschieden sind, so daß auch die Verluste für die zwei Teilstrecken gesonderte Berechnung erheischen.

Es bezeichne der Zeiger 1 alle Größen der Strecke AC, der Zeiger 2 jene der Strecke CB.

Nun muß, da bei B die gleiche Wassermenge pro sec ausströmt, welche bei A in derselben Zeit einfließt, sein:

1) $$Q = v_1 \cdot F_1 = v_2 \cdot F_2 .$$

Nach früherem ist:

$$2)\qquad H = \frac{v_1^2}{2g} + 0{,}51 \cdot \frac{v_1^2}{2g} + \frac{8g}{c_1^2} \cdot \frac{l_1}{d_1} \cdot \frac{v_1^2}{2g} + \frac{v_2^2 - v_1^2}{2g}$$
$$+ \zeta_ü \cdot \frac{v_2^2}{2g} + \frac{8g}{c_2^2} \cdot \frac{l_2}{d_2} \cdot \frac{v_2^2}{2g}.$$

Als weitere Druckhöhenverluste neben den in Frage 1 und 2 bereits behandelten treten dabei auf:

$\frac{v_2^2 - v_1^2}{2g}$ = Druckhöhe zur Steigerung der Geschwindigkeit von v_1 auf v_2;

$\zeta_ü \cdot \frac{v_2^2}{2g}$ = Druckhöhe zur Überwindung des Widerstandes beim Übergang von dem großen Kaliber der Leitung AC auf das kleinere der Leitung CB.

Nach Weißbach ist

$$\zeta_ü = \frac{0{,}0765}{\mu^2} + \left(\frac{1}{\mu} - 1\right)^2; \quad \text{für } \frac{F_2}{F_1} = \frac{d_2^2}{d_1^2} = \frac{0{,}044^2}{0{,}065^2} = 0{,}46$$

wird die Zusammenziehungsziffer $\mu = 0{,}72$ gemäß Tafel 5 des Anhanges und $\zeta_ü = 0{,}30$.

Die Bedingungsgleichung 2) enthält zwei Unbekannte: v_1 und v_2. Nun folgt aber aus 1), daß die beiden Geschwindigkeiten wegen der Kontinuität sich umgekehrt verhalten, wie die Rohrquerschnitte. Es läßt sich deshalb eine der zwei unbekannten Geschwindigkeiten durch die andre ausdrücken.

Wir setzen

$$v_1 = v_2 \cdot \frac{F_2}{F_1}$$

und erhalten somit

$$H = \frac{v_2^2}{2g} \cdot \frac{F_2^2}{F_1^2} \cdot \left(1{,}51 + \frac{8g}{c_1^2} \cdot \frac{l_1}{d_1}\right) + \frac{v_2^2}{2g}\left(1 - \frac{F_2^2}{F_1^2}\right)$$
$$+ \frac{v_2^2}{2g}\left(0{,}30 + \frac{8g}{c_2^2} \cdot \frac{l_2}{d_2}\right)$$
$$= \frac{v_2^2}{2g}\left[\frac{F_2^2}{F_1^2} \cdot \left(1{,}51 + \frac{8g}{c_1^2} \cdot \frac{l_1}{d_1}\right) + \left(1 - \frac{F_2^2}{F_1^2}\right) + \left(0{,}30 + \frac{8g}{c_2^2} \cdot \frac{l_2}{d_2}\right)\right].$$

Nun ist:

$$d_1 = 65\,\text{mm} = 0{,}065\,\text{m};$$

$$d_2 = 1^3/_4'' = 44{,}45\,\text{mm} \sim 0{,}044\,\text{m}$$

$$F_1 = \frac{d_1^2\,\pi}{4} = \frac{0{,}065^2 \cdot 3{,}14}{4} = 0{,}00332\,\text{m}^2$$

$$F_2 = \frac{d_2^2\,\pi}{4} = \frac{0{,}044^2 \cdot 3{,}14}{4} = 0{,}00152\,\text{m}^2$$

$$l_1 = 200{,}0\,\text{m}$$

$$l_2 = 450{,}0\,\text{m}$$

$$c_1 = \frac{100 \cdot \sqrt{\frac{d_1}{4}}}{0{,}25 + \sqrt{\frac{d_1}{4}}} = \frac{100 \cdot \sqrt{\frac{0{,}065}{4}}}{0{,}25 + \sqrt{\frac{0{,}065}{4}}} = 33{,}7$$

$$c_2 = \frac{100 \cdot \sqrt{\frac{d_2}{4}}}{0{,}25 + \sqrt{\frac{d_2}{4}}} = \frac{100 \cdot \sqrt{\frac{0{,}044}{4}}}{0{,}25 + \sqrt{\frac{0{,}044}{4}}} = 29{,}6$$

Demnach:

$$H = \frac{v_2^2}{2g} \cdot \left[\left(\frac{0{,}00152}{0{,}00332}\right)^2 \cdot \left(1{,}51 + \frac{8g}{33{,}7^2} \cdot \frac{200{,}0}{0{,}065}\right)\right.$$

$$\left. + \left(1 - \left(\frac{0{,}00152}{0{,}00332}\right)^2\right) + \left(0{,}30 + \frac{8g}{29{,}5^2} \cdot \frac{450{,}0}{0{,}044}\right)\right]$$

$$= \frac{v_2^2}{2g} \cdot [0{,}209 \cdot (1{,}51 + 213{,}0) + (1 - 0{,}209) + (0{,}30 + 916{,}5)]$$

$$= \frac{v_2^2}{2g} \cdot 962{,}391\,.$$

Daraus

$$v_2 = \sqrt{\frac{2g \cdot H}{962{,}391}} = \sqrt{\frac{19{,}62 \cdot 64{,}55}{962{,}391}} = 1{,}146 \sim \mathbf{1{,}15}\ \text{m/sec}$$

und

$$v_1 = v_2 \cdot \frac{F_2}{F_1} = 1{,}146 \cdot \frac{0{,}00152}{0{,}00332} = 0{,}525 \sim \mathbf{0{,}53}\ \text{m/sec}.$$

Daraus folgt die Fördermenge:

$$Q = v_1 \cdot F_1 = v_2 \cdot F_2 = 1{,}146 \cdot 0{,}00152 = 0{,}00174 \text{ m}^3/\text{sec}$$
$$= 1{,}74 \sim 1{,}7 \text{ l/sec}$$

Größe der einzelnen Verluste:

Erzeugung der Geschwindigkeit

$$h_v = \frac{v_1^2}{2g} = 0{,}01405 \sim \mathbf{0{,}014} \text{ m}$$

Eintrittsverlust

$$h_0 = 0{,}51 \cdot \frac{v_1^2}{2g} = 0{,}00716 \sim \mathbf{0{,}007} \text{ m}$$

Reibung auf Strecke $A—C$

$$h_{A-C} = 213{,}0 \cdot \frac{v_1^2}{2g} = \mathbf{2{,}995} \text{ m}$$

Geschwindigkeitssteigerung bei C

$$\frac{v_2^2 - v_1^2}{2g} = 0{,}05295 \sim \mathbf{0{,}053} \text{ m}$$

Profilverengerung bei C

$$h_{ü} = 0{,}30 \cdot \frac{v_2^2}{2g} = 0{,}0201 \sim \mathbf{0{,}020} \text{ m}$$

Reibung auf Strecke $C—B$

$$h_{C-B} = 916{,}5 \cdot \frac{v_2^2}{2g} = \mathbf{61{,}461} \text{ m}$$

Gesamtdruckhöhenverbrauch $= \mathbf{64{,}550}$ m

also gleich der insgesamt vorhandenen Druckhöhe H.

Die Piezometerline ist in Abb. 46 dargestellt.

b) Es beziehe sich wiederum der Zeiger 1 auf die Rohrstrecke von 2″, 2 auf die Strecke vom Kaliber $2^1/_4$″ und 3 auf jene von $2^1/_2$″ Durchmesser. Wenn wir nunmehr nur die Reibungsverluste berücksichtigen, alle übrigen Verluste wegen ihres minimalen Betrages vernachlässigen, dann bedingt die Überwindung der Summe der Reibungswiderstände einen Druckhöhenverbrauch H. Also

1) $$H = \frac{8g}{c_1^2} \cdot \frac{l_1}{d_1} \cdot \frac{v_1^2}{2g} + \frac{8g}{c_2^2} \cdot \frac{l_2}{d_2} \cdot \frac{v_2^2}{2g} + \frac{8g}{c_3^2} \cdot \frac{l_3}{d_3} \cdot \frac{v_3^2}{2g}.$$

Das Bestehen der Kontinuität führt auf folgende Bedingungsgleichungen:

$$Q = v_1 \cdot F_1 = v_2 \cdot F_2 = v_3 \cdot F_3.$$

Drückt man v_1 und v_2 durch v_3 aus, so erhält man

$$2)\qquad v_1 = v_3 \cdot \frac{F_3}{F_1},$$

$$3)\qquad v_2 = v_3 \cdot \frac{F_3}{F_2}.$$

Somit

$$H = \frac{8g}{c_1^2} \cdot \frac{l_1}{d_1} \cdot \frac{v_3^2}{2g} \cdot \frac{F_3^2}{F_1^2} + \frac{8g}{c_2^2} \cdot \frac{l_2}{d_2} \cdot \frac{v_3^2}{2g} \cdot \frac{F_3^2}{F_2^2} + \frac{8g}{c_3^2} \cdot \frac{l_3}{d_3} \cdot \frac{v_3^2}{2g}$$

$$H = \frac{v_3^2}{2g} \cdot \left[\left(\frac{8g}{c_1^2} \cdot \frac{l_1}{d_1}\right) \cdot \frac{F_3^2}{F_1^2} + \left(\frac{8g}{c_2^2} \cdot \frac{l_2}{d_2}\right) \cdot \frac{F_3^2}{F_2^2} + \left(\frac{8g}{c_3^2} \cdot \frac{l_3}{d_3}\right)\right].$$

Nun ist:

$$d_1 = 2'' = 50{,}80 \text{ mm} \sim 0{,}051 \text{ m}$$
$$d_2 = 2^1/_4{}'' = 57{,}03 \text{ mm} \sim 0{,}057 \text{ m}$$
$$d_3 = 2^1/_2{}'' = 63{,}50 \text{ mm} \sim 0{,}063 \text{ m},$$

also

$$F_1 = \frac{d_1^2 \cdot \pi}{4} = 0{,}00204 \text{ m}^2$$

$$F_2 = \frac{d_2^2 \cdot \pi}{4} = 0{,}00255 \text{ m}^2$$

$$F_3 = \frac{d_3^2 \cdot \pi}{4} = 0{,}00312 \text{ m}^2$$

$$l_1 = 200{,}0 \text{ m}$$
$$l_2 = 250{,}0 \text{ m}$$
$$l_3 = 200{,}0 \text{ m}$$
$$H = 64{,}55 \text{ m}$$

$$c_1 = \frac{100 \cdot \sqrt{\frac{0{,}051}{4}}}{0{,}25 + \sqrt{\frac{0{,}051}{4}}} = 31{,}2$$

$$c_2 = \frac{100 \cdot \sqrt{\frac{0{,}057}{4}}}{0{,}25 + \sqrt{\frac{0{,}057}{4}}} = 32{,}3$$

$$c_3 = \frac{100 \cdot \sqrt{\frac{0{,}063}{4}}}{0{,}25 + \sqrt{\frac{0{,}063}{4}}} = 33{,}4.$$

Diese Zahlenwerte in obige Gleichung für H eingesetzt, ergibt:

$$64{,}55 = \frac{v_3^2}{2g} \cdot \left[\left(\frac{8g}{31{,}2^2} \cdot \frac{200{,}0}{0{,}051}\right) \cdot \frac{0{,}00312^2}{0{,}00204^2} + \left(\frac{8g}{32{,}3^2} \cdot \frac{250{,}0}{0{,}057}\right) \cdot \frac{0{,}00312^2}{0{,}00255^2} + \frac{8g}{33{,}4^2} \cdot \frac{200{,}0}{0{,}063}\right]$$

$$= \frac{v_3^2}{2g}[316{,}0 \cdot 2{,}34 + 330{,}0 \cdot 1{,}50 + 223{,}3]$$

$$= \frac{v_3^2}{2g} \cdot 1457{,}8 .$$

Daraus

$$v_3 = \sqrt{\frac{2g \cdot 64{,}55}{1457{,}8}} = 0{,}9325 \sim \mathbf{0{,}93} \text{ m/sec}$$

und

$$v_1 = v_3 \cdot \frac{F_3}{F_1} = 1{,}427 \sim \mathbf{1{,}43} \text{ m/sec}$$

$$v_2 = v_3 \cdot \frac{F_3}{F_2} = \mathbf{1{,}140} \text{ m/sec}.$$

Die Fördermenge Q beträgt demnach

$$Q = v_1 \cdot F_1 = v_2 \cdot F_2 = v_3 \cdot F_3 = \mathbf{2{,}9} \text{ l/sec}.$$

Größen der Reibungsverluste für die einzelnen Teilstrecken:

Strecke mit 2″ Durchmesser: $h_{2''} = 316{,}0 \cdot \frac{v_1^2}{2g} = 32{,}80$ m

„ „ $2^1/_4$″ „ $h_{2^1/_4''} = 330{,}0 \cdot \frac{v_2^2}{2g} = 21{,}87$ m

„ „ $2^1/_2$″ „ $h_{2^1/_2''} = 223{,}3 \cdot \frac{v_3^2}{2g} = 9{,}88$ m

insgesamt verbrauchte Druckhöhe $= 64{,}55 \text{ m} = H$.

Für die Verlegung der Rohrleitung gibt es nun zwei Möglichkeiten: man kann bei A entweder mit der $2^1/_2$″-Leitung beginnen (Anordnung 1, Abb. 47). Dann erhält man eine Piezometerlinie, welche stets über der Rohrachse liegt. Würde man statt dessen bei A mit der 2″-Leitung beginnen (Anordnung 2, Abb. 47), so hätten wir nahezu für die gesamte Länge der

Rohrleitung Saugwirkung (vgl. Frage 4). Da man dies zu vermeiden trachtet, ist die Leitung nach Anordnung 1 zu verlegen.

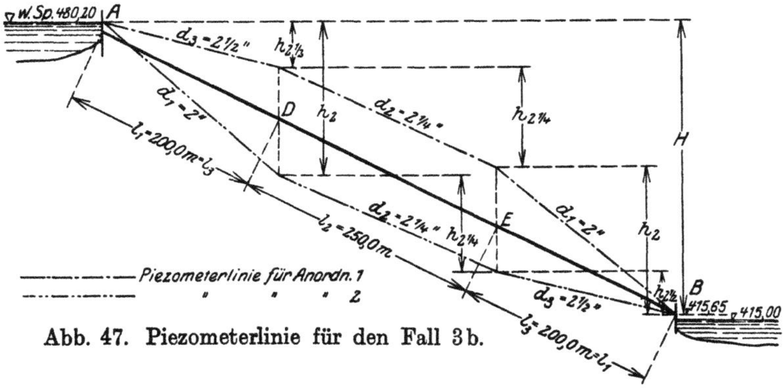

Abb. 47. Piezometerlinie für den Fall 3b.

Zu 4. Das zur Verfügung stehende Gesamtgefälle vom Wasserspiegel des Sees bis zur Rohrausmündung bei B ist nach wie vor 64,55 m. Da der Rohrdurchmesser ebenfalls, wie im Beispiel 1 dieser Aufgabe, 2″ beträgt und bei B keine Drosselung, also ungehinderter Ausfluß stattfindet, ergeben sich für v und Q rechnerisch die gleichen Ergebnisse, wie im Beispiel 1.

M. d. H.: 1 cm = 10 m, M. d. L.: 1 cm = 50 m.

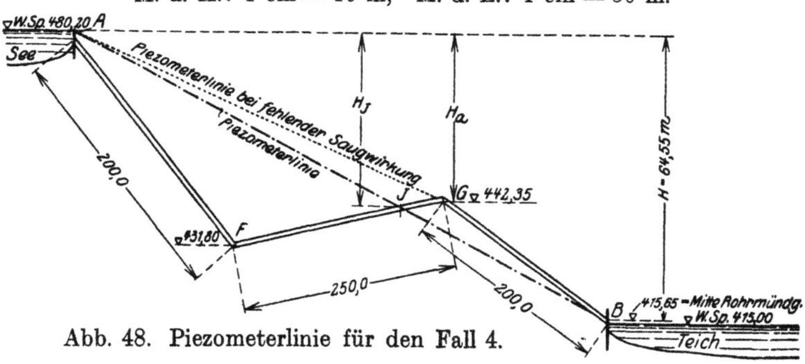

Abb. 48. Piezometerlinie für den Fall 4.

Während aber dort die Piezometerlinie von A bis B über der Leitung verläuft, also das in der Rohrleitung fließende Wasser unter Druck steht, der von A nach B zu stetig abnimmt, um in B selbst zu Null zu werden, schneidet jetzt die Piezometerlinie die Rohrachse in J (vgl. Abb. 48).

Es steht demnach nur noch die Strecke AJ unter Überdruck. Dieser ist bei J vollkommen aufgebraucht. Die Strecke $J—B$ steht sogar unter einem Unterdruck, d. h. es ist der Druckhöhenverbrauch rechnerisch größer, als die zur Verfügung stehende Druckhöhe. Erst im Rohrausmündungsquerschnitt bei B stimmen Gesamtgefällsverbrauch und gesamte zur Verfügung stehende Druckhöhe wieder überein. Es hat deshalb zunächst den Anschein, als ob die Wasserbewegung bei J ins Stocken geriete. Dem ist nun nicht so. Denn wenn die Wassergeschwindigkeit von J aus nach G zu abnähme, müßte wegen der Kontinuität auf der ganzen Strecke AJ die Wasserbewegung abgebremst werden. Da nun die auftretenden Widerstände von v^2 abhängen, würden auch sie mit kleiner werdendem v abnehmen, d. h. die Piezometerlinie rückte zwischen A und J in die Höhe, und zwar so lange, bis genügend Druck vorhanden wäre, um das Wasser mit der verkleinerten Geschwindigkeit v gerade über den Bergpunkt G hinwegzubringen. Die Druckhöhe zwischen G und B reichte dann nicht nur für Aufrechthaltung dieses neuen Fließzustandes aus, sondern es bliebe bei B zunächst noch ein unverbrauchter Restdruck, der sich aber sofort in Geschwindigkeit umsetzen und damit auf der Strecke GB eine Steigerung von v bewirken würde. Wegen der Kontinuität muß nun der gesamte Wasserfaden von A bis G diese Geschwindigkeitssteigerung mitmachen, so daß sich die Piezometerlinie auf die Gerade $J—B$ einpendelt. Die Strecke JB ist dann Saugstrecke. Könnte aber die saugende Wirkung aus irgendwelchen Gründen (z. B. Eintritt von Luft infolge Undichtigkeit der Rohrmuffen, zu große Saughöhe usw.) nicht eintreten, so führte das zu einem Abreißen des Wasserfadens etwa bei G. In diesem Falle wäre der Rohrquerschnitt an der Stelle G als Austrittsquerschnitt zu betrachten, die Piezometerlinie würde also von A nach G verlaufen. H_G wäre die für die Größe von v und Q maßgebende Druckhöhe, die gleichförmige Wasserbewegung also nur von A bis G vorhanden, während auf der Strecke GB beschleunigte Wasserbewegung bestände.

Zu 5. a) Den gestellten Bedingungen gemäß wird die Leitung so dimensioniert, daß sie Stück für Stück diese Bedingungen erfüllt.

Strecke A bis K. (Abb. 44 und 49.)

Die Wassermenge beträgt hier $Q = 8{,}0$ l/sec $= 0{,}008$ m³/sec. Da bei K noch ein Druck von 30 m Wassersäule vorhanden sein soll, darf von A bis K nur eine Druckhöhe verbraucht werden von

$$(480{,}20 - 431{,}80) - 30{,}0 = 48{,}40 - 30{,}0 = 18{,}40 \text{ m}.$$

Es steht demnach von A bis K ein Drucklinienegefälle (ideelles Gefälle) von $J = \frac{18{,}40}{200{,}0} = 0{,}092$ ($\sim 1:11$) zur Verfügung. Nun ist das zur Überwindung der Reibung notwendige Gefälle J:

$$J = \frac{v^2}{c^2 \cdot R} = \frac{v^2}{\left(\frac{100 \cdot \sqrt{\frac{d}{4}}}{0{,}25 + \sqrt{\frac{d}{4}}}\right)^2 \cdot \frac{d}{4}}.$$

Aus der Kontinuität folgt:

$$v = \frac{Q}{F} = \frac{Q}{\frac{d^2 \cdot \pi}{4}};$$

demnach

$$J = \frac{\left(\frac{Q}{\frac{d^2 \cdot \pi}{4}}\right)^2}{\left(\frac{100 \cdot \sqrt{\frac{d}{4}}}{0{,}25 + \sqrt{\frac{d}{4}}}\right)^2 \cdot \frac{d}{4}} = \frac{Q^2}{\left(\frac{100 \cdot \sqrt{\frac{d}{4}}}{0{,}25 + \sqrt{\frac{d}{4}}}\right)^2 \cdot \left(\frac{d^2 \cdot \pi}{4}\right)^2 \cdot \frac{d}{4}}$$

$$= \frac{6{,}48}{\left(\frac{100 \cdot \sqrt{\frac{d}{4}}}{0{,}25 + \sqrt{\frac{d}{4}}}\right)^2} \cdot \frac{Q^2}{d^5}$$

oder

$$\left(\frac{100\cdot\sqrt{\frac{d}{4}}}{0{,}25+\sqrt{\frac{d}{4}}}\right)^2\cdot d^5 = 6{,}48\cdot\frac{Q^2}{J}.$$

Setzt man für Überschlagsrechnungen

$$\frac{100\cdot\sqrt{\frac{d}{4}}}{0{,}25+\sqrt{\frac{d}{4}}} = 51\,,$$

also

$$\frac{6{,}48}{\left(\frac{100\cdot\sqrt{\frac{d}{4}}}{0{,}25+\sqrt{\frac{d}{4}}}\right)^2} = 0{,}00249\,,$$

so wird

$$d = 0{,}3\cdot\sqrt[5]{\frac{Q^2}{J}}\,.$$

Daraus ist nun der Durchmesser d in 1. Annäherung bestimmbar. Für $Q = 0{,}008\ \mathrm{m^3/sec}$ und $J = 0{,}092$ wird

$$d \sim 0{,}3\cdot\sqrt[5]{\frac{0{,}008^2}{0{,}092}} = 0{,}07\ \mathrm{m}\,.$$

Führt man in die obige genaue Bestimmungsgleichung für d diesen Wert $d = 0{,}07$ m ein, so wird deren linke Seite:

$$\left(\frac{100\cdot\sqrt{\frac{0{,}07}{4}}}{0{,}25+\sqrt{\frac{0{,}07}{4}}}\right)^2\cdot 0{,}07^5 = 34{,}6^2\cdot 0{,}00000168 = 0{,}00202\,.$$

Die rechte Seite ist dagegen

$$6{,}48\cdot\frac{0{,}008^2}{0{,}092} = 0{,}0045\,.$$

Der Wert $d = 0{,}07$ ist also noch etwas zu klein. Versuchsrechnungen ergeben ein Übereinstimmen der linken Gleichungsseite mit der rechten für $d = 0{,}081$ m $= 81$ mm. Dieser Wert d ist aber kein handelsüblicher. Es wird weiter unten gezeigt, wie deshalb zu verfahren ist.

Um die mühselige Rechnung zur Bestimmung von d nicht immer wieder durchführen zu müssen, wurden für die Praxis Tabellen erstellt (vgl. Tafeln 6 des Anhangs)[1].

Dieselben geben für eine große Reihe von Gefällsverhältnissen (Druckliniengefälle, Gefälle der Piezometerlinien) und für die handelsüblichen Rohrdurchmesser die Fördermengen in l/sec bei voller Füllung, sowie die dabei herrschende Geschwindigkeit v. Umgekehrt gestatten sie für ein gegebenes Gefällsverhältnis und ein gegebenes Q den handelsüblichen Rohrdurchmesser (Kaliber) zu bestimmen.

Der Rechnungsgang bei Benutzung der Tafeln 6 ist nun folgender: Zunächst wird das Gefälle berechnet zwischen den beiden in Betracht gezogenen Punkten (in unserem Beispiel zunächst A und K) und zwar unter Berücksichtigung der evtl. vorhandenen Bedingungen (in unserem Beispiel in K ein Druck von 30,0 m Wassersäule gefordert; daher Kote der Drucklinie in K nicht 431,80, sondern $431{,}80 + 30{,}0 = 461{,}80$ m und demgemäß ideelles Gefälle auf die 200 m lange Strecke von A bis K $480{,}20 - 461{,}80 = 18{,}40$ m, das Gefällsverhältnis also $\frac{18{,}40}{200{,}0} = 0{,}092$). Damit ist J gegeben. Ist nun außerdem noch Q bekannt, so sucht man in den Tafeln 6 das berechnete J auf, dann das gegebene Q in l/sec in derselben Zeile der Tafel, in der dieses J steht. Senkrecht über dem Werte Q liest man nunmehr den zugehörigen Rohrdurchmesser d in mm ab.

Nun wird im allgemeinen für das berechnete J und die gegebene Wassermenge Q nicht gerade ein Kaliber im Handelsmaße gefunden werden. Für diesen Fall nimmt man in der Tafel das nächsthöhere Gefälle J', dazu in derselben Zeile

[1]) Denn in der Wasserversorgung handelt es sich meist darum, für den ermittelten Wassermengenbedarf Q und für die vorhandenen Höhenverhältnisse (= Gefällsverhältnisse!) den notwendigen Rohrdurchmesser d zu bestimmen.

die nächsthöhere Wassermenge Q' und hat somit den zutreffenden handelsüblichen Rohrdurchmesser d gefunden. Dieser ist jetzt allerdings für unsere gegebene Wassermenge Q zu groß. Deshalb rechnet man nun rückwärts, indem man sich frägt, wie groß ist das Gefällsverhältnis J'', das einer gegebenen Wassermenge Q und dem gewählten Rohrdurchmesser d entspricht. Dieses J'', das die richtige Piezometerlinie angibt, kann aus der Tafel durch Interpolation, oder aber durch Rechnung direkt gefunden werden aus der weiter oben abgeleiteten Beziehung

$$J = \frac{6{,}48}{\left(\dfrac{100 \cdot \sqrt{\dfrac{d}{4}}}{0{,}25 + \sqrt{\dfrac{d}{4}}}\right)^2} \cdot \frac{Q^2}{d^5},$$

wobei Q von vornherein gegeben, d mit Hilfe von J' und Q' aus der Tafel entnommen ist; J entspricht dann dem vorgenannten Wert J'', also

$$J'' = \frac{6{,}48}{\left(\dfrac{100 \cdot \sqrt{\dfrac{d}{4}}}{0{,}25 + \sqrt{\dfrac{d}{4}}}\right)^2} \cdot \frac{Q^2}{d^5}.$$

Statt dessen läßt sich J'' auch noch wie folgt berechnen:

1) $$J' = \frac{6{,}48}{\left(\dfrac{100 \cdot \sqrt{\dfrac{d}{4}}}{0{,}25 + \sqrt{\dfrac{d}{4}}}\right)^2} \cdot \frac{Q'^2}{d^5} = K_d \cdot \frac{Q'^2}{d^5},$$

wobei J' = das in der Tafel 6 gewählte Gefällsverhältnis $J' \geq J$
Q' = ebenfalls aus der Tafel 6 entnommen $Q' \geqq Q$
d = Rohrdurchmesser aus der Tafel 6 für J' und Q' entnommen

} vgl. die weiter oben gegebene allgemeine Anleitung zum Gebrauch der Tafel 6.

Nun ist ferner

2) $$J'' = K_d \cdot \frac{Q^2}{d^5},$$

wobei jetzt Q = von vornherein gegebene Wassermenge
J'' = Gefällsverhältnis für Q und d.

Daraus folgt:

$$\frac{J''}{J'} = \frac{K_d \cdot \frac{Q^2}{d^5}}{K_d \cdot \frac{Q'^2}{d^5}} = \frac{Q^2}{Q'^2},$$

also

$$J'' = J' \cdot \frac{Q^2}{Q'^2}.$$

Für die weitere Dimensionierung wird ausschließlich von der Tabelle Gebrauch gemacht und dabei das oben skizzierte mechanische Verfahren zum Gebrauch der Tafeln 6 durch die Zahlenrechnung im Detail erläutert.

Wie weiter oben schon berechnet, steht von A bis K ein Gefälle von $J = 0{,}092$ zur Verfügung, während die Wassermenge 8,0 l/sec beträgt. Da $J = 0{,}092$ in der Tafel 6 nicht angegeben ist, wählen wir das dort verzeichnete nächsthöhere Gefälle, d. i. $J' = 0{,}100$. Da für dieses J' kein handelsüblicher Rohrdurchmesser vorhanden ist, der gerade die verlangte Wassermenge $Q = 8{,}0$ l/sec fördert, wählen wir jenen Durchmesser, welcher der nächst höheren Wassermenge $Q' = 8{,}1$ l/sec entspricht, d. i. $d = 80$ mm. Wie groß wird nun das Gefälle J'' der Piezometerlinie, wenn in dem gewählten Rohr von 80 mm Kaliber nur $Q = 8{,}0$ l/sec abfließen? Der Unterschied zwischen J' und dem nächstkleineren Gefälle in der Tafel beträgt $0{,}10000 - 0{,}06667 = 0{,}03333$, der Unterschied zwischen der Wassermenge Q' und jener, welche dem nächstkleineren Gefälle entspricht, $8{,}1 - 6{,}6 = 1{,}5$ l/sec. Einer Verminderung der Wassermenge um 0,1 l/sec entspricht demnach eine Gefälleverminderung von $0{,}03333 \cdot \frac{0{,}1}{1{,}5} = 0{,}00222$. Demnach wird

$$J'' = J' - 0{,}00222 = 0{,}09778.$$

Da aber nur ein Gefälle von $J = 0{,}092$ verbraucht werden darf, so ist der Durchmesser von 80 mm zu klein. (Weiter oben hatten wir den notwendigen Rohrdurchmesser ja auch mit 81 mm ermittelt.) Der nächst größere handelsübliche Rohrdurchmesser wäre 90 mm. Um in einer Leitung von diesem Kaliber 8,0 l/sec zu fördern, ergibt sich aus der Tabelle ein Gefällsbedarf von 0,05000 < 0,092. Es wäre demnach die Verwendung von 90 mm Rohren auf die ganze Länge der Strecke *AK* eine Materialvergeudung. Deshalb benutzen wir nur auf ein solches Teilstück x der Leitung *AK* Rohre von 90 mm Kaliber, daß die hierdurch erzielte Gefällseinsparung ausreicht, um auf dem Rest der Strecke, also auf $200{,}0 - x$, mit einer Leitung von 80 mm auszukommen. Wir verbrauchen also für die Strecke x bei 90 mm Kaliber und 8,0 l/sec Fördermenge $J''_{90} \cdot x = 0{,}05000 \cdot x$ Meter an Druckhöhe, auf die Reststrecke $200{,}0 - x$ bei 80 mm Kaliber und ebenfalls 8,0 l/sec Fördermenge $J''_{80} \cdot (200{,}0 - x) = 0{,}09778 \cdot (200{,}0 - x)$ Meter an Druckhöhe. Die Summe dieser beiden Druckhöhenverbräuche muß dann der zur Verfügung stehenden Druckhöhe zwischen den Punkten *A* und *K* von 18,40 m gleich sein. Also

$$0{,}05000 \cdot x + 0{,}09778 \cdot (200{,}0 - x) = 18{,}40$$

$$x = \frac{18{,}40 - 0{,}09778 \cdot 200{,}0}{0{,}05000 - 0{,}09778}$$

$$x = \mathbf{24}\ \text{m}.$$

Es sind demnach auf 24 m Länge Rohre von 90 mm Durchmesser und auf $200 - 24 = 176$ m Rohre von 80 mm Durchmesser zu verlegen. Wir ordnen die Leitung mit dem kleineren Gefällsverbrauch, also das 90 mm Kaliber, so an, daß wir bei *A* damit beginnen, und erhalten am Ende dieser 24 m langen Strecke, also bei *N*, eine Kote der Piezometerlinie von

$$480{,}20 - 24 \cdot 0{,}05000 = 479{,}00\ \text{m}$$

und bei *K* eine solche von

$$479{,}00 - 176 \cdot 0{,}09778 = 461{,}80\ \text{m},$$

also, wie verlangt, 30,0 m über dem Rohrmittel bei *K*.

Strecke *K*—*L*.

Da bei *K* 4,4 l/sec entnommen werden, beträgt die Fördermenge von *K* nach *L* $8{,}0 - 4{,}4 = 3{,}6$ l/sec. Bei *L* darf keine Saugwirkung eintreten, d. h. es darf die Piezometerlinie nicht unter die Kote 442,35 m heruntergehen. Wir rechnen deshalb mit dem Gefälle 461,80 — 446,80 = 15,00 m auf 150,0 m, das gibt $J = \frac{15,00}{150,0} = 0,100$. Für $J = 0,100$ und $Q = 3,6$ l/sec entnimmt man der Tafel $d = 60$ mm. Dieser Wert gilt bei einer Rohrrauhigkeit, der nach Kutter $m = 0,25$ entspricht. Die Annahme einer Rauhigkeitsziffer $m = 0,25$ ihrerseits setzt Rohre voraus, die längere Zeit im Betriebe sind. Für Rohre im neuen Zustand ist m kleiner, sie liefern daher erheblich mehr Wasser, als die Tabellen angeben. Damit ist bereits eine gewisse Sicherheit vorhanden, daß auch nach längerem Gebrauch der Rohre bei L keine Saugwirkung auftritt. Wäre aber mit Knollenbildung oder besonders starker Inkrustation zu rechnen, so würde man dem dadurch Rechnung tragen, daß man bei L noch einen unverbrauchten Druck von mehreren Metern Wassersäule annimmt und so das Minimalgefälle der Piezometerlinie festlegt. Es ergäbe sich dann natürlich ein größerer Rohrdurchmesser für die Strecke K—L.

Strecke L—M—B.

Betrachtet man die Teilstrecke L—M für sich, so steht ein Gefälle von 446,80 — 427,10 = 19,70 m auf 200 m Länge zur Verfügung, das gibt $J = \frac{19,70}{200,0} = 0,09850$. Bei diesem Gefälle und der Fördermenge $Q = 3,6$ l/sec würde man auf dem größten Teil der Strecke mit einem Rohrdurchmesser von 60 mm auskommen und nur für ein kurzes Stück wäre ein Kaliber $d = 70$ mm erforderlich. Es frägt sich nur, ob wir dann für die Reststrecke M—B noch soviel Druckhöhe zur Verfügung haben, daß wir nach B 2,6 l/sec fördern können, so zwar, daß dort noch ein unverbrauchter Druck von 15 m Wassersäule vorhanden ist, bzw. daß die Piezometerlinie bei B nicht unter die Kote 415,65 + 15,0 = 430,65 m heruntergeht. Da von M bis B auch noch Reibungsgefälle benötigt wird, muß die Kote der Drucklinie bei M über der Kote 430,65 m liegen. Wir können also von L bis M nicht mit $J = 0,09850$ rechnen, müssen vielmehr für diese Strecke ein kleineres Druckliniengefälle J und damit einen größeren Durchmesser wählen, um die Bedingungen für die Leitungsstelle B zu erfüllen.

Wir rechnen nun von B aus rückwärts. Um für die Strecke $M—B$ nicht zuviel Reibungsgefälle zu verbrauchen, weil wir sonst auf einen sehr großen Rohrdurchmesser für die Strecke $L—M$ kommen würden, wählen wir von M bis B einen Durchmesser 80 mm. Die Tafel gibt für diesen Durchmesser und die Wassermenge $Q = 2{,}6$ l/sec ein Gefälle $J = 0{,}01000$ an. Daraus folgt die Kote der Piezometerlinie für M zu:

$$430{,}65 + 100 \cdot 0{,}0100 = 431{,}65 \text{ m}.$$

Demnach zu verbrauchende Druckhöhe für die Strecke $L—M$

$$446{,}80 - 431{,}65 = 15{,}15 \text{ m}.$$

Das gibt ein Gefälle der Piezometerlinie $J = \frac{15{,}15}{200{,}0} = 0{,}07575$.

Für $J' = 0{,}10000$ und $Q = 3{,}6$ l/sec ergibt sich aus der Tafel ein $d = 60$ mm. Da $J < J'$, genügt dieses Kaliber nicht für die ganze Strecke. Der nächstgrößere Durchmesser $d = 70$ mm ist dagegen für die ganze Strecke $L—M$ offensichtlich zu groß. Wir kombinieren deshalb die Strecke $L—M$ mit den beiden Rohrdurchmessern 60 mm und 70 mm. Der Gefällsbedarf für $d = 70$ mm und $Q = 3{,}6$ l/sec ist $J''_{70} = 0{,}0425$. Bezeichnet x die Strecke, für welche wir den Durchmesser $d = 60$ mm wählen, so ergibt sich folgende Beziehung (vgl. Strecke $A—K$)

$$0{,}10000 \cdot x + 0{,}0425 \cdot (200 - x) = 15{,}15,$$

daraus

$$x = \frac{15{,}15 - 0{,}04250 \cdot 200}{0{,}10000 - 0{,}0425}.$$

$$x = 115{,}5 \text{ m}.$$

Es wird also auf 115,5 m Länge ein Rohrdurchmesser $d = 60$ mm, auf den Rest von $200 - 115{,}5 = 84{,}5$ m ein Kaliber $d = 70$ mm gewählt. Wir schießen die 70-mm-Leitung bei L an die 60-mm-Leitung der Strecke $K—L$ an. Die Kote der Piezometerlinie an der Zusammenschlußstelle O der 60-mm-Leitung mit der Leitung vom Kaliber 70 mm ist nun

$$446{,}80 - 84{,}5 \cdot 0{,}04250 = 443{,}20 \text{ m},$$

diejenige bei M:

$$443{,}20 - 115{,}5 \cdot 0{,}10000 = 431{,}65 \text{ m}.$$

Hätte man die 60 mm-Leitung der Strecke $L—M$ unmittelbar bei L an die 60-mm-Leitung der Strecke $K—L$ angeschlossen, so wäre die Piezometerlinie unterhalb der Rohrachse zu liegen gekommen, und zwar beim Zusammenschluß der 60-mm-Leitung mit der 70-mm-Leitung um

$$(446{,}80 - 115{,}5 \cdot 0{,}07575) - $$
$$- (446{,}80 - 115{,}5 \cdot 0{,}10000)$$
$$= \mathbf{4{,}82}\,\text{m}.$$

Es wäre dadurch der größte Teil der Strecke $L—M$ Saugstrecke.

Um dies zu vermeiden, wurde hier die 70-mm-Leitung oberhalb der 60-mm-Leitung auf der Strecke $L—M$ angeordnet (vgl. Abb. 49).

b) Die Fördermenge Q beträgt nunmehr für die ganze Leitung 2,6 l/sec. Daher ergibt sich für die einzelnen Teilstrecken der Leitung folgende Piezometerlinie:

Strecke $A—N$

(Abb. 49).

Für $d = 90$mm

und $Q = 2{,}6$ l/sec

wird $J = 0{,}00536$;

daher Kote der Piezometerlinie:

$$480{,}20 - 0{,}00536 \cdot 24$$
$$= \mathbf{480{,}071}\,\text{m}.$$

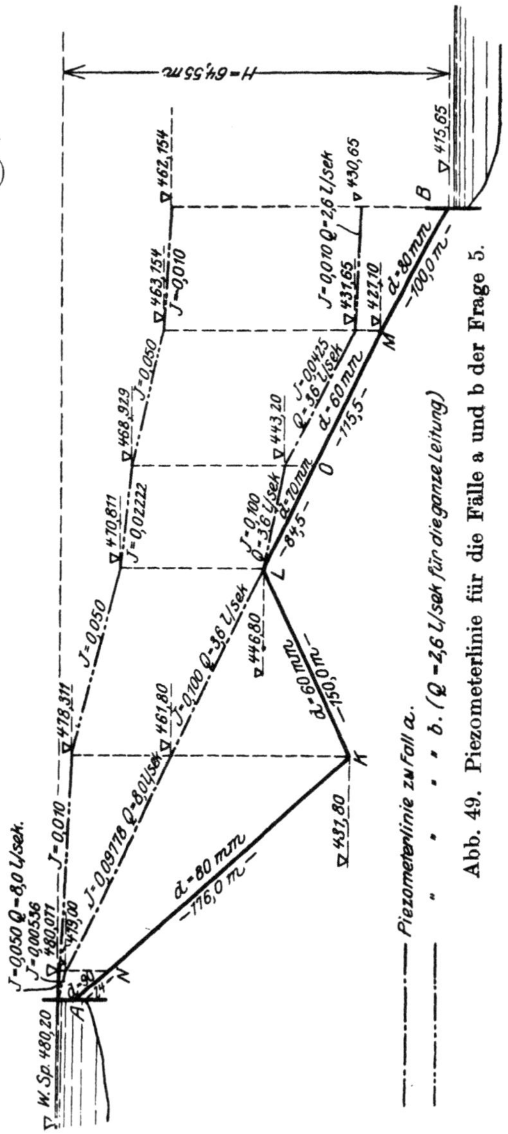

Abb. 49. Piezometerlinie für die Fälle a und b der Frage 5.

Strecke $N—K$.

$d = 80$ mm; $Q = 2{,}6$ l/sec; $J = 0{,}01000$;
Kote: $480{,}071 - 0{,}0100 \cdot 176 = \mathbf{478{,}311}$ **m**.

Strecke $K—L$.

$d = 60$ mm; $Q = 2{,}6$ l/sec; $J = 0{,}0500$;
Kote: $478{,}311 - 0{,}0500 \cdot 150 = \mathbf{470{,}811}$ **m**.

Strecke $L—O$.

$d = 70$ mm; $Q = 2{,}6$ l/sec; $J = 0{,}02222$;
Kote: $470{,}811 - 0{,}02222 \cdot 84{,}5 = \mathbf{468{,}929}$ **m**.

Strecke $O—M$.

$d = 60$ mm; $Q = 2{,}6$ l/sec; $J = 0{,}0500$;
Kote: $468{,}929 - 0{,}0500 \cdot 115{,}5 = \mathbf{463{,}154}$ **m**.

Strecke $M—B$.

$d = 80$ mm; $Q = 2{,}6$ l/sec; $J = 0{,}0100$;
Kote: $463{,}154 - 0{,}0100 \cdot 100{,}0 = \mathbf{462{,}154}$ **m**.

Daher vorhandener Druck in B: $462{,}154 - 415{,}65 = \mathbf{46{,}504}$ **m**, auf der Strecke $A—B$ verbrauchter Druck:

$$64{,}55 - 46{,}504 = \mathbf{18{,}046}\ \text{m}.$$

Aufgabe 20.

Die Trinkwasserversorgungsanlage einer Ortsgruppe besteht aus zwei Hochbehältern R_1 und R_2, und aus drei Hauptleitungssträngen $R_1 A$, $R_2 A$ und AB (siehe Abb. 50). Die maximale Entnahme aus den beiden Behältern findet im Brandfalle statt. Aus R_1 werden dann 8,0 l/sec, aus R_2 10 l/sec entnommen. Die Zusammenführung der zwei Behälterabflußleitungen an der Stelle A gestattet, in Zeiten geringeren Bedarfs den Behälter R_1 (Spitzenbehälter) von R_2 (= Hauptbehälter in Verbindung mit Pumpwerk) aus wieder aufzufüllen. Die Längen der Hauptleitungsstränge sind der schematischen Abb. 50 zu entnehmen, ebenso die zur Rechnung notwendigen Höhenkoten.

Fragen:

1. Wie sind die gegebenen Leitungsstränge zu dimensionieren, damit im Brandfalle an der Stelle B im Maximum

$8,0 + 10,0 = 18,0$ l/sec entnommen werden können bei einem geforderten Hydrantendruck von 30,0 m Wassersäule und bei vollgefüllten Behältern? Wie groß ist in diesem Falle der Druck in A?

2. Welcher Druck herrscht in A, wenn in B ein Rohrbruch erfolgt, so daß das Wasser dort ohne jeden Widerstand ins Freie ausströmen kann? Welche Wassermenge geht hierdurch jedem der beiden vollgefüllten Behälter in der Sekunde verloren?

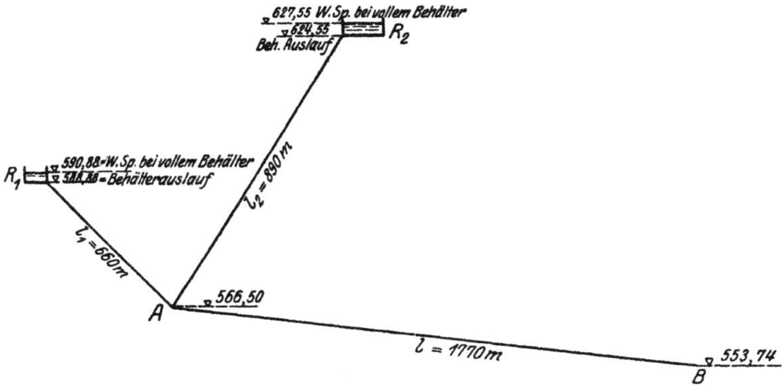

Abb. 50.

3. Bis zu welchem Betrage muß die Entnahmemenge bei B sinken, damit diese Fördermenge restlos aus dem vollgefüllten Behälter R_2 stammt, d. h. also keine Wasserbewegung von R_1 nach A stattfindet, wenn die Wasserspiegelkote in diesem Behälter auf 588,88 m gesunken ist? Welcher Druck herrscht in diesem Falle in B?

4. Wie müßte die Wasserentnahme bei B reguliert werden, damit in den Behälter R_1 9,0 l/sec einströmen, wenn sein Behälterwasserspiegel die Kote 588,88 m zeigt, während der Behälterwasserspiegel in R_2 auf Kote 627,55 m steht?

Lösung.

Zu 1. Die Leitungen sind für die maximale Inanspruchnahme zu dimensionieren, also Leitung R_1A für 8,0 l/sec, R_2A für 10,0 l/sec, AB für $8,0 + 10,0 = 18,0$ l/sec. Da in B bei dieser Fördermenge von 18,0 l/sec ein Druck von 30,0 m

Wassersäule gefordert ist, muß die Piezometerlinie an dieser Stelle als Minimum die Kote 553,74 + 30,0 = 583,74 m haben. Die Überwindung der Rohrreibung von A bis B bedingt weiterhin eine Druckhöhe h, so daß die Drucklinie an der Vereinigungsstelle A bereits die Kote 583,74 + h aufweist. Wir können deshalb die vorhandenen Leitungsgefälle der Stränge $R_1 A$ und $R_2 A$ nicht ausnützen, sondern müssen mit einem wesentlich kleineren Druckliniengefälle auskommen. Da ferner an der Vereinigungsstelle A der drei Leitungsstränge in jeder dieser Leitungen der gleiche Druck herrschen muß, weil sonst kein Gleichgewicht und damit kein Beharrungszustand der Wasserbewegung gegeben wäre, haben die Piezometerlinien (Drucklinien) der drei Stränge die gleichen Koten bei A. Damit ist eine weitere Bedingung für die Drucklinien von R_1 und R_2 nach A gegeben.

Wie aus der Beziehung

$$h = \zeta \cdot \frac{l}{d} \cdot \frac{v^2}{2g} = \zeta \cdot \frac{l}{d} \cdot \left(\frac{Q}{F}\right)^2 \frac{1}{2g} = \zeta \cdot \frac{l}{d} \cdot \frac{Q^2}{d^4 \pi^2} \cdot \frac{16}{2g}$$

ersichtlich ist, wächst für gegebenes l und Q der Bedarf an Reibungsgefälle mit abnehmendem Durchmesser, und umgekehrt. Wählen wir also für die Strecke A—B einen großen Durchmesser, so führt das auf ein kleines h, damit auf ein großes Druckliniengefälle von R_1 und R_2 nach A, also auf kleinere Durchmesser für diese Strecken. Für einen kleinen Durchmesser des Stranges AB ergeben sich für $R_1 A$ und $R_2 A$ umgekehrt große Kaliber. Die Festlegung der endgültigen Rohrdurchmesser hat deshalb auf dem Wege des Probierens zu erfolgen.

Wir nehmen für den Strang AB nun einen Rohrdurchmesser $d = 200$ mm. Dann ergibt sich aus der Tafel 6 des Anhanges bei 18 l/sec ein Druckgefälle

$$J = 0{,}003\,08 - 0{,}000\,22 \cdot \frac{0{,}3}{0{,}6} = 0{,}002\,97,$$

d. h. auf 1770 m einen Druckhöhenverbrauch

$$h = 0{,}002\,97 \cdot 1770 = 5{,}25 \text{ m}.$$

Demnach liegt die Piezometerlinie an der Stelle A auf Kote 583,74 + 5,25 = 588,99 m. Für die Rohrstränge $R_1 A$ und $R_2 A$ ergeben sich also folgende Druckliniengefälle:

$R_1 A$: $$J_1 = \frac{590,88 - 588,99}{660} = \frac{1,89}{660} = 0,00286;$$

für dieses $J_1 = 0,00286$ und für $Q_1 = 8,0$ l/sec wird $d_1 = 150$ mm der Tafel 6 unmittelbar entnommen.

$R_2 A$: $$J_2 = \frac{627,55 - 588,99}{890} = \frac{38,56}{890} = 0,0433;$$

für $Q_2 = 10,0$ l/sec und $J_2 = 0,0433$ ergibt sich ein $d_2 = 100$ mm.

(Um die Rechnungen übersichtlich zu gestalten, wurden die Behälterkoten so gewählt, daß sich für die zur Verfügung stehenden Druckliniengefälle und für die gegebenen Wassermengen gerade geeignete Durchmesser aus der Tafel ergaben. Im anderen Falle hätte man die nächstgrößeren Kaliber nehmen müssen, was auf geringeren Druckhöhenverbrauch bzw. größere Leitungsdrücke hinausläuft, oder man hätte die Stränge $R_1 A$ und $R_2 A$ mit verschiedenen handelsüblichen Kalibern so zu kombinieren, daß die vorhandenen Druckliniengefälle gerade aufgebraucht würden. Bei der Führung der Leitungen über kubiertes Gelände wäre für die Dimensionierung der Teilstränge analog zu verfahren, wie im letzten Falle der Aufgabe 19.)

Wie groß ist nun der Druck in A? Die gesamte zur Verfügung stehende Druckhöhe zwischen R_2 und A beträgt: 627,55 — 566,50 = 61,05 m, der Druckhöhenverbrauch zur Überwindung der Reibung auf der Strecke $R_2 A$ 38,56 m. Somit verbleibender unverbrauchter Druck: 61,05 — 38,56 = **22,49** m. Der gleiche Druck muß sich natürlich ergeben, wenn die Rechnung für den Strang $R_1 A$ durchgeführt wird, weil ja die beiden Leitungsstränge dieser Bedingung gemäß dimensioniert wurden: gesamt zur Verfügung stehende Druckhöhe zwischen R_1 und A = 590,88 — 566,50 = 24,38 m; verbrauchte Druckhöhe zur Überwindung der Reibung auf der Strecke $R_1 A$ = 1,89 m; somit unverbrauchter Druck = 24,38 — 1,89 = **22,49** m.

Zu 2. Der Druck bei B ist nunmehr auf Null herabgesunken, da in B infolge des Rohrbruches ungehemmter Ausfluß stattfindet, die ganze zur Verfügung stehende Druckhöhe von R_2 bzw. von R_1 bis B also aufgebraucht wird. Es läßt sich dieser Gedanke auch dahin ausdrücken, daß sich die Wasserbewegung immer so einstellt, daß die unter den gegebenen Umständen mögliche Maximalwassermenge abfließt. Bei ungehemmtem Ausfluß tritt dieser Zustand ein, wenn in B der Druck auf Null herabgesunken ist (vgl. Aufg. 19, 1). Es hat also die Piezo-

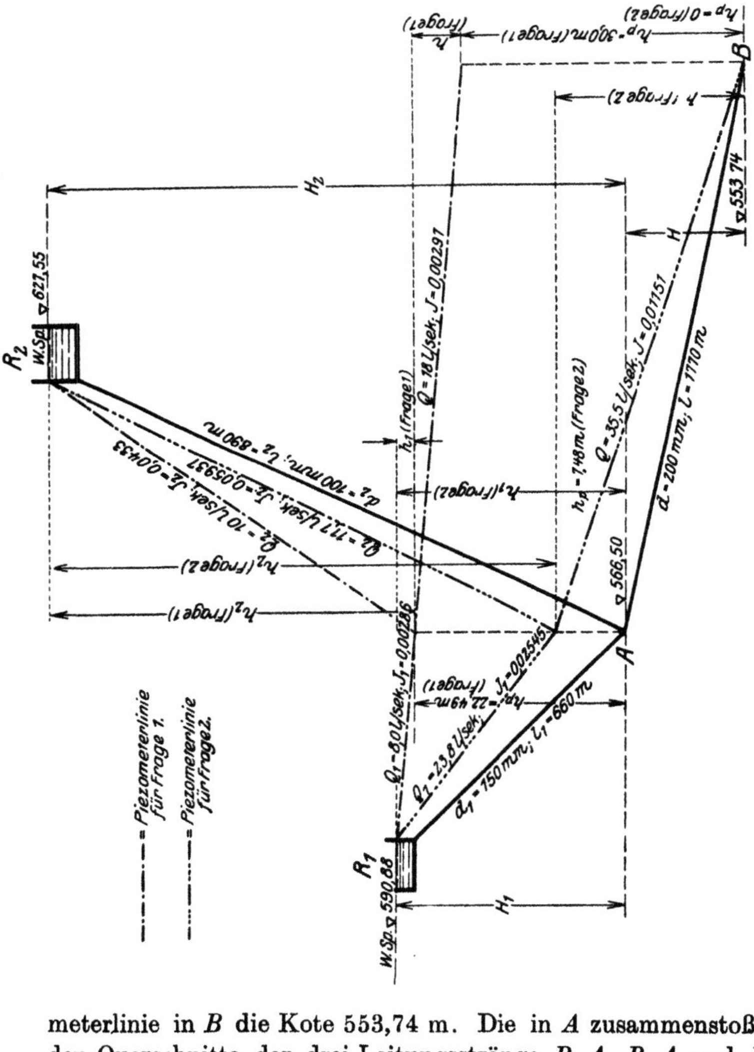

Abb. 51. Piezometerlinien zu den Fragen 1 und 2 der Aufgabe 20.

meterlinie in B die Kote 553,74 m. Die in A zusammenstoßenden Querschnitte der drei Leitungsstränge $R_1 A$, $R_2 A$ und BA müssen wieder unter ein und demselben Drucke stehen, in diesem Punkte also eine gemeinsame Drucklinienkote haben.

Bezeichnet (vgl. Abb. 51)

H_1 = Höhenunterschied zwischen Wasserspiegel des vollgefüllten Behälters R_1 und dem Rohrmittel bei $A = 24{,}38$ m,

H_2 = Höhenunterschied zwischen Wasserspiegel des vollgefüllten Behälters R_2 und dem Rohrmittel bei $A = 61{,}05$ m,

H = Höhenunterschied zwischen dem Rohrmittel im Querschnitt A und dem Rohrmittel im Ausflußquerschnitt $B = 12{,}76$ m,

h_1 = Druckhöhenverbrauch zur Überwindung der Reibung im Strang $R_1 A$.

h_2 = Druckhöhenverbrauch zur Überwindung der Reibung im Strang $R_2 A$,

h = Druckhöhenverbrauch zur Überwindung der Reibung im Strang AB,

Q_1 = Fördermenge des Stranges $R_1 A$ unter der Bedingung eines ungehinderten Ausflusses bei B und vollgefüllten Behälters R_1,

Q_2 = Fördermenge des Stranges $R_2 A$ unter der Bedingung eines ungehinderten Ausflusses bei B und vollgefüllten Behälters R_2,

Q = Fördermenge des Stranges AB unter der Bedingung eines ungehinderten Ausflusses bei B,

d_1 = Rohrdurchmesser der Leitung $R_1 A = 0{,}15$ m,

d_2 = Rohrdurchmesser der Leitung $R_2 A = 0{,}10$ m,

d = Rohrdurchmesser der Leitung $AB = 0{,}20$ m,

so läßt sich obige Bedingung für den Druck in A wie folgt ausdrücken:

1) $$H_1 - h_1 = H_2 - h_2,$$

2) $$h = H_1 + H - h_1 \quad [\text{oder} \quad 2\text{a}) \; h = H_2 + H - h_2].$$

Die Wassermenge, welche bei B ausströmt, ist zunächst unbekannt, daher auch die Wassermengen Q_1 und Q_2. Aber es besteht die Beziehung

3) $$Q = Q_1 + Q_2.$$

Allgemein ist

$$Q = v \cdot F = c \cdot \sqrt{R \cdot J} \cdot \frac{d^2 \pi}{4} = \frac{100 \cdot \sqrt{R}}{m + \sqrt{R}} \cdot \sqrt{R \cdot J} \cdot \frac{d^2 \pi}{4}.$$

Setzt man $R = \frac{d}{4}$ und $m = 0{,}25$ (= Rauhigkeitsziffer der benützten Tafel 6 des Anhangs), so wird

$$Q = \frac{100 \cdot \sqrt{\frac{d}{4}}}{0{,}25 + \sqrt{\frac{d}{4}}} \cdot \sqrt{\frac{d}{4} \cdot J} \cdot \frac{d^2 \pi}{4} = \frac{100 \cdot \sqrt{d}}{0{,}50 + \sqrt{d}} \cdot \frac{1}{2} \cdot \sqrt{d \cdot J} \cdot \frac{d^2 \pi}{4}$$

$$Q = \frac{\pi}{8} \cdot \frac{100 \cdot \sqrt{d}}{0{,}50 + \sqrt{d}} \cdot d^2 \cdot \sqrt{d \cdot J}$$

und für $J = \frac{h}{l}$

$$Q = 0{,}393 \cdot \frac{100 \cdot \sqrt{d}}{0{,}50 + \sqrt{d}} \cdot d^2 \cdot \sqrt{\frac{d \cdot h}{l}}.$$

Der Wert $c = \frac{100 \cdot \sqrt{d}}{0{,}50 + \sqrt{d}}$ ist nur noch abhängig von d, kann also für die drei Leitungsstränge ein für allemal bestimmt werden:

$$d = 0{,}20\,\text{m}, \quad c = \frac{100 \cdot \sqrt{0{,}20}}{0{,}50 + \sqrt{0{,}20}} = 47{,}2;$$

$$d_1 = 0{,}15\,\text{m}; \quad c_1 = \frac{100 \cdot \sqrt{0.15}}{0{,}50 + \sqrt{0{,}15}} = 43{,}7;$$

$$d_2 = 0{,}10\,\text{m}; \quad c_2 = \frac{100 \cdot \sqrt{0{,}10}}{0{,}50 + \sqrt{0{,}10}} = 38{,}7.$$

Drücken wir nun die Wassermengen Q_1, Q_2 und Q unseres Beispiels durch die oben abgeleitete Beziehung aus und setzen die gegebenen Werte ein, so erhalten wir die weiteren Gleichungen:

$$4)\qquad Q_1 = 0{,}393 \cdot c_1 \cdot d_1^2 \cdot \sqrt{\frac{d_1 h_1}{l_1}}\,.$$

$$= 0{,}393 \cdot 43{,}7 \cdot 0{,}15^2 \sqrt{\frac{0{,}15}{660} \cdot h_1} = 0{,}00582 \cdot \sqrt{h_1}\,;$$

$$5)\qquad Q_2 = 0{,}393 \cdot c_2 \cdot d_2^2 \sqrt{\frac{d_2 \cdot h_2}{l_2}}$$

$$= 0{,}393 \cdot 38{,}7 \cdot 0{,}10^2 \sqrt{\frac{0{,}10 \cdot h_2}{890}} = 0{,}00161 \cdot \sqrt{h_2}\,;$$

$$6)\qquad Q = 0{,}393 \cdot c \cdot d^2 \sqrt{\frac{d \cdot h}{l}}$$

$$= 0{,}393 \cdot 47{,}2 \cdot 0{,}20^2 \sqrt{\frac{0{,}20 \cdot h}{1770}} = 0{,}00788 \cdot \sqrt{h}\,.$$

Gl. 4), 5) und 6) in Gl. 3) eingesetzt, gibt

$$7)\qquad 0{,}00788 \cdot \sqrt{h} = 0{,}00582 \cdot \sqrt{h_1} + 0{,}00161 \sqrt{h_2}\,.$$

Gl. 1) und 2) in Gl. 7) eingesetzt, liefert

$$8)\qquad 0{,}00788 \cdot \sqrt{H_1 + H - h_1}$$
$$= 0{,}00582 \sqrt{h_1} + 0{,}00161 \sqrt{H_2 - H_1 + h_1}\,,$$
$$0{,}00788 \cdot \sqrt{37{,}14 - h_1}$$
$$= 0{,}00582 \sqrt{h_1} + 0{,}00161 \cdot \sqrt{36{,}67 + h_1}\,,$$
$$1{,}353 \cdot \sqrt{37{,}14 - h_1} = \sqrt{h_1} + 0{,}277 \sqrt{36{,}67 + h_1}\,.$$

Durch zweimaliges Quadrieren und geeignetes Zusammenfassen erhält man eine neue Gleichung, aus der ein brauchbarer Wert h_1 folgt zu

$$h_1 = \mathbf{16{,}90}\ \text{m}.$$

Daraus der gesuchte Druck in A:

$$h_p = H_1 - h_1 = 24{,}38 - 16{,}90 = \mathbf{7{,}48}\ \text{m};$$

ferner der Druckverbrauch von R_2 nach A:

$$h_2 = H_2 - H_1 + h_1 = H_2 - h_p = \mathbf{53{,}57}\ \text{m};$$

und der Druckverbrauch von A nach B:

$$h = H_1 + H - h_1 = H_2 + H - h_2 = \mathbf{20{,}24}\ \text{m}.$$

Fördermengen:

Strang $R_1 A$: $Q_1 = 0{,}00582\sqrt{h_1} = 0{,}00582 \cdot \sqrt{16{,}90}$
$= 0{,}0238\ \text{m}^3/\text{sec} = \mathbf{23{,}8}\ \text{l/sec}$;

„ $R_2 A$: $Q_2 = 0{,}00161\sqrt{h_2} = 0{,}00161 \cdot \sqrt{53{,}57}$
$= 0{,}0117\ \text{m}^3/\text{sec} = \mathbf{11{,}7}\ \text{l/sec}$

zur Probe „ AB: $Q\ (= Q_1 + Q_2) = 0{,}00788\sqrt{h}$
$= 0{,}00788\sqrt{20{,}24} = 0{,}0355\ \text{m}^3/\text{sec}$
$= \mathbf{35{,}5}\ \text{l/sec}$.

Es werden demnach dem Behälter R_1 23,8 l/sec, dem Behälter R_2 11,7 l/sec entzogen, so daß bei B $23{,}8 + 11{,}7 = 35{,}5$ l/sec ausströmen.

Zu 3. Die Bedingung für das Aufhören der Wasserbewegung von R_1 nach A ist das Fehlen eines Druckgefälles von R_1 nach A. Die Piezometerlinie an der Stelle A muß in diesem Falle auf derselben Kote liegen, wie der Behälterwasserspiegel R_1, also auf Kote 588,88. Der Druckhöhenverbrauch für die Strecke $R_2 A$ muß demnach $627{,}55 - 588{,}88 = 38{,}67$ m und $J_2 = \frac{38{,}67}{890} = 0{,}04345$ betragen. Für $d = 100$ mm und $J = 0{,}04345$ ergibt sich aus der Tafel 6 des Anhanges Q_2 zu $10{,}8 - 0{,}00655 \cdot \frac{1{,}2}{0{,}01} = \mathbf{10{,}0}$ l/sec. Lediglich diese 10,0 l/sec fließen von R_2 nach A, so daß die Fördermenge des Stranges AB ebenfalls 10,0 l/sec betragen muß. Der Regulierschieber bei B darf also nur so weit geöffnet sein, daß gerade diese 10,0 l/sec wegfließen, wenn aus Behälter R_1 nichts entnommen werden soll. Für $d = 200$ mm und $Q = 10{,}0$ l/sec wird $J = 0{,}00091$ und der Druckverbrauch auf der Strecke AB: $h = 0{,}00091 \cdot 1770 = 1{,}61$ m. Bei B hat die Piezometerlinie demnach die Kote $588{,}88 - 1{,}61 = 587{,}27$ m; es herrscht dort also ein unverbrauchter Druck $h_p = 587{,}27 - 553{,}74 = \mathbf{33{,}53}$ m.

Man kann nun die Frage aufwerfen, was eintreten würde, wenn bei B aus irgend welchen Gründen vollkommen geöffnet würde, im Hinblick auf den l e e r e n Behälter R_1! Zur Beantwortung dieser Frage denken wir uns die Leitung $R_1 A$ durch einen Schieber bei A zunächst abgesperrt. Dann besteht die Beziehung

$$Q = Q_2$$

und

$$h + h_2 = H + H_2 = 73{,}81 \text{ m}.$$

(Die Bedeutung von H und H_2 siehe Abb. 51.)

Unter Benutzung der in Frage 2 entwickelten Ausdrücke für Q und Q_2 ergibt sich:

$$0{,}00161 \sqrt{h_2} = 0{,}00788 \sqrt{h}$$

$$h_2 = 24 \cdot h.$$

Da $h_2 = 73{,}81 - h$, wird

$$h = \frac{73{,}81}{25} = \mathbf{2{,}95} \text{ m}$$

und

$$h_2 = \mathbf{70{,}86} \text{ m}.$$

Die Fördermenge berechnet sich darnach zu $Q_1 = Q_2 =$ **13,5** l/sec. Die gesamte Leitung von R_2 bis B steht darnach unter einem Unterdruck, der bei A sein Maximum mit

$$566{,}50 - (553{,}74 + 2{,}95) = 9{,}81 \text{ m}$$

erreicht.

Tatsächlich tritt dieser Zustand aber nicht ein, wenn wir uns wieder die Verbindung der Leitung $R_2 A$ und AB mit $R_1 A$ hergestellt denken. Mit der Vergrößerung der Ausflußöffnung bei B wird das in der Leitung $R_1 A$ stehende Wasser zum Abfluß gelangen, wodurch die Drucklinie dieser Leitung im gleichen Maße als Ganzes nach abwärts rückt, und damit auch die Kote der Drucklinie der Leitung $R_2 A$ an der Stelle A mit nach abwärts zieht, was eine Zunahme von Q_2 bedeutet. Wenn das oberste Ende des Wasserfadens der Leitung $R_1 A$ bei A angelangt ist, ist auch die Piezometerlinie für $R_2 A$ im Bereiche von A in die Rohrachse $R_2 A$ gerückt, der Überdruck in A also Null geworden. Da nun von R_1 her kein Wasser mehr in die Leitung AB kommt, müßte der vorberechnete Zustand eintreten, daß $Q = Q_2$ wird, die Drucklinie also 9,81 m unter die Kote des Rohrmittels bei A sänke, demnach bei A Unterdruck herrschte, so daß sich in der ganzen Leitung $R_2 AB$ eine Saugwirkung geltend machen würde. Diese Saugwirkung bliebe jedoch nicht nur auf die Stränge $R_2 A$ und AB beschränkt, sondern zöge auch die Leitung $R_1 A$ in Mitleidenschaft, indem von R_1 her Luft in die Leitung gerissen wird, die den Wasserfaden bei A abreißt und den Unterdruck ausgleicht. Es wird sich also die

Drucklinie für die Strecke $R_2 A$ so einstellen, daß in A gerade der Druck = Null herrscht. Das gibt ein Gefälle $J_2 = \frac{61,05}{890} = 0,0686$ und ein $Q = 12,6$ l/sec.

Diese Wassermenge fließt nun auch von A nach B. Da — wie aus obiger Rechnung ohne weiteres abzulesen oder der Tafel 6 des Anhangs zu entnehmen ist — ihr Transport einen kleineren Druckhöhenverlust bedingt, als die zwischen A und B zur Verfügung stehende Druckhöhe, ist die Leitung AB nicht nur nicht voll gefüllt, sondern die Wasserbewegung ist von A abwärts gegen B hin auch noch beschleunigt und zwar so lange, bis der Reibungswiderstand mit der abnehmenden Fülltiefe so angewachsen ist, daß er sich mit dem vorhandenen Rohrgefälle deckt. Von dieser Stelle ab herrscht dann gleichförmige Wasserbewegung bis B.

Zu 4. Die Wasserbewegung geht jetzt so vor sich, daß die vom Behälter R_2 kommende Fördermenge Q_2 an der Vereinigungsstelle A geteilt wird: Q fließt von A nach B, Q_1 von A nach R_1. Dabei besteht die Beziehung:

$$Q_2 = Q + Q_1.$$

Es ist Q_1 mit 9,0 l/sec gegeben. Bei dem vorhandenen Durchmesser $d_1 = 150$ mm fordert der Transport dieser Wassermenge Q_1 nach R_1 ein Gefälle $J_1 = 0,00364$. Das entspricht einem Druckhöhenverbrauch von A bis R_1 von $0,00364 \cdot 660 = 2,40$ m. Demnach Kote der Drucklinie an der Stelle A:

$$588,88 + 2,40 = 591,28 \text{ m}.$$

Es steht also für den Transport der Fördermenge Q_2 von R_2 nach A eine Druckhöhe von $627,55 - 591,28 = 36,77$ m oder ein Druckliniengefälle $J_2 = \frac{36,27}{890} = 0,04075$ zur Verfügung. Für dieses J_2 und den gegebenen Durchmesser $d_2 = 100$ mm ergibt sich eine Wassermenge $Q_2 = 9,6 + 0,00075 \cdot \frac{1,2}{0,01} =$ **9,7** l/sec. Für den Strang AB verbleibt $Q = 9,7 - 9,0 =$ **0,7** l/sec. Es dürfen demnach bei B nur 0,7 l/sec entnommen werden. Der Transport dieser Wassermenge erfordert bei dem vorhandenen

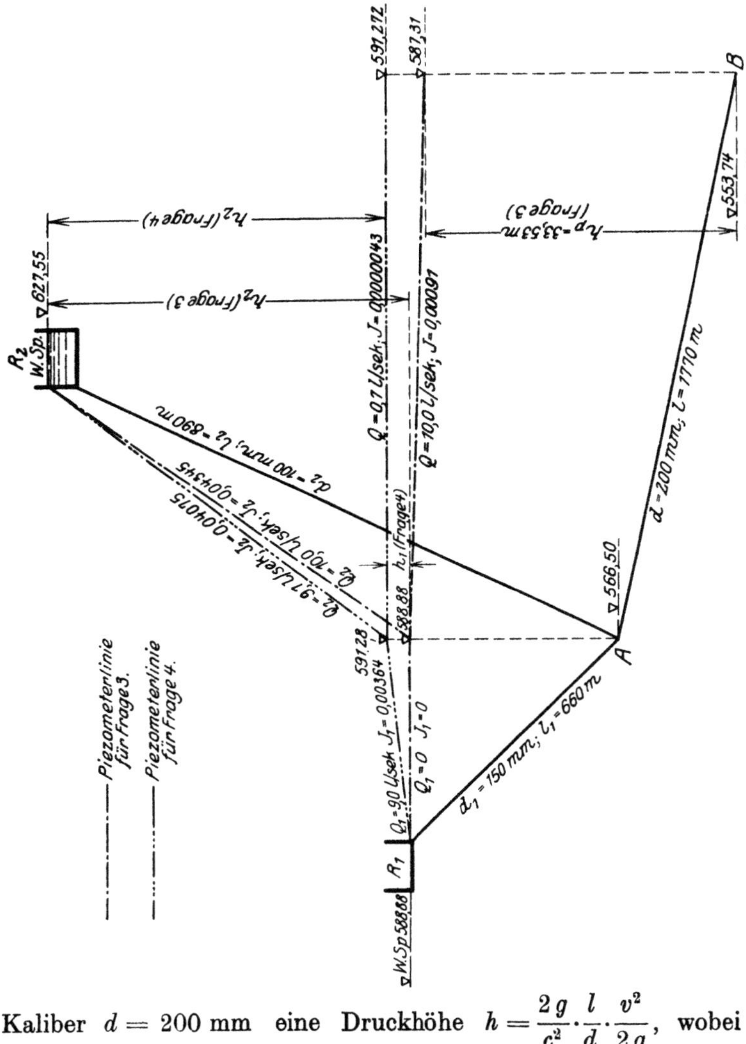

Abb. 52. Piezometerlinien zu den Fragen 3 und 4 der Aufgabe 20.

Kaliber $d = 200$ mm eine Druckhöhe $h = \frac{2g}{c^2} \cdot \frac{l}{d} \cdot \frac{v^2}{2g}$, wobei

$$v = \frac{Q}{F} = \frac{0{,}0007}{0{,}0314} = 0{,}022 \text{ m/sec},$$

also

$$h = \frac{78{,}5}{47{,}2^2} \cdot \frac{1770}{0{,}20} \cdot \frac{0{,}022^2}{19{,}62} = 0{,}0077 \sim \mathbf{0{,}008}\text{ m}.$$

Kote der Piezometerlinie über B: $591{,}28 - 0{,}008 = \mathbf{591{,}272}$ m, und Leitungsdruck in B: $591{,}272 - 553{,}74 = \mathbf{37.532}$ m.

Aufgabe 21.

Eine Stadt beabsichtigt die Erweiterung ihrer Wasserversorgungsanlage a) durch Zuleitung einer Quelle von 300 l/sec und b) durch einen dritten Verteilungsstrang, der zusammen mit den beiden bestehenden Strängen von je 650 mm Kaliber 2700 l/sec nach dem Beginn des Stadtrohrnetzes führen soll. Die Koten der Rohrmittel der bestehenden Stränge liegen am Beginne des Stadtrohrnetzes auf Kote 440,0, während der neue

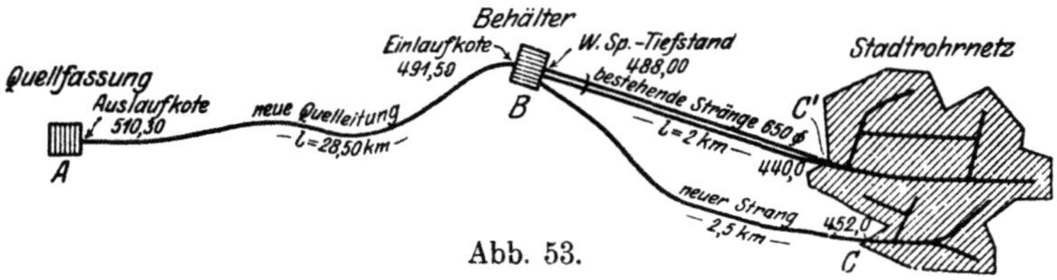

Abb. 53.

Strang, welcher in ein höher gelegenes Stadterweiterungsgebiet führt, am Beginn desselben (bei *C*) die Kote 452,0 hat.

1. Welche Dimensionen erhält die neue Quelleitung von *A* nach *B*?

2. Welche Dimensionen erhält der neue Strang *BC*, wenn in sämtlichen Strängen am Beginn des Stadtrohrnetzes ein Mindestdruck von 3 at[1]) gefordert wird?

Lösung.

Zu 1. Das spez. Leitungsgefälle von *A* nach *B* beträgt

$$J = \frac{510,30 - 491,50}{28500} = \frac{18,8}{28500} = 0,00066 .$$

Für $Q = 313$ l/sec und $J = 0,00066$ ergibt sich aus Tafel 6 des Anhanges ein Durchmesser $d = 750$ mm. Da nur 300 l/sec zu fördern sind, beträgt das zur Überwindung der Reibung notwendige Gefälle für $d = 750$ mm

$$J_1 = 0,00059 + 0,00003 \cdot \frac{6,0}{9,0} = 0,00061 \text{ (gegen } 0,00066).$$

[1]) Der Übung halber soll hier mit der physikalischen Atmosphäre gerechnet werden.

Die hieraus resultierende Einsparung an verbrauchtem Gefälle gestattet, einen Teil der Quelleitung mit einem kleineren Kaliber und dafür größeren Gefällsverbrauch auszuführen. Ein Rohrkaliber von 700 mm erfordert bei 300 l/sec Fördermenge ein Gefälle $J_2 = 0{,}00083 + 0{,}00008 \cdot \frac{9}{13} = 0{,}000885$. Bezeichnet nun x die Strecke, welche mit 750 mm Kaliber ausgerüstet wird, so läßt sich x wie folgt ansetzen (vgl. Aufg. 19/5, a):

$$x = \frac{18{,}8 - l \cdot J_2}{J_1 - J_2} = \frac{18{,}8 - 28500 \cdot 0{,}000885}{0{,}00061 - 0{,}000885} = 23300 \text{ m}.$$

Die Reststrecke von 28500 — 23300 = 5200 m erhält 700-mm-Rohre. Um Saugstrecken zu vermeiden (vgl. Aufg. 19/3, b und 19/5, a), wird die neue Quelleitung bei A mit dem Kaliber 750 mm begonnen. Das Kaliber 700 mm bildet das Schlußstück zwischen der 750 mm Leitung und dem Behälter B.

Zu 2. Für die Dimensionierung ist der ungünstigste Fall zu grunde zu legen. Und dieser ist gegeben, wenn der Behälterwasserspiegel seinen tiefsten Stand mit 488,0 m erreicht hat, weil nunmehr die zur Verfügung stehende Druckhöhe zwischen B und C bzw. C' den kleinsten Wert aufweist.

Strang $B-C'$ (bestehende Leitungen):

Vorhandene Druckhöhe $= 488{,}0 - 440{,}0 = 48{,}0$ m;

Druckbedarf bei C': $3 \text{ at} = \frac{3 \cdot 1{,}033 \cdot 10000 \text{ kg/m}^2}{1000 \text{ kg/m}^3}$

$= 30{,}99$ m Wassersäule;

daher zu verbrauchende Druckhöhe $= 48{,}0 - 30{,}99 = 17{,}01$ m, entsprechend einem spezifischen Gefälle $J = \frac{17{,}01}{2000} = 0{,}0085$. Für $d = 650$ mm und $J' = 0{,}0080$ ist $Q' = 738$ l/sec; für denselben Durchmesser und $J = 0{,}0085$ wird Q (vgl. Aufg. 19/5, a):

$$Q = Q' \cdot \sqrt{\frac{J}{J'}} = 738 \cdot \sqrt{\frac{0{,}0085}{0{,}0080}} = 760 \text{ l/sec}.$$

(Auf das gleiche Q kommt man natürlich bei Benutzung der Tafel 6 des Anhanges für $d = 650$ mm und $J = 0{,}0085$.)

Durch die beiden bestehenden Stränge fließen deshalb ab:

$$2 \cdot Q = 2 \cdot 760 = 1520 \text{ l/sec}.$$

Der neue Strang muß deshalb den Rest des Gesamtwasserbedarfes von 2700 l/sec, d. i. 2700 — 1520 = 1180 l/sec fördern. Da die Druckkote bei C nicht unter 452,0 + 30,99 = 482,99 m heruntergehen soll, steht nun ein Piezometerliniengefälle von $J = \frac{488{,}0 - 482{,}99}{2500} = 0{,}002$ zur Verfügung. Für $J = 0{,}002$ und $Q = 1180$ l/sec ergibt sich ein Rohrdurchmesser, welcher zwischen den handelsüblichen Werten 1000 mm und 1100 mm liegt. Wir wählen den letzteren mit einer max. Förderleistung von 1509 l/sec bei $J = 0{,}002$. Durch die Gefällseinsparung, welche der Durchmesser 1100 mm bei der Bedarfsfördermenge von 1180 l/sec zu erzielen erlaubt, rückt die Druckkote bei C über 482,99 hinauf, was erwünscht ist. Daher wird für den neuen Strang BC von einer Kombination zweier Rohrdurchmesser zur restlosen Ausnützung des zur Verfügung stehenden Verbrauchsgefälles Abstand genommen, im Gegensatz zur Quelleitung.

Aufgabe 22.

Vom Hochbehälter R einer Stadt führt ein Rohrstrang I von 3000 m Länge und 500 mm Durchmesser nach der Entnahmestelle A in der Stadt. Wegen ungenügenden Druckes

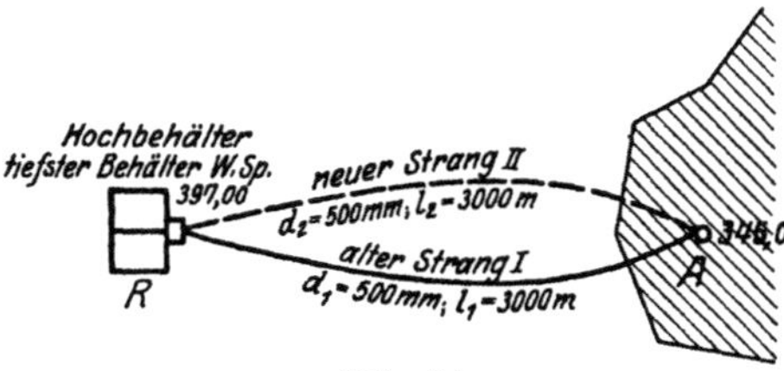

Abb. 54.

bei A soll ein zweiter Strang II von gleicher Lichtweite und Länge ausgeführt werden.

1. Wie hoch stellt sich der Druck h_p über dem Straßenpflaster bei A

a) vor
b) nach
} Erbauung des 2. Stranges,

wenn der derzeitige Höchstbedarf $Q = 420$ l/sec beträgt?

2. Wie viele Hydranten könnten bei A im Brandfalle theoretisch gleichzeitig in Tätigkeit treten, wenn jeder bei $h_p = 30{,}0$ m Hydrantendruck 6,0 l/sec leistet?

3. Für wie viele Jahre genügt der neue Strang, wenn die Höchstentnahme jährlich um 20 l/sec steigt und der erforderliche Hydrantendruck bei A $h_p = 30{,}0$ m Wassersäule beträgt?

Lösung.

Zu 1, a. Vor Erbauung des 2. Stranges II muß der Strang I $Q = 420$ l/sec fördern. Bei dem vorhandenen Rohrkaliber von 500 mm bedingt das nach Tafel 6 des Anhangs ein spezifisches Druckliniengefälle

$$J = 0{,}01000 + \frac{13}{22} \cdot 0{,}00111 = \mathbf{0{,}01065};$$

vorhandene Druckhöhe zwischen R und A:

$$H_0 = 397{,}0 - 345{,}0 = 52{,}0 \text{ m};$$

zur Überwindung der Reibung verbraucht (abs. Druckliniengefälle):

$$h = 0{,}01065 \cdot 3000 = 31{,}9 \text{ m};$$

unverbrauchter Druck bei A:

$$h_p = H_0 - h = 52{,}0 - 31{,}9 = \mathbf{20{,}1} \text{ m}.$$

[Will man die Berechnung von h_p ohne Benutzung der Tafel 6 des Anhangs durchführen, so läßt sich h_p wie folgt ermitteln:

$$h_p = H_0 - h$$

$$h_p = H_0 - \frac{v^2 \cdot l}{c^2 \cdot R} = H_0 - \frac{Q^2}{F^2} \cdot \frac{l \cdot 4}{c^2 \cdot d} = H_0 - \frac{64}{\pi^2} \cdot \frac{Q^2}{c^2 \cdot d^5} \cdot l$$

$$h_p = 52{,}0 - \frac{64}{3{,}14^2} \cdot \frac{0{,}420^2 \cdot 3000}{58{,}6^2 \cdot 0{,}5^5} = \mathbf{20{,}1} \text{ m}.$$

Ein weiterer Weg zur Ermittlung von h_p ergibt sich, wenn die Fördermenge Q_0 der 500-mm-Leitung bei $J_0 = 1\,^0/_{00}$ Druckgefälle bekannt ist ($Q_0 = 129$ l/sec). Man erhält dann (vgl. Aufg. 19/5, a):

$$\frac{J}{J_0} = \frac{Q^2}{Q_0^2}, \quad \text{also} \quad J = \frac{h}{l} = J_0 \cdot \frac{Q^2}{Q_0^2} = \frac{1}{1000} \cdot \frac{Q^2}{Q_0^2}$$

und

$$h = \frac{Q^2}{Q_0^2} \cdot l^{\text{km}} = \frac{0{,}420^2}{0{,}129^2} \cdot 3 = 31{,}9 \text{ m};$$

daher

$$h_p = H_0 - h = 52{,}0 - 31{,}9 = 20{,}1 \text{ m.}]$$

Zu 1b. Nach Erbauung des Stranges II verteilt sich die maximale Entnahmemenge von 420 l/sec auf die beiden Stränge I und II. Da dieselben gleich lang sind, gleiche Durchmesser erhalten und sowohl bei R wie bei A jeweils unter dem gleichen Drucke stehen, müssen auch ihre Fördermengen gleich sein. Es trifft also auf jede Leitung $\frac{420}{2} = 210$ l/sec. Für diese Wassermenge und für $d = 500$ mm ergibt sich $J = 0{,}00267$ und damit

$$h_p = H_0 - 0{,}00267 \cdot 3000 = 52{,}0 - 8{,}0 = \mathbf{44{,}0} \text{ m.}$$

(Da $\frac{J}{J_1} = \frac{Q^2}{Q_1^2}$ oder $\frac{\frac{h}{l}}{\frac{h_1}{l}} = \frac{Q^2}{Q_1^2}$, also $h = \frac{Q^2}{Q_1^2} \cdot h_1$, läßt sich h_p auch ansetzen:

$$h_p = H_0 - \frac{Q^2}{Q_1^2} \cdot h_1,$$

wobei $Q = 210$ l/sec $= \frac{Q_1}{2}$ und $h_1 =$ Druckhöhenverbrauch für den Transport von $Q_1 = 420$ l/sec bedeuten. Demnach

$$h_p = 52{,}0 - \frac{h_1}{4} = 52{,}0 - \frac{31{,}9}{4} = 44{,}0 \text{ m.})$$

Zu 2. Die Zahl der theoretisch benutzbaren Hydranten ist aus der Gesamtfördermenge herzuleiten, welche die beiden Stränge I und II bei einem Hydrantendruck von 30,0 m Wassersäule an der Stelle A zu leisten vermögen.

Für jeden Strang gilt:

verfügbares Druckgefälle:

$$J = \frac{H_0 - 30{,}0}{3000} = \frac{52{,}0 - 30{,}0}{3000} = 0{,}00733,$$

für $d = 500$ mm und $J = 0{,}00733$ ist

$$Q = 332 + \frac{0{,}00066}{0{,}00133} \cdot 32 = 348 \text{ l/sec}.$$

Gesamtfördermenge demnach

$$2 \cdot Q = 2 \cdot 348 = \mathbf{696} \text{ l/sec};$$

theoretisch mögliche Hydrantenzahl:

$$\frac{696 \text{ l/sec}}{6 \text{ l/sec}} = \mathbf{116}.$$

[Ist die sekundliche Leistung der 500 mm Leitung bei $J_0 = 1\,^0/_{00}$ Druckgefälle bereits bekannt ($Q_0 = 129$ l/sec), dann ergibt sich Q aus der Proportion $\frac{J}{J_0} = \frac{Q^2}{Q_0^2}$ zu $Q = Q_0 \sqrt{\frac{J}{J_0}}$; setzt man

$$J = \frac{h}{l} = \frac{H_0 - h_p}{l} \quad \text{und} \quad J_0 = \frac{1}{1000},$$

so wird

$$Q = Q_0 \sqrt{\frac{H_0 - h_p}{l} \cdot \frac{1}{1000}} = Q_0 \sqrt{\frac{H_0 - h_p}{l^{\text{km}}}}$$

$$Q = 129 \sqrt{\frac{52{,}0 - 30{,}0}{3}} = 348 \text{ l/sec};$$

für beide Stränge: $2\,Q = 2 \cdot 348 = \mathbf{696}$ l/sec.]

Zu 3. Für den bei A geforderten Hydrantendruck von 30 m Wassersäule beträgt die mögliche Förderleistung der zwei Leitungsstränge zusammen 696 l/sec. Der derzeitige Maximalbedarf ist mit 420 l/sec angegeben. Demnach vermögen die beiden Stränge I und II einer Gesamtzunahme des Maximalbedarfes von $696 - 420 = 276$ l/sec zu genügen. Da die Zunahme des Maximalbedarfs pro Jahr 20 l/sec beträgt, genügen die beiden Stränge I und II für $\frac{276}{20} = 13{,}8 \sim \mathbf{14}$ Jahre.

Aufgabe 23.

Das Grundablaßrohr einer Staumauer soll so bemessen werden, daß der Wasserstand bei der zu gewärtigenden größten Zuflußmenge von 5 m^3/sec nicht höher steigt als $H = 35{,}0$ m (vgl. Abb. 55). Die Länge des Grundablaßrohres beträgt $l = 30{,}0$ m.

Welcher Durchmesser wird für vorstehende Bedingungen benötigt, wenn die Einmündung bei A

a) glockenförmig,

b) scharfrandig

ausgebildet wird?

Der Ausfluß erfolgt ins Freie. Der Verlust beim Durchgang durch den vollkommen geöffneten Schieber wird vernachlässigt. Das Rohr liegt horizontal.

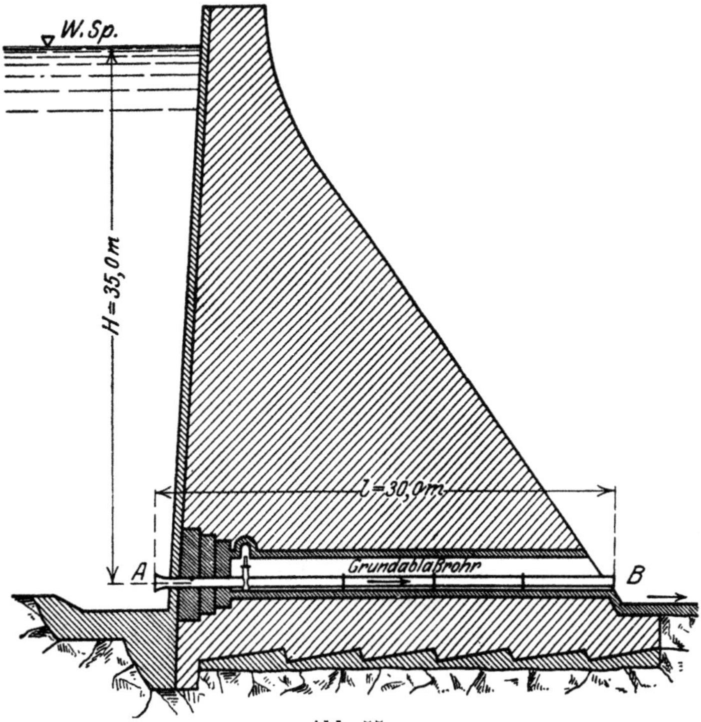

Abb. 55.

2. Wie lange dauert es bei dem gewählten Rohrdurchmesser, bis das Becken entleert, d. h. der Wasserspiegel bis auf die Rohrachse abgesenkt ist, wenn die Beziehung zwischen H und F einerseits, H und Q andererseits durch das Graphikon Abb. 56 gegeben ist, und wenn kein Zufluß stattfindet?

3. Welcher Rohrdurchmesser ist zu wählen, damit das volle Becken ($H = 35{,}0$ m) in 6 Tagen entleert werden kann?

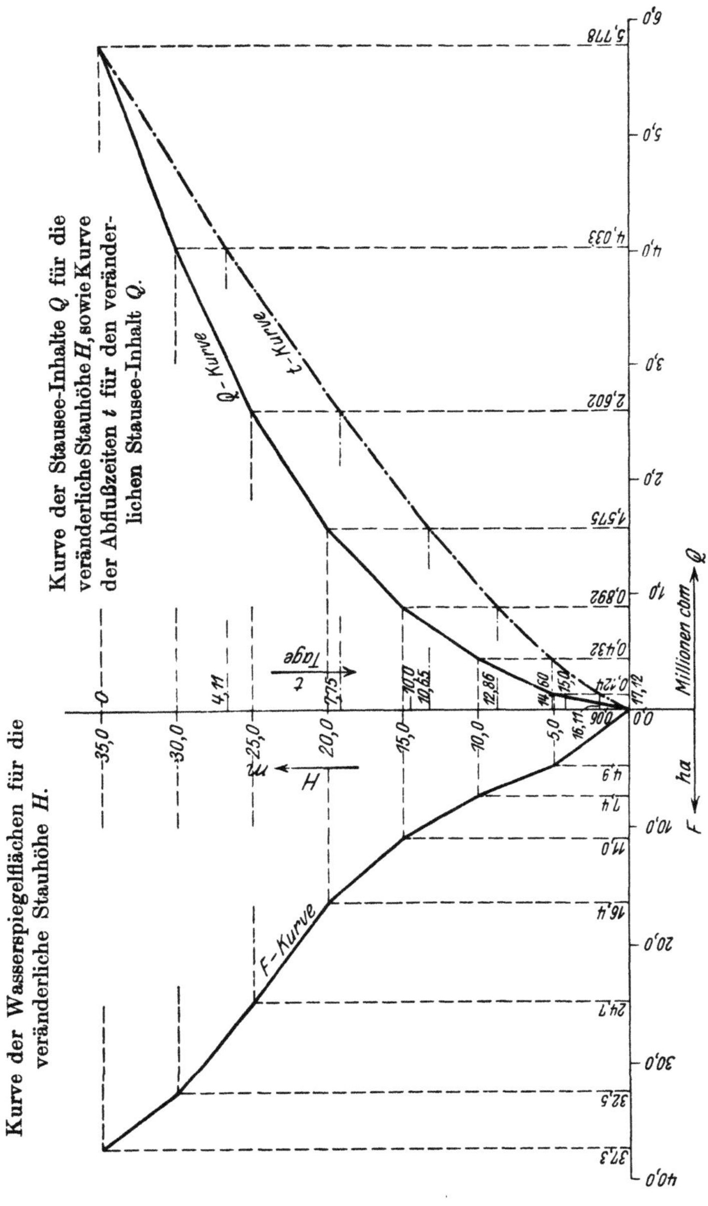
Kurve der Stausee-Inhalte Q für die veränderliche Stauhöhe H, sowie Kurve der Abflußzeiten t für den veränderlichen Stausee-Inhalt Q.
Kurve der Wasserspiegelflächen für die veränderliche Stauhöhe H.
Q-Kurve
t-Kurve
F-Kurve
Tage
t
H
m
Millionen cbm
Q
F
ha
5,778
4,033
2,602
1,575
0,892
0,432
0,124
0,006
6,0
5,0
4,0
3,0
2,0
1,0
0,0
35,0
30,0
25,0
20,0
15,0
10,0
5,0
0
4,11
7,75
10,0
10,65
12,86
14,60
15,0
16,11
17,12
4,9
7,4
10,0
11,0
16,4
20,0
24,7
30,0
32,5
37,3
40,0

Abb. 56.

Lösung.

Zu 1. Wir nehmen an, daß die Geschwindigkeit des Stauseewassers praktisch Null ist. Dann muß beim Eintritt des Wassers in das Rohr bei A die volle Geschwindigkeit erzeugt werden, mit welcher das Wasser das Rohr durchfließt. Dazu wird Druckhöhe aufgebraucht (h_v). Außerdem bedingt die Überwindung des Eintrittswiderstandes bei A einen Verbrauch an Druckhöhe (h_0). Schließlich verzehrt die Reibung des abfließenden Wassers an den Rohrwandungen abermals Druckhöhe (h). Da der Ausfluß ins Freie erfolgt, ist der Druck am Rohrende B gleich Null. Von A bis B wird demnach die ganze zur Verfügung stehende Druckhöhe H in Form der vorstehend aufgeführten Druckverbräuche aufgezehrt. Es besteht also die Beziehung:

$$H = h_v + h_0 + h,$$

oder

$$H = \frac{v^2}{2g} + \zeta_0 \cdot \frac{v^2}{2g} + \zeta \cdot \frac{l}{d} \cdot \frac{v^2}{2g},$$

$$H = \left(1 + \zeta_0 + \zeta \cdot \frac{l}{d}\right) \cdot \frac{v^2}{2g}.$$

Dabei ist $\zeta = \frac{8g}{c^2}$; setzen wir nach Bazin $c = \frac{87}{1 + \frac{\gamma}{\sqrt{R}}} = \frac{87}{1 + \frac{0{,}16}{\sqrt{\frac{d}{4}}}}$ (vgl. Aufg. 19/1), so wird $\zeta = \frac{8g}{\left(\frac{87 \cdot \sqrt{d}}{\sqrt{d} + 0{,}32}\right)^2}$.

Da v ebenfalls unbekannt ist, ersetzen wir es durch die bekannte Größe q m³/sec (q zum Unterschied von Q m³, mit welchem wir hier den Beckeninhalt oder Teile davon bezeichnen), indem wir setzen:

$$v = \frac{q}{F} = \frac{q \cdot 4}{d^2 \cdot \pi}$$

$$v^2 = \frac{q^2 \cdot 16}{d^4 \pi^2}.$$

Damit wird H:

$$H = \left(1 + \zeta_0 + \frac{8g}{\left(\frac{87 \cdot \sqrt{d}}{\sqrt{d} + 0{,}32}\right)^2} \cdot \frac{l}{d}\right) \cdot \frac{q^2}{d^4} \cdot \frac{16}{\pi^2 \cdot 2g}$$

oder

$$\frac{H}{q^2} \cdot \frac{\pi^2 \cdot 2g}{16} = \left(1 + \zeta_0 + \frac{8g}{\left(\frac{87 \cdot \sqrt{d}}{\sqrt{d} + 0{,}32}\right)^2} \cdot \frac{l}{d}\right) \cdot \frac{1}{d^4}.$$

In dieser Gleichung ist nur noch die eine Unbekannte d, die wir ja suchen.

Der Koeffizient ζ_0 ist nach Weißbach zu setzen

für glockenförmige Mundstücke $\zeta_0 = 0{,}08$,
„ scharfrandige „ $\zeta_0 = 0{,}51$.

a) $\zeta_0 = 0{,}08$.

Damit wird

$$\frac{H}{q^2} \cdot \frac{\pi^2 \cdot 2g}{16} = \left(1{,}08 + \frac{8g}{\left(\frac{87 \cdot \sqrt{d}}{\sqrt{d} + 0{,}32}\right)^2} \cdot \frac{l}{d}\right) \cdot \frac{1}{d^4}.$$

Wie des öfteren bei hydraulischen Aufgaben lösen wir die vorstehende Gleichung mit dem graphisch-rechnerischen Verfahren. Da für $H = 35{,}0$ m der Zufluß = dem Abfluß sein muß, also = 5,0 m³/sec, damit der Stauseespiegel nicht weiter steigt, ist in vorstehender Beziehung $H = 35{,}0$ m und $q = 5{,}0$ m³/sec zu setzen, demnach:

$$\frac{H}{q^2} \cdot \frac{\pi^2 \cdot 2g}{16} = \frac{35{,}0}{5{,}0^2} \cdot \frac{3{,}14^2 \cdot 2 \cdot 9{,}81}{16} = 16{,}95.$$

$$16{,}95 \cdot d^4 - \frac{78{,}5 \cdot 30}{\left(\frac{87 \cdot \sqrt{d}}{\sqrt{d} + 0{,}32}\right)^2} \cdot \frac{1}{d} - 1{,}08 = 0,$$

a) $$16{,}95 \cdot d^4 - \frac{2355}{\left(\frac{87 \cdot \sqrt{d}}{\sqrt{d} + 0{,}32}\right)^2} \cdot \frac{1}{d} - 1{,}08 = 0 = f(d).$$

b) $\zeta_0 = 0{,}51$.

b) $$16{,}95 \cdot d^4 - \frac{2355}{\left(\frac{87 \cdot \sqrt{d}}{\sqrt{d} + 0{,}32}\right)^2} \cdot \frac{1}{d} - 1{,}51 = 0 = f'(d).$$

Vernachlässigt man die Druckverbräuche für die Geschwindigkeitserzeugung und die Überwindung des Eintrittswiderstandes, berücksichtigt also lediglich die Reibung an der Rohrwandung, dann fällt das Glied 1,08 bzw. 1,51 in vorstehenden Gleichungen für d weg und es bleibt die Beziehung:

$$\text{c)}\qquad 16{,}95 \cdot d^4 - \frac{2355}{\left(\dfrac{87 \cdot \sqrt{d}}{\sqrt{d} + 0{,}32}\right)^2} \cdot \frac{1}{d} = 0 = f''(d).$$

Die Ermittlung der Funktionswerte für verschiedene Werte d wird in nachstehender Tabelle durchgeführt.

Tabelle 7.

d	$16{,}95 \cdot d^4$	$\left(\dfrac{87 \cdot \sqrt{d}}{\sqrt{d} + 0{,}32}\right)^2$	$\dfrac{2355}{\left(\dfrac{87 \cdot \sqrt{d}}{\sqrt{d} + 0{,}32}\right)^2} \cdot \dfrac{1}{d}$	a) $f(d)$	b) $f'(d)$	c) $f''(d)$
1,0	16,95	4350	0,54	15,33	14,90	16,41
0,9	11,13	4240	0,616	9,434	9,004	10,514
0,8	6,95	4100	0,717	5,153	4,723	6,233
0,7	4,07	3970	0,847	2,143	1,713	3,223
0,6	2,196	3780	1,039	0,077	− 0,353	1,157
0,5	1,06	3590	1,312	− 1,332	− 1,762	− 0,252
0,4	0,434	3340	1,762	− 2,408	− 2,838	− 1,328
0,3	0,137	3016	2,604	− 3,547	− 3,977	− 2,467

Werden die zusammengehörigen Wertepaare d und $f(d)$ bzw. $f'(d)$ und $f''(d)$ in einem rechtwinkligen Koordinatensystem aufgetragen, so läßt sich für $f(d) = 0$ bzw. $f'(d) = 0$ bzw. $f''(d) = 0$ der zugehörige Durchmesser d ohne weiteres herausgreifen (vgl. Abb. 57). Darnach erfordert die Fördermenge $q = 5{,}0\ \text{m}^3/\text{sec}$ bei 35,0 m Wasserstand über Rohrachse für scharfrandiges Mundstück einen Durchmesser $d = 0{,}62$ m und für glockenförmiges Mundstück einen Durchmesser $d = 0{,}595$ m. Vernachlässigt man die Druckhöhenverbräuche h_v und h_0, berücksichtigt also lediglich die Reibung, indem man annimmt, daß die ganze zur Verfügung stehende Druckhöhe zur Überwindung der Reibung an der Rohrwandung aufgebraucht wird, so kommt man auf einen Rohrdurchmesser $d = 0{,}525$ m.

Man sieht, daß bei derartigen Leitungen h_v und h_0 nicht vernachlässigt werden dürfen, weil sonst die Rohrkaliber zu klein werden.

Da mit der Annahme des Wertes $\gamma = 0{,}16$ bezüglich der Rauhigkeit bereits weit gegangen worden ist, weil bei dem Grundablaßrohre nicht in dem Maße mit Inkrustationen zu rechnen ist, wie bei ständig vollaufenden und mit kleinem v durchflossenen Wasserleitungsrohren, betrachten wir das für den Durchmesser handelsübliche Maß 0,60 m als ausreichend und legen diesen den weiteren Rechnungen zugrunde. Überdies versehen wir das Grundablaßrohr mit einem glockenförmigen Mundstück, um einen weiteren Sicherheitsfaktor zu gewinnen.

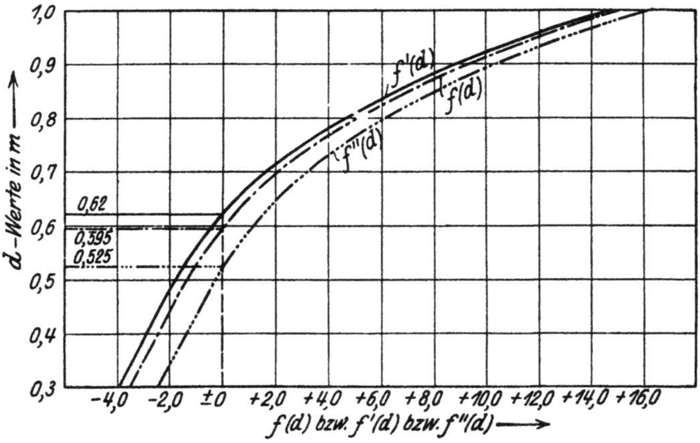

Abb. 57. Graphische Ermittlung der Durchmesser d.

Zu 2. Die Zeit zur Entleerung des Beckens hängt von der Förderleistung des Grundablaßrohres ab. Diese wiederum ist eine Funktion der zur Verfügung stehenden Druckhöhe, also eine Abhängige von der Lage des Stauseespiegels über dem Rohrmundstück. Deshalb soll zunächst der Zusammenhang zwischen q und H festgelegt werden.

In Frage 1) wurde für glockenförmiges Mundstück die Beziehung abgeleitet:

$$H \cdot \frac{\pi^2 \cdot 2\,g}{16} = \left(1{,}08 + \frac{8\,g}{\left(\frac{87 \cdot \sqrt{d}}{\sqrt{d} + 0{,}32}\right)^2} \cdot \frac{l}{d}\right) \cdot \frac{1}{d^4} \cdot q^2,$$

daraus

$$q = \sqrt{\frac{H \cdot \frac{\pi^2 \cdot 2g}{16} \cdot d^4}{1{,}08 + \frac{8g}{\left(\frac{87 \cdot \sqrt{d}}{\sqrt{d} + 0{,}32}\right)^2} \cdot \frac{l}{d}}}$$

$$= \frac{\pi d^2}{4} \cdot \sqrt{\frac{2g \cdot H}{1{,}08 + \frac{8g}{\left(\frac{87 \cdot \sqrt{d}}{\sqrt{g} + 0{,}32}\right)^2} \cdot \frac{l}{d}}} = \mathfrak{A}\sqrt{H}.$$

Da l und d gegeben, also konstant sind, ist q direkt proportional $\sqrt{H}$. $\mathfrak{A}$ ist die Abflußmenge für $H = 1{,}0$ m. Nachstehend sind für verschiedene Werte H die entsprechenden Werte q berechnet, und in Abb. 58 ist der Zusammenhang zwischen Q und H durch eine Kurve dargestellt.

$$\mathfrak{A} = \frac{\pi \cdot d^2}{4} \sqrt{\frac{2g}{1{,}08 + \frac{8g}{\left(\frac{87 \cdot \sqrt{d}}{\sqrt{d} + 0{,}32}\right)^2} \cdot \frac{l}{d}}}$$

$$= \frac{3{,}14 \cdot 0{,}60^2}{4} \sqrt{\frac{19{,}62}{1{,}08 + 1{,}039}} = 0{,}861\,.$$

H(m) =	35,0	30,0	25,0	20,0	15,0	10,0	5,0	2,5	1,0
q (m^3/sec) =	5,09	4,715	4,305	3,850	3,332	2,721	1,925	1,360	0,861
v (m/sec) =	18,0	16,67	15,22	13,60	11,78	9,64	6,81	4,82	3,04

Aus Abb. 58 läßt sich für jede Stauseespiegellage, d. h. für jede Stauhöhe (= Druckhöhe) H die zugehörige Förderleistung q des Grundablaßrohres in der Zeiteinheit ablesen, sowie die Ausflußgeschwindigkeiten, welche jeweils durch Bildung des Quotienten $v = \frac{q}{f}$ erhalten werden, wenn f den lichten Rohrquerschnitt bedeutet.

Wir denken uns nun den Wasserkörper im Stausee durch Horizontalebenen in sehr dünne Schichten von der Dicke dH geteilt. Eine solche Schicht hat dann den Inhalt $F\,dH$ m^3, wenn F die Wasserspiegelfläche dieser Schicht bedeutet. Zu jeder solchen Schicht gehört eine Druckhöhe H, welche gemessen wird durch den Abstand der jeweiligen Schichtspiegelfläche vom Rohrmittel. Greifen wir nun eine solche Schicht heraus, dann fließen in der Sekunde $\mathfrak{A}\sqrt{H}$ m³ ab, wenn H die

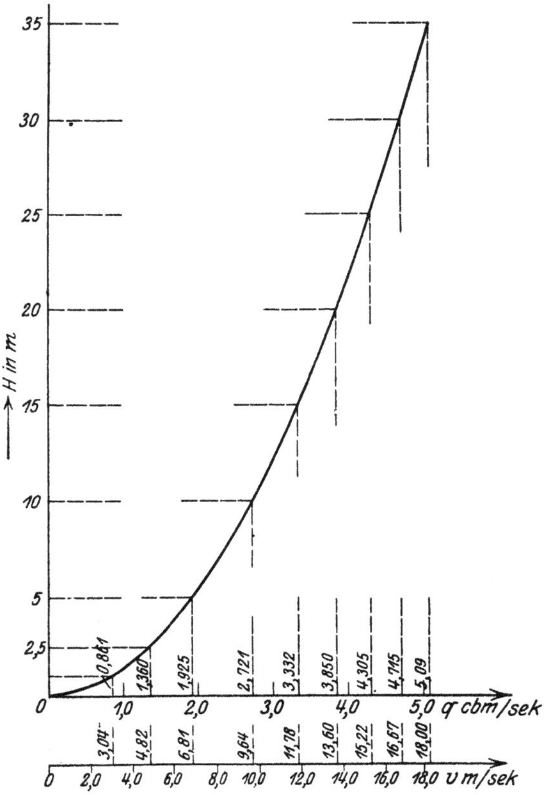

Abb. 58. Abflußmengen des Grundablaßrohres für veränderliche Druckhöhe (Stauhöhe) H und die entsprechenden Ausflußgeschwindigkeiten.

zu dieser Schicht gehörige Druckhöhe H ist, im Zeitteilchen dt also $dt \cdot \mathfrak{A} \cdot \sqrt{H}$ m³. Nehmen wir nun an, daß dt die Zeit bedeutet, welche zum Abfluß der Schichtwassermenge $F \cdot dH$ notwendig ist, dann besteht die Beziehung

$$dt \cdot \mathfrak{A}\sqrt{H} = F \cdot dH$$

oder
$$dt = \frac{F \cdot dH}{\mathfrak{A} \cdot \sqrt{H}} = \frac{dQ_H}{q_H}.$$

Für das endliche Zeitteilchen Δt ergibt sich also
$$\Delta t = \frac{F \cdot \Delta H}{\mathfrak{A} \cdot \sqrt{H}} = \frac{\Delta Q_H}{q_H}.$$

Die Wasserinhalte ΔQ_H der Schichten sind aus Abb. 56 zu entnehmen, die zugehörigen sekundlichen Abflußmengen q_H der Abb. 58. Damit ist die Abflußdauer jeder Schicht berechenbar. Summiert man dann alle diese Zeiten Δt, dann erhält man die Gesamtabflußdauer für den ganzen Beckeninhalt zwischen $H = 0$ und $H = 35{,}0$ m.

Es frägt sich jetzt, welche Schichtdicke man für das vorliegende Beispiel zweckmäßig wählt. Denn je größer ΔH angenommen wird, desto größer ist auch die Änderung der Druckhöhe H innerhalb des Zeitintervalls Δt und damit die Änderung der sekundlichen Abflußmenge q_H. Nun zeigt die Kurve in Abb. 58, daß diese Änderung der Abflußmengen q_H oberhalb der Stauhöhe $H = 15{,}0$ m von 10,0 m zu 10,0 m hinreichend genau als geradlinig betrachtet werden kann. Zwischen $H = 15{,}0$ m und 5,0 m darf die Änderung von q_H innerhalb von 5,0 m Schichten ebenfalls angenähert als geradlinig angenommen werden.

Die Abflußzeit der noch verbleibenden sehr kleinen Restschicht zwischen $H = 0$ und 5,0 m soll, da ihr praktisch nicht mehr die hohe Bedeutung zukommt, wie den höher gelegenen Schichten, ebenfalls so gerechnet werden, daß für q_H innerhalb dieser Schicht geradlinige Änderung angenommen wird. Es sei deshalb folgende Schichteinteilung gewählt:

zwischen $H = 35{,}0$ m und $H = 15{,}0$ m: $\Delta H = 10{,}0$ m,
„ $H = 15{,}0$ m „ $H = 0{,}0$ m: $\Delta H = 5{,}0$ m.

Für die oberste Schicht von $\Delta H = 10{,}0$ m, das ist für ein Stauhöhe zwischen 35,0 und 25,0 m, schwankt die Abflußmenge q_H zwischen 5,09 und 4,305 m³/sec (vgl. Abb. 58). Das entspricht einem mittleren Abfluß von
$$\frac{5{,}09 + 4{,}305}{2} = 4{,}697 \text{ m}^3/\text{sec}.$$

Der Schichtinhalt beträgt (vgl. Abb. 56): 5778000 − 2602000 = 3176000 m³. Die Abflußzeit für diese Schicht beträgt demnach

$$\varDelta t = \frac{\varDelta Q_H}{q_H} = \frac{3176000 \text{ m}^3}{4{,}697 \text{ m}^3/\text{sec}} = 676\,000 \text{ sec}.$$

Analog erhält man die $\varDelta t$ für die übrigen Schichten. Deren Berechnung, sowie die Summierung ist in nachstehender Tabelle 8 durchgeführt.

Tabelle 8.

Schichtlage zwischen H_2	Schichtlage zwischen H_1	Schichtdicke $H_2 - H_1 = \varDelta H$	$Q_{H_2} - Q_{H_1} = \varDelta Q_H$ in Millionen m³	$\frac{q_{H_2} + q_{H_1}}{2} = q_H$ m³/sec	$\frac{\varDelta Q_H \text{ m}^3}{q_H \text{ m}^3/\text{sec}} = \varDelta t$ sec
35,0	25,0	10,0	5,778 − 2,602 = 3,176	$\frac{5{,}09 + 4{,}305}{2} = 4{,}697$	$\frac{3176000}{4{,}697} = 676000$
25,0	15,0	10,0	2,602 − 0,892 = 1,710	$\frac{4{,}305 + 3{,}332}{2} = 3{,}818$	$\frac{1710000}{3{,}818} = 448000$
15,0	10,0	5,0	0,892 − 0,432 = 0,460	$\frac{3{,}332 + 2{,}721}{2} = 3{,}026$	$\frac{460000}{3{,}026} = 152000$
10,0	5,0	5.0	0,432 − 0,124 = 0,308	$\frac{2{,}721 + 1{,}925}{2} = 2{,}323$	$\frac{308000}{2{,}323} = 132500$
5,0	0,0	5,0	0,124 − ∼ 0 = 0,124	$\frac{1{,}925 + 0}{2} = 0{,}962$	$\frac{124000}{0{,}962} = 129000$

$$\sum_{H=0}^{H=35,0 \text{ m}} \varDelta t = T = 1\,537\,500 \text{ sec} = \frac{1\,537\,500}{60 \cdot 60 \cdot 24} = \mathbf{17{,}8} \text{ Tage.}$$

Wie sich aus obenstehenden Ausführungen ergibt, ist die vorstehende Berechnung der Zeiten $\varDelta t$ als Näherungsrechnung zu betrachten. Wir stellen uns nun die Aufgabe, die praktische Brauchbarkeit dieser Rechenmethode nachzuprüfen, wobei aber lediglich die Werte F, nicht aber die Werte Q als gegeben betrachtet werden sollen.

Wir gehen zu diesem Zwecke wieder von der Beziehung aus:

$$dt = \frac{F \cdot dH}{\mathfrak{A} \cdot \sqrt{H}}.$$

Oben wurde bereits ausgeführt, daß die sekundliche Abflußmenge $q_H = \mathfrak{A}\sqrt{H}$ von der jeweiligen Druckhöhe H abhängt.

Wie aus Abb. 56 ersichtlich, ändert sich auch F mit H, es ist also $F = f(H)$ und man kann schreiben

$$dt = \frac{f(H) \cdot dH}{\mathfrak{A} \sqrt{H}}$$

und

$$t = \frac{1}{\mathfrak{A}} \int_{H_1}^{H_2} \frac{f(H)\, dH}{\sqrt{H}}.$$

Nun handelt es sich darum, die Fläche F durch die Stauhöhe (= Druckhöhe H) auszudrücken. Die in Abb. 56 aufgetragenen Werte F sind dadurch entstanden, daß in einem Lageplan geeigneten Maßstabes mit Schichtlinien von 5,0 m zu 5,0 m die von diesen Schichtlinien begrenzten Flächen F, soweit sie oberhalb der Sperre gelegen sind, planimetriert wurden. Dadurch erhielt man ein zahlenmäßiges Bild über die Zunahme der Flächen F von 5,0 m zu 5,0 m. Diese Zunahme wurde mangels weiterer Unterlagen von Schicht zu Schicht als geradlinig angenommen, was ja für die in den praktischen Fällen geforderte Genauigkeit meist auch ausreicht. Für die F-Kurve der Abb. 56 ergab sich dadurch ein gebrochener Linienzug, der für jede Schicht aus einer Geraden besteht. Es kann deshalb auch $f(H)$ als Funktion einer Geraden betrachtet werden. Bezeichnet F_1 die Wasserspiegelfläche bei der Druckhöhe H_1, F_2 jene bei der Druckhöhe H_2, dann muß die Gerade $f(H)$ für den Bereich $H_2 - H_1$ durch die Punkte mit den Koordinaten F_1, H_1 und F_2, H_2 gehen. Die Gleichung lautet:

$$\frac{H - H_1}{F - F_1} = \frac{H_2 - H_1}{F_2 - F_1}$$

oder

$$F = f(H) = H \cdot \frac{F_2 - F_1}{H_2 - H_1} - \left[\frac{H_1}{H_2 - H_1} \cdot (F_2 - F_1) - F_1\right].$$

Setzt man diesen Ausdruck für $f(H)$ in obige Gleichung für t ein, so erhält man:

$$t = \frac{1}{\mathfrak{A}} \int_{H_1}^{H_2} \frac{\left\{H \cdot \frac{F_2 - F_1}{H_2 - H_1} - \left[\frac{H_1}{H_2 - H_1} (F_2 - F_1) - F_1\right]\right\} dH}{\sqrt{H}}$$

$$t = \frac{1}{\mathfrak{A}} \cdot \frac{1}{(H_2 - H_1)} \cdot$$

$$\cdot \int_{H_1}^{H_2} \{(F_2 - F_1) H^{1/2} dH - [H_1 (F_2 - F_1) - F_1 (H_2 - H_1)] H^{-1/2} dH\}$$

$$t = \frac{1}{\mathfrak{A}} \cdot \frac{1}{(H_2 - H_1)} \cdot$$

$$\cdot \{(F_2 - F_1) \cdot \tfrac{2}{3} H^{3/2} - [H_1 (F_2 - F_1) - F_1 (H_2 - H_1)] \cdot 2 H^{1/2}\}_{H_1}^{H_2}.$$

Für die Grenzwerte H_1 und H_2 wird demnach die Abflußzeit t

$$t = \frac{1}{\mathfrak{A}} \cdot \frac{1}{(H_2 - H_1)} \cdot$$

$$\{(F_2 - F_1) \cdot \tfrac{2}{3} [H_2^{3/2} - H_1^{3/2}] - [H_1 (F_2 - F_1) - F_1 (H_2 - H_1)] \cdot 2 \cdot [H_2^{1/2} - H_1^{1/2}]\}.$$

Dieser Ansatz für die Abflußzeit t läßt sich für jede Schicht von 5,0 m ansetzen. Die Summierung sämtlicher Werte t ergibt dann wiederum die Gesamtabflußzeit für den ganzen Beckeninhalt. Die Berechnung wurde in der umstehenden Tabelle 9 durchgeführt. In derselben bedeuten:

$$a = (F_2 - F_1) \cdot \tfrac{2}{3} [H_2^{3/2} - H_1^{3/2}],$$

$$b = [H_1 (F_2 - F_1) - F_1 (H_2 - H_1)] \cdot 2 \cdot [H_2^{1/2} - H_1^{1/2}],$$

also $$t = \frac{1}{\mathfrak{A}} \cdot \frac{1}{(H_2 - H_1)} \cdot \{a - b\}.$$

Man erhält also für die Gesamtabflußzeit $T = \sum_{H=0}^{H=35,0} t$ den Wert 17,12 Tage gegen 17,8 Tage des ersteren Ermittlungsverfahrens. Unter Berücksichtigung der Unsicherheiten, welche durch die Annahme der Koeffizienten (ζ_0 und γ) und durch die Benutzung des Kartenmaterials in das Zahlenergebnis getragen werden, darf die einfachere erste Methode als hinreichend genau bezeichnet werden. Sie setzt allerdings die Q-Werte als bekannt voraus. Ist das nicht der Fall, so führt die 2. Methode rascher zum Ziele, weil die Ermittlung der Q-Werte (evtl. mit Hilfe der Simpsonschen Regel) erspart wird.

In Abb. 56 ist die Beziehung zwischen der Ausflußzeit t und der Wassermenge Q zur Darstellung gebracht. Die Auftragung der t-Kurve gestattet für die gegebenen Verhältnisse, für den gegebenen Wasserinhalt irgendeiner Lamelle sofort die entsprechende Abflußzeit zu entnehmen.

3. Die Abflußzeit t für den Lamelleninhalt zwischen den Grenzen H_1 und H_2 hatten wir angesetzt zu

$$t = \frac{1}{\mathfrak{A}} \int\limits_{H_1}^{H_2} \frac{f(H)\, dH}{\sqrt{H}}.$$

Die Summierung für diesen Lamellenstreifen ergab weiter oben

$$t = \frac{1}{\mathfrak{A}} \cdot \frac{1}{(H_2 - H_1)} \cdot \left\{a - b\right\}_{H_1}^{H_2}.$$

Wird diese Summierung für sämtliche Lamellen durchgeführt, so ergibt sich, da $\mathfrak{A}$ eine konstante Größe ist, welche in sämtlichen Summanden der rechten Gleichungsseite wieder vorkommt und deshalb vor das Summenzeichen genommen werden kann,

$$\sum_{H=0}^{H=35,0} t = T = \frac{1}{\mathfrak{A}} \sum_{H_1=0}^{H_2=35,0} \left[\frac{1}{(H_2 - H_1)} \cdot \left\{a - b\right\}_{H_1}^{H_2}\right].$$

Der gesuchte Rohrdurchmesser d ist nur in der Größe $\mathfrak{A}$ enthalten und bildet darin die einzige Unbekannte. Deshalb bestimmen wir zunächst die Größen $\mathfrak{A}$, indem wir setzen

$$\mathfrak{A} = \frac{1}{T} \sum_{H_1=0}^{H_2=35,0} \left[\frac{1}{(H_2 - H_1)} \cdot \left\{a - b\right\}_{H_1}^{H_2}\right].$$

Da Schichten von 5,0 m zugrunde gelegt sind, ist $H_2 = H_1 + 5{,}0$ m, also $H_2 - H_1 = 5{,}0$ und

$$\mathfrak{A} = \frac{1}{T} \sum_{H_1=0}^{H_2=35,0} \left[\frac{1}{5,0} \cdot \left\{a - b\right\}_{H_1}^{H_1+5,0}\right],$$

$$\mathfrak{A} = \frac{1}{T} \cdot \left[\frac{1}{5,0} \cdot \left\{a - b\right\}_{H_1}^{H_1+5,0}\right]_{H_1=0}^{H_2=35,0},$$

$$\mathfrak{A} = \frac{1}{5 \cdot T} \cdot \left[\left\{a - b\right\}_{H_1}^{H_1+5,0}\right]_{H_1=0}^{H_2=35,0}.$$

Der Ausdruck $\left[\left\{a - b\right\}_{H_1}^{H_1+5,0}\right]_{H_1=0}^{H_2=35,0}$ ist bereits ermittelt und kann aus Tabelle 9 entnommen werden zu 6355600; T ist gegeben mit 6 Tagen oder = 518400 sec. Demnach:

$$\mathfrak{A} = \frac{1}{5 \cdot 518\,400} \cdot 6\,355\,600 = 2{,}46.$$

Tabelle 9.

H_2	H_1	$H_2 - H_1$	F_2	F_1	$F_2 - F_1$	$H_2^{3/2}$	$H_1^{3/2}$	$H_2^{3/2} - H_1^{3/2}$	a	$H_1(F_2 - F_1)$
35,0	30,0	5,0	373 000	325 000	48 000	207	164	43	1 370 000	1 440 000
30,0	25,0	5,0	325 000	247 000	78 000	164	125	39	2 030 000	1 945 000
25,0	20,0	5,0	247 000	164 000	83 000	125	89,5	35,5	1 965 000	1 660 000
20,0	15,0	5,0	164 000	110 000	54 000	89,5	58,0	31,5	1 135 000	810 000
15,0	10,0	5,0	110 000	74 000	36 000	58,0	31,6	26,4	631 000	360 000
10,0	5,0	5,0	74 000	49 000	25 000	31,6	11,2	20,4	340 000	125 000
5,0	0,0	5,0	49 000	600	48 400	11,2	0	11,2	361 000	0

$F_1(H_2 - H_1)$	$H_1(F_2 - F_1) - F_1(H_2 - H_1)$	$H_2^{1/2}$	$H_1^{1/2}$	$H_2^{1/2} - H_1^{1/2}$	b	$a - b$	$\frac{[a-b]}{\mathfrak{A}(H_2 - H_1)}$ sec
1 620 000	− 180 000	5,92	5,48	0,44	− 158 000	1 528 000	355 000
1 235 000	+ 710 000	5,48	5,00	0,48	+ 681 000	1 349 000	314 000
820 000	+ 840 000	5,00	4,47	0,53	+ 890 000	1 075 000	250 000
550 000	+ 260 000	4,47	3,87	0,60	+ 312 200	823 000	191 000
370 000	− 10 000	3,87	3,16	0,71	− 14 200	645 200	150 000
245 000	− 120 000	3,16	2,24	0,92	− 221 000	561 000	130 000
3 000	− 3 000	2,24	0	2,24	− 13 400	374 400	87 000

$$\Sigma(a - b) = 6\,355\,600$$

$$\Sigma t = T = 1\,477\,000 \text{ sec}$$

$$= \frac{1\,477\,000}{60 \cdot 60 \cdot 24} = \mathbf{17{,}12 \text{ Tage.}}$$

Tabelle 10.

d	$\left(\frac{87\sqrt{d}}{\sqrt{d}+0{,}32}\right)^2 = c^2$	$\frac{2355}{c^2 \cdot d}$	$\sqrt{1{,}08 + \frac{2355}{c^2 \cdot d}}$	$f_3(d)$
0,70	3970	0,85	1,39	2,83
0,80	4100	0,72	1,34	2,09
0,90	4220	0,62	1,30	1,61
1,00	4340	0,54	1,27	1,27
1,10	4860	0,44	1,23	1,02
Probe 0,95 (Abb. 59 entnommen)	4290	0,578	1,287	1,426

Nach früherem ist für glockenförmiges Mundstück

$$\mathfrak{A} = \frac{\pi d^2}{4} \cdot \sqrt{\frac{2g}{1{,}08 + \frac{8g}{\left(\frac{87\sqrt{d}}{\sqrt{d}+0{,}32}\right)^2} \cdot \frac{l}{d}}} = 2{,}46,$$

also

$$\frac{1}{d^2}\sqrt{1{,}08 + \frac{2355}{\left(\frac{87\sqrt{d}}{\sqrt{d}+0{,}32}\right)^2 \cdot d}} = 1{,}42 = f_3(d).$$

Die Lösung der Gleichung erfolgt auf graphisch-rechnerischem Wege (vgl. Tabelle 10 und Abb. 59).

Die Auflage, das Staubecken in 6 Tagen zu leeren, würde demnach ein Grundablaßrohr von 0,95 m bedingen.

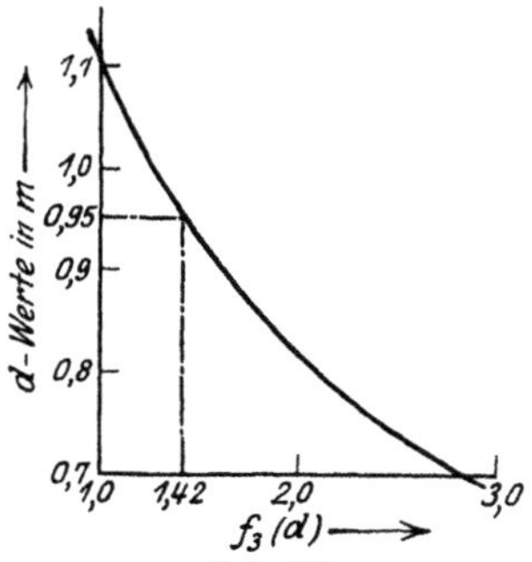

Abb. 59.

Soll der Durchmesser für $T = 6$ Tage berechnet werden, ohne daß die Zahlenwerte der Tabelle 9 vorliegen, so kann man mit der bereits weiter oben durchgeführten Näherungsrechnung zum Ziele gelangen. Man setzt wieder:

$$\Delta t = \frac{\Delta Q_H}{q_H} = \left[\frac{Q_{H_2} - Q_{H_1}}{\frac{q_{H_2} + q_{H_1}}{2}}\right].$$

Die sekundlichen Ausflußmengen q_H sind jetzt **nicht** bekannt, sie hängen vielmehr vom gesuchten Durchmesser d ab durch die bereits abgeleitete Beziehung $q_H = \mathfrak{A}\sqrt{H}$, wobei $\mathfrak{A}$ eine Funktion des Rohrdurchmessers ist. Wir setzen also

$$\Delta t = \frac{Q_{H_2} - Q_{H_1}}{\frac{\mathfrak{A}\sqrt{H_2} + \mathfrak{A}\sqrt{H_1}}{2}} = \frac{1}{\mathfrak{A}}\left[\frac{Q_{H_2} - Q_{H_1}}{\frac{\sqrt{H_2} + \sqrt{H_1}}{2}}\right].$$

Wird der Wert Δt für sämtliche Schichten gebildet und dann summiert, so erhält man:

$$\Sigma \Delta t = T = \frac{1}{\mathfrak{A}} \sum_{H_1=0}^{H_2=35{,}0} \left[\frac{Q_{H_2} - Q_{H_1}}{\frac{\sqrt{H_2} + \sqrt{H_1}}{2}}\right]$$

Der gesuchte Rohrdurchmesser kommt nur in $\mathfrak{A}$ vor, daher

$$\mathfrak{A} = \frac{1}{T} \sum_{H_1=0}^{H_2=35,0} \left[\frac{Q_{H_2} - Q_{H_1}}{\frac{\sqrt{H_2} + \sqrt{H_1}}{2}} \right]$$

In nachstehender Tabelle 11 ist die Summe der rechten Gleichungsseite gebildet.

Tabelle 11.

Schichtlage zwischen H_2	H_1	$Q_{H_2} - Q_{H_1} = \Delta Q_H$ in Millionen m³	$\sqrt{H_2}$	$\sqrt{H_1}$	$\frac{\sqrt{H_2}+\sqrt{H_1}}{2}$	$\frac{Q_{H_2} - Q_{H_1}}{\frac{\sqrt{H_2}+\sqrt{H_1}}{2}}$
35,0	25,0	3,176	5,915	5,000	5,457	582000
25,0	15,0	1,710	5,000	3,870	4,435	385500
15,0	10,0	0,460	3,870	3,160	3,515	130800
10,0	5,0	0,308	3,160	2,235	2,697	114200
5,0	0	0,124	2,235	0	1,117	111000

$$\sum_{0}^{35,0} \left[\frac{Q_{H_2} - Q_{H_1}}{\frac{\sqrt{H_2} + \sqrt{H_1}}{2}} \right] = 1\,323\,500.$$

Für $T = 6$ Tage $= 518\,400$ sec wird $\mathfrak{A} = \frac{1\,323\,500}{518\,400} = 2,55$

$$\text{oder } f_3'(d) = \frac{1}{d^2} \sqrt{1,08 + \frac{2355}{\left(\frac{87\sqrt{d}}{\sqrt{d} + 0,32}\right)^2 \cdot d}} = \frac{\pi}{4} \cdot \frac{\sqrt{2g}}{2,55} = 1,365$$

so daß sich aus Abb. 59 ein Durchmesser von rd. 0,97 m gegen 0,95 m der genauen Rechnung ergibt. Der Unterschied gegenüber der ersteren Berechnungsmethode ist also unwesentlich und in den meisten praktischen Fällen ohne Belang.

Wären die Schichteninhalte ΔQ_H nicht bekannt, sondern lediglich die Flächen F_H, so ist nach früherem statt ΔQ_H lediglich $F_H \Delta H = \frac{F_2 + F_1}{2} \Delta H$ zu setzen. Für die oberste Schicht ergäbe sich z. B.

$$\Delta t_1 = \frac{F_H \Delta H}{\mathfrak{A} \sqrt{H}} = \frac{1}{\mathfrak{A}} \left[\frac{\frac{F_2 + F_1}{2} (H_2 - H_1)}{\frac{\sqrt{H_2} + \sqrt{H_1}}{2}} \right]_{H_1=25,0}^{H_2=35,0}$$

Setzt man die Abflußzeiten sämtlicher Schichten analog an und summiert, so ergibt die Auflösung nach $\mathfrak{A}$:

$$\mathfrak{A} = \frac{1}{T} \sum_{H_1=0}^{H_2=35,0} \left[\frac{\frac{F_2 + F_1}{2} (H_2 - H_1)}{\frac{\sqrt{H_2} + \sqrt{H_1}}{2}} \right]$$

Durch Bildung der Funktion $f_3''(d)$ läßt sich aus Abb. 59 abermals der Durchmesser d ablesen.

Aufgabe 24.

Für die Kreuzung eines Freispiegelstollens mit einem Flusse im Zuge einer Wasserkraftanlage wurde eine Dückeranlage mit schmiedeisernen Rohren von 1,6 m lichtem Durchmesser angelegt. Bei der maximalen Wasserführung von 4,0 m³/sec steigt die Strömungsgeschwindigkeit von 1,0 m/sec im Stollen auf 2,0 m/sec in der Rohrleitung.

Wie groß ist die Spiegeldifferenz zwischen Anfang und Ende der Dückeranlage? (Vgl. hierzu Abb. 60.)

Lösung.

1. Am Übergang vom Freispiegelstollen zur Rohrleitung: Steigerung der Geschwindigkeit von $v_1 = 1{,}0$ m/sec auf $v_2 = 2{,}0$ m/sec. Dazu wird Druckhöhe verbraucht und zwar

$$h_1 = \frac{v_2^2}{2g} - \frac{v_1^2}{2g} = \frac{2{,}0^2}{19{,}62} - \frac{1{,}0^2}{19{,}62} = \mathbf{0{,}153} \text{ m}.$$

2. Ferner muß an dieser Stelle der Eintrittswiderstand überwunden werden. Unter Berücksichtigung des glockenförmigen Rohrmundes wird der Eintrittsverlust angesetzt zu

$$h_2 = 0{,}08 \cdot \frac{v_2^2}{2g} = 0{,}08 \cdot \frac{2{,}0^2}{2g} = \mathbf{0{,}016} \text{ m}.$$

3. Reibungsverlust vom Rohranfang bis zum Krümmer I:

$$h_3 = \zeta \cdot \frac{l_1}{d} \cdot \frac{v_2^2}{2g} = \frac{78{,}5}{c^2} \cdot \frac{l}{d} \cdot \frac{v_2^2}{2g}.$$

Nach Bazin ist $c = \frac{87}{1 + \frac{\gamma}{\sqrt{R}}}$, wobei $\gamma = 0{,}16$ gesetzt werden soll, um einer möglichen Inkrustation der Rohrwandung Rechnung zu tragen, und $R = \frac{d}{4} = \frac{1{,}60}{4} = 0{,}40$ m, also $\sqrt{R} = 0{,}632$ ist. Also

$$c = \frac{87}{1 + \frac{0{,}16}{0{,}632}} = 69{,}4$$

und

$$h_3 = \frac{78{,}5}{69{,}4^2} \cdot \frac{29{,}0}{1{,}60} \cdot \frac{2{,}0^2}{19{,}62} = \mathbf{0{,}060}\ \text{m}.$$

4. Verlust am Krümmer I (Krümmungsverlust):

$$h_4 = \zeta_{Kr} \cdot \frac{v_2^2}{2g} \cdot \frac{\alpha_{\mathrm{I}}}{90^0},$$

wenn α_{I} den Zentriwinkel des Krümmungsbogens I bedeutet. Nach Weißbach ist ζ_{Kr} zu setzen

$$\zeta_{Kr} = 0{,}131 + 1{,}847 \cdot \left(\frac{r}{\varrho}\right)^{7/2},$$

wenn r den Rohrhalbmesser und ϱ den Krümmungshalbmesser der Rohrachse bezeichnet.

In unserem Falle

$$\zeta_{Kr} = 0{,}131 + 1{,}847 \cdot \left(\frac{0{,}8}{8{,}0}\right)^{7/2},$$

$$\zeta_{Kr} = 0{,}131 + 0{,}001 = 0{,}132$$

und

$$h_4 = 0{,}132 \cdot \frac{2{,}0^2}{19{,}62} \cdot \frac{41{,}33^0}{90^0},$$

$$h_4 = \mathbf{0{,}012}\ \text{m}.$$

5. Reibungsverlust zwischen Krümmer I und II:

$$h_5 = \zeta \cdot \frac{l_2}{d} \cdot \frac{v_2^2}{2g}$$

und unter Benutzung der unter 3. ermittelten Größen

$$h_5 = \frac{78,5}{69,4^2} \cdot \frac{45,6}{1,60} \cdot \frac{2,0^2}{19,62} = \mathbf{0,095} \text{ m}$$

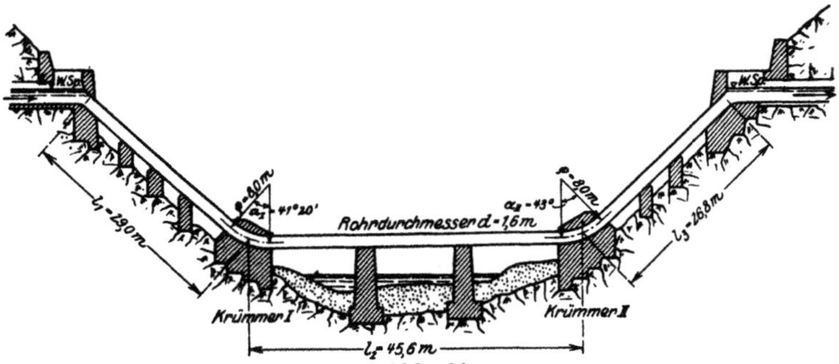

Abb. 60.

6. **Krümmerverlust am Krümmer II:**

$$h_6 = \zeta_{Kr} \cdot \frac{v_2^2}{2g} \cdot \frac{\alpha_{II}}{90^0},$$

$$h_6 = 0,132 \cdot \frac{2,0^2}{19,62} \cdot \frac{43^0}{90^0},$$

$$h_6 = \mathbf{0,013} \text{ m.}$$

7. Reibungsverlust zwischen Knickpunkt II und Rohrende:

$$h_7 = \zeta \cdot \frac{l_3}{d} \cdot \frac{v_2^2}{2g},$$

$$h_7 = \frac{78,5}{69,4^2} \cdot \frac{26,8}{1,6} \cdot \frac{2,0^2}{19,62} = \mathbf{0,056} \text{ m.}$$

8. Am Übergang vom Rohr zum Freispiegelstollen: Austrittsverlust gleichgesetzt der theoretisch zurückgewonnenen Druckhöhe infolge der Ermäßigung der Geschwindigkeit von 2,0 m/sec auf 1,0 m/sec. Daher Gesamtverluste:

$$\begin{aligned}
h_1 &= 0,153 \text{ m} \\
h_2 &= 0,016 \text{ „} \\
h_3 &= 0,060 \text{ „} \\
h_4 &= 0,012 \text{ „} \\
h_5 &= 0,095 \text{ „} \\
h_6 &= 0,013 \text{ „} \\
h_7 &= 0,056 \text{ „} \\
\hline
\Sigma h &= 0,405 \text{ m.}
\end{aligned}$$

Die Spiegeldifferenz zwischen Anfang und Ende der Dückeranlage beträgt demnach 40,5 cm.

Davon treffen auf die Reibungsverluste allein:

$$h_3 + h_5 + h_7 = \frac{78,5}{69,4^2} \cdot \frac{l_1 + l_2 + l_3}{1,6} \cdot \frac{2,0^2}{19,62} = 0,211 \text{ m Druckhöhe,}$$

und beinahe ebensoviel, nämlich 0,153 m, auf die Steigerung der Geschwindigkeit von 1,0 auf 2,0 m/sec. Um letzteren Verlust zu vermeiden, müßten die wesentlich teureren Rohre vom Durchmesser $d = \sqrt{\frac{4 \cdot Q}{\pi \cdot v}} = \sqrt{\frac{4 \cdot 4,0}{3,14 \cdot 1,0}} = 2,25$ m gewählt werden, denn bei diesem Durchmesser ist $v = 1,0$ m/sec wie im Freispiegelstollen.

Aufgabe 25.

Ein Stausee (Spiegelkote 159,50) ist durch einen Druckstollen von 4800 m Länge und beigegebenem Querschnitt mit einem Wasserschloß verbunden. Das Sohlgefälle des Stollens beträgt 1:1000. Vom Wasserschloß führt eine Druckrohrleitung aus Eisen von 1,5 m lichtem Durchmesser und 130 m Länge

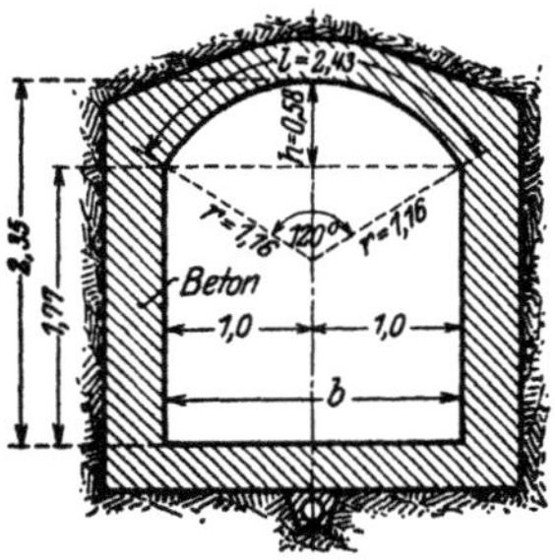

Abb. 61.

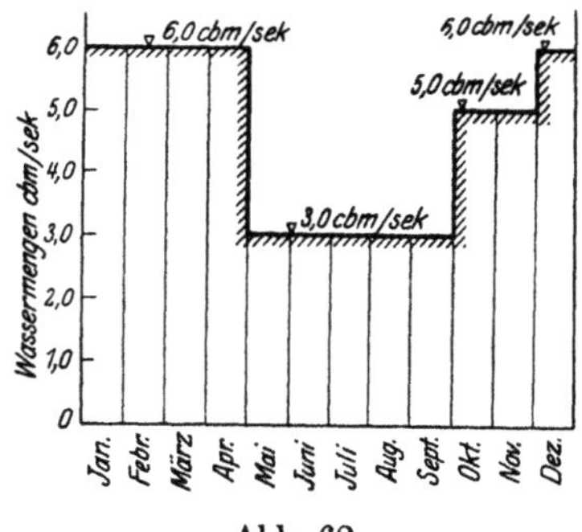

Abb. 62.

zu den Turbinen. Das Bruttogefälle vom Stausee bis zu den Turbinen beträgt 48 m. Welche Nettogefälle ergeben sich jeweils für die in nachstehendem Graphikon gegebenen schwankenden Wassermengen unter Berücksichtigung von zwei Krümmungen in der Druckrohrleitung, wobei für beide Fälle der Krümmungswinkel $\alpha = 45^0$, der Krümmungshalbmesser $\varrho = 5,0$ m beträgt?

Zur Rechnungsvereinfachung soll die Annahme gemacht werden, daß die Wassergeschwindigkeit v im Wasserschloß $= 0$ ist, ebenso sollen der Austrittsverlust beim Übergang vom Stollen in das Wasserschloß $= 0$ gesetzt werden!

Lösung.

Unter Bruttogefälle verstehen wir hier den Höhenunterschied zwischen Stauseespiegel und Turbine, genauer den Kotenunterschied zwischen Stauseespiegel einerseits und dem Düsenmittel der Freistrahlturbine andererseits.

Was von diesem Bruttogefälle noch verbleibt, wenn die Verluste vom Stausee bis zur Düse in Abzug gebracht werden, bezeichnen wir hier mit Nettogefälle.

A. Bestimmung der Formgrößen:

1. vom Stollen:

Benetzter Umfang:

$$p_1 = 2{,}0 + 2 \cdot 1{,}77 + 2{,}43 = \mathbf{7{,}97}\ \text{m}.$$

Lichter Querschnitt (vgl. Abb. 61):

$$\begin{aligned} F_1 &= 2{,}0 \cdot 1{,}77 + \left[\frac{l \cdot r}{2} - \frac{b(r-h)}{2}\right] \\ &= 3{,}54 + \left[\frac{2{,}43 \cdot 1{,}16}{2} - \frac{2{,}0 \cdot 0{,}58}{2}\right] \\ &= 3{,}54 + 0{,}83 \\ &= \mathbf{4{,}37\ m^2}, \end{aligned}$$

Hydraulischer Radius:

$$R_1 = \frac{F_1}{p} = \frac{4{,}37}{7{,}97} = \mathbf{0{,}55}\ \text{m},$$

$$\sqrt{R_1} = 0{,}74;$$

2. vom Druckrohr:

$$F_2 = \frac{1{,}5^2 \cdot 3{,}14}{4} = \mathbf{1{,}77\ m^2},$$

$$R_2 = \frac{d}{4} = \frac{1{,}5}{4} = \mathbf{0{,}375}\ \text{m}.$$

$$\sqrt{R_2} = 0{,}612.$$

B. Bestimmung der Druckhöhenverluste:

1. im Stollen:

a) Erzeugung der Geschwindigkeit $h_{v_1} = \frac{v_1^2}{2g} = \frac{1}{2g} \cdot v_1^2,$

b) Eintrittsverlust . . . $h_{0_1} = \sim 0,10 \frac{v_1^2}{2g} = \frac{0,10}{2g} \cdot v_1^2,$

c) Reibung im Stollen . $h_1 = \frac{v_1^2 \cdot l_1}{c_1^2 \cdot R_1} = \frac{l_1}{c_1^2 \cdot R_1} \cdot v_1^2$

$$\Sigma h_1 = \left[\frac{1,10}{2g} + \frac{l_1}{c_1^2 \cdot R_1}\right] \cdot v_1^2 = \beta_1 \cdot v_1^2.$$

β_1 ergibt sich wie folgt:

$$\beta_1 = \left[\frac{1,10}{19,62} + \frac{4800}{c^2 \cdot 0,55}\right]$$

Da der Stollen nach Angabe in Abb. 61 betoniert ist, wird nach Bazin

$$\gamma = 0,30 \quad \text{und} \quad c_1 = \frac{87}{1 + \frac{0,30}{0,74}} = 62,$$

also

$$\beta_1 = [0,056 + 2,268] = 2,324$$

und

$$\underline{\underline{\Sigma h_1 = 2,324 \cdot v_1^2}};$$

2. in der Druckrohrleitung:

) Erzeugung der Geschwindigkeit $h_{v_2} = \frac{v_2^2}{2g} = \frac{1}{2g} \cdot v_2^2,$

) Eintrittsverlust . . . . . $h_{0_2} \sim = 0,08 \cdot \frac{v_2^2}{2g} = \frac{0,08}{2g} \cdot v_2^2,$

Reibungsverlust in der eisernen Druckrohrleitung $h_2 = \frac{v_2^2 \cdot l_2}{c_2^2 \cdot R_2} = \frac{l_2}{c_2^2 \cdot R_2} \cdot v_2^2,$

) Krümmerverluste . . . . $h_{Kr} = \zeta_{Kr} \cdot \frac{v_2^2}{2g} \cdot \frac{\alpha}{90^0} \cdot 2 = \zeta_{Kr} \cdot \frac{\alpha}{90} \cdot \frac{2}{19,62} \cdot v_2^2$

$$\Sigma h_2 = \left[\frac{1,08}{2g} + \frac{l_2}{c_2^2 \cdot R_2} + \zeta_{Kr} \cdot \frac{\alpha \cdot 2}{90 \cdot 19,62}\right] \cdot v_2^2,$$

$$\Sigma h_2 = \beta_2 \cdot v_2^2.$$

Da

$$c_2 = \frac{87}{1 + \frac{0,16}{0,612}} = 68,9$$

und

$$\zeta_{Kr} = 0,131 + 1,847 \cdot \left(\frac{0,75}{5,0}\right)^{7/2} = 0,133,$$

so wird

$$\beta_2 = \left[\frac{1,08}{19,62} + \frac{130}{68,9^2 \cdot 0,375} + \frac{0,133}{19,62} \cdot \frac{45 \cdot 2}{90}\right],$$

$$\beta_2 = [0,055 + 0,073 + 0,007],$$

$$\beta_2 = 0,135$$

und

$$\underline{\Sigma h_2 = 0,135 \cdot v_2^2}.$$

Die Werte v_1 und v_2 ergeben sich für die jeweilige Betriebswassermenge aus der Kontinuitätsbedingung $v = \frac{Q}{F}$.

Der Übersichtlickeit wegen wird die Berechnung in einer Tabelle durchgeführt.

Tabelle 12.

Q	$\frac{Q}{F_1} = v_1$	β_1	Σh_1	$\frac{Q}{F_2} = v_2$	β_2	Σh_2	$\Sigma h_1 + \Sigma h_2$	Nettogefälle m
6,0	1,37	2,324	4,37	3,39	0,135	1,55	5,92	42,08
3,0	0,69	2,324	1,11	1,68	0,135	0,38	1,49	46,51
5,0	1,14	2,324	3,02	2,82	0,135	1,07	4,09	43,91
6,0	1,37	2,324	4,37	3,39	0,135	1,55	5,92	42,08

Es liegt also der Spiegel im Wasserschloß bei

$Q = 6,0\ \mathrm{m^3/sec}$ auf Kote

$$159,50 - \Sigma h_1 = 159,50 - 4,37 = 155,13\ \mathrm{m},$$

$Q = 3,0\ \mathrm{m^3/sec}$ auf Kote

$$159,50 - \Sigma h_1 = 159,50 - 1,11 = 158,39\ \mathrm{m},$$

$Q = 5,0\ \mathrm{m^3/sec}$ auf Kote

$$159,50 - \Sigma h_1 = 159,50 - 3,02 = 156,48\ \mathrm{m}$$

und die Piezometerlinie über der Turbine bei

$$Q = 6{,}0\ \mathrm{m^3/sec}\ \text{auf Kote}$$
$$155{,}13 - \Sigma h_2 = 155{,}13 - 1{,}55 = 153{,}58\ \mathrm{m},$$
$$Q = 3{,}0\ \mathrm{m^3/sec}\ \text{auf Kote}$$
$$158{,}39 - \Sigma h_2 = 158{,}39 - 0{,}38 = 158{,}01\ \mathrm{m},$$
$$Q = 5{,}0\ \mathrm{m^3/sec}\ \text{auf Kote}$$
$$156{,}48 - \Sigma h_2 = 156{,}48 - 1{,}07 = 155{,}41\ \mathrm{m}.$$

Aufgabe 26.

Der höchste vorkommende Wasserstand des Stausees einer Hochdruckwasserkraftanlage liegt auf Kote 500,0 m. Vom Stausee leitet ein Stollen das Kraftwasser zum Wasserschloß. Der Betriebswasserspiegel in demselben liegt bei dem maximalen Kraftwasserverbrauch von 16,0 m³/sec für jeden Rohrstrang und bei dem vorgenannten Wasserstand des Stausees infolge des Druckverlustes im Stollen auf Kote 496,10 m. Vom Wasserschloß gehen die Druckrohre mit drei vertikalen Knickpunkten herab auf Kote 294,25 (Festpunkt IV), von da horizontal zum Festpunkt V und von hier mit Horizontalkrümmern ins Krafthaus. Es soll untersucht werden, welche Kräfte auf die Verankerungsklötze (Festpunkte) I mit IV der Druckrohrleitung wirken, wenn an den Stellen F, G, H, J und K der Rohrleitung (vgl. Abb. 63) Dilatationsstücke angebracht sind und wenn die Auflagersättel für die Rohre zwischen den Festpunkten Blechverkleidung erhalten!

Die Eisenquerschnitte und Gewichte der Rohre sind unter Berücksichtigung der nach unten zunehmenden Wandstärken wie folgt gegeben:

Durchmesser d in m	2,25	2,15	2,05	1,95
Eisenquerschnitt f in cm²	760	1280	1780	2160
Gewicht des leeren Rohres q in kg/m	600	1000	1400	1700
Wassergewicht pro lfd. m Rohr $q' =$ kg/m	4000	3650	3300	3000
Gewicht pro lfd. m gefülltes Rohr $q'' =$ kg/m	4600	4650	4700	4700

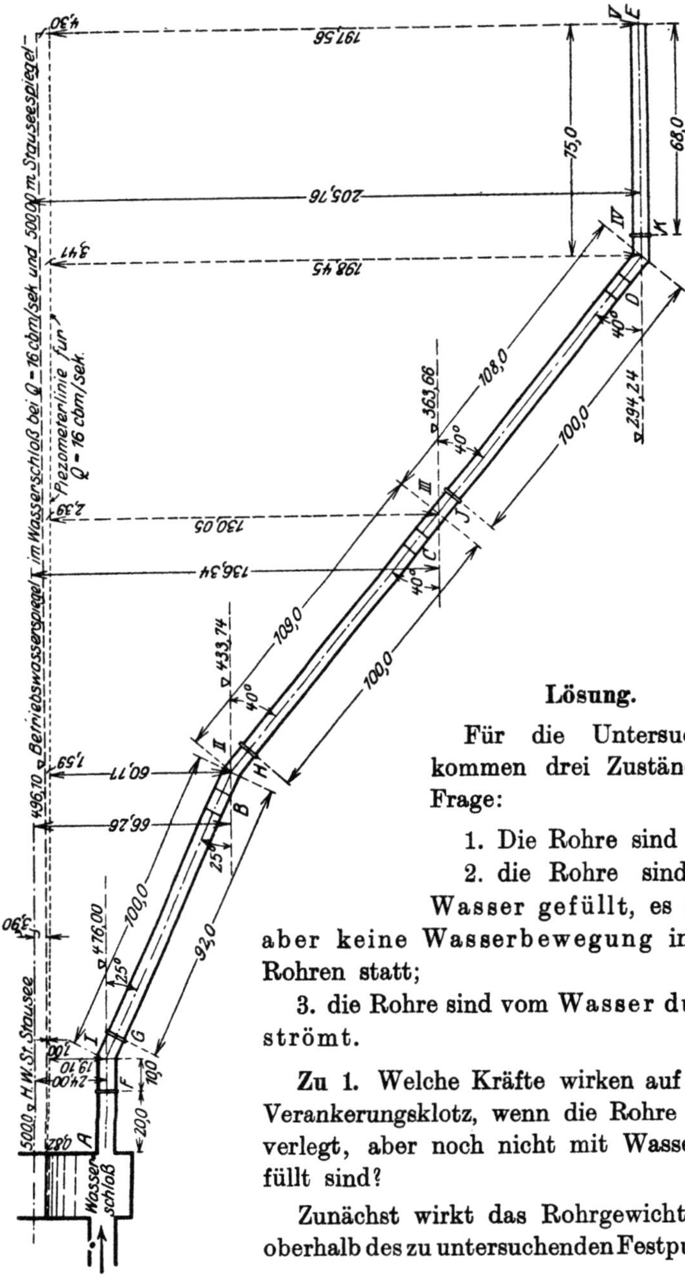

Rohrdurchmesser d: Strecke A—B: 2,25 m, Strecke C—D: 2,05 m. B, C und D sind konische Übergangsstücke.
„ B—C: 2,15 m, „ D—E: 1,95 m. F, G, H, J, K = Dilatationsstücke (Dehnungsmuffen).

Abb. 63. Längsprofil der Druckrohrleitung. (Rohrdurchmesser verzerrt!).

Lösung.

Für die Untersuchung kommen drei Zustände in Frage:

1. Die Rohre sind leer;
2. die Rohre sind mit Wasser gefüllt, es findet aber keine Wasserbewegung in den Rohren statt;
3. die Rohre sind vom Wasser durchströmt.

Zu 1. Welche Kräfte wirken auf einen Verankerungsklotz, wenn die Rohre fertig verlegt, aber noch nicht mit Wasser gefüllt sind?

Zunächst wirkt das Rohrgewicht. Die oberhalb des zu untersuchenden Festpunktes liegenden Rohre drücken in der Rohrachsrichtung auf diesen, die unterhalb liegenden Rohre üben in der Richtung ihrer Achse einen Zug aus. Das Vorhandensein der Dehnungsfugen bewirkt, daß das ganze, oberhalb eines Festpunktes liegende Leitungsstück zwischen Dilatationsmuffe und Festpunkt wirkt, während nach der anderen Seite nur das kurze Leitungsstück zwischen Festpunkt und Dehnungsmuffe am Festpunkt hängt.

Würde das Dilatationsstück aus irgendwelchen Gründen nicht in Wirksamkeit treten können, so wären als wirkende Gewichte für einen Festpunkt die jeweils halben Leitungslängen bis zum nächst oberen und nächst unteren Festpunkt in Rechnung zu setzen, wobei der erstere auf den Festpunkt schiebt, der andere am Festpunkt hängt, also zieht. Wir setzen hier eine Dilatationsmuffe voraus, deren Konstruktion ein Funktionieren gewährleistet, scheiden deshalb auch vorstehende Möglichkeit aus unserer Betrachtung aus.

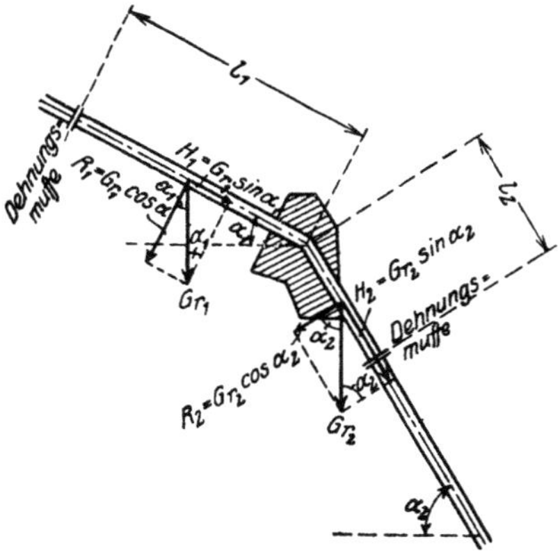

Abb. 64.

Bezeichnet G_{r_1} das ganze Rohrgewicht zwischen untersuchtem Festpunkt und oberer Dilatationsfuge, G_{r_2} das Rohrgewicht zwischen Festpunkt und unterhalb liegender Dehnungsmuffe, α_1 die Neigung der Achse der oberhalb liegenden Leitung mit der Horizontalen, α_2 die Neigung der Achse der unterhalb liegenden Leitung mit der Horizontalebene, dann beträgt der Schub (Druck) von oben in der Richtung der oberen Rohrachse (vgl. Abb. 64):

$$H_1 = G_{r_1} \cdot \sin \alpha_1 = q_1 \cdot l_1 \cdot \sin \alpha_1 ;$$

der Zug von unten in der Richtung der unteren Rohrachse:

$$H_2 = G_{r_2} \cdot \sin \alpha_2 = q_2 \cdot l_2 \cdot \sin \alpha_2 .$$

Diesen Kräften wirken entgegen die Reibungen auf den Blechsätteln der Zwischenauflager zwischen den Festpunkten. Sie betragen, wenn μ den Reibungskoeffizienten zwischen Rohr und Auflager bezeichnet:

$$R_1 = G_{r_1} \cdot \cos\alpha_1 \cdot \mu = q_1 \cdot l_1 \cdot \cos\alpha_1 \cdot \mu,$$
$$R_2 = G_{r_2} \cdot \cos\alpha_2 \cdot \mu = q_2 \cdot l_2 \cdot \cos\alpha_2 \cdot \mu.$$

Es beträgt demnach der gesamte Schub auf den Ankerklotz von oben

$$H_1 - R_1 = q_1 l_1 \cdot \sin\alpha_1 - q_1 l_1 \cdot \cos\alpha_1 \cdot \mu,$$

von unten

$$H_2 - R_2 = q_2 l_2 \cdot \sin\alpha_2 - q_2 l_2 \cdot \cos\alpha_2 \cdot \mu.$$

Eine weitere Kraftwirkung kann ungünstigstenfalls eintreten, wenn Temperaturarbeit auftritt. Solange sich die infolge der Wärmezunahme oder -abnahme gegebenen Längenänderungen der in Frage kommenden Leitungsteile ungehindert vollziehen können (leichte Beweglichkeit auf den Zwischenpfeilern, einwandfreies Funktionieren der Dehnungsmuffen), wird der Ankerklotz durch die Temperaturarbeit nicht beansprucht. Wenn aber das oberhalb des Festpunktes liegende Leitungsstück am Zwischenauflager vor der oberen Dehnungsmuffe vorübergehend festhängt, wenn also dort die Reibung nicht überwunden wird, so muß damit gerechnet werden, daß sich durch eintretende Deformationen der Rohrstrang von den Zwischenpfeilern abhebt und dann der Ankerklotz den Reibungswiderstand voll aufnehmen muß, so daß sich für diesen Fall also der gesamte Schub von oben ergibt zu

$$H_1 + R_1 = q_1 l_1 \cdot \sin\alpha_1 + q_1 l_1 \cdot \cos\alpha_1 \cdot \mu.$$

Übersteigt die Temperaturspannung die Größe der Reibung, dann kann sich die Längenänderung infolge der Temperaturerhöhung ungehindert vollziehen, wenn das Dilatationsstück wirksam ist. Unter dieser Voraussetzung bewirkt also eine Erhöhung der Temperaturspannung keine Vergrößerung der Ankerklotzbeanspruchung.

Eine Temperaturerniedrigung würde natürlich die entgegengesetzte Wirkung auslösen $(H_1 - R_1)$. Da dieser Fall aber günstiger ist, möge er außer Betracht bleiben.

Wir haben weiter oben bereits ein sicheres Wirken der Dehnungsmuffe für unser Beispiel vorausgesetzt. Gleichwohl soll nachfolgend die Wirkung kurz beleuchtet werden, welche eintritt, wenn die Muffe versagt, weil dies praktisch dem Fehlen derselben gleichkommt. In diesem Falle kommt der über die Reibung hinausgehende Teilbetrag der Temperaturspannung in voller Größe auf den untersuchten Festpunkt zur Wirkung, ebenso aber auch auf den nächst oberen Ankerklotz.

Beträgt der Temperaturunterschied t^0, der Eisenquerschnitt der Leitung im Strang oberhalb des untersuchten Festpunktes f_1 cm², der Elastizitätsmodul E (für Eisen 2100000 kg/cm²), der Ausdehnungskoeffizient w $\left(\text{für Eisen} \frac{1}{82100}\right)$, so ist der Temperaturschub

$$T = w \cdot E \cdot t \cdot f_1 \text{ kg}.$$

Da die Einwirkung der Temperaturspannung auf den untersuchten Ankerklotz in Höhe der Reibung R_1 bereits berücksichtigt wurde, bleibt noch eine Restwirkung von

$$T_1 = w \cdot E \cdot t \cdot f_1 - R_1 \text{ kg}.$$

Die gleichen Überlegungen für das unterhalb liegende Leitungsstück angestellt, ergibt zunächst, wie weiter oben für das obere Leitungsstück abgeleitet:

$$H_2 - R_2 = q_2 l_2 \cdot \sin \alpha_2 - q_2 l_2 \cdot \sin \alpha_2 \cdot \mu,$$

denn hier ist die Temperaturreibung R_2 nach oben, H_2 dagegen nach unten gerichtet.

Außerdem würde für den Fall des Versagens der unterhalb liegenden Dehnungsmuffe (= Fehlen derselben)

$$T_2 = w \cdot E \cdot t \cdot f_2 - R_2.$$

Es müßte nun noch untersucht werden, ob der Fall, daß sowohl die oberhalb als auch die unterhalb liegende Muffe versagt, die ungünstigere ist, oder aber jener, bei welchem nur das obere Dehnungsstück nicht wirkt (= fehlt!), wohl aber das unterhalb des untersuchten Festpunkts liegende (= hier also wirksame Dehnungsmuffe vorhanden!). Für die letztere Annahme wird $T_2 = 0$. Ungünstigst ist hier auch $R_2 = 0$ zu setzen, also anzunehmen, daß sich das nach unten gehende Leitungsstück bis zur Dehnungsmuffe von den Zwischenpfeilern abgehoben hat, so daß lediglich H_2 wirkt. (In unserem Beispiel kommt dies nicht in Frage, weil dieses Leitungsstück jeweils sehr kurz und dabei zum guten Teil in das Festpunktmauerwerk eingebunden ist.)

Führt man die Rechnung für die Temperaturschübe durch z. B. für $t = 20^0$ und für die entsprechenden Eisenquerschnitte f_1 (die Werte für f_1 siehe Angabe der Aufgabe), so erhält man außerordentlich große Kräfte. Diesen Kräften werden die verhältnismäßig dünnwandigen, wenig steifen Druckrohre hinsichtlich der Knickbeanspruchung im allgemeinen nicht widerstehen. Vielmehr werden sie nach dem Gesetz des kleinsten Widerstandes ausweichen durch Ausbiegen nach oben, so daß dann T_1 auf den Festpunkt nicht zur Wirkung kommt. Ist ein Ausweichen der Druckrohre nicht möglich, wie z. B. bei gedeckten Druckrohrleitungen oder in besonderen Fällen auch bei offenen Leitungen, so muß der Temperaturschub auf die Ankerklötze in Rechnung gesetzt werden. Bei gedeckten Leitungen wird der vorkommende Temperaturunterschied t durch den Schutz gegen Sonne und Kälte allerdings nicht sonderlich groß sein, so daß auch die Temperaturschübe kleiner werden.

Für die Voraussetzungen unseres Beispiels muß der Ankerklotz bei leerer Leitung so bemessen sein, daß die Endresultierende aus dem Mauerwerksgewicht und den beiden Kräften $H_1 + R_1$ und $H_2 - R_2$ das Gleichgewicht hinsichtlich Kippen und Gleiten (im ganzen, sowie für alle seine Teile) nicht stört, daß ferner keine Zugspannungen auftreten und die Spannungen an keiner Stelle das zulässige Maß überschreiten.[1])

Zu 2. Nunmehr ist die Rohrleitung mit Wasser gefüllt, aber es findet keine Bewegung statt!

Das Wassergewicht zeigt keinen Hangabtrieb, der durch das Rohr auf den Ankerklotz wirken würde, hat also keine Komponente in der Richtung der Rohrachse. Dagegen übt es durch sein Gewicht einen Druck auf die Unterlage aus, vergrößert also die Reibungskräfte. Diese werden jetzt:

$$R_1' = R_{w_1} \cdot \cos\alpha_1 \cdot \mu = q_1'' \cdot l_1 \cdot \cos\alpha_1 \cdot \mu,$$

$$R_2' = R_{w_2} \cdot \cos\alpha_2 \cdot \mu = q_2'' \cdot l_2 \cdot \cos\alpha_2 \cdot \mu.$$

[1]) Um bei ausspringenden Knickpunkten ein Abheben der Druckrohrleitung vom Ankerklotz zu verhindern, ist sie durch entsprechende Vorkehrungen in den Ankerklotz hinein zu verankern.

Die Bedeutung von q_1'' und q_2'' erhellt aus der Gewichtstabelle, welche dem Aufgabentexte angefügt ist.

Unter Berücksichtigung des ungünstigeren Falles (Temperaturreibung, vgl. 1.) erhalten wir als Schubkraft

von oben: $H_1 + R_1' = q_1 l_1 \cdot \sin \alpha_1 + q_1'' l_1 \cdot \cos \alpha_1 \cdot \mu,$

nach unten: $H_2 - R_2' = q_2 l_2 \cdot \sin \alpha_2 - q_2'' l_2 \cdot \cos \alpha_2 \cdot \mu.$

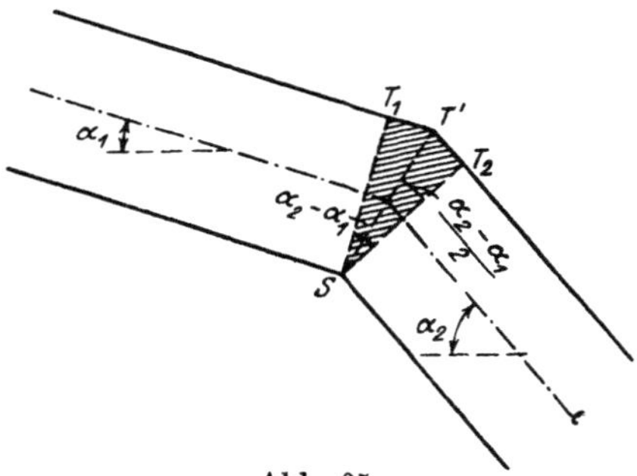

Abb. 65.

Sofern am Verankerungsklotz die Rohrachse geknickt ist (z. B. Festpunkte I, II und IV unserer Aufgabe), verursacht der ruhende Wasserdruck infolge dieser Richtungsänderung eine Kraftwirkung auf den Ankerklotz. Diese Kraft läßt sich wie folgt ableiten. Wird der in Abb. 65 schraffierte Teil des Rohrknickes unberücksichtigt gelassen, dann wirkt von oben ein hydrostatischer Druck in der Achsrichtung der oberen Leitung, dessen Größe ist

$$D_{K_1} = F \cdot h \cdot \gamma,$$

wenn F den Rohrquerschnitt, h den Abstand des Schwerpunktes der gedrückten Fläche vom Wasserspiegel[1]) und $\gamma = 1000$ kg/m³ das spez. Gewicht des Wassers bedeutet.

Dem Druck D_{K_1} wirkt ein Druck D_{K_2} entgegen, und zwar in der Achsrichtung der nach unten anschließenden Leitung. Bei dem geringen Unterschied der wirkenden Druckhöhen h hinsichtlich der gedrückten Querschnitte ST_1 und ST_2 können diese einander gleichgesetzt werden. Deshalb wird für h der Schwerpunktsabstand der Fläche ST' vom Wasserschloßspiegel als wirksame Druckhöhe für die Flächen ST_1 und ST_2 ein-

[1]) Solange keine Wasserbewegung in der Rohrleitung und im Stollen stattfindet, ist der Wasserspiegel im Wasserschloß gleich jenem des Stausees. Für die Untersuchung ist natürlich der höchste vorkommende Seewasserstand maßgebend; in unserem Beispiel muß also h auf einen Wasserschloßspiegel von 500,00 m bezogen werden.

geführt, so daß auch $D_{K_1} = D_{K_2}$ gesetzt werden kann. Als weitere zahlenmäßig unwesentliche Annäherung nehmen wir an, daß D_{K_1} und D_{K_2} in den Rohrachsen liegen. Die auf den Mauerklotz wirkende resultierende Kraft aus diesen hydrostatischen Drücken ergibt sich dann zu

$$D_K = 2 \cdot F \cdot h \cdot \gamma \cdot \sin \frac{\alpha_2 - \alpha_1}{2};$$

für den Rohrdurchmesser d_2 im Knickpunkt wird:

$$D_K = 2 \cdot \frac{d_2^2 \cdot \pi}{4} \cdot h \cdot 1000 \cdot \sin \frac{\alpha_2 - \alpha_1}{2}$$

oder

$$D_K = \frac{d_2^2 \cdot \pi}{2} \cdot h \cdot 1000 \cdot \sin \frac{\alpha_2 - \alpha_1}{2}.$$

Sofern oberhalb des zu untersuchenden Festpunktes eine Rohrverjüngung von d_1 auf d_2 stattfindet, ruft auch diese eine Krafteinwirkung auf den unterhalb liegenden Ankerklotz hervor. Denn dem axialen hydrostatischen Druck D_{v_1} von oben steht der kleinere axiale hydrostatische Druck D_{v_2} von unten entgegen. Der nach unten wirkende Kraftüberschuß muß vom Festpunkt aufgenommen werden. Es ist also:

$$D_v = D_{v_1} - D_{v_2}$$

$$D_v = \frac{d_1^2 \cdot \pi}{4} \cdot h \cdot 1000 - \frac{d_2^2 \cdot \pi}{4} h \cdot 1000$$

$$D_v = \frac{\pi}{4} h \cdot 1000 (d_1^2 - d_2^2).$$

Angenähert setzen wir die Druckhöhe h der Kraft D_v gleich jener im Knickquerschnitt, weil in unserem Beispiel die Verjüngung unmittelbar oberhalb des Knickpunktes liegt.

Bei gefüllter Rohrleitung ohne Wasserbewegung wirken demnach im allgemeinen Fall

in Richtung der oberen Rohrachse: $H_1 + R_1'$ und D_v;

" " " unteren " $H_2 - R_2'$;

" " " Winkelhalbierenden der beiden Rohrachsen D_K;

vertikal nach unten die Gewichtskomponenten.

Solange dabei $\alpha_1 < \alpha_2$ ist, $\sin\frac{\alpha_2 - \alpha_1}{2}$ also positiv, wirkt D_K nach oben, für $\alpha_1 > \alpha_2$ wird $\sin\frac{\alpha_2 - \alpha_1}{2}$ negativ und D_K wirkt dann nach unten.[1])

Zu 3. Nunmehr sind die Turbinen vollkommen geöffnet; sie schlucken also die maximale Wassermenge, für welche sie erbaut sind. Dann geht durch jeden beliebigen Querschnitt jedes Druckrohrstranges die Maximalwassermenge Q m³/sec. Die Bewegung des Wassers vom Stausee durch den Stollen zum Wasserschloß bedingt Verluste, so daß der Spiegel im Wasserschloß in diesem Stadium tiefer steht als im Stausee. Dadurch verkleinert sich der Wert h und damit D_K und D_v. Das Fließen des Wassers vom Wasserschloß bis zum Ankerklotz bedingt weiterhin einen Druckhöhenverbrauch zur Überwindung der Reibungswiderstände an der Rohrwandung, so daß hierdurch h eine weitere Reduktion auf h' erfährt. Es stellt eben h' jetzt für jede Stelle der Rohrleitung die an dieser Stelle vorhandene unverbrauchte Druckhöhe dar (oder den Abstand der Piezometerlinie über der Rohrachse an der betrachteten Stelle). Es ergibt sich nun

$$D_K = \frac{d_2^2 \cdot \pi}{2} \cdot h' \cdot 1000 \cdot \sin\frac{\alpha_2 - \alpha_1}{2},$$

$$D_v = \frac{\pi}{4} \cdot h' \cdot 1000 \cdot (d_1^2 - d_2^2).$$

Die Reibung des Wassers an der Rohrwandung ruft aber gleichzeitig eine neue Kraft hervor, indem das abwärtsfließende Wasser durch diese Reibung die Rohrwandung gewissermaßen mitzuschleppen trachtet. Das bewirkt von oben einen Schub auf den Ankerklotz, von unten einen Zug.

Die Reibungshöhe pro 1 lfd. m Rohr ergibt sich zu

$$h'' = \frac{v^2}{c^2 \cdot R} = \frac{4\,v^2}{c^2 \cdot d}.$$

Der Schleppkraft unterliegt jeweils das Leitungsstück zwischen Festpunkt und Dehnungsmuffe oberhalb und unterhalb. Beim

---

[1]) In unserem Falle kommt zu den wirkenden Kräften dann noch D_v wegen der Rohrverjüngung.

Fehlen der letzteren kommen dann die halben Leitungslängen der jeweils nach oben und unten anschließenden Stränge bis zu den nächsten Festpunkten in Frage.

Für die Länge l zwischen Festpunkt und Dehnungsmuffe erhält man:

$$h'' = \frac{4 \cdot v^2 \cdot l}{c^2 \cdot d}.$$

Für $v = \frac{Q}{F} = \frac{4Q}{d^2 \pi}$, also $v^2 = \frac{16 \cdot Q^2}{d^4 \cdot \pi}$ wird

$$h'' = \frac{4 \cdot 16 \cdot Q^2 \cdot l}{c^2 \cdot d^5 \cdot \pi^2},$$

daher ist die Schleppkraft für die Länge l gleich dem Druckhöhenverlust h'' auf die Länge l, multipliziert mit dem Querschnitt $\frac{d^2 \cdot \pi}{4}$ und dem spez. Gewicht des Wassers, also

$$S = \frac{4 \cdot 16 \cdot Q^2 \cdot l}{c^2 \cdot d^5 \cdot \pi^2} \cdot \frac{d^2 \pi}{4} \cdot 1000,$$

$$S = \frac{16 \cdot Q^2 \cdot l}{c^2 \cdot d^3 \cdot \pi} \cdot 1000.$$

Für die obere Leitungsstrecke zwischen Festpunkt und oberhalb gelegener Dilatation von der Länge l_1 und dem Durchmesser d_1 ergibt sich

$$S_1 = \frac{16 \cdot Q^2 \cdot l_1}{c_1^2 \cdot d_1^3 \cdot \pi} \cdot 1000.$$

Für das untere Leitungsstück zwischen Festpunkt und unterhalb gelegener Dehnungsmuffe von der Länge l_2 und dem Durchmesser d_2 wird

$$S_2 = \frac{16 \cdot Q^2 \cdot l_2}{c_2^2 \cdot d_2^3 \cdot \pi} \cdot 1000.$$

Die Schleppkraft für ein Leitungsstück von der Länge l läßt sich auch noch auf folgende anschauliche Weise ableiten[1]). Wir denken uns die Flüssigkeitssäule in lauter ineinander liegende Ringe zerlegt, innerhalb deren die Geschwindigkeit je-

[1]) Vgl. H. d. I.-W., 3. Teil, 6. Bd., Aufl. 1921 S. 8. (Erklärung der Schleppkraft von Prof. Dr. S. Finsterwalder.)

weils konstant ist, während sie von Ring zu Ring wechselt. Dann ist in jedem solchen Ringe gleichförmige Bewegung. Durch die Schwere entstände Beschleunigung, und zwar in der Richtung des Gefälles. Zwischen je zwei Ringen ergibt sich bei der Bewegung ein solcher Geschwindigkeitsunterschied, daß die dadurch hervorgerufene Reibung die Beschleunigung des inneren Ringes aufhebt. An jedem Ring wirken nun zweierlei Reibungen, eine an der Innenseite und eine an der Außenseite. Der Unterschied beider ist gleich der beschleunigenden Kraft des Ringes, die vernichtet wird. So wächst die Reibung in den äußeren Trennungsflächen der Ringe immer mehr, da sie gleich der Summe der Reibungen der inneren Ringschichten ist. Im Innern ist die Reibung Null (im Zentrum bewegt sich ein Zylinder, dessen Teilchen alle dieselbe Geschwindigkeit haben); an der äußeren Fläche des äußersten Ringes ist sie gleich der Summe der Reibungsdifferenzen der einzelnen Ringe und insgesamt gleich der beschleunigenden Kraft der ganzen Wassermasse.

Es bezeichne J das Piezometergefällsverhältnis (virtuelle Gefälle), g_1, g_2, g_3, g_4 usw. die Gewichte der einzelnen Ringe gleicher Geschwindigkeit in der Reihenfolge von innen nach außen, folglich $g_1 J_1$, $g_2 J_2$ usw. die beschleunigende Kraft in der Richtung des Gefälls. Außerdem sei S_0 die Reibung im Zentrum des Wasserquerschnitts, S_1 die Reibung zwischen dem innersten Ring (Zylinder) und dem nächstfolgenden, S_2 jene zwischen dem 2. und 3. Ring usw. Dann ist:

$$\begin{aligned}
S_n - S_{n-1} &= g_n \cdot J \\
&\dots\dots \\
S_4 - S_3 &= g_4 \cdot J \\
S_3 - S_2 &= g_3 \cdot J \\
S_2 - S_1 &= g_2 \cdot J \\
S_1 - S_0 &= g_1 \cdot J \\
\hline
S_n - S_0 &= (g_n + \cdots + g_4 + g_3 + g_2 + g_1) \cdot J = \sum_1^n \cdot g \cdot J.
\end{aligned}$$

$\sum_1^n g$ stellt aber das Gesamtgewicht der Wassersäule im Rohre dar, also $\sum_1^n g = G$. Da nun $S_0 = 0$, so folgt für die Schleppkraft, wenn für $G = \gamma \cdot V = 1000 \cdot V$ gesetzt wird,

$$S_n = 1000 \cdot V \cdot J$$

$$S_n = 1000 \cdot \frac{d^2 \pi}{4} \cdot l \cdot \frac{4 \cdot v^2}{c^2 \cdot d}$$

$$= 1000 \cdot \frac{d^2 \pi}{4} \cdot l \cdot \frac{4}{c^2 \cdot d} \cdot \frac{4^2 \cdot Q^2}{d^4 \pi^2}$$

$$= \frac{16000 \cdot Q^2 \cdot l}{c^2 \cdot d^3 \cdot \pi} \text{ kg}$$

oder für unseren spez. Fall

$$S_2 = \frac{16000 \cdot Q^2 \cdot l_2}{c_2{}^2 \cdot d_2{}^3 \cdot \pi} \text{ kg.}$$

Das im Rohr abwärts strömende Wasser hat nach dem Gesetz der Trägheit das Bestreben in der Richtung der Rohrachse weiter zu fließen. Wenn in der Leitung eine Krümmung oder ein Knickpunkt vorhanden ist, tritt bei bewegtem Wasser also eine Zentrifugalkraft auf, welcher der Ankerklotz eine gleichgroße Widerstandskraft entgegensetzen muß. Diese hat die Größe

$$Z = \frac{m \cdot v^2}{\varrho},$$

wenn m die sekundl. bewegte Wassermasse, v deren Geschwindigkeit und ϱ den Krümmungshalbmesser der Rohrachse bedeuten.

Für $m = \frac{1000 \cdot Q}{g}$ und $v = \frac{Q}{F} = \frac{4 \cdot Q}{d_2{}^2 \cdot \pi}$ wird:

$$Z = \frac{1000 \cdot Q}{g \cdot \varrho} \cdot \frac{16 \cdot Q^2}{d_2{}^4 \cdot \pi^2} = \frac{16000}{g \cdot \pi^2 \cdot \varrho} \cdot \frac{Q^3}{d_2{}^4}.$$

Sie wirkt in der Richtung der Winkelhalbierenden des Knickpunktes oder Krümmers.

Vorstehend sind alle Kräfte erfaßt, welche im Beharrungszustand der Bewegung auf den Ankerklotz wirken. Nun kann es vorkommen, daß aus irgendwelchen Ursachen die Turbinenregler unvermittelt abschließen und damit den Wasserabfluß am unteren Ende der Druckrohrleitung vollkommen abstoppen. Die im Wasser der Leitung enthaltene Bewegungsenergie muß sich in eine andere Energieform umsetzen. Dadurch entsteht eine Druckwelle, die sich vom unteren Rohrende nach oben fortpflanzt und — bei einer Reglerschlußzeit T — jeweils die Wassermasse $m \cdot v$ in dieser Zeit T abbremst. Nach dem Impulssatze ist:

$$\int_0^T P \cdot dt = m \cdot v.$$

Nimmt man als Näherung an, daß der Druck P mit fortschreitender Schlußzeit nach dem Gesetz einer Parabel zunimmt, so läßt sich das Integral $\int_0^T P \cdot dt$ gleich $\frac{2}{3} T \cdot P_m$ setzen, wobei P_m der Maximaldruck am Ende der Schlußzeit ist.

Andererseits ist

$$m \cdot v = \frac{\gamma \cdot l \cdot F}{g} \cdot \frac{Q}{F} = \frac{\gamma \cdot l \cdot Q}{g},$$

daher

$$\frac{2}{3} T \cdot P_m = \frac{\gamma \cdot l \cdot Q}{g},$$

daraus

$$P_m = \frac{3}{2} \cdot \frac{\gamma \cdot l \cdot Q}{g \cdot T} = \frac{3}{2} \cdot \frac{1000 \cdot l \cdot Q}{g \cdot T}.$$ [1])

Es fragt sich nun, welcher Wert l für die verschiedenen Festpunkte anzunehmen ist. Die Erwägung, daß nicht nur das oberhalb des zu untersuchenden Ankerklotzes liegende Leitungsstück bis zum Wasserschloß für die Größe der Stoßwirkung auf diesen Klotz in Frage kommt, sondern daß auch noch das unmittelbar nach unten anschließende Leitungsstück bierbei mitwirken kann, gibt Veranlassung, die Länge l jeweils zu erstrecken vom oberen Rohranfang bis zum untersuchten Festpunkt zuzüglich der halben Leitungslänge bis zum nächstunteren Festpunkt.

Dieser der Größe nach bestimmte Stoß von unten ruft eine gleich große Reaktion hervor, die von oben nach unten wirkt.

---

[1]) Bezügl. des Einflusses des Wasserschlags auf die Rohrbeanspruchung vgl. Aufgabe 33, Fußnote.

Dadurch ergibt sich an den Knickpunkten eine Stoßkomponente in der Winkelhalbierenden des Knickwinkels. Sie beträgt

$$P_{m_k} = 2 \cdot P_m \cdot \sin\left(\frac{\alpha_2 - \alpha_1}{2}\right),$$

$$P_{m_k} = 3 \cdot \frac{1000 \cdot l \cdot Q}{g \cdot T} \cdot \sin\left(\frac{\alpha_2 - \alpha_1}{2}\right).$$

Die plötzliche Abstoppung der Wasserbewegung in der Druckrohrleitung führt im Wasserschloß zu Schwingungen des Spiegels (vgl. Aufgabe 33), in der Druckrohrleitung also zu Druckschwankungen durch die Veränderlichkeit der Druckhöhe h infolge dieser Spiegelschwankungen. Da aber die Auswirkung dieser Schwingungen erst einige Zeit nach dem Auftreten des Wasserschlages in Erscheinung tritt, wenn das Wasser in der Druckrohrleitung also bereits vollkommen zur Ruhe gekommen ist, so haben diese Druckschwankungen nur Bedeutung für das Stadium 2. Im Hinblick auf die wesentlich größeren Kräfte des Stadiums 3 wurde von deren zahlenmäßiger Berücksichtigung abgesehen.

Im Zustand 3 (Wasser in Bewegung) wirken also im allgemeinen folgende Kräfte an einem Ankerklotz:

in Richtung der oberen Rohrachse: $H_1 + R_1'$, D_v und S_1;
" " " unteren " $H_2 - R_2'$ und S_2;
" " " Winkelhalbierenden: D_K, Z und P_{m_K};

vertikal nach unten die Gewichtskomponenten.

Nachstehend sind für die Festpunkte I mit IV unseres Beispie's die Zahlenwerte der Kräfte ermittelt, und zwar für jedes der drei genannten Stadien.

Zunächst soll eine Wahl für den Geschwindigkeitsbeiwert c getroffen werden[1]). Die Druckrohrleitung besteht aus längs- und

[1]) Vgl. auch Dr.-Ing. Ph. Rümelin: Wie bewegt sich fließendes Wasser? Tabelle I, S. 136. Dresden: Zahn & Jaensch 1913.

quergenieteten Eisenrohren, deren Rauhigkeitsziffer nach Bazin $\gamma = 0{,}16$ betragen wird. Diesem Wert entspricht für

$$d = 2{,}0 \text{ m} \sim c = 70{,}9\,.$$

Um den Wert c nicht immer wieder für jeden vorkommenden Durchmesser d neu feststellen zu müssen, nehmen wir ihn durchweg mit 70 an.

Tabelle 13.

Zusammenstellung der gegebenen Zahlenwerte für Aufgabe 26.

Bezeichnung	Festpunkt I	Festpunkt II	Festpunkt III	Festpunkt IV
Stauseespiegel	500,00	500,00	500,00	500,00
Festpunkthöhe	476,00	433,74	363,66	294,24
Druckhöhe h m	24,00	66,26	136,34	205,76
„ h' m	19,10	60,77	130,05	198,45
Durchmesser d_1 m	2,25	2,25	2,15	2,05
„ d_2 m	2,25	2,15	2,05	1,95
Gewicht q_1 kg/m	600	600	1000	1400
„ q_2 kg/m	600	1000	1400	1700
„ q_1'' kg/m	4600	4600	4650	4700
„ q_2'' kg/m	4600	4650	4700	4700
Leitungslänge l_1 m [1]) . .	10,0	92,0	100,0	100,0
„ l_2 m [1]) . . .	8,0	9,0	8,0	7,0
„ l m	80,0	184,5	293,0	384,5
Neigungswinkel α_1 . . .	0^0	25^0	40^0	40^0
$\sin \alpha_1$	0	0,423	0,643	0,643
$\cos \alpha_1$	1,0	0,906	0,766	0,766
Neigungswinkel α_2 . . .	25^0	40^0	40^0	0^0
$\sin \alpha_2$	0,423	0,643	0,643	0
$\cos \alpha_2$	0,906	0,766	0,766	1,0
$\frac{\alpha_2 - \alpha_1}{2}$	$12^0\,30'$	$7^0\,30'$	0^0	-20^0
$\sin \frac{(\alpha_2 - \alpha_1)}{2}$	0,216	0,131	0^0	$-0{,}342$

Die Schlußzeit T der Turbinen ist vom Fabrikanten mit 3,0 sec angegeben.

Der Krümmungshalbmesser ϱ der Rohrachse an den Knickpunkten soll 2,0 m nicht unterschreiten.

[1]) Würde man aus Sicherheitsgründen die Wirkung der Dehnungsmuffen außer Berücksichtigung lassen, so wäre für l bzw. l_2 jeweils die Hälfte des in Frage kommenden Festpunktsabstandes einzusetzen.

Tabelle 14.

Zahlenwerte der wirkenden Kräfte.

Wirkende Kräfte in kg	Festpunkt I	Festpunkt II	Festpunkt III	Festpunkt IV
Zustand 1: Rohre leer				
$H_1 + R_1 = q_1 \cdot l_1 \cdot \sin\alpha_1 + q_1 \cdot l_1 \cdot \cos\alpha_1 \cdot \mu$	+ 900	+ 30900	+ 75800	+ 106100
$H_2 - R_2 = q_2 \cdot l_2 \cdot \sin\alpha_2 - q_2 \cdot l_2 \cdot \cos\alpha_2 \cdot \mu$	+ 1380	+ 4740	+ 5910	− 1790
Zustand 2: Leitung gefüllt; keine Wasserbewegung				
$H_1 + R_1' = q_1 \cdot l_1 \cdot \sin\alpha_1 + q_1'' \cdot l_1 \cdot \cos\alpha_1 \cdot \mu$	+ 6900	+ 80900	+ 117600	+ 144000
$H_2 - R_2' = q_2 \cdot l_2 \cdot \sin\alpha_2 - q_2'' \cdot l_2 \cdot \cos\alpha_2 \cdot \mu$	− 2970	+ 980	+ 2890	− 4930
$D_K = \frac{d_2^2 \cdot \pi}{2} \cdot h \cdot 1000 \cdot \sin\frac{\alpha_2 - \alpha_1}{2} = 1570 \cdot d_2^2 \cdot h \cdot \sin\frac{\alpha_2 - \alpha_1}{2}$	+ 41300	+ 63400	± 0	− 420000
$D_v = \frac{\pi}{4} \cdot h \cdot 1000 \cdot (d_1^2 - d_2^2) = 785 \cdot h \cdot (d_1^2 - d_2^2)$	± 0	+ 22400	+ 46000	+ 63000
Zustand 3: Leitung von 16 m³/sec durchströmt				
$H_1 + R_1' = q_1 \cdot l_1 \cdot \sin\alpha_1 + q_1'' \cdot l_1 \cdot \cos\alpha_1 \cdot \mu$	+ 6900	+ 80900	+ 117600	+ 144000
$H_2 - R_2' = q_2 \cdot l_2 \cdot \sin\alpha_2 - q_2'' \cdot l_2 \cdot \cos\alpha_2 \cdot \mu$	− 2970	+ 980	+ 2890	− 4930
$D_K = \frac{d_2^2 \cdot \pi}{2} \cdot h' \cdot 1000 \cdot \sin\frac{\alpha_2 - \alpha_1}{2} = 1570 \cdot d_2^2 \cdot h' \cdot \sin\frac{\alpha_2 - \alpha_1}{2}$	+ 32900	+ 58100	± 0	− 405000
$D_v = \frac{\pi}{4} \cdot h' \cdot 1000 \cdot (d_1^2 - d_2^2) = 785 \cdot h' \cdot (d_1^2 - d_2^2)$	± 0	+ 20500	+ 44000	+ 60800
$S_1 = \frac{16 \cdot Q^2 \cdot l_1}{c^2 \cdot d_1^3 \cdot \pi} \cdot 1000 = 266 \cdot \frac{l_1}{d_1^3}$ [1])	+ 233	+ 2140	+ 2670	+ 3080
$S_2 = \frac{16 \cdot Q^2 \cdot l_2}{c^2 \cdot d_2^3 \cdot \pi} \cdot 1000 = 266 \cdot \frac{l_2}{d_2^3}$ [1])	+ 187	+ 240	+ 246	+ 251
$Z = \frac{16000}{g \cdot \pi^2 \cdot \varrho} \cdot \frac{Q^3}{d_2^4} = 338000 \cdot \frac{1}{d_2^4}$	+ 13200	+ 15800	± 0	− 23300
$P_{m_K} = 3 \cdot \frac{1000 \cdot l \cdot Q}{g \cdot T} \cdot \sin\left(\frac{\alpha_2 - \alpha_1}{2}\right) = 1630 \cdot l \cdot \sin\left(\frac{\alpha_2 - \alpha_1}{2}\right)$	+ 28200	+ 38400	± 0	− 214000

[1]) Je größer die Rohrdurchmesser und je glatter die Rohrwandungen sind, desto geringer werden die Schleppkraftwirkungen auf die Festpunkte. Bei kleinen Rohrdurchmessern und rauhen Wandungen können die Werte S_1 und S_2 erheblich anwachsen.

Da die eisernen Rohre auf den Zwischenpfeilern zwischen den Festpunkten in schmiedeisernen Lagerschalen liegen, wird die Reibungsziffer μ mit 0,15 in Rechnung gesetzt[1]).

Aufgabe 27.

1. Es soll untersucht werden, ob ein trapezförmiges künstliches Gerinne von 300 m^3/sec Wasserführung bei 2,0 m/sec Geschwindigkeit mit der günstigsten Profilform und mit $1^1/_2$ maliger Böschung praktisch möglich ist, wenn Sohle und Böschungen unbefestigt sind (kiesiges Material, $\gamma = 1{,}30$), das Bettungsmaterial aber durch die Strömung nicht fortgeschleppt werden darf? (Vgl. Text der Aufgabe 13.)

2. Wie ist das Profil unter Beibehaltung der Geschwindigkeit $v = 2{,}0$ m/sec und dem Böschungsverhältnis $m = 1{,}5$ auszugestalten, damit die unbefestigte Sohle der Schleppkraft standhält und in welcher Tiefe unter dem Wasserspiegel muß die Befestigung der Böschungen beginnen?

---

[1]) Wie aus vorstehenden Entwicklungen entnommen werden kann, ist die Größe der Kraft R bzw. R' direkt proportional der gewählten Reibungsziffer μ. Um hinsichtlich der Dimensionierung des Ankerklotzes möglichst sicher zu gehen, ist von den praktisch möglichen Werten μ jener auszuwählen, der den Einfluß der Kräfte R bzw. R' auf den Ankerklotz möglichst ungünstig werden läßt.

Da in unserem Beispiel die größere der beiden, auf einen Fixpunkt wirkenden Reibungskräfte mit $+R$ bzw. R', also positiv auftritt, ist μ groß zu wählen. Dem könnte in weitgehenderem Maße, als es in obigem Zahlenbeispiel geschehen ist, Rechnung getragen werden durch die Annahme starken Rostens der Lagerschalen oder durch die Annahme, daß überhaupt keine eisernen Lagerschalen vorhanden sind, die Eisenrohre also auf Mauerwerk gleiten ($\mu = 0{,}30 \sim 0{,}50$).

Beim Zustand 3, für welchen die Fixpunkte letzten Endes dimensioniert werden müssen, hat R nicht mehr den verhältnismäßig großen Einfluß auf die Ankerklotzbeanspruchung wie beim Zustand 1 und 2 (vgl. Tabelle 14). Dies und die Notwendigkeit, den Konzessionen an eine weitgehende Sicherheit einmal bestimmte Grenzen setzen zu müssen, gab Veranlassung, es in obigem Beispiel bei $\mu = 0{,}15$ bewenden zu lassen und dafür hohe Anforderungen an die Solidität der Fixpunktaufmauerung bei der Bauausführung vorauszusetzen.

Lösung.

1. Die Formgrößen ergeben sich zu

$$F = \frac{Q}{v} = \frac{300,0}{2,0} = 150,0 \text{ m}^2.$$

Da günstigste Profilform, wird

$$t = \frac{\sqrt{150}}{\sqrt{M}} = \frac{12,25}{1,45} = 8,45 \text{ m}.$$

$$s = t \cdot (M - m) = 8,45 \cdot (2,10 - 1,50) = 5,07 \text{ m}$$

$$b = t \cdot (M + m) = 8,45 \cdot (2,10 + 1,50) = 30,4 \text{ m}$$

$$R = \frac{t}{2} = 4,23 \text{ m}; \quad \sqrt{R} = 2,055.$$

Für $\gamma = 1,30$ wird $c = 53,3$ und

$$J = \frac{v^2}{c^2 \cdot R} = \frac{2,0^2}{53,3^2 \cdot 4,23} = 0,000333 \sim 0,33\,^0/_{00}.$$

Die parallel zur Sohle gerichtete Gewichtskomponente des Wassers übt durch Reibung eine Kraft nach der Richtung hin aus, daß sie die Teilchen fortzuschleppen sucht, aus denen Sohle und Böschungen bestehen oder von denen sie bedeckt sind. Diese Kraft wird mit Schleppkraft bezeichnet. Soll nun eine Lockerung und ein Fortschleppen der Teilchen verhindert werden, dann muß der Widerstand von Sohle und Böschungen mindestens so groß sein, wie die jeweilige Größe der Schleppkraft. Die Grenzschleppkraft S_0, bei welcher sich die Teilchen gerade loslösen und fortgeschleppt werden, betrage in unserem Falle 1,4 kg/m². Die tatsächlich auftretende Schleppkraft S an der Sohle des zu untersuchenden Gerinnes beträgt nach Aufgabe 26

$$S = 1000 \cdot V \cdot J \text{ kg}$$

oder pro 1 m² Sohlenfläche bei t m Wassertiefe

$$S = 1000 \cdot t \cdot J \text{ kg/m}^2.$$

J ist das Gefälle des Kanalwasserspiegels.

Für $t = 8,45$ m und $J = 0,00033$ wird

$$S = 1000 \cdot 8,45 \cdot 0,00033 = 2,79 \text{ kg/m}^2.$$

Da dieser angreifenden Kraft S nur ein Widerstand von $S_0 = 1{,}4\ \mathrm{kg/m^2}$ gegenübersteht, würde die Sohle angegriffen werden. Es ist einleuchtend, daß, da die Böschungen leichter in Bewegung geraten als die Sohle, die Grenzschleppkraft S_0 für die Böschungen kleiner sein muß, als auf der zugehörigen gleichartigen Sohle.

Bezeichnet ϱ den Grenzwinkel, das ist jener Winkel, unter welchem eine sich selbst überlassene freiliegende Böschung eben noch stehen bleibt, so muß sie einrutschen, sowie sie von fließendem Wasser berührt wird, weil jetzt die Schleppkraft S auf sie einwirkt. Daraus folgt, daß die Böschung eines Gerinnes unter Wasser stets flacher sein muß, als dem Grenzwinkel entspricht. Je tiefer ein Böschungspunkt unter dem Wasserspiegel liegt, desto größer ist die an ihm wirkende Schleppkraft, desto flacher muß also auch die Böschungsneigung an der Stelle sein. Die Böschungsneigung kann also von ϱ bis auf Null herunter abnehmen.

In einem Profil mit wagrechter Sohle in der Tiefe t_0, an der die Schleppkraft S_0 herrscht, sei ϱ der Grenzwinkel über Wasser, α der natürliche Böschungswinkel in der Tiefe t, wo die Böschung von der Kraft S angegriffen wird. Dann gilt nach Kreuter die empirische Beziehung:

$$n = \frac{S}{S_0} = \frac{t}{t_0} = \frac{\sin\varrho - \sin\alpha}{\sin\varrho + \sin\alpha}$$

oder $S = n \cdot S_0$ und $t = n \cdot t_0$.

(Über Werte von n für verschiedene Werte ϱ und α vgl. Tafel 7 des Anhanges!)

Will man die Böschung in der Tiefe t steiler als α machen, oder die Neigung α in größerer Tiefe t verwenden, als ihr zukommt, so muß man die Böschung an dieser Stelle befestigen.

In unserem Beispiel ist $\operatorname{cotg}\alpha = m = 1{,}5$, $\alpha = 33^0\,40'$, $\sin\alpha = 0{,}554$. Ist nun der Grenzwinkel für das vorliegende Material $\varrho = 60^0$, so wird $n = \frac{t}{t_0} = \frac{S}{S_0} = 0{,}220$ nach der Tafel 7 des Anhangs. Das besagt, daß beim Anschluß einer aus gleichartigem Material bestehenden anderthalbfüßigen Böschung an die horizontale Sohle deren Widerstandsfähigkeit nur 0,220mal so groß ist als jene der horizontalen Sohle.

Das vorhandene natürliche Böschungsmaterial oder die eventuelle Böschungsbefestigung muß also einen $\frac{1}{0,220} = 4,55$ mal größeren Widerstand leisten können, als das Material der ebenen Sohle, oder aber die Sohle braucht nur den 0,220fachen Widerstand der Böschung aufzuweisen. Da die Sohle unseres Gerinnes bereits angegriffen wird, wird die Böschung, weil sie aus gleichem Material wie die Sohle besteht und, wie diese, unbefestigt ist, in noch erhöhtem Maße angegriffen.

Es ist deshalb unter den sonstigen gegebenen Bedingungen und Voraussetzungen einmal nicht möglich, dem Gerinnequerschnitt die günstigste Profilform zu geben, es ist außerdem nicht möglich, das Böschungsverhältnis $m = 1,5$ anzuordnen, weil der vorhandene natürliche Widerstand des Bettungsmaterials nicht ausreicht, den stetigen Angriffen der Schleppkraft zu widerstehen. Wollte man die Profilform trotzdem beibehalten, so müßten Sohle und Böschungen befestigt werden. Das erfordert dann aber, weil sich durch die Abdeckung γ und damit c ändert, die Anordnung eines anderen Gefälles, wodurch sich auch die Schleppkraft ändert.

2. Wie müßte das Profil ausgestaltet werden, damit für $Q = 300\ \text{m}^3/\text{sec}$, $v = 2,0\ \text{m/sec}$ und unter Beibehaltung des Böschungsverhältnisses $m = 1,5$ der Bettungswiderstand an der Sohle den Angriffen der Schleppkraft gerade das Gleichgewicht hält?

Da $Q = 300\ \text{m}^3/\text{sec}$, $v = 2,0\ \text{m/sec}$, wird wieder $F = \frac{300}{2,0} = 150,0\ \text{m}^2$. Wir kennen jetzt vom Querschnitt zunächst nur die Fläche F, dagegen weder die Tiefe t noch die Sohlen- und Wasserspiegelbreite. Ferner muß sich das Gefälle J gegenüber der ersten Annahme und Berechnung ändern, weil für das günstigste Profil J seinen kleinsten Wert erreicht, für alle anderen Querschnittsformen größer sein muß. J ist also zunächst auch unbekannt.

Nun ist der Schleppkraftgrenzwert gegeben mit $S_0 = 1,4\ \text{kg/m}^2$, d. h. die Sohle zeigt in ungeschütztem Zustand diese Widerstandskraft. Soll sie also nicht angegriffen werden, dann darf auch die Schleppkraft nicht größer werden als S_0. Es muß demnach sein:

$$S_0 = 1,4 = 1000 \cdot t \cdot J.$$

Daraus
$$J = \frac{1,4}{1000 \cdot t},$$

ferner
$$v = c \cdot \sqrt{R \cdot J} = \frac{87}{1 + \frac{\gamma}{\sqrt{R}}} \cdot \sqrt{R \cdot \frac{1,4}{1000 \cdot t}},$$

$$R = \frac{F}{p} = \frac{F}{s + 2t\sqrt{1 + m^2}};$$

aus $F = s\,t + m\,t^2$ folgt $s = \frac{F - m\,t^2}{t}$

Also
$$R = \frac{F}{\frac{F - m\,t^2}{t} + 2t\sqrt{1 + m^2}} = \frac{F \cdot t}{F + t^2\,(2\sqrt{1 + m^2} - m)}$$

$$= \frac{F \cdot t}{F + t^2 \cdot M}.$$

Damit wird
$$v = \frac{87}{1 + \frac{\gamma}{\sqrt{\frac{F \cdot t}{F + t^2 \cdot M}}}} \sqrt{\frac{F \cdot t}{F + t^2 \cdot M} \cdot \frac{1,4}{1000 \cdot t}}.$$

Das ist eine Gleichung für t, deren Wurzeln leicht gefunden werden können durch das graphisch-rechnerische Verfahren.

Zunächst läßt sich die Gleichung noch etwas einfacher schreiben, wenn die bekannten Zahlenwerte eingesetzt werden. Für $m = 1,5$ ergibt sich

$$2 \cdot \sqrt{1 + m^2} - m = M = 2,10.$$

Setzt man $\gamma = 0,85$ (vgl. Aufgabe 13, Fall 3), $v = 2,0$ m/sec und $F = 150$ m², so erhält man

$$2,0 = \frac{87}{1 + \frac{0,85}{\sqrt{\frac{150 \cdot t}{150 + 2,10\,t^2}}}} \cdot \sqrt{\frac{150 \cdot t}{150 + 2,10 \cdot t^2} \cdot \frac{1,4}{1000 \cdot t}}$$

$$2,0 = \frac{87}{1 + \frac{0,85}{\sqrt{\frac{t}{1 + 0,014 \cdot t^2}}}} \cdot \sqrt{\frac{0,1}{71,5 + t^2}} = f(t).$$

Tabelle 15.

t	t^2	$1+0,014\cdot t^2$	$\sqrt{\frac{t}{1+0,014\cdot t^2}}$	$\frac{87}{1+\frac{0,85}{\sqrt{\frac{t}{1+0,014\cdot t^2}}}}=A$	$71,5+t^2$	$\sqrt{\frac{0,1}{71,5+t^2}}=B$	$A\cdot B=f(t)$
1,0	1,0	1,014	0,993	46,9	72,5	0,0372	1,741
2,0	4,0	1,056	1,375	53,8	75,5	0,0364	1,956
2,5	6,25	1,0875	1,516	55,75	77,75	0,03585	1,999
3,0	9,0	1,126	1,633	57,2	80,5	0,0352	2,01[illegible]
3,5	12,25	1,1715	1,727	58,2	83,75	0,0345	2,01
4,0	16,0	1,224	1,807	59,2	87,5	0,0338	2,00
5,0	25,0	1,35	1,925	60,3	96,5	0,0322	1,941
6,0	36,0	1,504	1,995	61,0	107,5	0,0305	1,86
2,57	6,60	1,0925	1,533	55,90	78,10	0,03578	2,00

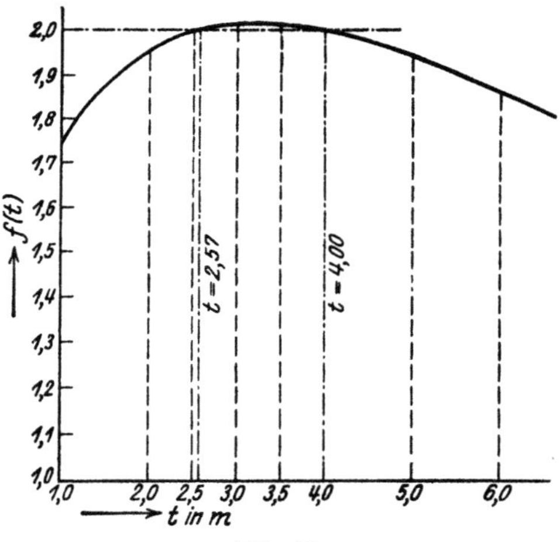

Abb. 66.

Die Gleichung $f(t)$ liefert zwei Werte t, welche beide den gestellten Forderungen genügen.

$$\text{Für } t = 4{,}00 \text{ m wird } J = \frac{1{,}4}{1000\cdot 4} = 0{,}00035 = 0{,}35\,^0/_{00}$$

$$s = \frac{F - mt^2}{t} = \frac{150{,}0 - 1{,}5\cdot 4{,}0^2}{4{,}0} = 31{,}5 \text{ m};$$

für $t = 2{,}57$ m wird $J = \dfrac{1{,}4}{1000 \cdot 2{,}57} = 0{,}000554 \sim 0{,}55\,^0/_{00}$

$$s = \frac{150{,}0 - 1{,}5 \cdot 2{,}57^2}{2{,}57} = 54{,}6 \text{ m}.$$

Für beide Werte t und die entsprechenden Werte J erreicht die Schleppkraft jeweils gerade den Grenzwert an der Sohle.

Es ist noch festzustellen, von welcher Tiefe unter dem Wasserspiegel an nach abwärts die Böschungen t h e o r e t i s c h zu befestigen wären (durch Pflasterung, Rollierung, Betonierung usw.), damit sie von der an den Böschungen wirkenden größeren Schleppkraft nicht angegriffen werden.

Wie früher ist der Grenzwinkel für das vorhandene Material $\varrho = 60^0$, $m = 1{,}5$; daher

$$n = \frac{t}{t_0} = 0{,}22$$

(Tafel 7 des Anhanges).

Für $t_0 = 4{,}00$ m (= Tiefe der Sohle unter dem Wasserspiegel) würde

$t = 0{,}22 \cdot t_0 = 0{,}88$ m,

für $t_0 = 2{,}57$ m würde

$t = 0{,}22 \cdot 2{,}57 = 0{,}56$ m.

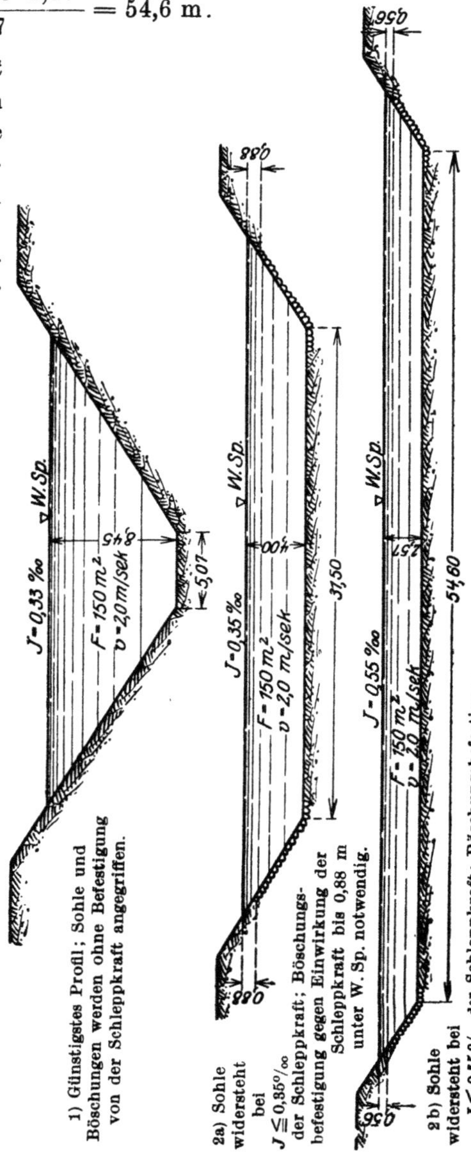

1) Günstigstes Profil; Sohle und Böschungen werden ohne Befestigung von der Schleppkraft angegriffen.

2a) Sohle widersteht bei $J \leqq 0{,}35\,^0/_{00}$ der Schleppkraft; Böschungsbefestigung gegen Einwirkung der Schleppkraft bis 0,88 m unter W. Sp. notwendig.

2b) Sohle widersteht bei $J \leqq 0{,}55\,^0/_{00}$ der Schleppkraft; Böschungsbefestigung bis 0,56 m unter W. Sp. notwendig.

Abb. 67.

In Abb. 67 sind die errechneten Profile maßstäblich zur Darstellung gebracht.

Aufgabe 28.

Das Flußprofil einer Korrektionsstrecke, dessen unbefestigte wagrechte Sohle der Schleppkraft des Wassers eben noch widersteht, soll den in beigegebener Abb. 68 schematisch skizzierten

Abb. 68.

Querschnitt erhalten. Soweit eine Böschungsbefestigung notwendig ist, erfolgt sie durchweg gleichartig mit einheitlichem Material. Der Grenzwinkel ϱ sei 80^0 (Bedeutung von ϱ vgl. Aufgabe 27).

1. In welcher Tiefe t_0 unter dem Wasserspiegel muß die Böschungsabdeckung theoretisch beginnen?

2. In welcher Tiefe t_K würde der Böschungsknick am zweckmäßigsten angebracht werden?

(Zahlenwerte $t_s = 2{,}20$ m; $J = 0{,}50\,^0/_{00}$.)

Lösung.

1. Nach Aufgabe 27 ist

$$n = \frac{t_0}{t_s} = \frac{\sin\varrho - \sin\alpha}{\sin\varrho + \sin\alpha},$$

für $m = 2$ wird $\alpha = 26^0\,30'$ und $\sin\alpha = 0{,}446$, für $\varrho = 80^0$ wird $\sin\varrho = 0{,}985$, daher

$$n = \frac{0{,}985 - 0{,}446}{0{,}985 + 0{,}446} = \frac{0{,}539}{1{,}431} = 0{,}376$$

und

$$t_0 = n \cdot t_s = 0{,}376 \cdot t_s,$$

für $t_s = 2{,}20$ m wird $t_0 = 0{,}376 \cdot 2{,}20 = 0{,}83$ m.

Erst von der Tiefe t_0 unter dem Wasserspiegel an erreicht die Schleppkraft eine solche Größe, daß sie die Böschungen angreifen würde, d. h. daß die wirkende Schleppkraft den Schleppkraftgrenzwert der unbefestigten zweimaligen Böschung überschreitet. Deshalb muß die Böschung theoretisch von dieser Stelle an nach abwärts durch Abdeckung geschützt werden.

(Bei stark schwankenden Wasserständen, Wellenschlag usw. wird man aber die Befestigung bis über das höchste vorkommende Wasserstandsniveau hinaus durchführen.)

2. Der Böschungsknick würde mit Rücksicht auf die Schleppkraft bei durchweg gleichartiger Befestigung der Böschungen in der Tiefe t_K angebracht werden, wo eine zweimalige Böschung durch die Schleppkraft ebenso stark beansprucht wird, wie der untere Rand der dreimaligen Böschung.

Für $m = 3$ wird $\alpha = 18^0\,30'$ und $\sin\alpha = 0{,}317$; daher

$$n = \frac{\sin\varrho - \sin\alpha}{\sin\varrho + \sin\alpha} = \frac{0{,}985 - 0{,}317}{0{,}985 + 0{,}317} = \frac{0{,}668}{1{,}302} = 0{,}512.$$

Da nach Voraussetzung der Widerstand der Sohle gleich der dort tatsächlich wirkenden Schleppkraft S_s ist, so stellt

$$S_s = 1000 \cdot t_s \cdot J$$

den Schleppkraftgrenzwert der Sohle dar. Dann ist der Widerstand gegen die Schleppkraft am unteren Rand der dreimaligen Böschung, also in der Tiefe t_s, solange sie unbefestigt ist, nur 0,512 mal so groß als derjenige der Sohle, d. i. $0{,}512 \cdot S_s$. Die Böschungsbefestigung an dieser Stelle muß also $\frac{1}{0{,}512} = 1{,}95$ mal so großen Widerstand leisten, als das natürliche Bettungsmaterial der Sohle. Das kommt auf dasselbe hinaus, als wenn die dreimalige Böschung an dieser Stelle mit einer 1,95 mal größeren Schleppkraft beansprucht würde als die Sohle. Wir setzen deshalb

$$S_{3_u} = 1{,}95 \cdot S_s.$$

Der Widerstand der zweimaligen Böschung gegen die Schleppkraft beträgt in der Tiefe t_s nach 1) das 0,376 fache des Sohlenwiderstandes S_s. Deshalb kann die Schleppkraft S_{2_u} gesetzt werden

$$S_{2_u} = \frac{1}{0{,}376} \cdot S_s = 2{,}66 \cdot S_s.$$

In der Tiefe t_K, d. h. am Knick, wird die Schleppkraftbeanspruchung für die zweimalige Böschung

$$S_{2K} = 2{,}66 \cdot \frac{t_K}{t_s} \cdot S_s.$$

Nach der gestellten Bedingung muß sein:

$$S_{2K} = S_{3u},$$

daraus folgt:

$$2{,}66 \cdot \frac{t_K}{t_s} \cdot S_s = 1{,}95 \cdot S_s$$

oder

$$t_K = \frac{1{,}95}{2{,}66} \cdot t_s = 0{,}734 \cdot t_s.$$

Für $t_s = 2{,}20$ m wird $t_K = 0{,}734 \cdot 2{,}20 =$ **1,61** m.

Die Schleppkraftbeanspruchungen sind:
an der Sohle:

$$S_s = 1000 \cdot 2{,}20 \cdot 0{,}0005 = 1{,}10 \text{ kg/m}^2;$$

am unteren Rand der dreimaligen Böschung:

$$S_{3u} = 1{,}95 \cdot 1{,}10 = 2{,}14 \text{ kg/m}^2;$$

am oberen Rand der dreimaligen Böschung:

$$S_{3o} = 2{,}14 \cdot \frac{t_K}{t_s} = 2{,}14 \cdot \frac{1{,}61}{2{,}20} = 1{,}57 \text{ kg/m}^2;$$

am unteren Rand der zweimaligen Böschung:

$$S_{2K} = 2{,}66 \cdot \frac{1{,}61}{2{,}20} \cdot 1{,}10 = 2{,}14 \text{ kg/m}^2 = S_{3u};$$

in der Tiefe t_0 unter dem Wasserspiegel:

$$S_{2o} = 2{,}66 \cdot \frac{t_0}{t_s} \cdot S_s = 2{,}66 \cdot \frac{0{,}83}{2{,}20} \cdot 1{,}10 = 1{,}10 \text{ kg/m}^2 = S_s,$$

in der Höhe des Wasserspiegels:

$$S_{2\omega} = 0 \text{ kg/m}^2.$$

Wären die Böschungen unbefestigt wie die Sohle, so würde diesen Beanspruchungen rechnerisch durchweg ein Widerstand von 1,10 kg/m² gegenüberstehen, weil die Beanspruchungen auf diese Grenzschleppkraft bezogen sind.

Für die Abschnitte, in welchen die Schleppkraftbeanspruchung größer als der Widerstand ist, ergibt sich die Notwendigkeit eines Schutzes.

2. Ungleichförmige Wasserbewegung.

Stau und Senkung.

Aufgabe 29.

Am unteren Ende eines offenen Wassergrabens von regelmäßiger trapezförmiger Profilgestalt und 242 m Länge soll durch Einbau eines Wehres der Wasserspiegel um 0,50 m gehoben werden. Die Querschnittsverhältnisse sind in Abb. 69 gegeben. Die Wassermenge Q beträgt 14,4 m^3/sec, das Sohlengefälle des Grabens 3 ‰. Das Bett besteht aus Schotter von einem Rauhigkeitsgrad $\gamma = 1{,}8$ (nach Bazin).

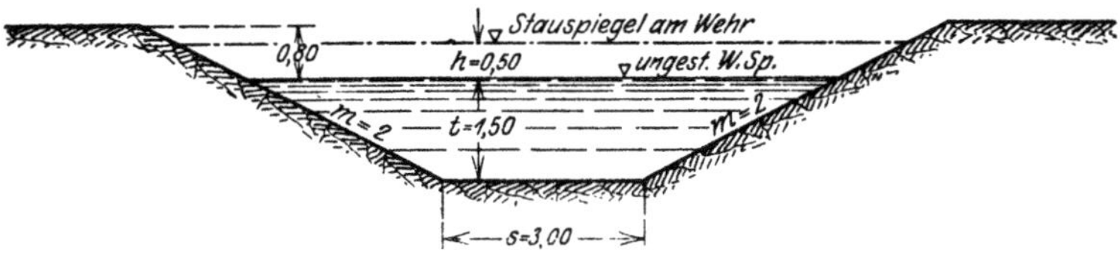

Abb. 69.

1. Wie tief liegt der Wasserspiegel unter dem Bordrand des Grabens an dessen oberem Anfang vor Einbau des Wehres, wenn das Gerinne in eine vollkommen horizontale Geländefläche eingeschnitten ist?

2. Welche Änderung tritt im Fließzustand ein, wenn durch Einbau des Wehres der Wasserspiegel daselbst um 50 cm gehoben wird?

3. Welche Wasserspiegellage ergibt sich durch den Aufstau von 50 cm am oberen Anfang des Grabens? Welche notwendige Maßnahme bedingt diese Wasserspiegellage?

Lösung.

1. Zur Bestimmung der Wasserspiegellage am oberen Anfang des Grabens muß zunächst das Spiegelgefälle J im Graben festgelegt werden. Aus der Beziehung

$$Q = v \cdot F = c\sqrt{R \cdot J} \cdot F$$

ergibt sich

$$J = \frac{1}{c^2 \cdot R} \cdot \frac{Q^2}{F^2}.$$

Da für das untere Grabenende der Wasserquerschnitt und die Profilform eindeutig gegeben, außerdem γ und Q bekannt sind, ist auch J eindeutig festgelegt. Das Wasserspiegelgefälle an der Wehrstelle wird nämlich

$$J = \frac{1}{\left(\frac{87}{1 + \frac{1,8}{\sqrt{R}}}\right)^2 \cdot R} \cdot \frac{Q^2}{F^2},$$

wobei

$$F = s \cdot t + m \cdot t^2 = 3,0 \cdot 1,5 + 2 \cdot 1,5^2 = 9,0 \text{ m}^2,$$

$$p = s + 2\,t\sqrt{1 + m^2} = 3,0 + 4,47 \cdot 1,5 = 9,7 \text{ m},$$

$$R = \frac{F}{p} = \frac{9,0}{9,7} = 0,928 \text{ m},$$

$$\sqrt{R} = 0,964; \qquad c = 30,3,$$

$$Q = 14,4 \text{ m}^3/\text{sec},$$

also

$$J = \frac{1}{30,3^2 \cdot 0,928} \cdot \frac{14,40^2}{9,0^2} = 0,003 = 3\,^0/_{00}.$$

Es ist also das Spiegelgefälle gleich dem Sohlgefälle. Da außerdem Wasserquerschnitt und Profilform auf die ganze Länge des Grabens gleich bleiben, herrscht im Gerinne gleichförmige Wasserbewegung, d. h. es ist das Spiegelgefälle $J = 3\,^0/_{00}$ vom Grabenanfang bis Grabenende gleichbleibend. Demnach liegt der Wasserspiegel am oberen Grabenanfang um $0,003 \cdot 242 = 0,726$ m höher als am unteren Ende, er hat also am oberen Anfang einen Abstand vom Grabenbordrand: $0,80 - 0,726 = 0,074$ m.

2. Wie die Rechnung unter 1. ergeben hat, herrscht im Gerinne vor Einbau des Wehres gleichförmige Wasserbewegung (vgl. auch die Aufgaben 9 und 16).

Durch den Einbau des Wehres am unteren Ende wird der Wasserspiegel daselbst um 50 cm gehoben und dadurch der Wasserquerschnitt F' unmittelbar oberhalb des Wehres vergrößert. Von oben fließen nach wie vor $Q = 14,40$ m³/sec in den Graben ein. Da also Q unverändert geblieben ist, während der Wasserquerschnitt F' am Wehr zugenommen hat, ergibt sich für die Geschwindigkeit an dieser Stelle aus $v' = \frac{Q}{F'}$ eine Abnahme gegenüber der Geschwindigkeit v vor dem Wehreinbau. Dieser kleineren Geschwindigkeit entspricht natürlich auch ein kleinerer Gefällsbedarf J' zur Überwindung der Reibung, so daß jetzt das Wasserspiegelgefälle $J' < J$ wird. Im Längsschnitt betrachtet, nähern sich also Sohlenlinie und Wasserspiegellinie in der Richtung grabenaufwärts, weshalb in einem Querschnitt weiter oben die Wassertiefe und damit der Wasserquerschnitt gegenüber der Stelle unmittelbar oberhalb des Wehres abnimmt, was zu einer entsprechenden Zunahme von v' und J' führt, ohne daß aber zunächst die Werte v und J erreicht würden. Führt man diesen Gedankengang für mehrere nach oben aufeinander folgende Querschnitte durch, so erkennt man, daß die Wasserspiegellinie — im ganzen betrachtet — jetzt nicht mehr gerade, sondern gekrümmt ist, daß außerdem die gestauten Wassertiefen t' von unten nach oben fortlaufend abnehmen, während die Geschwindigkeiten v' von unten nach oben zunehmen, bis sie den ursprünglichen Wert v vor der Aufstauung erreichen.

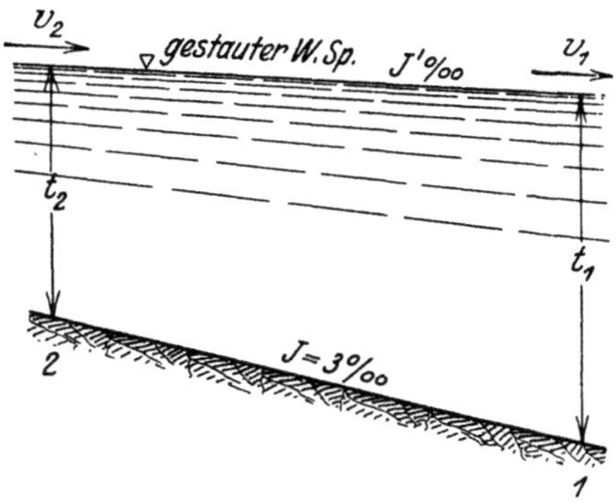

Abb. 70.

Greifen wir zwei beliebige benachbarte Querschnitte 1 und 2 des Gerinnes heraus und fassen das Ergebnis vorstehender Überlegung nochmals zusammen, so ergeben sich folgende Tatsachen:

a) Durch den Querschnitt 2 geht, da Beharrungszustand herrscht, in jeder Sekunde die gleiche Wassermenge Q durch. Wegen dieses Beharrungszustandes bleibt auch der Wasserquerschnitt für jeden Augenblick derselbe, es ist also die Wassertiefe t_2 konstant. Deshalb muß auch v_2 für jeden Beobachtungszeitpunkt unverändert sein.

Analog liegen die Verhältnisse für den Querschnitt 1, für sich betrachtet, so daß da ebenfalls t_1 und v_1 konstant sind.

Allgemein ausgedrückt, besagt dies, daß sich in irgendeinem beliebigen Querschnitt des Gerinnes mit der Zeit nichts ändert, die Wasserbewegung also unveränderlich ist.

b) Dagegen hat sich in den obigen Betrachtungen gezeigt, daß trotz der unveränderlichen Profilform und trotz des überall gleichbleibenden Sohlgefälles $t_2 \neq t_1$ und daher $v_2 \neq v_1$ ist. Es herrschen also in zwei benachbarten Querschnitten voneinander abweichende Fließbewegungen, während vor Einbau des Wehres in jedem beliebigen Querschnitt des Gerinnes stets die gleiche Geschwindigkeit, also die gleiche Fließbewegung (gleichförmige Wasserbewegung) stattgefunden hat. Durch den Aufstau infolge des Wehreinbaues ist also die gleichförmige Wasserbewegung im Gerinne in eine ungleichförmige Wasserbewegung übergegangen.

c) Da $v_1 < v_2$, nimmt die Wassergeschwindigkeit in der Fließrichtung allmählich ab, die Wasserbewegung verzögert sich also, so daß der Einbau des Wehres demnach eine ungleichförmige und zwar verzögerte Wasserbewegung hervorruft (Wasserspiegellinie im Längsschnitt eine Staukurve!).

(Wäre das Wasserspiegelgefälle $J' > J$ und würde es von unten nach oben stetig abnehmen, bis es wieder den Wert J erreicht, würde also v' in der Fließrichtung stetig wachsen, so daß $v_1 > v_2$, dann hätte man es mit einer ungleichförmigen und zwar beschleunigten Wasserbewegung zu tun. — Wasserspiegellinie im Längsschnitt eine Senkungskurve!)

Der Unterschied der gleichförmigen Bewegung und der ungleichförmigen Bewegung läßt sich an Hand der Energiebilanzen anschaulich darstellen.

Wie verhält es sich bei der gleichförmigen Bewegung mit der Energiebilanz?

In Abb. 71 ist der Fall der gleichförmigen Wasserbewegung zur Darstellung gebracht. Im Profil I herrscht die mittlere Geschwindigkeit v. Ihr entspricht die Geschwindigkeitshöhe oder die Energie

$$c_0 = \frac{v^2}{2g}.$$

Im Profil II herrscht ebenfalls die Geschwindigkeit v, demgemäß beträgt also auch dort die Geschwindigkeitshöhe oder die Energie

$$c_u = \frac{v^2}{2g}.$$

Es hat sich also an der Größe der Energie des abwärts fließenden Wassers nichts geändert. Nun haben wir aber dem Wassser zwischen I und II das Gefälle h oder die potentielle Energie h zugeführt. Da trotz dieser zugeführten Energie h das Wasser im Profil II noch dieselbe Energie besitzt wie im Profil I, muß diese zugeführte Energie h auf dem Wege restlos verbraucht worden sein zur Überwindung der Widerstände w (Reibung, Wirbel, Stöße usw.), also

$$h = w.$$

In den Abb. 72 und 73 ist der Fall der **ungleichförmigen** Wasserbewegung dargestellt und zwar in Abb. 72 die **verzögerte** und in Abb. 73 die **beschleunigte** Wasserbewegung. Im Profil I

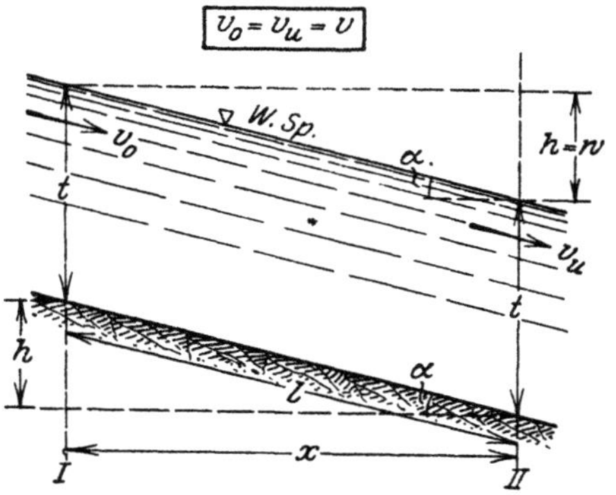

Abb. 71.

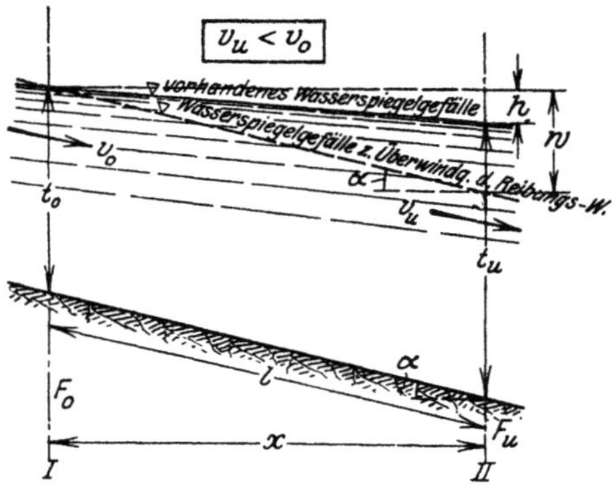

Abb. 72.

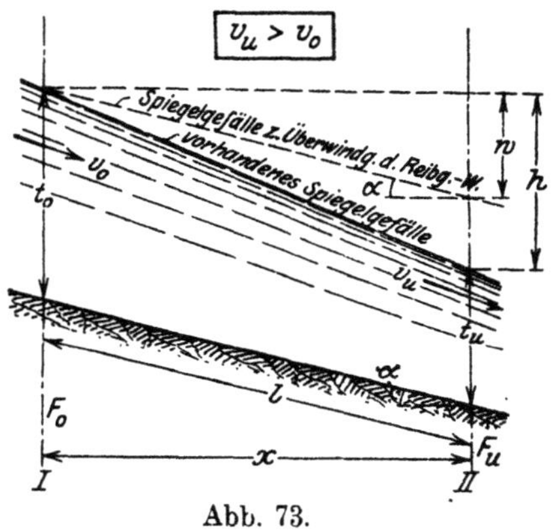

Abb. 73.

herrscht die Geschwindigkeit v_0, entsprechend einer vorhandenen Energie

$$c_0 = \frac{v_0^2}{2g};$$

im Profil II herrscht die Geschwindigkeit v_u, also ist die dort noch vorhandene Energie des Wassers

$$c_u = \frac{v_u^2}{2g}.$$

Nun muß auf Grund der Energiebilanz die im Profil I bereits vorhandene Energie + der zwischen I und II zugeführten Energie gleich sein der zwischen I und II verbrauchten Energie + der in II noch vorhandenen Energie, also

$$c_0 + h = w + c_u$$

oder

$$w = h + (c_0 - c_u).$$

Letztere Beziehung spricht aus, daß der Energieverbrauch zwischen I und II gleich sein muß der auf dieser Strecke zugeführten Energie + dem Unterschied der in I und II jeweils vorhandenen Energien.

Man erkennt, daß für den Fall der beschleunigten Wasserbewegung (Abb. 73) der Ausdruck $(c_0 - c_u)$ negativ wird, weil wegen $v_u > v_0$ auch $c_u > c_0$.

Lassen wir die Vorzeichen zunächst aber außer Betracht, um auf diese Weise den allgemeinen Fall der ungleichförmigen Wasserbewegung zu behandeln, so läßt sich obige Energiebilanz wie folgt umformen.

Da

$$c_0 = \frac{v_0^2}{2g} = \left(\frac{Q}{F_0}\right)^2 \cdot \frac{1}{2g}$$

und

$$c_u = \frac{v_u^2}{2g} = \left(\frac{Q}{F_u}\right)^2 \cdot \frac{1}{2g}$$

und nach früherem

$$w = \frac{v^2 \cdot l}{c^2 \cdot R} = \frac{v^2 \cdot l \cdot p}{c^2 \cdot F} = \left(\frac{Q}{c}\right)^2 \cdot \frac{p}{F^3} \cdot l,\ ^{1)}\ ,$$

---

1) w entspricht der Reibungshöhe h der weiter vorn behandelten Aufgaben über die gleichförmige Wasserbewegung ($w = h$).

so folgt

$$\left(\frac{Q}{c}\right)^2 \cdot \frac{p}{F^3} \cdot l = h + \frac{Q^2}{2g}\left(\frac{1}{F_0^2} - \frac{1}{F_u^2}\right),$$

daraus

$$h = \left(\frac{Q}{c}\right)^2 \cdot \frac{p}{F^3} \cdot l + \frac{Q^2}{2g}\left(\frac{1}{F_u^2} - \frac{1}{F_0^2}\right),$$

d. h. das Gefälle, das wir für die ungleichförmige Bewegung verbrauchen, ist gleich dem Reibungsgefälle + dem Gefälle zur Änderung der lebendigen Kraft.

Für die beschleunigte Bewegung ist dabei die Änderung der lebendigen Kraft positiv, weil die Masse von der kleineren Geschwindigkeit v_0 auf die größere Geschwindigkeit v_u gebracht werden muß. h muß also größer sein, als dem Reibungsgefälle w entspricht.

Für die verzögerte Bewegung ist die Änderung der lebendigen Kraft negativ, d. h. es findet theoretisch ein Rückgewinn an Energie statt, indem sich Energie der Bewegung in solche der Lage umsetzt. In den Fällen der Praxis, wo dieser Rückgewinn zweifelhaft ist, also besonders in natürlichen Flußläufen, läßt man ihn vorsichtigerweise unberücksichtigt.

Die obige Gleichung für h stellt die allgemeine Gleichung für die ungleichförmige Wasserbewegung dar. Um auszudrücken, daß wir nur sehr kleine Gerinnestrecken ins Auge gefaßt haben, setzen wir

$$\Delta h = \left(\frac{Q}{c}\right)^2 \cdot \frac{p}{F^3} \cdot \Delta l + \frac{Q^2}{2g}\left(\frac{1}{F_u^2} - \frac{1}{F_0^2}\right).$$

Solange es sich um offene Gerinne handelt, ist der Neigungswinkel α der Gerinnesohle sehr klein, so daß statt des schief gemessenen Abstandes l der horizontale Abstand x, statt Δl also Δx gesetzt werden darf. Wir erhalten damit

$$\Delta h = \left(\frac{Q}{c}\right)^2 \cdot \frac{p}{F^3} \cdot \Delta x + \frac{\alpha \cdot Q^2}{2g}\left(\frac{1}{F_u^2} - \frac{1}{F_0^2}\right).\ [1]$$

[1]) Bei genauerer Rechnung zeigt sich, daß die Druckhöhe zur Geschwindigkeitssteigerung meist größer ist als $\frac{v_u^2 - v_0^2}{2g}$. Deshalb wird häufig das zweite Glied dieser Gleichung mit einem Faktor α multipliziert, für den dann — sofern genaue Feststellungen (Messungen) nicht vorliegen — der Wert 1,1 eingeführt wird.

In dieser Gleichung ist Δh der Unterschied der Wasserspiegelkoten zweier benachbarter Querschnitte, Δx der horizontale Abstand dieser zwei Querschnitte, F_0 und F_u sind deren entsprechende Wasserquerschnittsflächen, Q ist die abfließende Wassermenge, c ist der Geschwindigkeitsbeiwert, p der benetzte Umfang und F der Wasserquerschnitt. Da sich das Reibungsgefälle aus den Verhältnissen auf der Strecke Δx ergibt, beziehen sich c, p und F ebenfalls auf die Strecke Δx, stellen also Mittelwerte zwischen den zwei in Betracht gezogenen Querprofilen dar. Sämtliche Größen, also auch c, p und F, beziehen sich — wie ja auch aus der Ableitung ersichtlich ist — auf die Verhältnisse der ungleichförmigen Bewegung, also auf den Stau oder auf die Senkung, nicht auf die gleichförmige Wasserbewegung.

In unserem Beispiel handelt es sich um eine verzögerte Wasserbewegung (Stau!). Bei derselben wird durch das allmähliche Kleinerwerden der Geschwindigkeit lebendige Kraft frei, welche sich in eine Hebung des Wasserspiegels umsetzt. Dieser Gefällsgewinn ist bei geschlossenen Leitungen tatsächlich vorhanden. Bei natürlichen Flußläufen geht diese gewonnene Druckhöhe zum Teil durch Wirbel, Stöße usw. verloren. Deshalb wird in Flüssen und Kanälen — wie schon weiter oben angedeutet — nach Tolkmitts Vorschlag bei der verzögerten Wasserbewegung, und nur bei dieser, der zweite Summand obiger Gleichung $\left[= \frac{\alpha \cdot Q^2}{2g}\left(\frac{1}{F_u^2} - \frac{1}{F_0^2}\right)\right]$ meist vernachlässigt.[2])

Mit vorstehender Vernachlässigung geht unsere allgemeine Gleichung für die ungleichförmige Bewegung über in die Form

$$\Delta h = \left(\frac{Q}{c}\right)^2 \cdot \frac{p}{F^3} \cdot \Delta x .$$

Um auszudrücken, daß sich die drei Größen c, p und F auf

---

[2]) In einem späteren Beispiel wird der praktische Gebrauch dieser allgemeinen Formel und außerdem noch gezeigt, welchen Einfluß die Vernachlässigung des zweiten Summanden auf das Resultat hat (vgl. Aufgabe 30).

die Stauverhältnisse beziehen, versehen wir sie mit dem Index s, also

$$\Delta h = \Delta x \cdot \left(\frac{Q}{c_s}\right)^2 \cdot \frac{p_s}{F_s^{\,3}}.$$

Das ist die Gleichung der Staukurve.

3. Mit dieser Gleichung ließe sich nun die Staukurve für unser Gerinne, vom Wehr beginnend, nach aufwärts stückweise berechnen. Dies setzt aber voraus, daß — wie in unserem Falle — die Querprofile und Wasserstandsverhältnisse vor dem Stau bekannt sind. Das Verfahren ist allerdings umständlich und kommt hauptsächlich für jene Fälle in Betracht, wo die nachfolgend besprochenen einfacheren Methoden nicht anwendbar sind, also vor allem bei unregelmäßigen Profilen. Ein praktisches Beispiel gibt dafür Aufgabe 30. In unserem Beispiele der vorliegenden Aufgabe liegen die Verhältnisse insofern einfach, als es sich um ein regelmäßiges Gerinne mit stets gleichbleibendem Querprofil handelt Außerdem interessiert uns zunächst der Verlauf der Staukurve gar nicht, weil wir nur wissen wollen, welche Wasserspiegellage sich am oberen Anfang des Grabens, also für $x = 242$ m, ergibt. Wie leicht einzusehen ist, gestattet die Gleichung der Staukurve diese Ermittlung von Δh nicht ohne weiteres, weil ja die Festlegung der Werte c_s, p_s und F_s die Größe des Staues am oberen Anfange des Grabens als bekannt voraussetzt. Es bliebe also nichts anderes übrig, als mit vorstehender Gleichung doch den Verlauf der Staukurve schrittweise zu ermitteln, um dann an der Stelle $x = 242$ m des Gerinnes die Wasserstandsverhältnisse abzulesen.

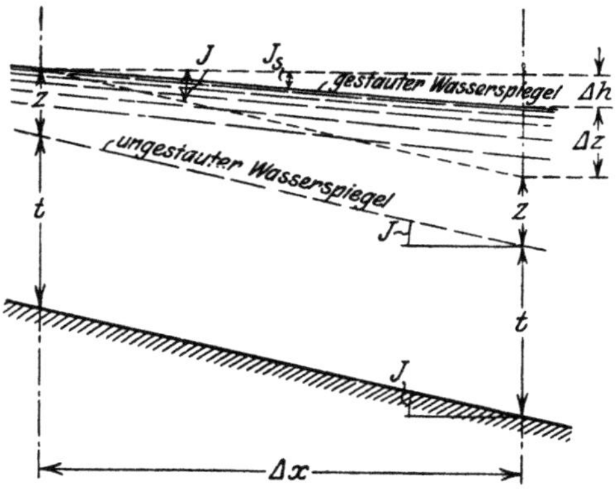

Abb. 74.

Für den Fall eines regelmäßigen Gerinnes mit gleichbleibendem Profil, wie es uns vorliegt, bringt man die Gleichung der Staukurve zu dieser Ermittlung des Spiegelverlaufes zweckmäßig in eine andere Form. Bezeichnet in Abb. 74 J das Gefälle des ungestauten Wasserspiegels, J_s das Gefälle des gestauten Wasserspiegels, dann ist

$$\Delta h = J \cdot \Delta x - \Delta z .$$

Da nach früherem

$$\Delta h = \Delta x \left(\frac{Q}{c_s}\right)^2 \cdot \frac{p_s}{F_s^3},$$

so wird

$$J \cdot \Delta x - \Delta z = \Delta x \cdot \left(\frac{Q}{c_s}\right)^2 \cdot \frac{p_s}{F_s^3} .$$

Daraus folgt:

$$\Delta x = \frac{\Delta z}{J - \left(\frac{Q}{c_s}\right)^2 \cdot \frac{p_s}{F_s^3}} .$$

In dieser Gleichung sind bekannt zunächst J und Q. Stellen wir uns die Frage, in welchem Abstand vom Wehr der Stau z. B. noch 45 cm beträgt, setzen wir also mit anderen Worten $\Delta z = 5$ cm, so sind z, damit $z + t$ und die übrigen Formgrößen der Profile, welche die in Betracht gezogene Strecke Δx begrenzen, bekannt, und damit auch die Mittelwerte F_s, p_s und c_s, so daß Δx als einzige Unbekannte aus der vorstehenden Gleichung berechnet werden kann. Dieses Verfahren wird fortgesetzt bis zur praktischen Grenze der Staukurve, welche etwa bei $z = 5 \sim 10$ cm — je nach den Verhältnissen — liegen mag. (Das ist z. B. dort, wo der Wellengang auf die Wasserspiegelverhältnisse einen größeren Einfluß ausübt, als der sich von unten nach oben fortpflanzende Rückstau z.)

Dieses Verfahren, das für vorliegende Aufgabe weiter unten durchgeführt ist, erfordert eine immerhin umständliche Rechnung, die man um so lieber vermeiden wird, je weniger Punkte der Kurve einem interessieren. Eine Möglichkeit, unter Vermeidung der schrittweisen Berechnung auf bequeme Weise die Stauverhältnisse für jedes beliebige Profil zu ermitteln, bieten nun die von verschiedenen Hydraulikern aufgestellten Formeln — allerdings auch nur unter gewissen Voraussetzungen, auf die noch hingewiesen wird. Es will nicht Ziel dieser Aufgabensammlung sein, alle diese Formeln hier aufzuführen und praktisch anzuwenden. Die Interessenten hierfür seien auf die einschlägige Fachliteratur verwiesen. Wir beschränken uns hier auf die

Tolkmittsche Methode, der wir am Schlusse der Aufgabe lediglich zum Zwecke des Vergleichs das Rühlmannsche Verfahren gegenüberstellen.

Tolkmitt hat für ein Parabelprofil die Differentialgleichung der Staukurve integriert. Deshalb gilt seine Formel, streng genommen, nur für regelmäßige Gerinne mit Parabelprofil. Ihre Benutzung setzt für den ungestauten Zustand gleichförmige Wasserbewegung voraus.

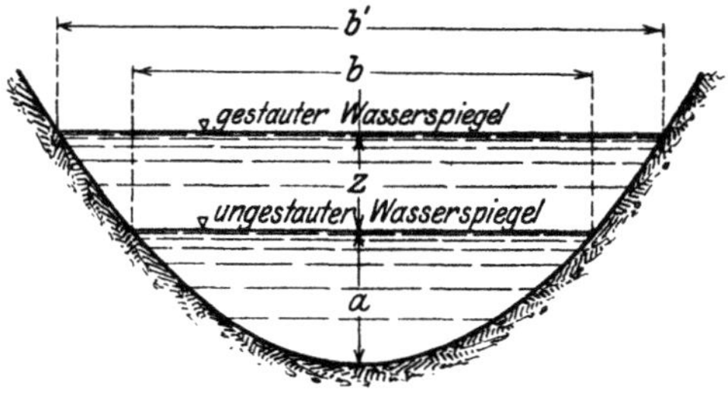

Abb. 75.

Bezeichnet (vgl. Abb. 75) a die größte Wassertiefe des Parabelprofils im ungestauten Zustand, z die Zunahme der Wassertiefe a durch den Stau, b die Wasserspiegelbreite des ungestauten Querschnitts, h den Aufstau am Wehr, J das Spiegelgefälle im ungestauten Zustand (= dem Sohlengefälle), so ist die Entfernung x vom Wehr, für welche der Aufstau noch z beträgt:

$$x = \frac{a}{J}\left[f\left(\frac{a+h}{a}\right) - f\left(\frac{a+z}{a}\right)\right],$$

sofern der Rückgewinn an lebendiger Kraft vernachlässigt wird.

Für die Funktionswerte $f\left(\frac{a+h}{a}\right)$, $f\left(\frac{a+z}{a}\right)$ wurden Tabellen erstellt (vgl. Tafel 8 des Anhangs).

Da unser Gerinne trapezförmigen Querschnitt hat, während vorstehende Gleichung sich auf parabolisches Profil bezieht, lassen sich die Gleichungen nicht unmittelbar verwenden. Wir setzen deshalb unser Trapezprofil einem parabolischen Profil mit demselben Wasserquerschnitt gleich.

Die Parabelfläche ist:

$$F = \frac{2}{3}\,a\,b\,.$$

Daraus folgt

$$a = \frac{3 \cdot F}{2 \cdot b}.$$

In unserem Beispiel ist $F = 9{,}0\ m^2$, $b = 9{,}0$ m, also

$$a = \frac{3}{2} \cdot \frac{9{,}0}{9{,}0} = 1{,}5\ \mathrm{m}\ (= t).$$

Ferner ist $h = 0{,}50$ m, $J = 3\,^0/_{00}$, $x = 242$ m; unbekannt und gesucht ist z.

Die Werte in die Tolkmittsche Gleichung eingesetzt, ergibt

$$242 = \frac{1{,}5}{0{,}003} \cdot \left[f\left(\frac{1{,}5 + 0{,}50}{1{,}5}\right) - f\left(\frac{a+z}{a}\right)\right]$$

$$0{,}485 = f\,(1{,}333) - f\left(\frac{a+z}{a}\right).$$

In Tafel 8 des Anhangs sucht man nun unter $\frac{a+h}{a}$, wo 1,333 steht. Für 1,330 würde $f\left(\frac{a+h}{a}\right) = 1{,}164$, für 1,340 würde $f\left(\frac{a+h}{a}\right) = 1{,}178$. Durch Interpolation ergibt sich für $\left(\frac{a+h}{a}\right) = 1{,}333$ $\quad f\left(\frac{a+h}{a}\right) = 1{,}168$.

Demnach

$$f\left(\frac{1{,}5 + z}{1{,}5}\right) = 1{,}168 - 0{,}485 = 0{,}683.$$

Man suche in der gleichen Tafel, wo $f\left(\frac{a+z}{a}\right) = 0{,}683$. Für $f\left(\frac{a+z}{a}\right) = 0{,}692$ wird $\frac{a+z}{a} = 1{,}095$ und für $f\left(\frac{a+z}{a}\right) = 0{,}675$ wird $\frac{a+z}{a} = 1{,}090$. Durch Interpolation ergibt sich für $f\left(\frac{a+z}{a}\right) = 0{,}683$ ein Wert $\frac{a+z}{a} = 1{,}092$, also

$$z = 1{,}092 \cdot a - a$$

$$z = 1{,}092 \cdot 1{,}5 - 1{,}5 = \mathbf{0{,}14}\ \mathrm{m}.$$

Der Aufstau von 50 cm am Wehr führt demnach zu einer Hebung des Wasserspiegels am oberen Grabenanfang um 0,14 m, d. h. der Wasserspiegel würde dort um $0{,}14 - 0{,}074 = 0{,}066$ m $\sim$ 7 cm über dem Bordrand des Grabens liegen, das Gerinne dort also überlaufen. Um dies zu vermeiden, müssen beiderseits des Gerinnes Dämme angeschüttet werden. Wo könnten nun diese beiderseitigen Dämme ins Gelände auslaufen, wenn die Bedingung gestellt wird, daß der Grabenbordrand bzw. die Dammkronen überall mindestens 25 cm über dem gestauten Wasserspiegel liegen müssen?

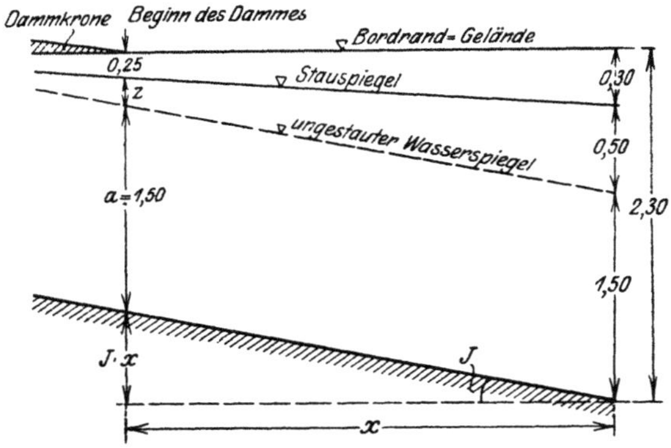

Abb. 76.

Unter Bezugnahme auf Abb. 76 muß sein

$$J \cdot x + (a + z) + 0{,}25 = 2{,}30\,,$$

also

$$x = \frac{2{,}30 - 0{,}25 - (a + z)}{J}\,,$$

ferner nach Tolkmitt

$$x = \frac{a}{J}\left[f\left(\frac{a+h}{a}\right) - f\left(\frac{a+z}{a}\right)\right],$$

daher

$$\frac{2{,}30 - 0{,}25 - (a + z)}{J} = \frac{a}{J}\left[f\left(\frac{a+h}{a}\right) - f\left(\frac{a+z}{a}\right)\right]$$

oder unter Benützung der bereits errechneten Werte

$$\frac{0{,}55 - z}{1{,}50} - 1{,}168 = -f\left(\frac{a+z}{a}\right)$$

$$f\left(\frac{a+z}{a}\right) = 1{,}168 - \frac{0{,}55 - z}{1{,}50}.$$

Die linke Seite der Gleichung ergibt

$$\text{für} \quad z = 0{,}45 \text{ m} \qquad \frac{a+z}{a} = 1{,}30 \qquad f\left(\frac{a+z}{a}\right) = 1{,}119$$

$$\text{„} \quad z = 0{,}40 \text{ m} \qquad \frac{a+z}{a} = 1{,}267 \qquad f\left(\frac{a+z}{a}\right) = 1{,}066$$

$$\text{„} \quad z = 0{,}35 \text{ m} \qquad \frac{a+z}{a} = 1{,}233 \qquad f\left(\frac{a+z}{a}\right) = 1{,}008\,.$$

Die rechte Seite der Gleichung ergibt

$$\text{für} \quad z = 0{,}45 \text{ m} \qquad f'(z) = 1{,}1014$$

$$\text{„} \quad z = 0{,}40 \text{ m} \qquad f'(z) = 1{,}0680$$

$$\text{„} \quad z = 0{,}35 \text{ m} \qquad f'(z) = 1{,}0347\,.$$

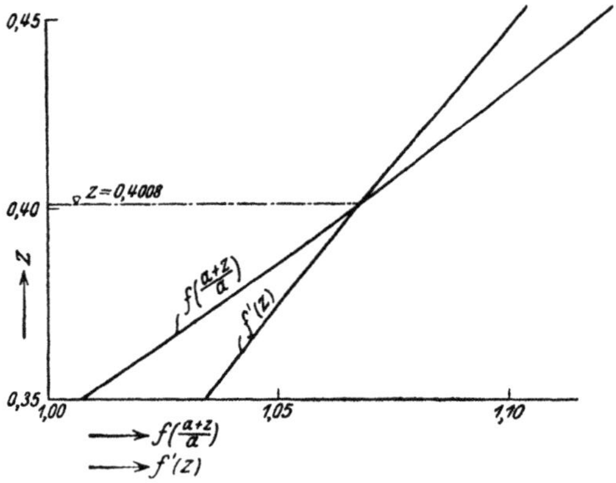

Abb. 77.

Trägt man die beiden Ergebnisse in einem rechtwinkligen Koordinatensystem auf (Abb. 77), so ergibt die Ordinate des Schnittpunktes beider Kurven den gesuchten Wert z zu

$$z = 0{,}4008 \sim 0{,}40 \text{ m}\,.$$

Daraus folgt

$$x = \frac{0{,}55 - z}{J} = \frac{0{,}15}{0{,}003} = \mathbf{50{,}0 \text{ m}}\,.$$

Damit ist auch die Frage 3 der Aufgabe beantwortet, ohne daß erst der ganze Verlauf der Staukurve ermittelt wurde.

In den Fällen, wo der Verlauf der Staukurve aus anderen Gründen an und für sich festgelegt werden muß, würde man natürlich vorstehende Rechnung nicht durchführen, sondern x aus dem Längenschnitt entnehmen,

Der Übung halber soll nun nachträglich auch noch der Verlauf der Staukurve ermittelt werden und zwar einmal nach Tolkmitt, dann durch schrittweise Rechnung mit der Differentialgleichung der Staukurve und schließlich mit der Formel von Rühlmann.

Aus der bisherigen Verwendung der Tolkmittschen Stauformel für das Parabelprofil ersieht man, daß sich damit beliebig viele Punkte der Staukurve berechnen lassen. Dabei ist es gleichgültig, ob man für bestimmte ausgewählte Werte x die zugehörigen Stauhöhen z jeweils rechnen will, oder aber für bestimmte Werte z die zugehörigen Werte x. Nachfolgend ist für $\Delta z = 0{,}05$ m (vgl Abb. 74) von $z = 0{,}45$ m bis $z = 0{,}10$ m die Rechnung in Tabellenform durchgeführt. Wir greifen also zunächst das Profil heraus, das einen um $\Delta z = 0{,}05$ m kleineren Stau aufweist, als der Spiegel am Wehr, das ist ein Stau von $0{,}50 - \Delta z = 0{,}45$ m und stellen seinen Abstand x vom Wehr fest, usf.

Tabelle 16.

Δz	z	$f\left(\frac{a+h}{a}\right)$	$\frac{a+z}{a}$	$f\left(\frac{a+z}{a}\right)$	$f\left(\frac{a+h}{a}\right) - f\left(\frac{a+z}{a}\right)$	$\frac{a}{J}$	x
0,05	0,45	1,168	1,300	1,119	0,049	500	24,5
0,05	0,40	1,168	1,267	1,066	0,102	500	51,0
0,05	0,35	1,168	1,233	1,008	0,160	500	80,0
0,05	0,30	1,168	1,200	0,948	0,220	500	110,0
0,05	0,25	1,168	1,167	0,880	0,288	500	144,0
0.05	0,20	1,168	1,133	0,801	0,367	500	183,6
0,05	0,15	1,168	1,100	0,708	0,460	500	230,0
0,05	0,10	1,168	1,067	0,586	0,582	500	291,0

Die Staukurve ist in Abb. 79 aufgetragen (ausgezogene Linie!).

Wie schon weiter oben erwähnt, läßt sich der Verlauf der Staukurve auch aus der Staugleichung durch schrittweise Berechnung ermitteln. Da uns ein regelmäßiges Gerinne mit gleichbleibendem Profil vorliegt, benützen wir die Differentialgleichung der Staukurve in folgender, weiter oben abgeleiteter Form:

$$\Delta x = \frac{\Delta z}{J - \left(\frac{Q}{c_s}\right)^2 \cdot \frac{p_s}{F_s^3}}.$$

Wie für die Tolkmittsche Formel wählen wir auch hier $\Delta z = 0{,}05$ m. J ist nach wie vor $3\,^0/_{00}$. Die Wassermenge Q, welche in der Tolkmittschen Gleichung nicht vorkommt, ist gegeben zu 14,4 m³/sec. (Da in unserem Gerinne im ungestauten Zustand gleichförmige Wasserbewegung herrscht — wir haben uns durch Rechnung unter 1. davon überzeugt —, hätte sich Q aus den sonstigen gegebenen Größen auch rechnen lassen.) Die Werte F_s, p_s und c_s stellen das Mittel dar der entsprechenden Stauwerte F, p und c am unteren und oberen Ende der Gerinnestrecke Δx. Also

$$F_s = \frac{F_u + F_0}{2}; \quad p_s = \frac{p_u + p_0}{2}; \quad R_s = \frac{F_s}{p_s}$$

und daraus

$$c_s = \frac{87}{1 + \frac{1{,}8}{\sqrt{R_s}}}.$$

Da der gegebene Wassergraben von regelmäßiger Profilgestalt ist, müssen F_u und F_0, ebenso p_u und p_0 sich jeweils nach einem leicht feststellbaren Gesetz ändern. Es ist nämlich die Änderung der Wasserspiegelbreite $\Delta b = 2\,m\,\Delta z$, also die Abnahme der Fläche von F_u bis F_0 (vgl. Abb. 78)

$$\Delta F = \frac{b + (b - \Delta b)}{2} \cdot \Delta z = (b - m \cdot \Delta z) \cdot \Delta z.$$

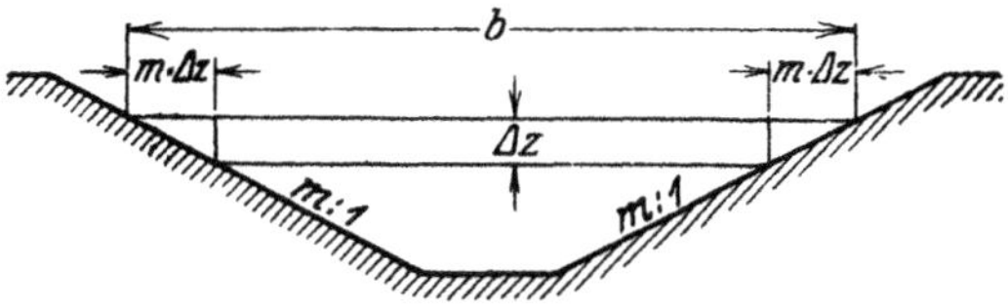

Abb. 78.

Der erste F_s-Wert ergibt sich demnach, indem der Wasserquerschnitt im Profil am Wehr ($x = 0$) um $\frac{\Delta F}{2}$ vermindert wird. Die übrigen F_s-Werte nehmen dann jeweils um den gleichen Betrag ΔF ab.

Der benetzte Umfang nimmt ab auf der Strecke Δx um

$$\Delta p = 2 \cdot \Delta z \sqrt{1 + m^2}.$$

Auch hier gilt für den ersten Mittelwert p_s zwischen Wehr und dem Profil vom Stau $z = h - \Delta z$:

$$p_u - \frac{\Delta p}{2};$$

die übrigen p_s-Werte vermindern sich der Reihe nach je um Δp.

Für unsere Zahlenwerte wird

$$\Delta F = (b - 0{,}10) \cdot 0{,}05 = (0{,}05\, b - 0{,}005)\ \mathrm{m}^2$$

und $$\Delta p = 2 \cdot 0{,}05 \cdot \sqrt{1 + 2^2} = 4{,}47 \cdot 0{,}05 = 0{,}224\ \mathrm{m}.$$

Die Rechnung selbst wird der Einfachheit und Übersichtlichkeit halber in Tabellenform durchgeführt (vgl. Tabelle 17).

Für die Stauhöhe $z = 0{,}10$ ergibt sich also nach Tolkmitt $x = 291{,}0$ m, durch die schrittweise Lösung der Staugleichung $x = 269{,}31$ m; der Unterschied beträgt etwa $8\,^0/_0$.

Des Vergleiches wegen soll der Verlauf der Staukurve auch noch nach dem Rühlmannschen Verfahren ermittelt werden. Wird für den ungestauten Zustand die Wassertiefe $a = t$ gesetzt, behält man sonst aber die in der Tolkmittschen Formel verwendeten Bezeichnungen bei, dann ist nach Rühlmann:

$$x = \frac{t}{J}\left[\varphi\left(\frac{h}{t}\right) - \varphi\left(\frac{z}{t}\right)\right].$$

Für die Funktionswerte $\varphi\left(\frac{h}{t}\right)$ und $\varphi\left(\frac{z}{t}\right)$ wurden Tabellen berechnet (vgl. Tafel 10 des Anhangs). Unter Benützung derselben errechnen sich für $h = 0{,}50$ m an der Wehrstelle folgende Werte x (vgl. Tabelle 18).

Es ergeben sich also für das vorliegende Beispiel nach der Rühlmannschen Formel die größte Stauweite bzw. die höchsten Spiegelerhebungen. Die Verwendung dieser Resultate würde demnach am sichersten gehen. Wird berücksichtigt, daß die Vernachlässigung des Rückgewinns an lebendiger Kraft als Folge der Verzögerung schon zu größeren Stauhöhen und größeren Stauweiten geführt hat, daß ferner die Stauhöhenunterschiede der verschiedenen Berechnungsmethoden nur we-

Tabelle 17.

$a+z$	Δz	Δb	b	ΔF	F_s	Δp	p_s	$\sqrt{R_s}$	c_s	$\left(\frac{Q}{c_s}\right)^2 \cdot \frac{p_s}{F_s^3}$	Nenner	Δx	x
2,00			11,0		14,0		11,95						0
1,95	0,05	$\frac{0,20}{2}$	10,90	$\frac{0,545}{2}$	13,728	$\frac{0,224}{2}$	11,838	1,077	32,5	0,000897	0,002103	23,75	23,75
1,90	0,05	0,20	10,70	0,530	13,198	0,224	11,614	1,065	32,3	0,001005	0,001995	25,06	48,81
1,85	0,05	0,20	10,50	0,520	12,678	0,224	11,390	1,055	32,1	0,001124	0,001876	26,65	75,46
1,80	0,05	0,20	10,30	0,510	12,168	0,224	11,166	1,043	31,9	0,001261	0,001739	28,75	104,21
1,75	0,05	0,20	10,10	0,500	11,668	0,224	10,942	1,032	31,7	0,001424	0,001576	31,70	135,91
1,70	0,05	0,20	9,90	0,490	11,178	0,224	10,718	1,021	31,5	0,001604	0,001396	35,80	171,71
1,65	0,05	0,20	9,70	0,480	10,698	0,224	10,494	1,010	31,3	0,001812	0,001188	42,10	213,81
1,60	0,05	0,20	9,50	0,470	10,228	0,224	10,270	0,999	31.1	0,002100	0,000900	55,50	269,31

Tabelle 18.

t	Δz	z	$\frac{h}{t}$	$\varphi\left(\frac{h}{t}\right)$	$\frac{z}{t}$	$\varphi\left(\frac{z}{t}\right)$	$\varphi\left(\frac{h}{t}\right)-\varphi\left(\frac{z}{t}\right)$	$\frac{t}{J}$	x
1,50	0,05	0,45	0,3333	1,4021	0,3000	1,3428	0,0593	500	29,65
1,50	0,05	0,40	0,3333	1,4021	0,2667	1,2796	0,1225	500	61,25
1,50	0,05	0,35	0,3333	1,4021	0,2333	1,2111	0,1910	500	95,25
1,50	0,05	0,30	0,3333	1,4021	0,2000	1,1361	0,2660	500	133,00
1,50	0,05	0,25	0,3333	1,4021	0,1667	1,0518	0,3503	500	175,20
1,50	0,05	0,20	0,3333	1,4021	0,1333	0,9539	0,4482	500	224,10
1,50	0,05	0,15	0,3333	1,4021	0,1000	0,8353	0,5668	500	283,40
1,50	0,05	0,10	0,3333	1,4021	0,0667	0,6730	0,7291	500	364,60

nige cm betragen und überdies alle drei Methoden den tatsächlichen Vorgang in der Natur nur angenähert richtig wiedergeben, so ist auch gegen die Verwendung der Ergebnisse z. B. nach **Tolkmitt**, wie es in dieser Aufgabe geschehen ist, nichts einzuwenden.

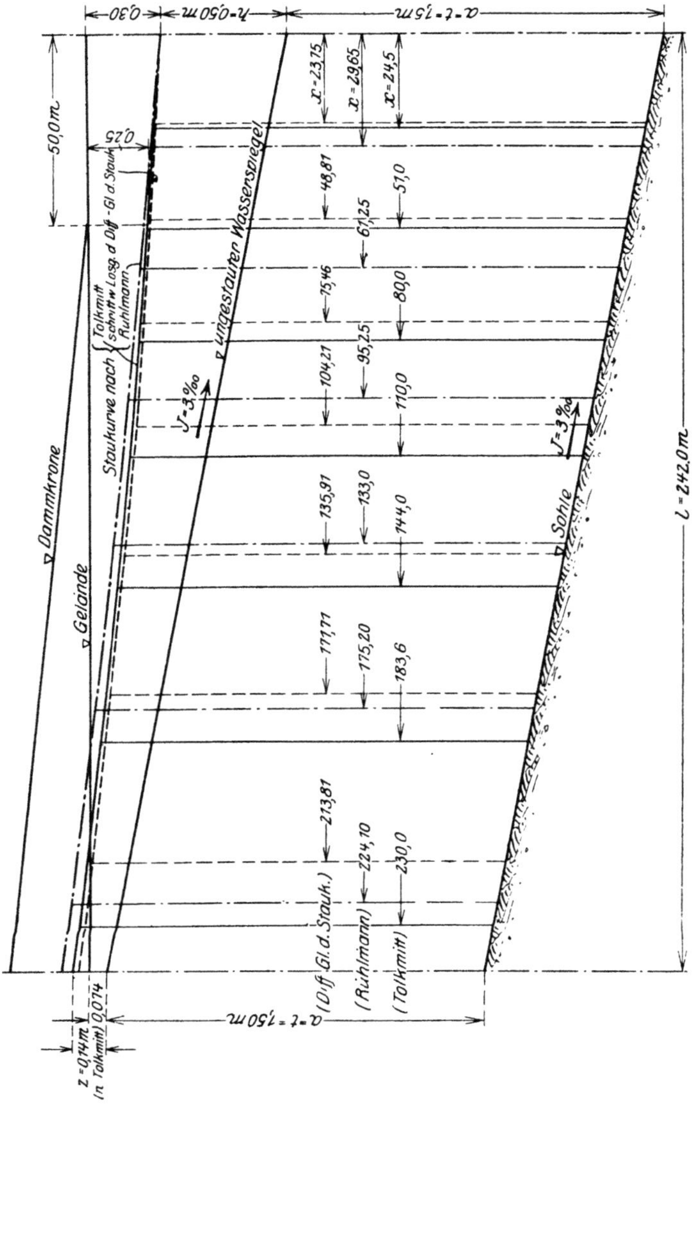

Abb. 79.

Für den vorliegenden und ähnliche Fälle, wo es sich um vollkommen regelmäßige Gerinne handelt, in denen vor dem Stau gleichförmige Wasserbewegung geherrscht hat, wird man die Stauverhältnisse zweckmäßig überhaupt nur nach Tolkmitt oder Rühlmann bestimmen, da sie am raschesten und einfachsten zum Ziele führen.

Aufgabe 30.

Zum Zwecke der Kanalisierung einer Flußstrecke soll am unteren Ende dieser Strecke, d. i. im Profil I, in den Fluß ein Wehr eingebaut werden, so daß an dieser Stelle der Flußwasserspiegel eine Hebung auf Kote 211,000 m erfährt. Gegeben sind fünf Querprofile I bis V, die so ausgewählt wurden, daß zwischen diesen Profilen jeweils keine Unregelmäßigkeiten bezüglich Querschnitt und Gefälle vorkommen. Diese Profile wurden zur Zeit eines Beharrungszustandes im Flusse aufgenommen bei jenem Pegelstand, für welchen im Profil I der Stau 3,50 m betragen soll. Gegeben sind von den Profilen nachfolgend die einander entsprechenden Wasserquerschnittsflächen und benetzten Umfänge der fünf Profile. Außerdem sind die Profile in Abb. 81 in fünffacher Verzerrung aufgetragen. Der Fluß führt Geschiebe, so daß mit $\gamma = 1,75$ nach Bazin gerechnet werden soll. Das Gesamtspiegelgefälle zwischen I und V wurde mit 4,200 m festgestellt, die Spiegelkote im Profil I mit 207,500.

Profile	I		II		III		IV		V
Entfernungen . .		1500		1300		800		1000 m	
Wasserquerschnitt	160		140		145		170		150 m²
benetzter Umfang	65		55		60		62		60 m.

Kann die Wasserbewegung im Flußschlauch vor dem Aufstau mit hinreichender Genauigkeit als gleichförmig bezeichnet werden? Welcher Spiegelverlauf ergibt sich für ungestautes Wasser und wie groß ist die Wassermenge, welche durch die gegebenen Wasserquerschnitte in der Sekunde hindurchgeht? Wie verläuft der Wasserspiegel nach durchgeführtem Stau?

Lösung.

Mit dem Gesamtspiegelgefälle zwischen I und V ist, zusammen mit der Entfernung I bis V = 4600 m, zwar das durchschnittliche Spiegelgefälle bekannt. Da wir aber nicht wissen, ob sich die Teilspiegelgefälle zwischen den einzelnen Profilen mit diesem Durchschnittsgefälle decken, müssen erst diese ermittelt werden. Davon hängt auch die Bestimmung von Q ab, weil $Q = v \cdot F$ und v eine Funktion des Spiegelgefälles J ist.

Da wir zunächst nicht wissen, welche Wasserbewegung in den einzelnen Profilabschnitten herrscht, nehmen wir an, es handle sich um den allgemeinen Fall der ungleichförmigen Bewegung, bei welcher sowohl Beschleunigung, als auch Verzögerung auftreten kann. Wir hatten uns für diesen Fall in Aufgabe 29 die Beziehung abgeleitet:

$$\Delta h = \left(\frac{Q}{c}\right)^2 \cdot \frac{p}{F^3} \cdot \Delta x + \frac{\alpha Q^2}{2g}\left(\frac{1}{F_u^{\,2}} - \frac{1}{F_0^{\,2}}\right).$$

Die Summierung für alle Teilstrecken Δx ergibt:

$$\Sigma \Delta h = h = Q^2 \sum_{x=0}^{x=L} \frac{p \cdot \Delta x}{c^2 \cdot F^3} + \frac{\alpha Q^2}{2g} \sum_{x=0}^{x=L} \left(\frac{1}{F_u^{\,2}} - \frac{1}{F_0^{\,2}}\right).$$

Schreiben wir diese Gleichung nach dem Vorschlage Tolkmitts, um kleine Brüche zu vermeiden, in der Form:

$$\left(\frac{100}{Q}\right)^2 \cdot h = \frac{1}{2g} \sum_{x=0}^{x=L} \left[\left(\frac{100}{F_u}\right)^2 - \left(\frac{100}{F_0}\right)^2\right] + \sum_{x=0}^{x=L} \left(\frac{100}{c}\right)^2 \cdot \frac{p\,\Delta x}{F^3}\Bigg],$$

so übersieht man sofort, daß sich die einzelnen Glieder der rechten Gleichungsseite unmittelbar bestimmen lassen. Erst mit diesem Ergebnis ist es möglich, die Wassermenge Q festzulegen.

Die Rechnung ist in umstehender Tabelle 19 durchgeführt.

Ohne Berücksichtigung der bei der Verzögerung auftretenden Verluste wäre Q:

$$\left(\frac{100}{Q}\right)^2 \cdot 4{,}200 = 0{,}466_5 - 0{,}002 = 0{,}464_5,$$

daraus

$$Q = \mathbf{301}\ \mathrm{m^3/sec}.$$

Tabelle 19.

Profil-bezeichnung	Wasser-querschnitt F m²	$\left(\frac{100}{F}\right)^2$	$\frac{1}{2g}\cdot\left(\frac{100}{F}\right)^2$ Beschleunigung = Druckhöhenverbrauch	$\frac{1}{2g}\cdot\left(\frac{100}{F}\right)^2$ Verzögerung = Druckhöhenrückgewinn	Profil-abstand Δx m	Wasser-querschnitt $_mF$ m²	Benetzter Umfang $_mp$ m	Hydraulischer Radius $_mR$ m	Geschwindig-keitsbeiwert $_mc$	$\left(\frac{100}{_mc}\right)^2\cdot\frac{_mp}{_mF^3}\cdot\Delta x=\Phi$	$\Delta h=\left(\frac{Q}{100}\right)^2\cdot\Phi$
I	160,0	0,391									
			—	− 0,006	1500	150,0	60,0	2,50	41,3	$0{,}156_5$	1,41[illegible]
II	140,0	0,510									
			+ 0,002	—	1300	142,5	57,5	2,48	41,2	0,153	1,37[illegible]
III	145,0	0,475									
			+ 0,004	—	800	157,5	61,0	2.58	41,6	0,072	0,64[illegible]
IV	170,0	0,405									
			—	− 0,002	1000	160,0	61,0	2,62	41,8	0,085	0,76[illegible]
V	150,0	0,443									
			+ 0,006	− 0,008	4600					$0{,}466_5$	4,20[illegible]
			$\Sigma = -0{,}002$								

Nimmt man dagegen an, daß der sich rechnerisch ergebende Rückgewinn an lebendiger Energie in Wirbeln und Stößen aufzehrt, dann wird:

$$\left(\frac{100}{Q}\right)^2\cdot 4{,}200 = 0{,}466_5 + 0{,}006 = 0{,}472_5\,,$$

daraus

$$Q = \mathbf{299}\ \mathrm{m^3/sec}.$$

Würde man den Einfluß der Änderung an lebendiger Kraft überhaupt vernachlässigen, dann ergäbe sich Q zu:

$$\left(\frac{100}{Q}\right)^2\cdot 4{,}200 = 0{,}466_5\,,$$

daraus

$$Q = \mathbf{300}\ \mathrm{m^3/sec}\,.$$

Das Rechenergebnis zeigt, daß in unserem Beispiel ohne merklichen Fehler von der Vorstellung Gebrauch gemacht werden darf, daß in jedem Abschnitt Δx für sich gleichförmige Wasserbewegung herrscht, wobei aber die Geschwindigkeiten in den einzelnen Abschnitten voneinander abweichen, während die

Druckhöhenverbräuche zur Geschwindigkeitserhöhung bzw. die Druckhöhenrückgewinne aus den Geschwindigkeitsermäßigungen im Hinblick auf die sonstigen Genauigkeiten der Rechnung — man beachte in diesem Zusammenhange die großen Werte $\varDelta x$! — vernachlässigt werden dürfen. Ihre Berücksichtigung würde auf die Gesamtgefällshöhe kaum einige Zentimeter ausmachen.

Es wird deshalb im weiteren Verlauf der Rechnung mit $Q = 300 \text{m}^3/\text{sec}$ und mit den in der Tabelle 19 errechneten Werten $\varDelta h$ gearbeitet. Im Längenprofil Abb. 82 ist der sich hieraus ergebende Spiegelverlauf des ungestauten Wassers dargestellt.

Mit den bisherigen Ermittlungen läßt sich nun an die Feststellung des Stauspiegelverlaufes gehen. Im Hinblick auf die unregelmäßige Profilgestaltung des Flußschlauches gehen wir von der Gleichung

$$\varDelta y = \varDelta x \left(\frac{Q}{{}_mc_{st}}\right)^2 \cdot \frac{{}_mp_{st}}{{}_mF_{st}^{\,3}}$$

aus, vernachlässigen also den Rückgewinn an lebendiger Kraft. Da wir beim Übergang von Profil I nach Profil II den Stau zunächst nicht kennen, die Größen ${}_mF_{st}$, ${}_mp_{st}$ und ${}_mc_{st}$ aber die Mittelwerte der entsprechenden Werte der Profile I und II, bezogen auf den Stau, darstellen, bleibt nichts anderes übrig, als für die erste Annäheruug für Profil II eine Stauhöhe $\varDelta y$ zu schätzen und nun durch Einsetzen der erhaltenen Werte in die Gleichung zu prüfen, ob diese den gleichen Wert $\varDelta y$ ergibt, wie er von uns angenommen worden ist. In den meisten Fällen wird dieses errechnete $\varDelta y$ mit dem vorher geschätzten nicht übereinstimmen, so daß die Rechnung zu wiederholen wäre, da ja das errechnete $\varDelta y$ auch andere Werte ${}_{\text{II}}F_{st}$, ${}_{\text{II}}p_{st}$ und ${}_{\text{II}}c_{st}$ bedingt. Wie weit hier die Genauigkeit zu treiben ist, hängt jeweils von den besonderen Verhältnissen ab und wird daher auch von Fall zu Fall zu entscheiden sein.

In unserer Aufgabe betrachten wir es als genügend genau, mit dem errechneten $\varDelta y$ auf den nächsten Abschnitt überzugehen, für welche Rechnung aber ${}_{\text{II}}F_{st}$, ${}_{\text{II}}p_{st}$ und ${}_{\text{II}}c_{st}$ entsprechend dem errechneten $\varDelta y$ verbessert werden. Nun wiederholt sich das Verfahren für diesen neuen Abschnitt. Auf diese Weise ergibt sich schrittweise der Verlauf **der Staukurve.**

Nachfolgend ist das Verfahren für einige Abschnitte durch die vorgeführte Zahlenrechnung im Detail erläutert, die Gesamtzusammenstellung der Rechnung gibt Texttabelle 20.

Im Profil I ist nach Durchführung des Staues

$$_{\mathrm{I}}F_{st} = 412{,}00\ \mathrm{m}^2; \qquad _{\mathrm{I}}p_{st} = 80{,}6\ \mathrm{m}.$$

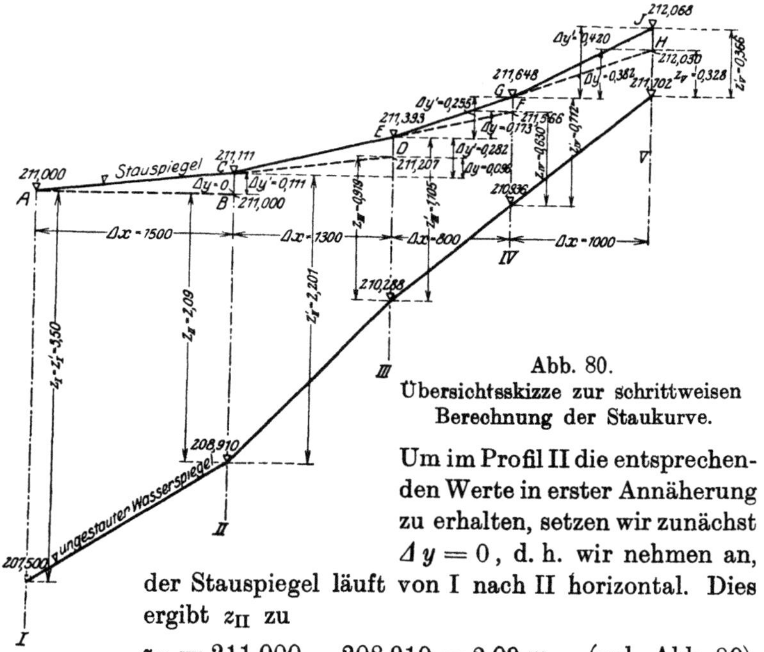

Abb. 80. Übersichtsskizze zur schrittweisen Berechnung der Staukurve.

Um im Profil II die entsprechenden Werte in erster Annäherung zu erhalten, setzen wir zunächst $\Delta y = 0$, d. h. wir nehmen an, der Stauspiegel läuft von I nach II horizontal. Dies ergibt z_{II} zu

$$z_{\mathrm{II}} = 211{,}000 - 208{,}910 = 2{,}09\ \mathrm{m} \qquad \text{(vgl. Abb. 80).}$$

Durch Eintragung von z in das Querprofil II erhält man den Stauspiegel in diesem Profil und durch Planimetrieren oder Rechnung $_{\mathrm{II}}Q_{st}$ und $_{\mathrm{II}}p_{st}$.

Es ist manchmal sehr zweckmäßig und bequem, besonders wenn der Verlauf der Staukurven für mehrere charakteristische Pegelstände (z. B. für N. W., M. W. und H. W.) festgestellt werden muß, für jedes Profil F und p als Funktionen von z aufzutragen und dann für errechnete z-Werte die zugehörigen F und p aus diesen Kurven zu entnehmen. So wurde auch in dem vorliegenden Beispiel verfahren (vgl. Abb. 81). Wir entnehmen z. B. für $z_{\mathrm{II}} = 2{,}09$ m

$$_{\mathrm{II}}F_{st} = 262{,}0\ \mathrm{m}^2 \quad \text{und} \quad _{\mathrm{II}}p_{st} = 64{,}2\ \mathrm{m}.$$

Damit wird für die Strecke I—II:

$$_mF_{st} = \frac{_{\mathrm{I}}F_{st} + {_{\mathrm{II}}F_{st}}}{2} = \frac{412{,}0 + 262{,}0}{2} = 337{,}0 \text{ m}^2$$

und

$$_mp_{st} = \frac{_{\mathrm{I}}p_{st} + {_{\mathrm{II}}p_{st}}}{2} = \frac{80{,}6 + 64{,}2}{2} = 72{,}4 \text{ m}.$$

Nunmehr ergibt sich für die Teilstrecke I—II

$$_mR_{st} = \frac{_mF_{st}}{_mp_{st}} = \frac{337{,}0}{72{,}4} = 4{,}66 \text{ m}$$

und $_mc_{st}$ für $\gamma = 1{,}75$ nach Tafel 3 des Anhangs zu 48. Diese Werte in die Gleichung der Staukurve eingesetzt, ergibt

$$\Delta y' = 1500 \cdot \left(\frac{300}{48}\right)^2 \cdot \frac{72{,}4}{337{,}0^3} = \mathbf{0{,}111} \text{ m}.$$

Es ist deshalb $\Delta y' \neq 0$ sondern $\Delta y' = 0{,}111$ m, so daß der Stauspiegel im Profil II nicht auf Kote 211,000, wie zuerst angenommen, liegt, sondern auf Kote

$$211{,}000 + 0{,}111 = 211{,}111 \text{ m}.$$

Mit dieser Stauspiegelkote rechnen wir nun weiter als Ausgangspunkt für den Abschnitt II bis III. Es sind deshalb auch die Werte $_{\mathrm{II}}F_{st}$ und $_{\mathrm{II}}p_{st}$ für die Stauspiegelkote 211,111, d. h. für $z'_{\mathrm{II}} = 2{,}201$ m zu verbessern. Daher

$$_{\mathrm{II}}F_{st}' = 270{,}0 \text{ m}^2 \quad \text{und} \quad _{\mathrm{II}}p_{st}' = 64{,}7 \text{ m}.$$

Zur vorläufigen Bestimmung von $_{\mathrm{III}}F_{st}$ nehmen wir an, es verlaufe der Stauspiegel bis zum Profil III geradlinig von A über C nach D (Abb. 80). Das ergibt eine Stauspiegelkote in D (Profil III) von

$$211{,}111 + \frac{1300}{1500} \cdot 0{,}111 = 211{,}111 + 0{,}096 = 211{,}207 \text{ m}.$$

Das entspricht der Annahme $\Delta y = 0{,}096$ für die Strecke II—III. Daher

$$z_{\mathrm{III}} = 211{,}207 - 210{,}288 = 0{,}919 \text{ m}.$$

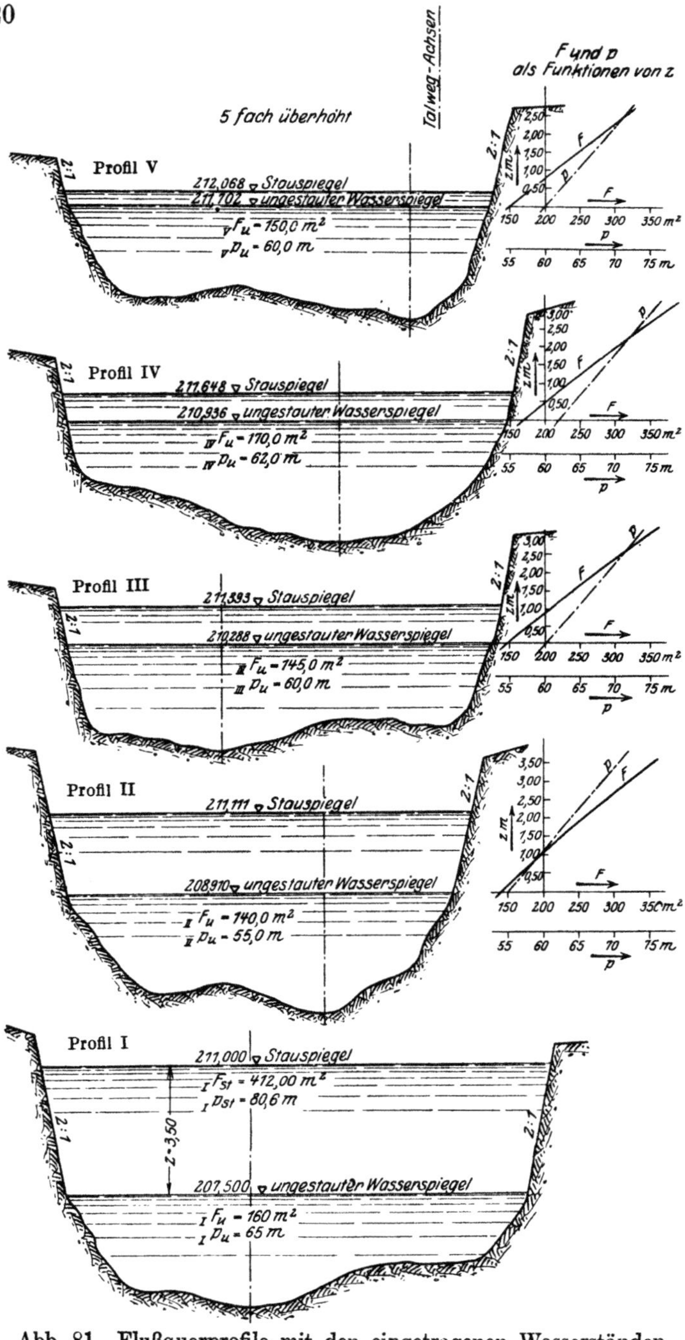

Abb. 81. Flußquerprofile mit den eingetragenen Wasserständen.

Diesem z_{III} entsprechen ${}_{III}F_{st} = 200{,}0\ \mathrm{m}^2$; ${}_{III}p_{st} = 64{,}0$ m. Somit für die Teilstrecke II—III:

$$_mF_{st} = \frac{_{II}F_{st}' + {}_{III}F_{st}}{2} = \frac{270{,}0 + 200{,}0}{2} = 235{,}0\ \mathrm{m}^2,$$

$$_mp_{st} = \frac{_{II}p_{st}' + {}_{III}p_{st}}{2} = \frac{64{,}7 + 64{,}0}{2} = 64{,}35\ \mathrm{m},$$

$$_mR_{st} = \frac{_mF_{st}}{_mp_{st}} = \frac{235{,}0}{64{,}35} = 3{,}65\ \mathrm{m},$$

$$_mc_{st} = 45{,}3$$

und

$$\Delta y' = 1300 \cdot \left(\frac{300}{45{,}3}\right)^2 \cdot \frac{64{,}35}{235{,}0^3} = 0{,}282\ \mathrm{m}.$$

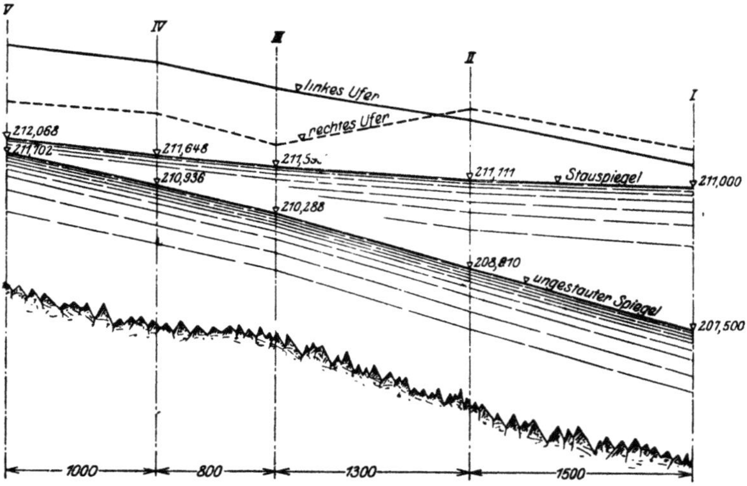

Abb. 82. Längenprofil. Verzerrung 3 : 800.

Der Stauspiegel geht also nicht durch Punkt D, sondern durch Punkt E des Profils III und hat die Kote

$$211{,}111 + \Delta y' = 211{,}111 + 0{,}282 = 211{,}393\ \mathrm{m}.$$

Daher

$$z_{III} = 211{,}393 - 210{,}288 = 1{,}105\ \mathrm{m}.$$

Nun sind wieder die verbesserten Werte ${}_{III}F_{st}'$ und ${}_{III}p_{st}$ zu bilden und damit die Stauspiegellage im Profil IV zu bestimmen usw.

Ta-

Profil-bezeichnung	Spiegelkoten			z aus erster Versuchsrechnung, darunter verbess. Wert z'	F_{st} aus erster Versuchsrechnung, darunter verbess. Wert F_{st}'	${}_mF_{st}$	p_{st} aus erster Versuchsrechnung, darunter verbess. Wert p_{st}'	${}_mp_{st}$	${}_mR_{st}$
	ungestaut (Normalwasser)	gestaut: erste Versuchsrechnung	gestaut: verbesserte Kote						
1	2	3	4	5	6	7	8	9	10
I	207,500	—	211,000	3,500	412,0	337,0	80,6	72,4	4,66
II	208,910	211,000	—	2,09	262,0		64,2		
II	208,910	—	211,111	2,201	270,0	235,0	64,7	64,35	3,65
III	210,288	211,207 [1])	—	0,919	200,0		64,0		
III	210,288	—	211,393 [2])	1,105	212,0	211,0	64,9	64,9	3,25
IV	210,936	211,566 [3])	—	0,630	210,0		64,8		
IV	210,936	—	211,648 [4])	0,712	215,0	193,0	65,2	63,3	3,05
V	211,702	212,030 [5])	—	0,328	171,0		61,4		
V	211,702	—	212,068 [6])	0,366					

belle 20.

$_mc_{st}$	Profil-abstand Δx	$\Delta x \cdot \left(\frac{Q}{_mc_{st}}\right)^2 \cdot \frac{_mp_{st}}{_mF_{st}^3} =$	$\Delta y'$	Bemerkungen
11	12	13	14	15
48	1500	$1500 \cdot \left(\frac{300}{48}\right)^2 \cdot \frac{72,4}{337,0^3} =$	0,111	[1]) 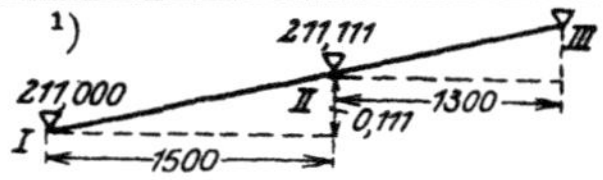 $211,111 + \frac{1300}{1500} \cdot 0,111 =$ $= 211,111 + 0,096 = 211,207$ d. h. Δy für II—III mit 0,096 als erster Versuchswert angenommen.
45,3	1300	$1300 \cdot \left(\frac{300}{45,3}\right)^2 \cdot \frac{64,35}{235,0^3} =$	0,282	[2]) Verbesserte Stauspiegelkote in III: $211,111 + 0,282 = 211,393$ m. [3]) 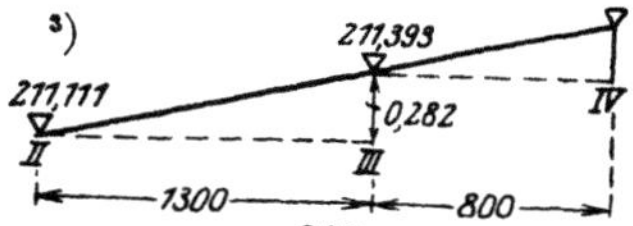
44,2	800	$800 \cdot \left(\frac{300}{44,2}\right)^2 \cdot \frac{64,9}{211,0^3} =$	0,255	$211,393 + \frac{800}{1300} \cdot 0,282$ $= 211,393 + 0,173 = 211,566,$ d. h. Δy für III—IV als erster Versuchswert mit 0,173 m angenommen. [4]) Verbesserte Stauspiegelkote in IV: $211,393 + 0,255 = 211,648$ m.
43,5	1000	$1000 \cdot \left(\frac{300}{43,5}\right)^2 \cdot \frac{63,3}{193,0^3} =$	0,420	[5]) 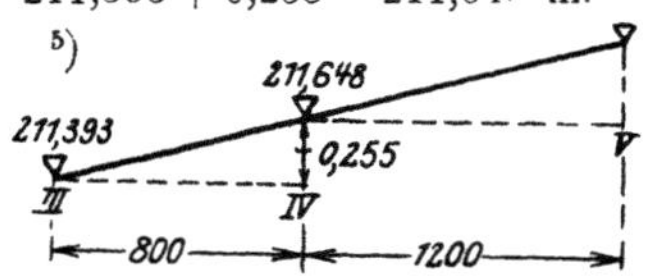 $211,648 + \frac{1200}{800} \cdot 0,255$ $= 211,648 + 0,382 = 212,030,$ d. h. Δy für IV—V als erster Versuchswert mit 0,382 m angenommen. [6]) Verbesserte Stauspiegelkote in V: $211,648 + 0,420 = 212,068$ m.

Sehr einfach und übersichtlich läßt sich die ganze Rechnung tabellarisch durchführen. Texttabelle 20 gibt diese Rechnung samt den kurz zusammengefaßten zahlenmäßigen Erläuterungen.

Das Ergebnis wurde dann in die Querprofile (Abb. 81) und in das Längenprofil (Abb. 82) übertragen. Bei letzterem wurde von der sonst üblichen Verzerrung 1 : 1000 abgegangen im Hinblick auf die verhältnismäßig kurze Flußstrecke.

Dagegen wurde an dem Brauche festgehalten, das Wasser von links nach rechts fließen zu lassen, die linke Uferlinie auszuziehen und die rechte, welche dem Beschauer zu liegt und nicht zu sehen ist, zu punktieren.

Aufgabe 31.

Zwei Wasserläufe sind durch ein Gerinne von gegebener Profilform miteinander verbunden. Wie gestaltet sich die Senkungskurve, wenn das Gerinne 2,00 m^3/sec abführen soll bei 60 cm Wassertiefe am Anfange des Gerinnes, und wenn das Sohlgefälle im Gerinne

a) $J = +\,0{,}5\,^0/_{00}$,
b) $J = \pm\,0{,}0\,^0/_{00}$,
c) $J = -\,0{,}5\,^0/_{00}$

beträgt?

Das Gerinne, dessen Sohle und lotrechte Wände mit Bruchsteinmauerwerk ausgekleidet sind, hat 2,50 m lichte Breite.

An welcher Stelle ist ein Wassersprung zu erwarten, wenn das genügend lange Gerinne durchweg stetig verläuft?

Lösung.

Die allgemeine Gleichung der ungleichförmigen Bewegung lautet:

$$h = \frac{\alpha \cdot Q^2}{2\,g} \cdot \sum \left[\frac{1}{F_u^{\,2}} - \frac{1}{F_0^{\,2}}\right] + Q^2 \sum \frac{p \cdot l}{c^2 \cdot F^3}.$$

Auf die Länge dx beträgt das Spiegelgefälle z (Abb. 83). Wird dies in obiger Gleichung berücksichtigt, ferner $\alpha = 1{,}0$ gesetzt, so erhält man:

$$z = \frac{Q^2}{2\,g}\left[\frac{1}{F_u^{\,2}} - \frac{1}{F_0^{\,2}}\right] + \left(\frac{Q}{c}\right)^2 \cdot \frac{p\,dx}{F^3}.$$

z ergibt sich (Abb. 83) als Summe aus dem Reibungsgefälle und dem Gefällsverbrauch für die Beschleunigung:

$$\frac{z}{dx} = J_s = J + \frac{dz}{dx},$$

$$z = J \cdot dx + dz.$$

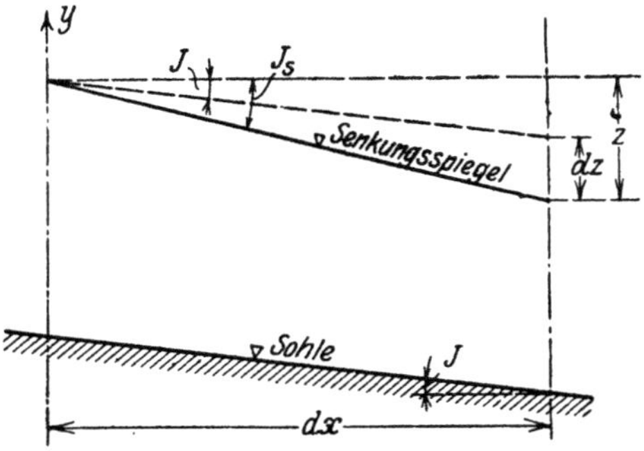

Abb. 83.

Demnach

$$J \cdot dx + dz = \frac{Q^2}{2g}\left[\frac{1}{F_u^2} - \frac{1}{F_0^2}\right] + \left(\frac{Q}{c}\right)^2 \cdot \frac{p\,dx}{F^3}$$

$$dx \cdot \left[\left(\frac{Q}{c}\right)^2 \cdot \frac{p}{F^3} - J\right] = dz - \frac{Q^2}{2g} \cdot \left[\frac{1}{F_u^2} - \frac{1}{F_0^2}\right]$$

$$dx = \frac{dz - \frac{Q^2}{2g} \cdot \left[\frac{1}{F_u^2} - \frac{1}{F_0^2}\right]}{\left(\frac{Q}{c}\right)^2 \cdot \frac{p}{F^3} - J}$$

Man setzt in dieser Gleichung noch

$$\frac{1}{2}\left[\frac{1}{F_u^2} - \frac{1}{F_0^2}\right] = \frac{F_o^2 - F_u^2}{2 \cdot F_u^2 \cdot F_0^2} = \frac{F_o + F_u}{2} \cdot \frac{F_o - F_u}{F_u^2 \cdot F_0^2}$$

und berücksichtigt, daß $\frac{F_0 + F_u}{2} = F_m$, ferner $F_u^2 \cdot F_0^2 \sim F_m^4$.

Letzteres ergibt sich wie folgt: es ist

$$F_u^2 \cdot F_0^2 = \left[F_m - \frac{F_0 - F_u}{2}\right]^2 \cdot \left[F_m + \frac{F_0 - F_u}{2}\right]^2$$

$$= \left[F_m^2 - \left(\frac{F_0 - F_u}{2}\right)^2\right]^2.$$

Nun kann man $\left(\frac{F_0 - F_u}{2}\right)^2$ vernachlässigen, da es gegenüber F_m^2 klein ist, so daß $F_u^2 \cdot F_0^2 \sim F_m^4$ gesetzt werden kann. Damit erhält man

$$\frac{1}{2}\left(\frac{1}{F_u^2} - \frac{1}{F_0^2}\right) = \frac{F_0 - F_u}{F_m^3}.$$

Für endliche Differenzen Δx und Δz wird jetzt unsere Gleichung:

$$\Delta x = \frac{\Delta z - \frac{Q^2}{g} \cdot \frac{F_0 - F_u}{F_m^3}}{\left(\frac{Q}{c_m}\right)^2 \cdot \frac{p_m}{F_m^3} - J}.$$

Damit ist die Senkungskurve in einer Form dargestellt, welche auf bequeme Weise ihre schrittweise Berechnung ermöglicht, wobei aber stetige Profilform vorausgesetzt ist.

Gegeben sind zunächst Q m³/sec, der Wasserquerschnitt F_0 m², der benetzte Umfang p_0 m, damit auch c_0, außerdem das Sohlgefälle J.

Nehmen wir nun ein bestimmtes Δz an, und fragen uns, in welchem Abstand Δx vom Anfangspunkt der Senkungskurve dieses Δz erreicht wird, dann kennen wir durch diese Wahl von Δz auch F_u, p_u, c_u, also auch $F_m = \frac{F_0 + F_u}{2}$, $p_m = \frac{p_0 + p_u}{2}$ c_m aus $R_m = \frac{F_m}{p_m}$, können also damit Δx rechnen.

Die Wiederholung dieses Rechenverfahrens gibt uns verschiedene Punkte der Senkungskurve und damit deren Verlauf.

Die Rechnung selbst ist in Texttabelle 21 durchgeführt.

Welches Sohlgefälle müßte das gegebene Gerinne haben, damit unter Beibehaltung der übrigen Bedingungen das Wasser **gleichförmig** abfließt?

Für $t = 0{,}60$ m Wassertiefe ist der Wasserquerschnitt $F = 0{,}60 \cdot 2{,}50 = 1{,}50$ m², der benetzte Umfang

$$p = 2{,}50 + 2 \cdot 0{,}60 = 3{,}70 \text{ m},$$

daher $R = \frac{1{,}50}{3{,}70} = 0{,}4055$ m und somit $c = 50{,}5$ (nach Bazin mit $\gamma = 0{,}46$). Außerdem beträgt die Eintrittsgeschwindigkeit $v = \frac{Q}{F} = \frac{2{,}0}{1{,}5} = 1{,}333$ m/sec. Damit wird

$$J = \frac{v^2}{c^2 \cdot R} = \frac{1{,}333^2}{50{,}5^2 \cdot 0{,}4055} = 0{,}00172 = \mathbf{1{,}72\,^0/_{00}}\,.$$

Bei der stetigen Gerinneform ist für diesen gleichförmigen Fließvorgang das Spiegelgefälle gleich dem Sohlgefälle; daher müßte zur Erreichung dieses Abflußverhältnisses letzteres im Gerinne $1{,}72\,^0/_{00}$ betragen.

Es frägt sich nun, wo der Wassersprung auftritt! Da der Verlauf der Senkungskurven nunmehr bekannt ist, und daher zu jedem Δz oder zu jedem Wert t das zugehörige Δx bzw. x der graphischen Auftragung der ermittelten Kurven entnommen werden kann, haben wir zunächst die dem Wassersprung entsprechende kritische Tiefe t_{gr}, d. i. die Tiefe, bei welcher das Auftreten des Wassersprunges zu erwarten steht, zu ermitteln.

Die Bedingung für den Wassersprung lautet, daß

$$\Delta x = 0$$

wird. Diese Bedingung wird in der Gleichung

$$\Delta x = \frac{\Delta z - \frac{\alpha Q^2}{g} \cdot \frac{F_0 - F_u}{F_m^3}}{\left(\frac{Q}{c_m}\right)^2 \cdot \frac{p_m}{F_m^3} - J}$$

erfüllt sein, wenn der Zähler zu Null wird, während der Nenner gleichzeitig $\gtrless 0$ ist. (Der 2. Fall, daß $\Delta x = 0$ wird, indem der Nenner unendlich groß wird bei endlicher Größe des Zählers, kommt praktisch nicht in Frage.)

Es muß also sein

$$\Delta z = \frac{\alpha Q^2}{g} \cdot \frac{F_o - F_u}{F_m^3},$$

wenn gleichzeitig

$$\left(\frac{Q}{c_m}\right)^2 \cdot \frac{p_m}{F_m^3} \gtrless J$$

(d. h. der Nenner nicht zu Null wird).

Tabelle 21.

Wassertiefe t	Δz	F_0 F_u	$F_0 - F_u$	$\frac{F_0 + F_u}{2} = F_m$	F_m^3	$\frac{F_o - F_u}{F_m^3} = a$	$\frac{Q^2}{g} = b$	$a \cdot b$	$\Delta z - a \cdot b = Z$	p_0 p_u	$\frac{p_0 + p_u}{2} = p_m$	$\frac{F_m}{p_m} = R_m$	c_m für $\gamma = 0{,}46$ (n. Bazin)	$\left(\frac{Q}{c_m}\right)^2 = d$	$\frac{p_m}{F_m^3} = e$	$d \cdot e$
0,60		1,50								3,70						
	0,05		0,125	1,4375	2,975	0,0420	0,4075	0,0171	0,0329		3,65	0,394	50,2	0,00159	1,226	0,00195
0,55		1,375								3,60						
	0,05		0,125	1,3125	2,265	0,0551	0,4075	0,0224	0,0276		3,55	0,370	49,5	0,00163	1,567	0,00255
0,50		1,250								3,50						
	0,05		0,125	1,1875	1,677	0,0746	0,4075	0,0304	0,0196		3,45	0,344	48,7	0,00169	2,057	0,00351
0,45		1,125								3,40						
	0,05		0,125	1,0625	1,205	0,1037	0,4075	0,0422	0,0078		3,35	0,327	48,1	0,00173	2,780	0,00481
0,40		1,000								3,30						

Bei Abnahme der Wassertiefe von	J_1	$d \cdot e - J_1 = N_1$	$\frac{Z}{N_1} = \Delta x_1$	J_2	$d \cdot e - J_2 = N_2$	$\frac{Z}{N_2} = \Delta x_2$	J_3	$d \cdot e - J_3 = N_3$	$\frac{Z}{N_3} = \Delta x_3$
0,60 auf 0,55	+ 0,00050	0,00145	22,70	0,0	0,00195	16,87	− 0,00050	0,00245	13,42
0,55 „ 0,50	+ 0,00050	0,00205	13,46	0,0	0,00255	10,82	− 0,00050	0,00305	9,05
0,50 „ 0,45	+ 0,00050	0,00301	6,51	0,0	0,00351	5,58	− 0,00050	0,00401	4,89
0,45 „ 0,40	+ 0,00050	0,00431	1,81	0,0	0,00481	1,62	− 0,00050	0,00531	1,47

Für

$$\alpha = 1{,}0, \quad F_u = b \cdot t_u, \quad F_0 = b \cdot t_0, \quad F_m = b \cdot t_m,$$

$$Q = v_m \cdot F_m = v_m \cdot b \cdot t_m, \quad \varDelta z = t_0 - t_u$$

erhält man

$$t_0 - t_u = \frac{1}{g} \, \frac{b \cdot (t_0 - t_u)}{b^3 \cdot t_m^3} \cdot v_m^2 \cdot b^2 \cdot t_m^2$$

oder

$$t_m = \frac{v_m^2}{g}.$$

Für

$$v_m = \frac{Q}{F_m} = \frac{Q}{b \cdot t_m}$$

wird

$$t_m = \frac{Q^2}{b^2 \cdot t_m^2} \cdot \frac{1}{g}.$$

Setzen wir, da t_m die gesuchte Grenztiefe ist,

$$t_m = t_{gr},$$

so ist also

$$t_{gr} = \sqrt[3]{\frac{Q^2}{b^2 \cdot g}}.$$

Für $Q = 2{,}0 \text{ m}^3/\text{sec}$, $b = 2{,}5$ m, $g = 9{,}81 \text{ m/sec}^2$ berechnet sich t_{gr} zu

$$t_{gr} = \sqrt[3]{\frac{2{,}0^2}{2{,}5^2 \cdot 9{,}81}} = 0{,}402 \text{ m}.$$

Diese Grenztiefe $t_{gr} = 0{,}402$ m tritt ein:

bei einem Sohlgefälle $J_1 = +\,0{,}5\,^0/_{00}$ im Abstand $x_{gr_1} = 44{,}40$ m,
„ „ „ $J_2 = \pm\,0{,}0\,^0/_{00}$ „ „ $x_{gr_2} = 34{,}80$ m,
„ „ „ $J_3 = -\,0{,}5\,^0/_{00}$ „ „ $x_{gr_3} = 28{,}80$ m

vom Gerinneanfang.

Da bei gleichförmiger Bewegung die Wassertiefe t dauernd 0,60 m beträgt, also stets größer t_{gr} ist, kann hier ein Wassersprung nicht auftreten.

Wir haben uns nun noch Rechenschaft von der praktischen Bedeutung der durchgeführten Rechnung zu geben. Der Fließ-

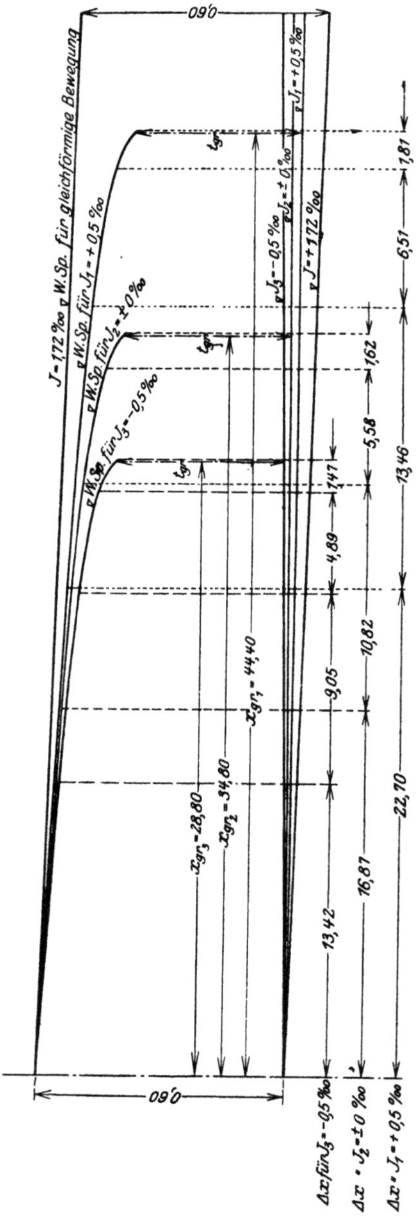

Abb. 84. Darstellung des Verlaufs der Wasserspiegellinien für die Sohlengefälle: $J = +1,72\,‰$; $J_1 = +0,5\,‰$; $J_2 = \pm 0,0\,‰$; $J_3 = -0,5\,‰$. 20fach überhöht.

vorgang läßt sich rechnungsmäßig einwandfrei nur bis zum Eintritt des Wassersprunges, d. h. bis zum Auftreten der Grenztiefe verfolgen. Will man also die Einhaltung der gegebenen Bedingungen (Einhaltung der Eintrittswassertiefe, des gewählten Sohlgefälles, der Fördermenge usw.) unter allen Umständen gewährleisten, dann wird man das Verbindungsgerinne eben nur so lang machen, daß die Grenztiefe nicht erreicht wird, d. h. der Wassersprung nicht auftritt. Ist aber die Gerinnelänge l gegeben, dann muß das Sohlgefälle J so gewählt werden, das $l < x_{gr}$ oder, was dasselbe besagt, die kleinste vorkommende Wassertiefe $> t_{gr}$ bleibt. Dann hat man klare Fließvorgänge und damit können die bisher verwendeten Rechenregeln Anwendung finden.

Abb. 84 zeigt in der Verzerrung 1 : 20 den Verlauf der Wasserspiegellinien und die Lage der Grenztiefen t_{gr} für die verschiedenen Sohlengefälle.

Aufgabe 32.

Zur Entlastung des Oberwasserkanals einer Großwasser - Kraftanlage wird beabsichtigt, eine Heberanlage, bestehend aus zwei Hebern, zu erstellen. Die Heberfördermenge muß mit Rücksicht auf die Gelände- und Raumverhältnisse in einer geschlossenen Rohrleitung abgeführt werden. Die Entwurfsskizze ohne die betriebstechnischen Einzelheiten liegt bereits vor und ist in Abb. 85 mit den für die Untersuchung notwendigen Daten gegeben.

1. Wie sind die Heber zu dimensionieren, wenn dieselben bei $h = 8{,}10$ m Hebergefälle je

$$Q = 28{,}0\ \mathrm{m^3/sec}$$

leisten sollen, und wenn der Lizenzinhaber der gewählten Konstruktion bei sachgemäßer Ausführung $\mu = 60\,\%$ Wirkungsgrad garantiert?[1])

[1]) Nach Modellversuchen der Mittl. Isar A.-G. im hydraulischen Institut der Technischen Hochschule München ergeben sich Wirkungsgrade von 75%, wobei vorausgesetzt ist, daß der Heber im

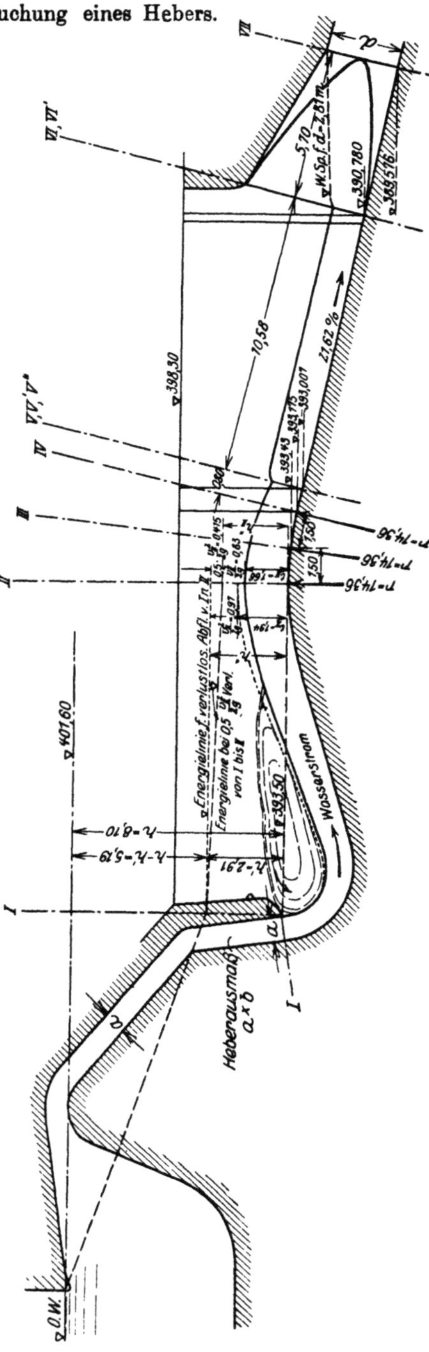

Abb. 85. Übersichtsskizze zur Untersuchung des Abflußvorganges im Ablaufgerinne vom Heber bis zum Beginn der Rohrleitung.

2. Wie läßt sich der Wasserspiegelverlauf in der Entlastungsanlage rechnerisch verfolgen und zu welcher konstruktiven Lösung führt er?

Lösung.

1. Heber und Ablaufbecken bis Profil II.

Die Wassergeschwindigkeit im unteren Endquerschnitt des Hebers (I—I, Abb. 85) ergibt sich für verlustloses Durchfließen desselben zu

$$v_{\mathrm{I}} = \sqrt{2\,g\,h} = \sqrt{2\,g \cdot 8{,}10} = 12{,}60\ \mathrm{m/sec}.$$

Die Reibung des Wassers an den Heberwandungen, das Aufprallen rascher fließender Wasserteilchen auf langsamer fließende Teilchen, Wirbel, Kontraktionen an den Krümmern u. dgl. bewirken einen Energieverlust, so daß nur noch der Teil h' der ganzen zur Verfügung stehenden Saughöhe h des Hebers sich in Geschwindigkeit umsetzen kann. Die tatsächliche Heberaustrittsgeschwindigkeit berechnet sich deshalb zu

$$v_{\mathrm{I}}' = \sqrt{2\,g\,h'}.$$

Das Verhältnis der beiden Geschwindigkeiten $\frac{v_{\mathrm{I}}'}{v_{\mathrm{I}}}$ ist gegeben durch den Heberwirkungsgrad μ. Daher

$$\mu = \frac{v_{\mathrm{I}}'}{v_{\mathrm{I}}} = \frac{\sqrt{2\,g\,h'}}{\sqrt{2\,g\,h}} = \frac{\sqrt{h'}}{\sqrt{h}}.$$

Da μ und h gegeben, so folgt

$$h' = \mu^2 \cdot h = 0{,}60^2 \cdot 8{,}10 = \mathbf{2{,}91}\ \mathrm{m}.$$

Die Austrittsgeschwindigkeit v_{I}' betägt also

$$v_{\mathrm{I}}' = \sqrt{2\,g \cdot 2{,}91} = \mathbf{7{,}55}\ \mathrm{m/sec},$$

das sind $60\,^0/_0$ von v_{I}, wie vorausgesetzt.

Der Heberaustrittsquerschnitt F ergibt sich damit zu

$$F = \frac{Q}{v_{\mathrm{I}}'} = \frac{28{,}0}{7{,}55} = \mathbf{3{,}71}\ \mathrm{m}^2.$$

Inneren mit Zementglattputz versehen ist. Da mit einem stellenweisen Abblättern und Wegsaugen des Putzes bei öfterem Anspringen des Hebers gerechnet werden muß, bietet der in dieser Aufgabe 32 vorausgesetzte Wirkungsgrad von $60\,^0/_0$ einige Sicherheiten.

Würde sich die dem Heber entströmende Wassermenge in einen Vorfluter ergießen oder in ein Becken, dessen Wasserspiegel durch den Wasserzustrom nicht merklich gehoben wird, so könnte die Wahl der lichten Querschnittsmaße a und b des rechteckigen Hebers ohne weiteres vorgenommen werden. Es erheischen dabei lediglich die Gesichtspunkte Beachtung, welche auf der einen Seite den Wirkungsgrad und auf der anderen Seite die Herstellungs- und Betriebskosten des Hebers günstig beeinflussen.

In unserem Falle muß das Heberwasser durch einen kurzen Verbindungskanal der Rohrleitung zugeführt werden. Um, am unteren Heberrande ein Wasserbecken zu schaffen, steigt die Sohle des Verbindungskanales bis zur Kote des unteren Heberendes, und führt dann im gleichen Gefälle, wie die Rohrleitung verlegt ist, zu dieser. Wir wollen nun einmal die Abflußverhältnisse ins Auge fassen, die am Scheitelpunkt des Verbindungskanals herrschen. Die dem Heber entströmenden 28,0 m³/sec müssen über diesen Scheitelpunkt hinwegfließen und zwar vermöge der durch das Hebergefälle (potentielle Energie) gewonnenen kinetischen Energie.

Bezeichnen wir die Geschwindigkeit am Scheitelpunkt (Profil II) mit v_{II}, so entpricht dieser Geschwindigkeit — dieser Bewegungsenergie — eine Geschwindigkeitshöhe (Druckhöhe, potentielle Energie) von $\frac{v_{\text{II}}^2}{2g}$. Die Lage der Energielinie über dem Scheitelpunkt der Sohle ist demnach, wenn dort gleichzeitig die Wassertiefe t_{II} herrscht (vgl. Abb. 85)

$$h'' = t_{\text{II}} + \frac{v_{\text{II}}^2}{2g}.$$

Es frägt sich nun, wie groß h'' mindestens sein muß, damit die Wassermenge $Q = 28{,}0\ \text{m}^3/\text{sec}$ durch diesen Querschnitt hindurchgeht.

Wird die Breite des rechteckigen Gerinnes im Profil II mit b bezeichnet, so läßt sich v_{II} auch ausdrücken durch

$$v_{\text{II}} = \frac{Q}{F_{\text{II}}} = \frac{Q}{b \cdot t_{\text{II}}};$$

daher

$$h'' = t_{II} + \frac{1}{2g} \cdot \frac{Q^2}{b^2 \cdot t_{II}^2}.$$

Der Abfluß gestaltet sich nun so, daß h'' ein Kleinstwert wird, d. h. daß

$$\frac{dh''}{dt_{II}} = 0 \quad \text{und} \quad \frac{d^2h''}{dt_{II}^2} > 0.$$ [1])

Führt man die Differentiation durch, so erhält man

$$\frac{dh''}{dt_{II}} = 1 - \frac{2}{2g} \cdot \frac{Q^2}{t_{II}^3 \cdot b^2} = 0.$$

Daraus

$$t_{II}^3 = \frac{1}{g} \cdot \frac{Q^2}{b^2}$$

oder

$$t_{II} = \sqrt[3]{\frac{1}{g} \cdot \frac{Q^2}{b^2}}.$$

Damit wird

$$v_{II} = \frac{Q}{b} \cdot \sqrt[3]{\frac{g \cdot b^2}{Q^2}} = \sqrt[3]{\frac{Q^3 \cdot b^2 \cdot g}{b^3 \cdot Q^2}} = \sqrt[3]{\frac{Q}{b} \cdot g}$$

und

$$\frac{v_{II}^2}{2g} = \frac{1}{2} \sqrt[3]{\frac{Q^2}{g^3 \cdot b^2} \cdot g^2} = \frac{1}{2} \sqrt[3]{\frac{Q^2}{g \cdot b^2}} = \frac{1}{2} \cdot t_{II}.$$

Daher

$$h'' = t_{II} + \frac{1}{2} \cdot t_{II} = \frac{3}{2} \cdot t_{II}.$$

Für den günstigsten Abfluß wird also

$$\frac{v_{II}^2}{2g} = \frac{1}{2} \cdot t_{II} \quad \text{und} \quad h'' = \frac{3}{2} \cdot t_{II}.$$

Würde die Wasserbewegung von Profil I zum Profil II verlustlos vor sich gehen, dann müßte die Energie des Wassers

---

[1]) Letztere Bedingung ist erfüllt, denn

$$\frac{d^2 h''}{d t_{II}^2} = + \frac{3}{g} \cdot \frac{Q^2}{t_{II}^4 \cdot b^2};$$

da t_{II} oder aber b endliche Werte sind, ist $\frac{d^2h''}{dt_{II}^2} > 0$.

im Profil I gleich sein der Energie des Wassers im Profil II, d. h. die Energielinie würde zwischen I und II horizontal verlaufen.

Unter den gegebenen Umständen (untere Heberschnauze [I—I] auf gleicher Kote wie die Sohle des Profils II!) würde also sein:

$$h' = h''.$$

Mit dem weiter oben berechneten Wert $h' = 2{,}91$ m wird also auch $h'' = 2{,}91$ m und

$$t_{II} = \tfrac{2}{3} h'' = 1{,}94 \text{ m}.$$

Nunmehr läßt sich aus der Beziehung

$$t_{II} = \sqrt[3]{\frac{1}{g} \cdot \frac{Q^2}{b^2}}$$

die Kanalbreite b berechnen zu

$$b = \sqrt[2]{\frac{Q^2}{g \cdot t_{II}^3}} = \sqrt[2]{\frac{28{,}0^2}{9{,}81 \cdot 1{,}94^3}} = \mathbf{3{,}31} \text{ m}.$$

Man sieht, daß bei verlustlosem Fließen des Wassers von I nach II eine ganz bestimmte Minimalgerinnebreite notwendig ist, damit die ganze sekundliche Fördermenge Q des Hebers dort zum Abfluß gelangt und damit das Wasser dabei außerdem seinen Fließzustand nicht zu ändern braucht. Die weiter oben ermittelte Wassertiefe t_{II} stellt die Grenztiefe zwischen „schießendem“ und „strömendem“ Wasser dar, d. h. wenn schießendes Wasser allgemein gekennzeichnet ist durch die Bedingung $v > \sqrt{g t}$ (Profilgeschwindigkeit größer als die Wellenschnelligkeit), so gilt für den zugrunde gelegten Grenzfall

$$v_{II} = \sqrt{g t_{II}},$$

oder, da $v_{II} = \dfrac{Q}{b \cdot t_{II}}$,

$$\sqrt{g \cdot t_{II}} = \frac{Q}{b \cdot t_{II}}.$$

Mit $Q = 28{,}0$ m³/sec, $b = 3{,}31$ m und $t_{II} = 1{,}94$ m ergeben beide Seiten der Gleichung tatsächlich 4,35 m/sec.

Wie liegen nun die Verhältnisse für eine andere als die berechnete Breite $b = 3{,}31$ m? Allgemein gilt:

$$h'' = t + \frac{v^2}{2g} = 2{,}91 \text{ m},$$

oder

$$2{,}91 = t + \frac{1}{2g} \cdot \frac{Q^2}{b^2 \cdot t^2};$$

für $Q = 28{,}0$ m³/sec wird

$$2{,}91 = t + 40 \cdot \frac{1}{b^2 \cdot t^2}.$$

Für $b < 3{,}31$ m (z. B. $b = 3{,}00$ m) gibt die Gleichung überhaupt keinen reellen Wert t, welcher der Lage der Energielinie 2,91 m über der Sohle entspricht, d. h. es ist nicht möglich, bei der Lage der Energielinie 2,91 m über der Sohle 28,0 m³/sec zu fördern durch ein Profil, dessen Breite $< 3{,}31$ m ist. Das ist auch gar nicht anders zu erwarten gewesen, denn die Bestimmung der Breite $b = 3{,}31$ m ist ja bereits durch die Bedingung erfolgt, daß h'' einen Kleinstwert darstellt, oder, was dasselbe besagt, daß für die gegebene Lage der Energielinie (für gegebenes h'') und für gegebenes Q die Breite b zu einem Minimum wird.

Für $b > 3{,}31$ m wird der Ausdruck $\frac{40}{b^2}$ kleiner. Damit nun die Bedingung erfüllt bleibt, daß

$$t + \frac{40}{b^2} \cdot \frac{1}{t^2} = 2{,}91 \text{ m}$$

ist, muß t um einen bestimmten Betrag anwachsen ($t > t_{II}$) oder aber um einen festen Betrag abnehmen ($t < t_{II}$). Z. B. für $b = 4{,}00$ m wird

$$t + \frac{40}{16} \cdot \frac{1}{t^2} = t + 2{,}5 \cdot \frac{1}{t^2} = 2{,}91.$$

Die Gleichung ist befriedigt für $t_1 = 1{,}21$ m und $t_2 = 2{,}50$ m. Für $t_1 = 1{,}21$ m wird $F = 1{,}21 \cdot 4{,}00 = 4{,}84$ m² und $v = \frac{28{,}0}{4{,}84} = 5{,}80$ m/sec. Da

$$v_{gr} = \sqrt{g \cdot t_1} = \sqrt{9{,}81 \cdot 1{,}21} = 3{,}45 \text{ m/sec} < 5{,}80 \text{ m/sec},$$

so herrscht also bei der Wassertiefe $t_1 = 1{,}21$ m und der Gerinnebreite $b = 4{,}0$ m „schießende" Wasserbewegung.

Für $t_2 = 2{,}50$ m wird $F = 2{,}50 \cdot 4{,}00 = 10{,}0$ m², $v = \frac{28{,}0}{10{,}0} = 2{,}80$ m/sec. Da

$$v_{gr} = \sqrt{g \cdot t_2} = \sqrt{9{,}81 \cdot 2{,}50} = 4{,}95 \text{ m/sec} > 2{,}80 \text{ m/sec},$$

so herrscht demnach bei der Wassertiefe $t_2 = 2{,}50$ m und der Gerinnebreite $b = 4{,}00$ m „strömende" Wasserbewegung, d. h. es hätte für diesen Fall zwischen I und II ein Wechsel des Fließzustandes stattgefunden.

Solange allerdings eine Ursache zum Übergang vom Schießen zum Strömen fehlt durch Vermeidung von raschen Querschnittsänderungen oder von sonstigen konzentriert auftretenden Verlusten, steht auch ein Wechsel des Fließzustandes im allgemeinen kaum zu erwarten, und zwar um so weniger, je größer die tatsächliche Profilgeschwindigkeit gegenüber der Grenzgeschwindigkeit ist. So kommt man zunächst zu dem Schlusse, daß die Unveränderlichkeit des vom Heber her „schießenden" Fließzustandes um so sicherer zu erwarten steht, je mehr die Gerinnebreite b über den Wert 3,31 m hinausgeht.

Aber die Möglichkeit, daß aus irgendwelchen nicht vorherzusehenden Gründen doch ein Wechsel des Fließzustandes eintritt, bleibt bestehen. Und für diese Eventualität gestalten sich die Abflußverhältnisse im Profil II dann um so ungünstiger (Wassersprung, dann sehr kleines v, große Wassertiefe t!), je breiter das Gerinne ausgeführt wurde.

Welches ist nun die günstigste Gerinnebreite? Offenbar jene, für welche eine Änderung des Fließzustandes keine Störung in die Abflußverhältnisse bringt. Und dieser Fall wiederum ist gegeben für die Grenztiefe t_{II}, weil bei dieser der Fließzustand die Grenze zwischen Schießen und Strömen darstellt, also hier gewissermaßen Schießen und Strömen zu gleicher Zeit stattfindet, so daß die vorgeschilderten unliebsamen Begleiterscheinungen des Überganges vom Schießen zum Strömen in Wegfall kommen. Wir dimensionieren also die Gerinnebreite b in II endgültig so, daß wir sie aus der Grenztiefe t_{II} ableiten.

Die zahlenmäßige Ermittlung von t_{II} und b aus den günstigsten Abflußverhältnissen ging von der Annahme aus, daß zwischen Profil I und II keine Verluste auftreten würden. Dies trifft nun praktisch nicht zu. Denn es sind zwischen I und II nicht nur die Reibungen zwischen Wasser und Gerinnewandung zu überwinden, sondern die turbulente Strömung führt auch noch zu Energieverbräuchen infolge von Stößen, Wirbelungen u. dgl. Einen besonderen Verlust bedeutet auch noch der Energieverbrauch zur dauernden Erhaltung der Wasserwalze, welche sich wahrscheinlich über den Abflußquerschnitt im Becken I—II einstellen wird (vgl. Abb. 85). Es ist zwar, um die Bildung dieser Deckwalze tunlichst zu vermeiden, der Heberauslauf sehr steil gewählt worden. Gleichwohl muß mit einer Deckwalze und mit den durch sie bedingten Verlusten gerechnet werden. Rechnungsmäßig lassen sich die genannten Verluste nicht fassen, sie müssen vielmehr schätzungsweise angenommen werden. Wir setzen sie mit $0{,}5 \cdot \frac{v_{II}^2}{2g}$ in Rechnung. Das besagt, daß die Energielinie im Profil II $0{,}5 \cdot \frac{v_{II}^2}{2g}$ m tiefer liegt als im Profil I, also

$$h_{II}'' = h' - 0{,}5 \cdot \frac{v_{II}^2}{2g}.$$

Andererseits ist nach den früheren Entwicklungen

$$h_{II}'' = t_{II} + \frac{v_{II}^2}{2g} = \frac{3}{2} \cdot t_{II}.$$

Daher muß sein

$$h' - 0{,}5 \cdot \frac{v_{II}^2}{2g} = \frac{3}{2} \cdot t_{II};$$

für $\frac{v_{II}^2}{2g} = \frac{1}{2} \cdot t_{II}$ ergibt sich

$$h' - \tfrac{1}{4} \cdot t_{II} = \tfrac{3}{2} \cdot t_{II}$$

oder

$$t_{II} = \tfrac{4}{7} \cdot h'.$$

Für $h' = 2{,}91$ m wird nunmehr

$$t_{II} = \tfrac{4}{7} \cdot 2{,}91 = \mathbf{1{,}66}\ \text{m},$$

und

$$b_{II} = \sqrt[2]{\frac{Q^2}{g \cdot t_{II}^3}} = \sqrt[2]{\frac{28{,}0^2}{9{,}81 \cdot 1{,}66^3}} = \mathbf{4{,}18}\ \text{m}.$$

Damit ist das Gerinne im Profil II endgültig dimensioniert. Die Annahme eines Verlustes von $0{,}5 \cdot \frac{v_{II}^2}{2g}$ führt also auf eine Breite b_{II}, die um $4{,}18 - 3{,}31 = 0{,}87$ m größer ist als die Grenzbreite bei verlustlosem Fließen von I nach II. Während in letzterem Falle sich die mittlere Profilgeschwindigkeit in II zu 4,35 m/sec berechnete, ergibt sie sich nunmehr zu

$$v_{II} = \sqrt{g \cdot t_{II}} = \sqrt{9{,}81 \cdot 1{,}66} = \mathbf{4{,}04} \text{ m/sec}.$$

Es fragt sich nun noch, ob das lichte Breitenmaß des Hebers von dem berechneten Wert $b_{II} = 4{,}18$ m abhängt oder ob es ganz unabhängig davon festgelegt werden kann. Den stetigsten Fließvorgang erzielen wir, wenn wir die Gerinnewandungen parallel führen, wenn wir also auch dem Heber das lichte Breitenmaß 4,18 m geben. Das entspricht einer lichten Heberhöhe $a = \frac{F}{b} = \frac{3{,}71}{4{,}18} = 0{,}89$ m. Käme im Heber als Verlust nur die Reibung an den Wänden in Frage, so würde das Lichtmaßverhältnis $0{,}89 \cdot 4{,}18$ keineswegs der Bedingung genügen, daß die Reibung im Heber zu einem Minimum wird. Hierfür müßte $a = b = \sqrt{F} = \sqrt{3{,}71} = 1{,}93$ m gewählt werden. Nun sind die Reibungsverluste in Wirklichkeit klein gegenüber den Krümmerverlusten infolge Kontraktion, so daß also auch die Reibungsverluste nicht ausschlaggebend sind für die Wahl der lichten Hebermaße.

Das wichtigste Ziel, das beim Heber angestrebt wird, ist sein möglichst unmittelbares Intätigkeittreten, wenn der Oberwasserspiegel die festgelegte Maximalkote überschreitet. Dieses Ziel wird erreicht, wenn die notwendige Überfallhöhe am Heber zum Anspringen tunlichst klein wird. Und eine kleine Überfallhöhe führt auf eine große Überfallbreite. (Heyn hat deshalb die Verwendung einer Zickzackkrone vorgeschlagen, um durch eine solcherart vergrößerte Überfallbreite die Überfallhöhe zu verringern.) Aus den vorskizzierten Erwägungen heraus wählen wir die lichten Hebermaße endgültig zu $4{,}18 \cdot 0{,}89$ m, führen also die Seitenflächen des Hebers und die Wandungen des Ablaufgerinnes parallel und in einer Flucht.

Damit ist die Untersuchung des Hebers mit dem anschließenden Ablaufbecken bis zu dessen Scheitelpunkt im Profil II abgeschlossen. Den entsprechenden Spiegelverlauf zeigt Abb. 85.

2. Untersuchung des Spiegelverlaufs vom Scheitelpunkt des Ablaufkanals bis zum Beginn der Rohrleitung.

Wie aus den Abb. 90 und 91 zu ersehen, soll die Heberfördermenge $Q = 28{,}0\ \mathrm{m^3/sec}$ bzw. $Q = 2 \cdot 28{,}0\ \mathrm{m^3/sec}$ vom Profil V ab schließlich durch eine Rohrleitung in den Vorfluter abgeführt werden. Zunächst ist zu prüfen, ob die gewählte Konstruktion des Ablaufkanals bis zum Rohrbeginn obenstehende Wassermenge abzuführen vermag, und im weiteren Verlaufe, ob die Rohrdimensionen selbst ausreichen. Die letztere Untersuchung setzt die Kenntnis der Gefällsverhältnisse unmittelbar vor dem Rohrmund voraus. Diese suchen wir uns zu verschaffen, indem wir vorerst die Abflußverhältnisse vom Profil II bis zum Rohrbeginn schrittweise ermitteln — schrittweise deshalb, weil die unterhalb des Querschnitts II vorhandenen Fließvorgänge zunächst noch unbekannt sind.

Strecke II—III (vgl. Abb. 85).

Mittleres Gefälle von II bis III:

$$h = 14{,}36 - \sqrt{14{,}36^2 - 1.50^2} = 0{,}07_5\ \mathrm{m}.$$

Sohlenkote im Querschnitt III:

$$393{,}50 - 0{,}07_5 = 393{,}43\ \mathrm{m}.$$

Geschwindigkeitshöhe im Querschnitt III:

$$h_{\mathrm{III}} = h_{\mathrm{II}} + 0{,}07_5 - 0{,}01$$ (= Geschwindigkeitshöhe in II + Zuwachs an Gefällshöhe von II bis III — Gefällsverbrauch zur Überwindung der Reibung von II—III). Dabei ist der Reibungsverlust von II bis III zunächst mit 0,01 m geschätzt worden.

Geschwindigkeitshöhe in II:

$$\frac{v_{\mathrm{II}}^2}{2g} = \frac{t_{\mathrm{II}}}{2} = \frac{1{,}66}{2} = 0{,}83\ \mathrm{m}.$$

Daher $h_{\mathrm{III}} = 0{,}83 + 0{,}07_5 - 0{,}01 = 0{,}90\ \mathrm{m}$;

Demnach Geschwindigkeit in III:

$$v_{III} = \sqrt{2\,g \cdot h_{III}} = 4{,}43 \cdot \sqrt{0{,}90} = 4{,}20 \text{ m/sec}.$$

Wasserquerschnitt $F_{III} = \dfrac{Q}{v_{III}} = \dfrac{28{,}0}{4{,}20} = 6{,}68 \text{ m}^2$; daraus

Wassertiefe $t_{III} = \dfrac{F_{III}}{b_{III}} = \dfrac{6{,}68}{4{,}18} = 1{,}60 \text{ m}.$

Hydraulischer Radius $R_{III} = \dfrac{F_{III}}{p_{III}} = \dfrac{6{,}68}{4{,}18 + 2 \cdot 1{,}60} = 0{,}905 \text{ m}.$

Für $\gamma = 0{,}30$ (Betonsohle und Betonseitenwände!) wird $c_{III} = 66{,}15$.

Im Profil II sind die entsprechenden Größen:

$$v_{II} = 4{,}04 \text{ m/sec},$$

$$F_{II} = t_{II} \cdot b_{II} = 1{,}66 \cdot 4{,}18 = 6{,}93 \text{ m}^2,$$

$$R_{II} = \frac{F_{II}}{p_{II}} = \frac{6{,}93}{4{,}18 + 2 \cdot 1{,}66} = 0{,}925 \text{ m},$$

$$c_{II} = 66{,}35.$$

Daher Reibungsverlust von II bis III:

$$h_r = \frac{v^2 \cdot l}{c^2 \cdot R},$$

wenn v, R und c jeweils die Mittel der Werte für die Profile II und III darstellen.

$$h_r = \frac{4{,}12^2 \cdot 1{,}50}{66{,}25^2 \cdot 0{,}915} = 0{,}006 \text{ m}.$$

Daher verbesserte Werte für Profil III:

$$h_{III} = 0{,}83 + 0{,}07_5 - 0{,}006 = 0{,}904 \text{ m},$$

$$v_{III} = 4{,}43\,\sqrt{0{,}904} = 4{,}21 \text{ m/sec},$$

$$F_{III} = \frac{28{,}0}{4{,}21} = 6{,}65 \text{ m}^2,$$

$$t_{III} = \frac{6{,}65}{4{,}18} = 1{,}59 \text{ m},$$

$$R_{III} = \frac{6{,}65}{7{,}36} = 0{,}905 \text{ m},$$

$$c_{III} = 66{,}15.$$

Strecke III—IV.

Gefällszuwachs III bis IV: 393,43 — 393,175 = 0,255 m.

Reibungsverlust III bis IV geschätzt zu 0,007 m.

Daher Geschwindigkeitshöhe in IV:

$$h_{IV} = 0{,}904 + 0{,}255 - 0{,}007 = 1{,}152 \text{ m},$$

$$v_{IV} = 4{,}43 \sqrt{1{,}152} = 4{,}75 \text{ m/sec},$$

$$F_{IV} = \frac{28{,}0}{4{,}75} = 5{,}89 \text{ m}^2,$$

$$t_{IV} = \frac{5{,}89}{4{,}18} = 1{,}40 \text{ m},$$

$$R_{IV} = \frac{5{,}89}{6{,}98} = 0{,}843 \text{ m},$$

$$c_{IV} = 65{,}5.$$

Reibungsverlust III bis IV: $h_r = \dfrac{4{,}48^2 \cdot 1{,}50}{65{,}82^2 \cdot 0{,}874} = 0{,}008$ m.

Verbesserte Werte für Profil IV:

$$h_{IV} = 0{,}904 + 0{,}255 - 0{,}008 = 1{,}151 \text{ m},$$

$$v_{IV} = 4{,}43 \cdot \sqrt{1{,}151} = 4{,}75 \text{ m/sec}.$$

Alle anderen Werte bleiben unverändert.

Strecke IV—V:

Profil V liegt am unterstromigen Rand der Zwischenwand zwischen den beiden Hebergerinnen. Von dieser Stelle ab haben die beiden Heber ein gemeinsames Ablaufgerinne. Von IV bis V tritt eine Profilerweiterung ein. Die Sohlenkote im Profil V liegt auf 393,007 m; daher Gefällszuwachs von IV bis V: 393,175 — 393,007 = 0,168 m.

Reibungsverlust geschätzt zu 0,006 m.

Daher

$$h_V = 1{,}151 + 0{,}168 - 0{,}006 = 1{,}313 \text{ m},$$

$$v_V = 4{,}43 \cdot \sqrt{1{,}313} = 5{,}08 \text{ m/sec},$$

$$F_V = \frac{28{,}0}{5{,}08} = 5{,}51 \text{ m}^2.$$

Die Gerinnebreite b_{V} beträgt $4{,}18 + 0{,}35 = 4{,}53$ m, also

$$t_{\text{V}} = \frac{5{,}51}{4{,}53} = 1{,}22 \text{ m},$$

$$R_{\text{V}} = \frac{5{,}51}{4{,}53 + 2 \cdot 1{,}22} = \frac{5{,}51}{6{,}97} = 0{,}79 \text{ m},$$

$$c_{\text{V}} = 65{,}0,$$

$$h_r = \frac{4{,}91^2 \cdot 0{,}80}{65{,}25^2 \cdot 8{,}16} = 0{,}006 \text{ m}.$$

Verbesserung nicht notwendig.

Vom Profil V nach abwärts ist nun mit der ganzen Gerinnebreite, d. i. im Profil V selbst mit $2 \cdot 4{,}53 = 9{,}06$ m und mit $Q = 2 \cdot 28{,}0 = 56{,}0$ m³/sec zu rechnen. Bezeichnen wir nun den Nachbarquerschnitt von V mit V′, dann ergibt sich dort:

$$t_{\text{V}'} = t_{\text{V}} = 1{,}22 \text{ m},$$

$$F_{\text{V}'} = 9{,}06 \cdot 1{,}22 = 11{,}02 \text{ m}^2,$$

$$v_{\text{V}'} = v_{\text{V}} = \frac{56{,}0}{11{,}02} = 5{,}08 \text{ m/sec},$$

$$R_{\text{V}'} = \frac{11{,}02}{9{,}06 + 2 \cdot 1{,}22} = 0{,}96 \text{ m},$$

$$c_{\text{V}'} = 66{,}7\,.$$

Der Übergang vom Profil V′ des Gerinnes auf den verengten Querschnitt vor dem Rohrmund erfolgt ganz allmählich. Gleich-

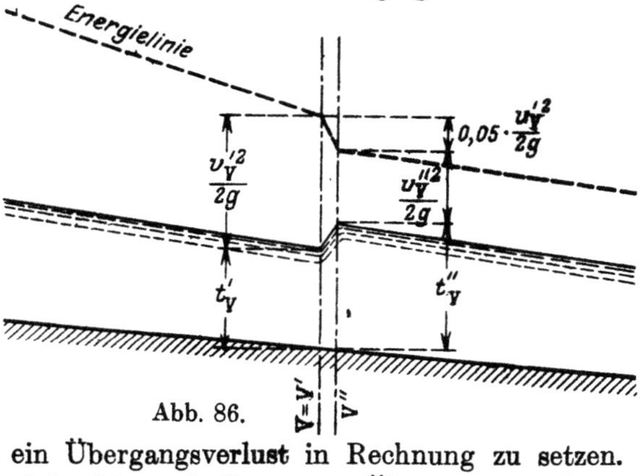

Abb. 86.

wohl ist ein Übergangsverlust in Rechnung zu setzen. Dieser Verlust wird sich auf die ganze Übergangsstrecke verteilen.

Wir nehmen aber an, daß er im Profil V′ bzw. V″ konzentriert auftritt in der Größe $0{,}05 \cdot \frac{v_{V'}^2}{2g}$. Da sich das zufließende Wasser im „schießenden" Zustand befindet ($v_V = 5{,}08$ m/sec, v_{gr} im Profil $V = \sqrt{g \cdot t_V} = \sqrt{9{,}81 \cdot 1{,}22} = 3{,}46$ m/sec, also $v_V > v_{gr}$), wird der Verlust $0{,}05 \cdot \frac{v_{V'}^2}{2g}$ zu einer Hebung des Wasserspiegels Veranlassung geben.

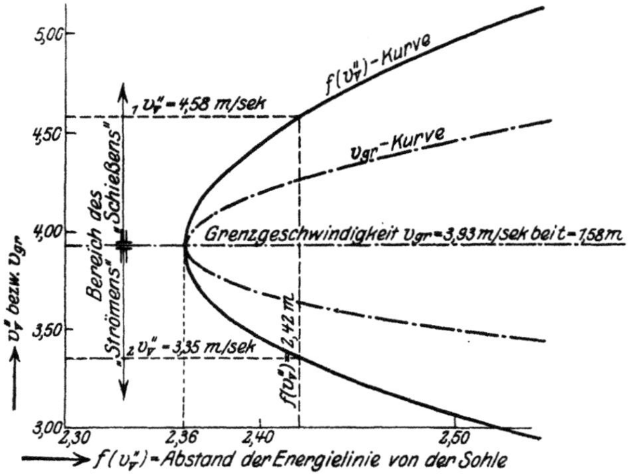

Abb. 87. Beziehung zwischen Profilgeschwindigkeit, Grenzgeschwindigkeit und Lage der Energielinie.

Lage der Energielinie über der Sohle im Querschnitt V′ (= V):

$$t_{V'} + \frac{v_{V'}^2}{2g} = 1{,}22 + \frac{5{,}08^2}{2g} = 2{,}54 \text{ m}.$$

Im Schnitt V″ ist die Energielinie um die Verlusthöhe $0{,}05 \cdot \frac{v_{V'}^2}{2g} \sim 0{,}12$ m gesunken. Die Energielinie hat dort demnach noch die Höhe:

$$2{,}54 - 0{,}12 = 2{,}42 \text{ m}.$$

Andererseits muß sein:

$$t_{V''} + \frac{v_{V''}^2}{2g} = 2{,}42 \text{ m}.$$

Da
$$t_{V''} = \frac{Q}{b_V \cdot v_{V''}} = \frac{56{,}0}{9{,}06 \cdot v_{V''}} = 6{,}19 \cdot \frac{1}{v_{V''}},$$
erhält man
$$6{,}19 \cdot \frac{1}{v_{V''}} + \frac{v_{V''}^2}{2\,g} = 2{,}42 \text{ m} = f(v_{V''}) .$$
Die graphisch-rechnerische Lösung dieser Gleichung 3. Grades ergibt zwei reelle Lösungen (vgl. Abb. 87), nämlich

$_1v_{V''} = 4{,}58$ m/sec bei einer Wassertiefe $_1t_{V''} = 1{,}35$ m

und $_2v_{V''} = 3{,}35$ „ „ „ „ $_2t_{V''} = 1{,}847$ m.

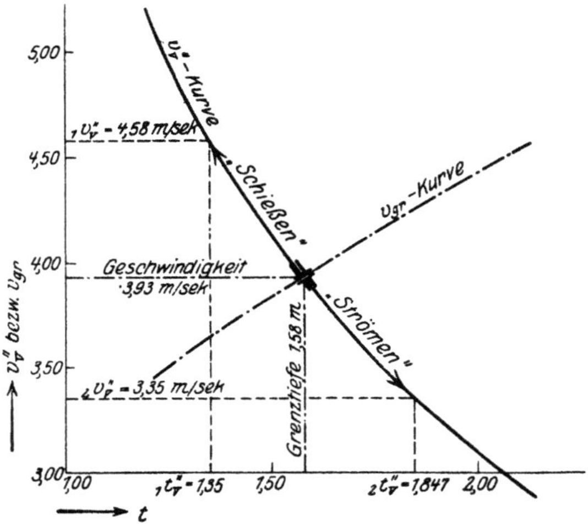

Abb. 88. Beziehung zwischen Profilgeschwindigkeit, Grenzgeschwindigkeit und Wassertiefe.

Die graphischen Auftragungen in den Abb. 87 und 88 geben uns gleichzeitig Auskunft über die Bedeutung dieser beiden Wurzeln. Wie aus Texttabelle 22 zu entnehmen *ist, gehört* zu jedem angenommene Wert $v_{V''}$ ein bestimmtes $f(v_{V''})$, sowie auch ein bestimmtes $t_{V''}$. Diesem $t_{V''}$ entspricht wie-

Tabelle 22.

$v_{V''}$	$f(v_{V''})$	$t_{V''}$	v_{gr}
5,08	2,5325	1,2175	3,455
5,00	2,510	1,237	3,480
4,90	2,4865	1,2625	3,520
4,70	2,442	1,316	3,590
4,50	2,407	1,375	3,670
4,30	2,382	1,439	3,755
4,20	2,373	1,473	3,800
4,00	2,362	1,547	3,894
3,90	2,362	1,587	3,944
3,50	2,393	1,768	4,163
3,20	2,456	1,934	4,355
3,00	2,521	2,062	4,500

derum ein Grenzgeschwindigkeitswert $v_{gr} = \sqrt{g \cdot t_{V''}}$, d. h. es entspricht auch jedem $f(v_{V''})$ ein bestimmter Grenzgeschwindigkeitswert v_{gr}. Den Zusammenhang zwischen $f(v_{V''})$ und v_{gr} gibt Abb. 87. Vergleicht man die $f(v_{V''})$-Kurven und v_{gr}-Kurven mit den Werten der Texttabelle 22, so erkennt man, daß zum oberen Kurvenast der $f(v_{V''})$-Kurve der untere Kurvenast der v_{gr}-Kurve gehört. Umgekehrt entspricht dem unteren Kurvenast der $f(v_{V''})$-Kurve der obere Ast der v_{gr}-Kurve. Das besagt, daß sich für Profilgeschwindigkeiten $v_{V''} > 3{,}93$ m/sec Funktionswerte $v_{V''}$ ergeben, welche Grenzgeschwindigkeiten v_{gr} zugeordnet sind, die unter der Grenzgeschwindigkeit 3,93 m/sec liegen. Mit anderen Worten: Die $v_{V''}$-Werte, welche $> 3{,}93$ m/sec, sind jeweils auch $> v_{gr}$. In diesem Bereich haben wir also schießendes Wasser. Der Wurzelwert ${}_1v_{V''} = 4{,}58$ m/sec liegt in diesem Bereich.

Andererseits entsprechen Profilgeschwindigkeiten $v_{V''} < 3{,}93$ m/sec Funktionswerte $(v_{V''})$, denen v_{gr}-Werte zugeordnet sind, welche $> 3{,}93$ m/sec, oder für $v_{V''} < 3{,}93$ m/sec sind die zugehörigen v_{gr}-Werte $> 3{,}93$ m/sec. In diesem Bereich herrscht der Fließzustand des Strömens. Der Wurzelwert ${}_2v_{V''} = 3{,}35$ m/sec gilt also für strömendes Wasser.

Noch deutlicher zeigen sich diese Abhängigkeiten des Schießens bzw. Strömens von den Profilgeschwindigkeiten und Profilwassertiefen in Abb. 88, wo die Werte $v_{V''}$ und v_{gr} als Funktionen der Profilwassertiefen t (vgl. Texttabelle 22) aufgetragen sind.

Es sind also im Profil V″ (wie ja auch im Profil II für $b > 4{,}18$ m) zwei Fließzustände möglich, ohne daß die Lage der Energielinie sich ändert. Geht die Geschwindigkeit $v_{V''}$ infolge des angesetzten Verlustes von 5,08 m/sec nur auf 4,58 m/sec zurück, dann bleibt der Zustand des „Schießens“ bestehen. Es entsteht ein kleiner Wassersprung, dessen Höhe sich rechnerisch ergibt zu $1{,}35 - 1{,}22 = 0{,}13$ m. Im anderen Falle geht die Profilgeschwindigkeit $v_{V''}$ von 5,08 m/sec auf 3,35 m/sec zurück, es entsteht ein großer Wassersprung von $1{,}847 - 1{,}22 = 0{,}627 \sim 0{,}63$ m und das Wasser „strömt“ nunmehr.

Die praktische Bedeutung dieser Feststellungen beruht darin, daß beim tatsächlichen Übergang vom „Schießen“ zum „Strömen“ die Profilgeschwindigkeit wesentlich zurückgeht, so daß das Wasser mit einer kleineren Geschwindigkeit vor dem Rohrmund ankommt, was evtl. zu einem größeren Rohreinlauf, vielleicht auch noch zu größeren Rohrdimensionen im oberen Teil der Leitung Veranlassung gibt. Um die unangenehmen Begleiterscheinungen bei einem Wechsel im Fließzustande zu vermeiden, könnte man das Gerinne jeweils auf die Grenzwassertiefe dimensionieren. Davon wurde hier Abstand genommen, weil sich der Verlust $0{,}05\,\frac{v_{V'}^2}{2g}$ auf eine größere Strecke verteilt und weil er überdies reichlich angenommen wurde.

Im Zusammenhang mit vorstehenden Erörterungen sei noch auf Abb. 87 verwiesen, welche zeigt, daß für

$$f(v_{V''}) < 2{,}36,$$

also für einen Verlust, der größer ist als $2{,}54 - 2{,}36 = 0{,}18$ m, die Gleichung

$$6{,}19 \cdot \frac{1}{v_{V''}} + \frac{v_{V''}^2}{2g} = f(v_{V''}) < 2{,}36$$

überhaupt keine reelle Wurzel mehr liefert. Das besagt, daß bei einer Energielinie, welche im Profil V″ einen kleineren Abstand von der Sohle als 2,36 m zeigt, eine Förderung von 56 m^3/sec in diesem Gerinneprofil nicht mehr möglich ist Diese Störung im Abfluß im Profil V″ würde sich natürlich nach oben fortsetzen und evtl. nicht ohne Einfluß auf die Saughöhe des Hebers sein. Es ist deshalb bei der Konstruktion sorgsam Bedacht zu nehmen, daß durch stetige Linienführung, glatte Wandungen und durch Anordnung ganz allmählicher, groß ausgerundeter Übergänge rasche Querschnittsänderungen, insbesondere plötzliche Querschnittsverengungen vermieden werden, so daß ein stetiger Fließzustand gewährleistet ist.

Aus den weiter oben angeführten Gründen bringen wir für das Profil V″ folgende Werte für die weitere Rechnung in Ansatz: $v_{V''} = 4{,}58$ m/sec; $t_{V''} = 1{,}35$ m; daher $F_{V''} = 9{,}06 \cdot 1{,}35 = 12{,}20$ m^2,

$$R_{V''} = \frac{12{,}20}{9{,}06 + 2 \cdot 1{,}35} = 1{,}04 \text{ m}; \quad c_{V''} = 67{,}3.$$

Strecke V″—VI:

Profil VI wird an den Beginn des Übergangs vom rechteckigen Gerinne zum Kreisprofil gelegt. Die Sohlenkote ergibt sich hier rechnerisch zu 390,78 m, der Gefällszuwachs demnach zu 393,007 — 390,78 = 2,227 m. Die Reibungslänge beträgt 10,58 m, der Reibungsverlust von V″ bis VI wird zunächst zu 0,12 m geschätzt.

Daher Geschwindigkeitshöhe in VI:

$$h_{\mathrm{VI}} = \frac{4{,}58^2}{2g} + 2{,}227 - 0{,}12 = 3{,}285 \text{ m},$$

daraus

$$v_{\mathrm{VI}} = 4{,}43 \cdot \sqrt{3{,}285} = 8{,}04 \text{ m/sec},$$

$$F_{\mathrm{VI}} = \frac{56{,}0}{8{,}04} = 6{,}96 \text{ m}^2;$$

da $b_{\mathrm{VI}} = 5{,}60$ m wird $t_{\mathrm{VI}} = \frac{6{,}96}{5{,}60} = 1{,}24$ m,

$$R_{\mathrm{VI}} = \frac{6{,}96}{5{,}60 + 2 \cdot 1{,}24} = 0{,}86 \text{ m},$$

$$c_{\mathrm{VI}} = 65{,}7.$$

Reibungsverlust V″ bis VI:

$$h_r = \frac{6{,}31^2 \cdot 10{,}58}{66{,}5^2 \cdot 0{,}95} = 0{,}106 \text{ m};$$

verbesserte Werte:

$$h_{\mathrm{VI}} = 3{,}299 \text{ m},$$

$$v_{\mathrm{VI}} = 4{,}43 \sqrt{3{,}299} = 8{,}04 \text{ m/sec},$$

damit bleiben auch alle anderen Werte unverändert.

Das Profil VII wird an den oberen Rohranfang gelegt. Um den Verlusten durch den allmählichen (windschiefen) Übergang vom rechteckigen Profil zum Kreisprofil Rechnung zu tragen, sollen sie mit $0{,}05 \cdot \frac{v_{\mathrm{VI}}^2}{2g}$ in Ansatz gebracht werden. Dieser Verlust entspricht etwa dem Eintrittsverlust, welcher zu überwinden ist, wenn Wasser aus einem großen Becken von der Geschwindigkeit $v = 0$ in ein Rohr mit glockenförmigem Mundstück eintritt. Wie im Profil V′ bzw. V″ gilt auch hier wieder für die Lage der Energielinie über der Sohle im Profil VI:

$$t_{\mathrm{VI}} + \frac{v_{\mathrm{VI}}^2}{2g} = 1{,}24 + 3{,}299 = 4{,}539 \text{ m}.$$

Lage der Energielinie über der Sohle im Profil VI':

$$4{,}539 - 0{,}05 \cdot 3{,}299 = \sim 4{,}37 \text{ m}.$$

Es muß also die Beziehung gelten:

$$t_{VI'} + \frac{v_{VI'}^2}{2g} = 4{,}37 \text{ m}.$$

Da

$$t_{VI'} = \frac{Q}{b \cdot v_{VI'}} = \frac{56{,}0}{5{,}60 \cdot v_{VI'}} = 10{,}0 \cdot \frac{1}{v_{VI'}},$$

wird

$$10{,}0 \cdot \frac{1}{v_{VI'}} + \frac{v_{VI'}^2}{2g} = 4{,}37 \text{ m}.$$

Durch Probieren erhält man für die Annahme, daß sich der Fließzustand nicht ändert:

$$v_{VI'} = 7{,}77 \text{ m/sec}, \quad \text{damit} \quad t_{VI'} = 1{,}286 \text{ m}$$

und

$$t_{VI'} + \frac{v_{VI'}^2}{2g} = 4{,}366 \sim 4{,}37 \text{ m}.$$

Daher Verhältnisse im Profil VI':

$$v_{VI'} = 7{,}77 \text{ m/sec},$$

also Geschwindigkeitshöhe $h_{VI'} = \frac{v_{VI'}^2}{2g} = 3{,}08$ m

$$t_{VI'} = 1{,}286 \text{ m}, \quad F_{VI'} = t_{VI'} \cdot b = 1{,}286 \cdot 5{,}60 = 7{,}20 \text{ m}^2,$$

$$R_{VI'} = \frac{7{,}20}{5{,}60 + 2 \cdot 1{,}286} = 0{,}882 \text{ m}; \quad c_{VI'} = 65{,}9.$$

Strecke VI'—VII.

Wir nehmen zunächst an, daß das Sohlengefälle der Strecke VI'—VII im Längenachsschnitt gleich ist dem Sohlengefälle der Strecke V''—VI, bzw. gleich jenem der Rohrsohle von VII nach abwärts (= 21,62‰) (vgl. Abb. 85). Dann ist die Sohlenkote im Profil VII = 389,576 m, daher Gefällszuwachs von VI' nach VII: 390,78 — 389,576 = 1,204 m. Der Profilabstand VI' und VII, im Gefälle gemessen, beträgt 5,40 m. Wird der Reibungsverlust von VI' nach VII zu 0,10 m geschätzt, dann ergibt sich die Geschwindigkeitshöhe in VII zu:

$$h_{VII} = 3{,}08 + 1{,}204 - 0{,}10 = 4{,}184 \text{ m}$$

und $h_{VII} = 4{,}43 \cdot \sqrt{4{,}184} = 9{,}06$ m/sec;

daher $F = \frac{Q}{v_{VII}} = \frac{56{,}0}{9{,}06} = 6{,}18 \text{ m}^2.$

Nehmen wir das Kreisprofil VII als vollaufend an, dann benötigen wir einen Rohrdurchmesser

$$d = \sqrt{\frac{F \cdot 4}{\pi}} = \sqrt{\frac{6{,}18 \cdot 4}{3{,}14}} = 2{,}81 \text{ m}.$$

Daraus ergibt sich eine Kote der Energielinie von

$389{,}576 + t_{VII} + h_{VII} = 389{,}576 + 2{,}81 + 4{,}184 = 396{,}570$ m.

Die Energielinie im Profil VI′ liegt dagegen auf Kote

$$390{,}780 + 1{,}286 + 3{,}08 = 395{,}146 \text{ m}.$$

Da die Energielinie des Profiles VII um den Druckhöhenverbrauch zur Überwindung der Verluste zwischen VI′ und VII tiefer liegen muß, als die Energielinie im Profil VI′, tatsächlich aber um 1,524 m höher liegt, kann die vorstehende Berechnung für Profil VII in obiger Form nicht in Ordnung gehen. Woran liegt das nun?

Denken wir uns einmal die sekundliche Abflußwassermenge im Profil VI′ im Schwerpunkt vereinigt! Dieser liegt, da Profil VI′ rechteckige Form hat, in halber Wassertiefe, also $\frac{1{,}286}{2} = 0{,}643$ m über der Sohle, d. i. also auf Kote

$$390{,}78 + 0{,}643 = 391{,}423 \text{ m}.$$

Da Profil VII volläuft, liegt dort der Schwerpunkt der sekundlichen Wassermenge im Kreismittelpunkt, das ist $\frac{2{,}81}{2} = 1{,}405$ m über der Sohlenkote oder auf Kote $389{,}576 + 1{,}405 = 390{,}981$ m. Wir haben oben einen Gefällszuwachs von 1,204 m in Rechnung gesetzt. Tatsächlich vermindert sich aber dieser Gefällszuwachs wegen der relativen Hebung des Schwerpunktes des Wasserquerschnitts auf dem Wege von VI′ nach VII, weil bei dieser Schwerpunktshebung Energie der Bewegung in Energie der Lage umgewandelt wird. Mit anderen Worten: Zwischen den Profilen VI′ und VII haben wir eine Staustrecke. Damit wird aber v_{VII} kleiner, so daß der Querschnitt F größer werden muß als

6,18 m^2 und deshalb $d > 2{,}81$ m, wenn 56,0 m^3/sec durch das Profil hindurchgehen sollen.

Um die — besonders im Hinblick auf das „schießende" Wasser — rechnerisch schwer zu fassenden Abflußvorgänge zwischen den Profilen VI′ und VII klar zu gestalten, nehmen wir folgendes an[1]):

1. es herrsche im Profil VII die gleiche mittlere Profilgeschwindigkeit wie im Profil VI′;

2. um hinsichtlich der Abführung der Heberfördermenge von 56,0 m^3/sec sicher zu gehen, wird zu dem bei VI—VI′ in Ansatz gebrachten Eintrittsverlust mit Rücksicht auf die hohe Geschwindigkeit und die unvermeidlich starke Turbulenz in der Übergangsstrecke ein neuerer Verlust für die Strecke VI′—VII angenommen von $0{,}40 \cdot \frac{v_{VI'}^2}{2g} = 0{,}40 \cdot 3{,}08 = 1{,}23$ m;

3. wir wählen für Profil VII ein solches Lichtprofil, also einen solchen Durchmesser, daß dasselbe beim Auftreten des vollen Verlustes von $0{,}40 \cdot \frac{v_{VI'}^2}{2g}$ etwa den günstigsten Füllungsgrad bezüglich der Geschwindigkeit aufweist.

Da nunmehr die Geschwindigkeitshöhen im Profil VI′ und im Profil VII gleich sind und zwar jeweils 3,08 m betragen, muß die Kote der Energielinie im Profil VII um 1,23 m tiefer liegen als jene im Profil VI′, das ist die Kote 395,146 — 1,23 = 393,916 m.

Damit erhält der Wasserspiegel im Profil VII die Kote (vgl. Abb. 89)

$$393{,}916 - 3{,}08 = 390{,}836 \text{ m}.$$

Da $v_{VII} = v_{VI'} = 7{,}77$ m/sec, wird $F_{VII} = \frac{Q}{v_{VII}} = \frac{56{,}0}{7{,}77} = 7{,}2 \text{ m}^2$.

Der günstigste Füllungsgrad bezüglich der Geschwindigkeit liegt im Kreisprofil beim Zentriwinkel $\varphi \sim 257^0$. Für $\varphi = 257^0$ wird φ (Bogenmaß) $= \frac{257 \cdot \pi}{180} = 4{,}48$. Aus der Tafel 11 am

[1]) Soweit in einem praktischen Falle genügend Rohrgefälle vorhanden ist, die Rohrdimensionen also nicht unwirtschaftlich groß werden, würde es am sichersten sein, die Übergangsstrecke VI′—VII zu einem Schacht auszubilden, der so tief ist, daß für $v \sim 0$ m/sec die vorhandene Druckhöhe ausreicht, die notwendige Eintrittsgeschwindigkeit in das Rohr zu erzeugen. Auf diese Weise läßt sich ein Rückstau im Verbindungskanal sicher ausschalten.

Schlusse des Anhangs entnimmt man für $\varphi = 4{,}48$ den Verhältniswert $\frac{F}{r^2} = 2{,}73$; daraus $r^2 = \frac{F}{2{,}73} = \frac{7{,}2}{2{,}73} = 2{,}64$ und $r = 1{,}625 \sim 1{,}65$ m. Mit $r_{\mathrm{VII}} = 1{,}65$ m wird $\frac{F_{\mathrm{VII}}}{r_{\mathrm{VII}}^2} = 2{,}64$; $\frac{t_{\mathrm{VII}}}{r_{\mathrm{VII}}} = 1{,}57$, also $t_{\mathrm{VII}} = 1{,}57 \cdot 1{,}65 = 2{,}59$ m. $\left(\frac{R}{r}\right)_{\mathrm{VII}} = 0{,}607$; $R_{\mathrm{VII}} = 0{,}607 \cdot 1{,}65 = 1{,}00$ m. Die Sohlenkote im Profil VII wird demnach

$$390{,}836 - 2{,}59 = 388{,}246 \text{ m}.$$

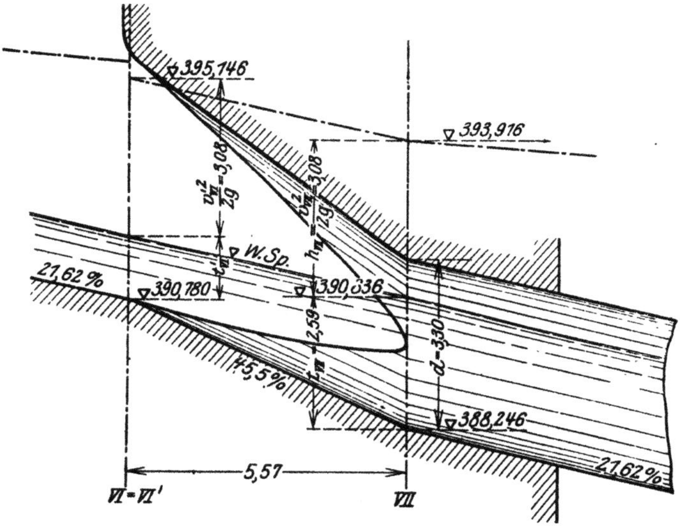

Abb. 89.

Daraus ergibt sich ein Sohlengefälle von VI′ nach VII von $\frac{2{,}534}{5{,}57} = 0{,}455 = 45{,}5\,^0/_0$.

Nunmehr sind die Grundlagen für die konstruktive Durchbildung der Übergangsstrecke festgelegt.

Wir prüfen noch nach, welcher Fließzustand im Profil VII herrscht. Da die Grenzgeschwindigkeit

$$v_{gr} = \sqrt{g \cdot t} = \sqrt{9{,}81 \cdot 2{,}59} = 5{,}04 \text{ m/sec}$$

beträgt, während v_{VII} zu 7,77 m/sec festgelegt wurde, „schießt“

das Wasser durch Profil VII, d. h. es ist keine Änderung im Fließzustand eingetreten.

Strecke VII—VIII.

Das Profil VIII liegt in 10 m Abstand vom Profil VII, horizontal gemessen. Gefällszuwachs von VII bis VIII: 2,162 m (21,62 %). Wir bilden den Rohrstoß VII—VIII als konischen Übergang aus von $r = 1,65$ m auf $r = 1,45$ m.

Rohranfang (Profil VII): $v_{VII} = 7,77$ m/sec; $h_{VII} = 3,08$ m; $F_{VII} = 7,20\ m^2$; $t_{VII} = 2,59$ m; $R_{VII} = 1,00$ m.

Die relativ stauende Wirkung der Rohrverjüngung berücksichtigen wir, um sicherzugehen, indem wir den Gesamtverlust VII—VIII mit 1,00 m Druckhöhe in Ansatz bringen, wovon 0,20 m Druckhöhe durch die Rohrreibung endgültig aufgebraucht sein sollen.

Dann verbleiben zur Geschwindigkeitserzeugung bzw. zur Beschleunigung auf der Strecke VII—VIII

$$h_{VII-VIII} = 3,08 + 2,162 - 1,00 = 4,242 \text{ m}.$$

Daraus

$$v_{VIII} = 4,43\sqrt{4,242} = 9,12 \text{ m/sec}; \quad F_{VIII} = \frac{56,0}{9,12} = 6,13\,\text{m}^2;$$

$$\left(\frac{F}{r^2}\right)_{VIII} = \frac{6,13}{1,45^2} = 2,92\ \text{m}^2; \quad \left(\frac{t}{r}\right)_{VIII} = 1,76;$$

$$t_{VIII} = 1,76 \cdot 1,45 = 2,55 \text{ m};$$

$$\left(\frac{R}{r}\right)_{VIII} = 0,602; \quad R_{VIII} = 0,87 \text{ m}.$$

Prüfung des Reibungsverlustes auf der Strecke VII—VIII: Die Mittelwerte aus VII und VIII ergeben für v: 8,45 m/sec; für R: 0,935 m.

Für die längs- und quergenieteten Eisenblechrohre der Leerlaufleitung setzen wir $\gamma = 0,16$ nach Bazin. Daher mittlerer Geschwindigkeitsbeiwert für die Strecke VII—VIII: $c = 73,3$.

Die Reibungslänge l' berechnet sich zu $l' = \dfrac{l}{\cos\alpha} = \dfrac{10,0}{0,9775}$ $= 10,225$ m, wenn der Neigungswinkel der Rohrachse $\alpha = 12^0\,11'\,49''$ beträgt.

Daher Reibungsverlust VII—VIII:

$$h_r = \frac{8{,}45^2 \cdot 10{,}225}{73{,}3^2 \cdot 0{,}935} = 0{,}15 \text{ m}.$$

Von dem oben angesetzten Druckhöhenverlust von 1,00 m wurden 0,20 m als Reibungsverlust betrachtet; von dem Rest von 0,80 m wurde angenommen, daß er zur relativen Hebung des Wasserspiegels infolge der Rohrverjüngung verbraucht wird. Diese Druckhöhe ist also in Form von Energie der Lage im Profil VIII vorhanden, so daß dort einschließlich der Einsparung an Reibungsgefälle an Energie insgesamt zur Verfügung stehen:

$$\frac{v_{\text{VIII}}^2}{2g} + 0{,}80 + 0{,}05 = 4{,}242 + 0{,}80 + 0{,}05 = 5{,}092 \text{ m}.$$

Vom Profil VIII bis XI wird der Rohrdurchmesser 2,90 m wegen des hohen Füllungsgrades beibehalten.

Strecke VIII—IX.

Profil IX liegt in 10,0 m Abstand vom Profil VIII, horizontal gemessen.

Geschwindigkeitshöhe in IX:

$$h_{\text{IX}} = h_{\text{VIII}} + \text{Gefällszuwachs} - \text{Reibungsverlust (geschätzt)},$$

$$h_{\text{IX}} = 5{,}092 + 2{,}162 - 0{,}25 = 7{,}004 \text{ m},$$

$$v_{\text{IX}} = 4{,}43\sqrt{7{,}008} = 11{,}72 \text{ m/sec}; \quad F_{\text{IX}} = \frac{56{,}0}{11{,}72} = 4{,}78 \text{ m}^2;$$

$$\left(\frac{F}{r^2}\right)_{\text{IX}} = 2{,}27; \quad \left(\frac{t}{r}\right)_{\text{IX}} = 1{,}36; \quad t_{\text{IX}} = 1{,}97 \text{ m}$$

$$\left(\frac{R}{r}\right)_{\text{IX}} = 0{,}585; \quad R_{\text{IX}} = 0{,}846 \text{ m}.$$

Mittelwerte VIII—IX:

$$v = \frac{9{,}12 + 11{,}72}{2} = 10{,}42 \text{ m/sec}; \quad R = \frac{0{,}87 + 0{,}846}{2} = 0{,}86 \text{ m},$$

Reibungsverlust VIII—IX:

$$h_r = \frac{10{,}42^2 \cdot 10{,}225}{73{,}1^2 \cdot 0{,}86} = 0{,}242 \text{ m} \sim 0{,}25 \text{ m}, \text{ wie oben angesetzt.}$$

In analoger Weise wird die Untersuchung der Rohrleitung fortgeführt. Die Werte sind in Abb. 90 eingetragen.

Das Wasser, welches mit großer, stetig wachsender Geschwindigkeit die Rohrleitung herabschießt, nimmt dabei erhebliche Luftmengen mit. Will man vermeiden, daß hierdurch Saugwirkungen in der Rohrleitung und die damit verbundenen statischen Einwirkungen auf die Rohre, sowie Störungen im Abflußvorgang (stoßweise vorübergehende Erhöhung der Förderleistung in der Leitung!) auftreten, so muß die Rohrleitung mit Be- und Entlüftungsschächten versehen werden, damit die in der Rohrleitung bewegten Luftmassen zugeführt und an den entsprechenden Stellen der Leitung (verengte Luftquerschnitte!) abgestoßen werden können. Da bei den Entlüftungsschächten, insbesondere im unteren

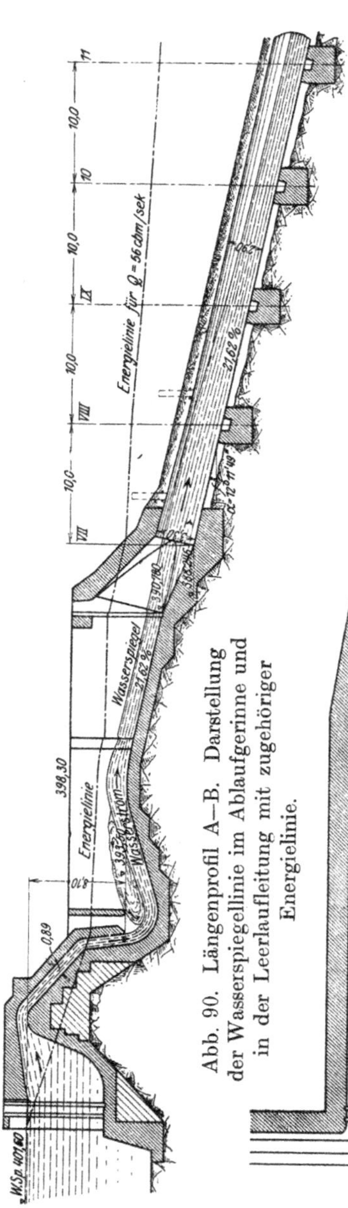

Abb. 90. Längenprofil A—B. Darstellung der Wasserspiegellinie im Ablaufgerinne und in der Leerlaufleitung mit zugehöriger Energielinie.

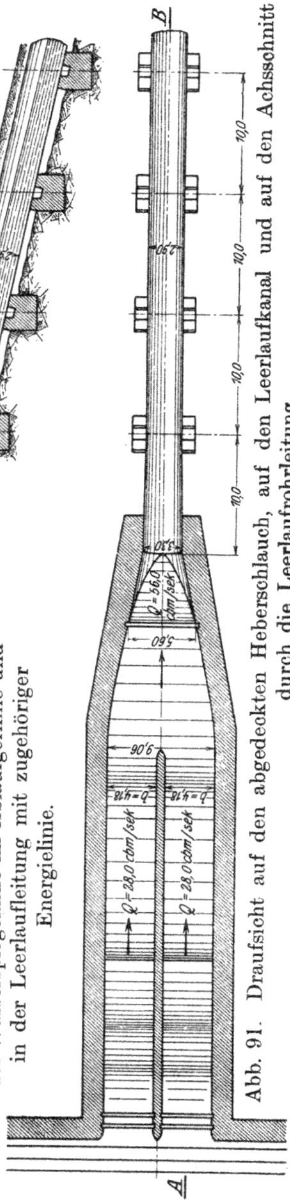

Abb. 91. Draufsicht auf den abgedeckten Heberschlauch, auf den Leerlaufkanal und auf den Achsschnitt durch die Leerlaufrohrleitung.

Leitungsteil, die austretende Luft auch Wasser mitnehmen wird, ist bei der konstruktiven Durchbildung für dessen unschädliche Ableitung Vorsorge zu treffen.

In Abb. 90 sind solche Schächte durch strichlierte Eintragung angedeutet.

Damit ist die Untersuchung des Hebers einschließlich Abflußleitung durchgeführt. Kann die dabei verwendete Rechenmethode auch keinen Anspruch auf weitgehende Genauigkeit machen, so gibt sie doch eine Möglichkeit, in schwierig gelagerten Fällen sich wenigstens ein aus brauchbaren Rechengrundlagen hervorgegangenes Bild über den Abflußvorgang zu machen, insbesondere Stellen mit unklaren Abflußverhältnissen festzustellen und durch geeignete konstruktive Maßnahmen klare Abflußverhältnisse zu schaffen. Diese sind in dem vorliegenden Beispiel gegeben, wenn das Abflußgerinne, sowie die Rohrleitung an jeder Stelle 56,0 m^3/sec abzuführen vermögen ohne einen sich nach oben fortsetzenden störenden Rückstau auszulösen.

Es soll nun noch kurz der Frage nähergetreten werden, wie sich die Abflußverhältnisse gestalten, wenn der Heber statt des angenommenen 60%igen Wirkungsgrades einen 75%igen Wirkungsgrad aufweisen und wenn gleichzeitig infolge einer Unregelmäßigkeit im Abflußvorgang (z. B. Übergang vom Schießen zum Strömen!) die Geschwindigkeit vor dem Rohreinlauf, also etwa oberhalb des Profiles VI klein wird!

1. Abflußverhältnisse im Heber bis Profil II.

Heberwirkungsgrad $\mu_1 = 0{,}75\,\%$;

daher Heberleistung $$Q = \frac{\mu_1}{\mu} \cdot Q_1 = \frac{0{,}75}{0{,}60} \cdot 28{,}0 = \mathbf{35{,}0}\ \mathrm{m^3/sec};$$

effektive Hebersaughöhe $h' = \mu_1^2 \cdot h = 0{,}75^2 \cdot 8{,}10 = \mathbf{4{,}56}$ m.

Im Profil II besteht dann bei den gewählten Profilgrößen und unter Beibehaltung eines Verlustes von $0{,}5 \cdot \frac{v_{II}^2}{2g}$ zwischen den Profilen I und II folgende Beziehung zwischen h_1 und t_{II}:

$$0{,}5 \cdot \frac{v_{II}^2}{2g} + \frac{v_{II}}{2g} + t_{II} = 4{,}56 \text{ m},$$

$$1{,}5 \cdot \frac{v_{II}^2}{2g} + t_{II} = 4{,}56 \text{ m}$$

$$\frac{1{,}5}{2g} \cdot \frac{Q^2}{b_{II}^2 \cdot t_{II}^2} + t_{II} = 4{,}56 \text{ m};$$

für $Q = 35{,}0$ m³/sec, $b_{II} = 4{,}18$ m ergibt sich

$$5{,}34 \cdot \frac{1}{t_{II}^2} + t_{II} = 4{,}56.$$

Wie in den Profilen V″ und VI′ ergeben sich auch hier zwei Werte t_{II} für die angenommene Lage der Energielinie:

$${}_1t_{II} = 1{,}29 \text{ m („schießendes“ Wasser)}$$

und $${}_2t_{II} = 4{,}30 \text{ m („strömendes“ Wasser).}$$

Es ist nun mit der Möglichkeit zu rechnen, daß die angenommene Störung im Gerinneteil zwischen den Profilen II und VI den Abfluß im Profil II so beeinflußt, daß in dessen Bereich — wenigstens für eine kurze Spanne Zeit — die Abflußtiefe ${}_2t_{II} = 4{,}30$ m herrscht. (Lange wird dieser Zustand nicht andauern, weil das Fortschreiten des Schwalls nach aufwärts zu einer Verringerung der Hebersaughöhe und damit zu einer Reduzierung der Heberleistung führt, und weil überdies die für die zwei Heber in Frage kommende Maximalleistung nur $2 \cdot 28{,}0 = 56{,}0$ m³/sec beträgt, so daß die nunmehrige Leistung von $2 \cdot 35{,}0 = 70{,}0$ m³/sec nur vorübergehend sein kann.) Um ein Austreten des Wassers über die Seitenwände des Gerinnes zu vermeiden, wurde deren Oberkante $4{,}30 + 0{,}50 = 4{,}80$ m über die Sohlenkote des Profils II gelegt, d. i. auf Kote $393{,}50 + 4{,}80 = 398{,}30$ m.

2. Abflußverhältnisse in der Rohrleitung.

Kann die Rohrleitung bei den gewählten Dimensionen für den vorstehend unter 1. skizzierten Fließvorgang im Abflußgerinne die Förderleistung der zwei Heber von zusammen 70 m³/sec abführen? Damit in die Rohrleitung 70 m³/sec eintreten können, bedarf es im Querschnitt VII, also am Beginne der Leitung unter Annahme vollaufenden Profils einer Geschwindigkeit $v_{VII} = \frac{Q}{F} = \frac{70,0}{1,65^2 \cdot 3,14} = 8,19$ m/sec.

Zur Erzeugung dieser Geschwindigkeit wäre bei 10% Eintrittsverlust eine Geschwindigkeitshöhe notwendig von

$$h_{VII} = 1,1 \cdot \frac{v_{VII}^2}{2g} = 1,1 \cdot \frac{8,19^2}{19,62} = 3,76 \text{ m.}$$

Befindet sich das Wasser vor der Rohreinmündung im Augenblick der Beobachtung vollkommen in Ruhe, dann muß sich das Wasser diese Geschwindigkeitshöhe von 3,76 m selbst schaffen, indem es im Becken so hoch ansteigt, bis sein Spiegel 3,76 m über den Scheitelpunkt der Leitung bei Profil VII liegt. Die so gewonnene Druckhöhe wird nun, soweit sie nicht zur Überwindung des Eintrittsverlustes verbraucht wird, in Geschwindigkeit umgesetzt, so daß im besagten Scheitelpunkt des Profils VII der Druck 0 herrscht. Wäre im Becken schon eine Wassergeschwindigkeit v' vorhanden, dann vermindert sich die Hebung des Spiegels über den Scheitelpunkt des Rohranfangs um $1,1 \cdot \frac{v'^2}{2g}$. Im übrigen hat sich an den Geschwindigkeits- und Druckverhältnissen im Profil VII selbst nichts geändert.

Da die Unterkante der Rohrleitung im Profil VII auf Kote 388,246 m liegt, die Oberkante also auf $388,246 + 3,30 = 391,546$ m, so ergibt sich für $v' = 0$ eine Wasserspiegelkote im Gerinnebecken von $391,546 + 3,76 = 395,306$ m.

Diese Spiegelkote liegt $397,80 - 395,306 = 2,494$ m tiefer als der angenommene Spiegel im Profil II. Es ist somit zwischen den Profilen II und VI genügend Spiegelgefälle vorhanden, so daß hier weitere Störungen für den Abfluß nicht zu erwarten sind, und v' eine nicht unbeträchtliche Größe erreichen wird. Selbst für schießendes Wasser im Profil II bei $Q = 35,0$ m³/sec Leistung pro Heber wäre nur ein Wassersprung von $395,306 - (393,50 + 1,29) = 0,516$ m notwendig, um im unteren Becken auf den Wasserspiegel 395,306 m zu kommen. Dieser Fließzustand ist deshalb nicht nur möglich, sondern für einen Dauerzustand sogar wahrscheinlicher als jener für „strömendes“ Wasser im Profil II.

Jedenfalls sind die Bedingungen nunmehr festgelegt, unter denen in das Profil VII 70 m^3/sec eintreten. Bei gleichbleibendem Rohrdurchmesser und stetigem Gefällszuwachs, welcher gleich dem stetigen Gefällsverbrauch zur Überwindung der auftretenden Verluste wäre, ergäbe sich in der Rohrleitung eine gleichförmige Wasserbewegung vergleichbar jener in einem volllaufenden Freispiegelstollen (Rohrscheitel ohne Druckbeanspruchung).

Unsere Leitung nimmt von Profil VII bis Profil VIII von 3,30 m Durchmesser auf 2,90 m ab. Genügt nun der vorhandene Gefällszuwachs zwischen VII und VIII, um die 70 m^3/sec auch durch das verkleinerte Profil in VIII zu fördern? Wenn er nicht genügte, dann müßte sich das Wasser durch weitere Hebung des Spiegels im Becken zusätzliches Druckgefälle schaffen, um damit auf die notwendige Geschwindigkeitssteigerung zu kommen. Wir führen die Untersuchung für unser Profil VIII durch, indem wir für dasselbe gleich den günstigsten Füllungsgrad für die Wassermenge Q voraussetzen, d. i. jener Füllungsgrad, bei welchem das Profil $Q_{\max}$ fördert. Dieser Füllungsgrad liegt beim Zentriwinkel $\varphi_{\text{VIII}} = 308^0$. Für diesen Winkel wird das Bogenmaß für 1,0 m Radius $\varphi_{\text{VIII}} = 5{,}376$, damit $\left(\frac{F}{r^2}\right)_{\text{VIII}} = 3{,}075$ (vgl. Tafel 11 am Schlusse des Anhangs), somit $F_{\text{VIII}} = 6{,}46\ m^2$ und daraus die mittlere Profilgeschwindigkeit für $Q_{\max} = 70{,}0\ m^3/\text{sec}$:

$$v_{\text{VIII}} = \frac{Q_{\max}}{F_{\text{VIII}}} = \frac{70{,}0}{6{,}46} = 10{,}82\ \text{m/sec}.$$

Die Fülltiefe t_{VIII} ergibt sich für $\left(\frac{t}{r}\right)_{\text{VIII}} = 1{,}9$ zu $t_{\text{VIII}} = 1{,}9 \cdot 1{,}45 = 2{,}76$ m. Der Geschwindigkeit v_{VIII} entspricht nun eine Geschwindigkeitshöhe

$$h_{\text{VIII}} = \frac{v_{\text{VIII}}^2}{2g} = \frac{10{,}82^2}{19{,}62} = 5{,}98\ \text{m}.$$

Die Geschwindigkeitshöhe im Profil VII war:

$$h_{\text{VII}} = \frac{v_{\text{VII}}^2}{2g} = \frac{8{,}19^2}{19{,}62} = 3{,}42\ \text{m}.$$

Zur Steigerung der Geschwindigkeit zwischen den Profilen VII und VIII ist demnach ein Gefällszuwachs notwendig von 5,98 — 3,42 = 2,56 m. Das zur Überwindung der Reibungsverluste auf der betrachteten Strecke notwendige Gefälle berechnet sich überschlägig zu 0,12 m. Der insgesamt notwendige Gefällszuwachs zwischen VII und VIII beträgt demnach 2,67 m.

Aus dem gegebenen Gefälle der Rohrsohle von 2,162 m zwischen VII und VIII, und dem Unterschied der Wassertiefen in den Profilen VII und VIII im Betrage von $t_{VII} - t_{VIII} = 3{,}30 - 2{,}76 = 0{,}54$ m ergibt sich sohin ein gesamter Gefällszuwachs von $2{,}162 + 0{,}54 = 2{,}702$ m. Benötigt werden 2,67 m. Es ist also noch ein kleiner Gefällsüberschuß vorhanden, so daß damit gerechnet werden kann, daß auch in dem jetzt zur Untersuchung stehenden Falle mit $Q = 70\ \mathrm{m^3/sec}$ die Leerlaufleitung ausreicht und dabei, was bezüglich der Dimensionierung der Rohre sehr erwünscht ist, nicht volläuft. Wäre das Rohrgefälle kleiner, so würde für den untersuchten Fall die Leerlaufleitung bei den gewählten Dimensionen zu einer Druckleitung, und die Förderleistung derselben hinge von der gesamten zur Verfügung stehenden Druckhöhe ab, also von der Differenz zwischen oberem Beckenwasserspiegel (oder bei $v' \neq 0$ zwischen der Kote der Piezometerlinie dortselbst) und unterem Austrittswasserspiegel (bzw. der Kote der Piezometerlinie an dieser Stelle).

Aus der Annahme des günstigsten Profils in VIII folgert weiter, daß der sich aus der Voraussetzung eines vollaufenden Profils VIII ergebende Gefällszuwachs nicht mehr ausgereicht hätte, um einen drucklosen Abfluß zu gewährleisten. Da der Abfluß jedoch nach dem Gesetz der Überwindung des kleinsten Widerstandes vor sich geht, mußte auch zunächst mit der günstigsten Profiltiefe für die Förderung der Wassermenge $Q = 70\ \mathrm{m^3/sec}$ gerechnet werden. Wäre dabei der Gefällsbedarf schon größer geworden, als der tatsächliche Gefällszuwachs, dann müßte mit vollaufender, also mit einer Druckrohrleitung gerechnet werden.

Zusammenfassend zeigen die angestellten Überlegungen, daß es sehr zweckmäßig ist, zunächst die Abflußverhältnisse in ähnlicher Weise zu klären, wie es hier geschehen ist, und entsprechend dem Ergebnisse die Rohrdurchmesser zu bestimmen. Nunmehr kann der Spiegelverlauf für die vorausgesetzten normalen Abflußverhältnisse verfolgt und dabei geprüft werden, inwieweit schwer vorausberechenbare Abflußverhältnisse an der einen oder anderen Stelle des Systems der Leerlaufleitung konstruktive Maßnahmen zur Gestaltung klarer Abflußverhältnisse empfehlenswert erscheinen lassen.

II. Veränderliche Wasserbewegung.

Aufgabe 33.

Das Betriebswasser einer Hochdruckwasserkraftanlage wird durch einen kreisrunden, mit glattem Betonputz versehenen Druckstollen von $l = 1164$ m Länge, $3\,^0/_{00}$ Gefälle und $f = 18{,}1$ m^2 lichtem Querschnitt einem großen Stausee entnommen, dessen Spiegel zwischen den Grenzkoten 503,0 und 496,0 schwanken kann. Der Druckstollen mündet in ein Wasserschloß von 600 m^2 Querschnittsfläche und lotrechten Wänden.

1. Welche Höhenkote ergibt sich jeweils für den Wasserspiegel im Wasserschloß, wenn die Betriebswassermenge im Beharrungszustand 12,0 m^3/sec beträgt und der Stausee die Koten 503,0 bzw. 496,0 aufweist?

2. Welche Spiegelkoten ergeben sich im Wasserschloß unter sonst gleichen Voraussetzungen, wenn die Betriebswassermenge dauernd 60,0 m^3/sec beträgt?

3. Welche Höhe muß das Wasserschloß erhalten, damit für die extremen Fälle des plötzlichen vollkommenen Abschlusses (Zurückgehen der Betriebswassermenge von 60,0 auf 0 m^3/sec), bzw. des plötzlichen vollkommenen Öffnens der Turbinen (Anwachsen der Betriebswassermenge von 0 auf 60 m^3/sec) einmal kein Überlaufen des Wassers im Schlosse stattfinden kann, andererseits der Wasserspiegel im Schlosse weder unter den Scheitel des Druckstollens an der Einmündung desselben in das Schloß, noch unter den Scheitel der vom Schlosse ausgehenden Druckrohrleitungen sinkt?

Lösung.

Zu 1. Wie schon in Aufgabe 25 festgestellt, geht auf dem Wege vom Stausee bis zum Wasserschloß Druckhöhe verloren:

Durch Umwandlung von Druckhöhe in Geschwindigkeit, durch den Eintrittswiderstand und durch die Reibung an den Stollenwandungen.

Das Einlaufbauwerk, welches den Übergang vom See zum Stollen herstellt, nehmen wir als trichterförmig ausgebildet und den Stollenmund selbst mit weichen Ausrundungen versehen an. Mit Rücksicht auf diese konstruktiven Maßnahmen und unter weiterer Berücksichtigung des großen Stollenquerschnitts möge der Gefällsverbrauch zur Überwindung des Eintrittswiderstandes mit $0{,}05 \cdot \frac{v^2}{2g}$ in Ansatz gebracht werden.

Der gesamte Druckhöhenverlust vom Stausee bis zum Wasserschloß ergibt sich nun wie folgt:

1. Erzeugung der Geschwindigkeit: $\frac{v^2}{2g}$

2. Eintrittsverlust: $0{,}05 \cdot \frac{v^2}{2g}$

3. Reibungsverlust für den kreisförmigen Stollen:

$$\frac{v^2 \cdot l}{c^2 \cdot R} = \frac{4 \cdot l}{c^2 \cdot d} \cdot v^2.$$

Bezeichnen wir in diesem Falle mit h den gesamten Verlust, so wird

$$h = \left(\frac{1{,}05}{2g} + \frac{4l}{c^2 \cdot d}\right) \cdot v^2 = \beta \cdot v^2.$$

Für $l = 1164$ m, $d = \sqrt{\frac{18{,}1 \cdot 4}{\pi}} = 4{,}80$ m; $\gamma = 0{,}16$[1]; $c = 75{,}9$ wird

$$\beta = \frac{1{,}05}{19{,}62} + \frac{4 \cdot 1164}{75{,}9^2 \cdot 4{,}80} = 0{,}222,$$

also

$$h = 0{,}222 \cdot v^2.$$

[1]) Da die Schwingungen im Wasserschloß (Frage 3 dieser Aufgabe) um so größer werden, je kleiner die Dämpfung h ist, letztere aber mit wachsendem c, d. h. mit abnehmendem γ abnimmt, wurde — um in den Rechnungen zu Frage 3 sicher zu gehen — $\gamma = 0{,}16$ angenommen, eine Rauhigkeitsziffer, mit welcher bei Inbetriebnahme der Anlage sicherlich auch gerechnet werden muß.

Bei einer Betriebswassermenge $Q = 12{,}0\ \mathrm{m^3/sec}$ wird, da der Stollenquerschnitt $f = 18{,}1\ \mathrm{m^2}$ beträgt,

$$v = \frac{Q}{f} = \frac{12{,}0}{18{,}1} = 0{,}663\ \mathrm{m/sec}.$$

Damit ergibt sich h zu

$$h = \beta \cdot v^2 = 0{,}222 \cdot 0{,}663^2 = 0{,}098\ \mathrm{m}.$$

Der Spiegel im Wasserschloß liegt deshalb im Beharrungszustand[1]) für $12{,}0\ \mathrm{m^3/sec}$

bei einem Seewasserstand von	503,0 m	auf	503,00 — 0,098 = 502,902 m
	496,0 „	„	496,00 — 0,098 = 495,902 „

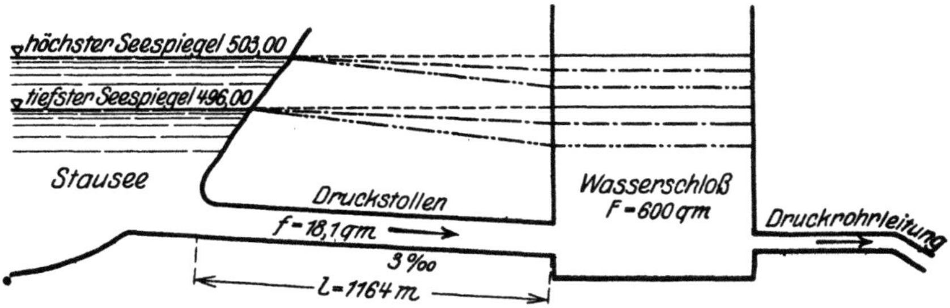

Abb. 92. Übersichtsskizze für die Druckhöhenverluste.
— · — · — Drucklinie (Piezometerlinie) für $Q = 12\ \mathrm{m^3/sec}$
— ·· — ·· — „ („) „ $Q = 60\ \mathrm{m^3/sec}$.

Zu 2. Für $60{,}0\ \mathrm{m^3/sec}$ Betriebswassermenge wird die Geschwindigkeit im Stollen

$$v = \frac{Q}{f} = \frac{60{,}0}{18{,}1} = 3{,}312\ \mathrm{m/sec}.$$

Damit ergibt sich ein Gesamtverlust vom See bis zum Wasserschloß von

$$h = \beta \cdot v^2 = 0{,}222 \cdot v^2 = 0{,}222 \cdot 3{,}312^2 = 2{,}437\ \mathrm{m}.$$

Daher Kote des Spiegels im Wasserschloß:

bei 503,0 m Seewasserstand:		503,0 — 2,437 = 500,563 m
„ 496,0 „	„	496,0 — 2,437 = 493,563 „

Zu 3. Es ist gefragt, wie hoch das Wasserschloß werden muß, damit einmal bei plötzlichem Abschluß der Turbinen die

[1]) Die Bedeutung des Beharrungszustandes ist aus Frage 3 zu entnehmen.

dadurch hervorgerufenen Spiegelschwankungen sich innerhalb des Schloßbehälters abspielen, also kein Überfluten eintritt, damit andererseits bei plötzlicher Belastung der Turbinen mit der maximalen Betriebswassermenge von 60 m^3/sec die hierdurch hervorgerufene maximale Spiegelabsenkung weder den Scheitel der Druckrohrleitung, noch den Scheitel des Stollens erreicht.

a) Plötzlicher Abschluß der Turbinen.

Das den Turbinen in den Druckrohrleitungen zufließende Wasser besitzt Bewegungsenergie. Schließen die Turbinen nun plötzlich ab, so muß sich nach dem Grundsatz von der Erhaltung der Energie diese lebendige Kraft des Wassers in eine andere Energieform umsetzen. Praktisch wird dieses Arbeitsvermögen aufgezehrt durch eine Erhöhung des hydraulischen Druckes auf die Wandung der Druckrohrleitung, oder mit anderen Worten: die Arbeitsfähigkeit der völlig unelastisch vorausgesetzten Wassersäule wird dazu aufgebraucht, die Rohrwandungen elastisch auszudehnen (Wasserschlag)[1]. Bei unserer Betrachtung kommt es auf das Studium dieser Vorgänge nicht an. Es genügt festzustellen, daß vom Augenblick des plötzlichen Abschlusses der

[1]) In Aufgabe 26 sei z. B. die Wandstärke s des Druckrohres unterhalb des Festpunktes IV dimensioniert worden für den Durchmesser $d = 195$ cm und die Druckhöhe $h = 205{,}76$ m, also für den Druck $p = 20{,}576 \sim 20{,}6$ kg/cm², bei einer zugelassenen Materialbeanspruchung von $K = 575$ kg/cm² zu

$$s = \frac{p \cdot d}{2 \cdot K} = \frac{20{,}6 \cdot 195}{2 \cdot 575} = 3{,}5 \text{ cm}.$$

Für $s = 3{,}5$ cm steigt die Beanspruchung des Druckrohrmaterials an der gleichen Stelle infolge plötzlichen Abschlusses der Turbinen, also infolge des Wasserschlages auf den Wert K'. Wenn aus dem Beispiel Aufgabe 26 für Festpunkt IV die Werte $Q = 16$ m³/sec, $l = 384{,}5$ m und die Schlußzeit $T = 3''$ übernommen werden, so berechnet sich K' wie folgt:

Es ist die Drucksteigerung auf die Fläche f:

$$H' = \frac{P_m}{\gamma} = \frac{3}{2} \cdot \frac{l}{g} \cdot \frac{Q}{T} = \frac{3}{2} \cdot \frac{384{,}5 \cdot 16{,}0}{9{,}81 \cdot 3} = 311 \text{ m Wassersäule},$$

also die Drucksteigerung pro Flächeneinheit

$$h' = \frac{H'}{f} = \frac{311}{\frac{1{,}95^2 \cdot \pi}{4}} = 105 \text{ m/m}^2 \text{ Wassersäule};$$

mithin spez. Gesamtdruck $p' = p + \frac{h'}{10} = 20{,}6 + 10{,}5 = 31{,}1$ kg/cm².

Damit wird
$$K' = \frac{p' \cdot d}{2 \cdot s} = \frac{31{,}1 \cdot 195}{2 \cdot 3{,}5} = 870 \text{ kg/cm}^2$$

(oder
$$K' = K \cdot \frac{p'}{p} = 575 \cdot \frac{31{,}1}{20{,}6} = 870 \text{ kg/cm}^2).$$

Turbinen an in der Druckrohrleitung kein Wasser mehr fließt, d. h. kein Abfluß aus dem Wasserschlosse stattfindet, sodaß der Beharrungszustand gestört ist.

Dagegen bewegt sich im Druckstollen im Augenblick des Schließens der Turbinen die Wassermenge 60 m^3/sec mit der Geschwindigkeit v (= 3,312 m/sec) zum Wasserschloß hin. Mangels eines Abflusses und wegen der Unzusammendrückbarkeit des Wassers muß hierdurch ein Steigen des Wasserspiegels im Wasserschloß bewirkt werden.

Im Zeitteilchen Δt, zunächst gerechnet vom Augenblick des Schließens der Turbinen an, fließt vom Stollen die Wassermenge $f \cdot v \cdot \Delta t$ in das Wasserschloß. Dadurch steigt der Wasserspiegel um Δz. Nehmen wir Δz positiv für fallenden Wasserspiegel im Wasserschloß und beachten, daß das Wasser als vollkommene Flüssigkeit — wie schon gesagt — nicht zusammendrückbar ist, dann erhalten wir die Kontinuitätsgleichung

$$1) \qquad f \cdot v \cdot \Delta t = - \Delta z \cdot F \qquad \text{oder} \qquad \frac{f}{F} \cdot v \cdot \Delta t = - \Delta z$$

Mit dieser Gleichung haben wir gewissermaßen die Bilanz für die Wassermengen aufgestellt. Natürlich kann diese Gleichung — streng genommen — nur für ein sehr kleines Zeitelement richtig sein, weil durch die Störung des Beharrungszustandes das Fließen des Wassers im Stollen nicht in gleicher Weise dauernd weitergehen kann. Es ändert sich also v und damit Δz mit der Zeit; deshalb haben wir es jetzt mit einer veränderlichen Wasserbewegung zu tun. Nun handelt es sich darum, die Kraft, welche die Geschwindigkeit des Wassers im Stollen abbremst, nach Größe und Wirkungsweise festzustellen.

Der steigende Wasserspiegel im Schloß hat einen steigenden Überdruck auf die bewegten Wasserteilchen im Stollen zur Folge, der verzögernd wirkt[1]). Im gleichen Sinne äußert sich der Ein-

---

K' liegt also noch in zulässigen Grenzen ($K' \sim$ 800 kg/cm^2).

Die Drucksteigerung selbst beträgt etwas über 50 %.

[1]) Zum Unterschied von der unveränderlichen verzögerten Wasserbewegung (Stau!) ändert sich in unserem Falle die Verzögerung selbst mit der Zeit, während dort die Verzögerung zu jedem Beobachtungszeitpunkt gleich bleibt, wobei für beide Fälle ein unveränderlicher Beobachtungsstandpunkt vorausgesetzt ist.

fluß des Druckhöhenverlustes h, wenn man ihn sich als Reibungskraft im Stollen angebracht denkt, weil diese stets der Wasserbewegung entgegenwirkt. Da wir den Abstand z des Wasserschloßspiegels von der Null-Lage (= Seespiegelniveau) nach abwärts positiv angenommen haben, d. i. also für negativen Überdruck bezüglich der Wasserbewegung im Stollen, kommt für eine Lage des Wasserschloßspiegels $+z$ wegen der dann entgegengesetzten Wirkung von z und h als abbremsende Druckhöhe nur die Differenz $(z-h)$ in Frage.

Der auf den Wasserquerschnitt des Stollens wirkende Überdruck beträgt dann

$$P=(z-h)\cdot f.$$

Diese Kraft kann natürlich nur wirken, wenn ihr ein gleich großer Widerstand entgegentritt (Aktio und Reaktio). Diesen Widerstand bietet die im Stollen fließende Wassermasse. Die Gegenkraft beträgt daher:

$$P=m\cdot\frac{\Delta v}{\Delta t}.$$

Nach dem eben Gesagten ist

$$m=\frac{\gamma\cdot f\cdot l}{g},$$

wobei $\gamma=1{,}0\,\mathrm{t/m^3}$ (spez. Gewicht des Wassers), also

$$P=\frac{f\cdot l}{g}\cdot\frac{\Delta v}{\Delta t}.$$

Durch Gleichsetzen beider Kräfte folgt

$$\frac{f\cdot l}{g}\cdot\frac{\Delta v}{\Delta t}=(z-h)\cdot f.$$

Durch Umstellung erhält man die Kraftgleichung

2) $$\Delta v=\frac{g}{l}(z-h)\cdot\Delta t.$$

Die beiden Gleichungen 1) und 2) erlauben nun, den Verlauf der Schwankungen des Wasserspiegels mit fortschreitender Zeit t schrittweise zu verfolgen.

Z. B. ergibt sich für die Zeit 10 sec nach dem erfolgten plötzlichen Abschluß, also für $\Delta t = 10$ sec nach Gleichung 1)

$$-\Delta z = \frac{f}{F} \cdot v \cdot \Delta t = \frac{18,1}{600,0} \cdot 3,312 \cdot 10 = 1,000 \text{ m},$$

d. h. unter der Annahme, daß sich in den ersten 10 sec die Geschwindigkeit des Wassers im Stollen nicht geändert hat, steigt der Spiegel im Schlosse um 1,000 m.

Zu Beginn der Beobachtung, d. i. im Augenblick des Schlusses, also zur Zeit $t = 0$ herrschte Beharrungszustand, d. h. Gleichgewicht, so daß $z = h$ war. z übte einen negativen Druck auf den Stollenwasserquerschnitt aus (etwa eine Saugwirkung mit dem Effekt der Beschleunigung der Wasserteilchen im Stollen), während der Reibungswiderstand die Wasserbewegung abzubremsen suchte. Da weder Beschleunigung noch Verzögerung im Stollen stattfand, sondern ein gleichmäßiges Fließen (Sinn des Beharrungszustandes!), mußten diese beiden Kräfte z und h notwendig gleich groß, aber entgegengesetzt gerichtet sein.

Nach 10 sec ist der Spiegel um 1,000 m gestiegen. Damit hat z den Wert

$$z = 2,437 - 1,000 = +1,437 \text{ m}$$

(der Wasserspiegel liegt 1,437 m unter der Nullage). Da sich — nach Annahme — die Geschwindigkeit v im Stollen bis zu diesem Zeitpunkt noch nicht geändert hat, bleibt auch die Größe der Kraft $h = \beta \cdot v^2$ unverändert. Wir setzen demnach für $t = 10$ sec den Wert $h = 0,222 \cdot 3,312^2 = 2,437$ m an. Für $\Delta t = 10$ sec ergibt nunmehr die Gleichung 2)

$$\Delta v = \frac{g}{l} \cdot \Delta t (z - h) = 0,0843 (1,437 - 2,437) = -0,0843 .$$

Es hat also die Geschwindigkeit — entgegen der ersten Annahme — bis zum Zeitpunkt $t = 10$ sec um 0,0843 auf 3,2277 m/sec abgenommen. Mit diesem verbesserten v untersuchen wir das zweite Intervall von $t = 10$ sec bis $t = 20$ sec. Mit Gleichung 1) ergibt sich für dieses Intervall wiederum ein Wert Δz und mit diesem die neue Änderung der Geschwindigkeit im zweiten Intervall. Die Berechnung läßt sich am einfachsten tabellarisch durchführen (vgl. Texttabelle 23). Sie geschah mit Hilfe eines Schiebers von 50 cm Länge von A. Nestler, Lahr i. B.

Will man die gedämpfte harmonische Schwingung des Spiegels weiter verfolgen, als bis zur höchsten Erhebung, so muß auf folgendes geachtet werden: Für den aufsteigenden Ast der Schwingungskurve, soweit sie über der Nullage liegt, wirken z und h in der gleichen Richtung, d. h. beide bremsen die Wasserbewegung im Stollen allmählich ab (vgl. Textabelle 23 von $t = 30$ sec bis $t = 120$ sec).

Tabelle 23.

Plötzliche Entlastung von $Q = 60{,}0\ m^3/sec$ auf $Q = 0$.

Zeit $\Sigma\Delta t$ für $\Delta t = 10''$	$\frac{f}{F} \cdot \Delta t$	$\Sigma\Delta v = v$	$\frac{f}{F} \cdot \Delta t \cdot v = -\Delta z$	$\frac{g}{l} \cdot \Delta t$	$\Sigma\Delta z = z$	β	v^2	$-\beta \cdot v^2 = -h$	$z - h$	$\frac{g}{l} \cdot \Delta t \cdot (z - h) = \Delta v$
0	0	3,312	0	0	2,437	0,222	10,975	− 2,437	0	0
10	0,3017	3,312	− 1,000	0,0843	1,437	0,222	10,975	− 2,437	− 1,000	− 0,084
20	0,3017	3,2277	− 0,974	0,0843	0,463	0,222	10,405	− 2,311	− 1,848	− 0,155
30	0,3017	3,0719	− 0,927	0,0843	−0,464	0,222	9,440	− 2,095	− 2,559	− 0,215
40	0,3017	2,8564	− 0,862	0,0843	−1,326	0,222	8,160	− 1,812	− 3,138	− 0,264
50	0,3017	2,5899	− 0,781	0,0843	−2,109	0,222	6,706	− 1,489	− 3,598	− 0,303
60 (1 min)	0,3017	2,2867	− 0,690	0,0843	−2,799	0,222	5,230	− 1,160	− 3,959	− 0,333
70	0,3017	1,9532	− 0,589	0,0843	−3,388	0,222	3,816	− 0,848	− 4,236	− 0,357
80	0,3017	1,5962	− 0,482	0,0843	−3,870	0,222	2,550	- 0,566	− 4,436	− 0,374
90	0,3017	1,2222	− 0,3865	0,0843	−4,2565	0,222	1,495	− 0,332	− 4,5885	− 0,386
100	0,3017	0,8355	− 0,2520	0,0843	−4,5085	0,222	0,698	− 0,155	− 4,6635	− 0,393
110	0,3017	0,4425	− 0,1335	0,0843	−4,6420	0,222	0,1957	− 0,0435	− 4,6855	− 0,395
120 (2 min)	0,3017	0,0475	− 0,0143	0,0843	−4,6563	0,222	0,0023	− 0,0005	− 4,6568	− 0,392
130	0,3017	− 0,3445	+ 0,1039	0,0843	−4,5524	0,222	0,1187	+ 0,0264	− 4,5260	− 0,381

Beim höchsten Stand des Spiegels ist die Wassergeschwindigkeit im Stollen auf Null herabgesunken. Nunmehr bewirkt der Überdruck z eine Wasserbewegung in der Richtung vom Schloß zum Stausee. Die Fließrichtung hat sich also umgedreht (vgl. Texttabelle 23 für $t = 130$ sec und Abb. 93). Da die Reibung der Fließrichtung stets entgegengerichtet ist, muß sich also mit der Änderung der Bewegungsrichtung des Stollenwassers auch der Kraftpfeil von h umkehren. Es wird auf diese Tatsache deshalb hingewiesen, weil wegen der Abhängigkeit der Größe h von v^2 diese Umkehrung des Kraftpfeiles sich nicht selbsttätig aus der Rechnung ergibt, sondern vom Rechnenden durch Änderung des Vorzeichens an der entsprechenden Stelle der Tabellenrechnung berücksichtigt werden muß. (Anderenfalls ergibt sich statt einer gedämpften eine angefachte Schwingung.)

b) Plötzliches Öffnen der Turbinen.

Zunächst herrscht in unserem System Ruhe. Dann liegt nach dem Prinzip der kommunizierenden Röhren der Spiegel im Schloß auf derselben Kote wie im See. Nun werden plötzlich sämtliche Turbinen voll belastet, so daß sie zusammen 60 m^3/sec schlucken. Es fließen also sekundlich $Q = 60$ m^3 aus dem Wasserschloß durch die Druckrohrleitungen in die Turbinen (im Zeitintervall Δt daher $Q \cdot \Delta t$). Da im Anfangsstadium der Beobachtung im Stollen die Geschwindigkeit $v = 0$ herrscht, vom Stollen also nichts in das Schloß fließt, müssen in diesem Anfangsstadium die $Q \cdot \Delta t$ m^3/sec restlos dem Wasserschloß entnommen werden. Dadurch sinkt der Spiegel im Wasserschloß um Δz. Für dieses Stadium der Bewegung muß also sein

$$Q \cdot \Delta t = F \cdot \Delta z.$$

Das Sinken des Wasserspiegels im Wasserschloß stört nun den vorher vorhanden gewesenen Gleichgewichtszustand der wirkenden hydrostatischen Kräfte und das zuerst im Stollen ruhende Wasser setzt sich gegen das Wasserschloß zu in Bewegung. In einem späteren Beobachtungsabschnitt setzt sich deshalb $Q \cdot \Delta t$ zusammen aus der Entnahme aus dem Schlosse und aus dem Zufluß vom Stollen her. Daher besteht die allgemeine Kontinuitätsbeziehung:

$$Q \cdot \Delta t = F \cdot \Delta z + f \cdot v \cdot \Delta t$$

oder

$$\text{1a)} \qquad \Delta z = \frac{Q}{F} \cdot \Delta t - \frac{f}{F} \Delta t \cdot v$$

Durch das Sinken des Wasserspiegels im Schloß bildet sich ein Druckgefälle vom See zum Schloß aus, so daß das Stollenwasser in das Schloß gedrückt wird. Dieser Kraft steht entgegen die Druckhöhe h zur Überwindung der Widerstände, weil sie der Wasserbewegung entgegengesetzt gerichtet ist. Die Differenz dieser beiden Kräfte bildet die Aktio. Sie ist, wie im Falle a),

$$P = f \cdot (z - h),$$

Tabelle 24.

Plötzliche Belastung von $Q = 0$ auf $Q = 60{,}0$ m³/sec.

Zeit $\Sigma \Delta t$ für $\Delta t = 10''$	$\frac{Q}{F} \cdot \Delta t$	$\frac{f}{F} \cdot \Delta t$	$\Sigma \Delta v = v$	$-\frac{f}{F} \cdot \Delta t \cdot v$	$\frac{Q}{F} \Delta t - \frac{f}{F} \cdot \Delta t \cdot v = \Delta z$	$\frac{g}{l} \cdot \Delta t$	$\Sigma \Delta z = z$	β	v^2	$-\beta \cdot v^2 = -h$	$z - h$	$\frac{g}{l} \Delta t (z-h) = \Delta v$
0	0	0	0	0	0	0	0	0	0	0	0	0
10	1,000	0,3017	0	0	+ 1,000	0,0843	+ 1,000	0,222	0	0	+ 1,0000	+ 0,0843
20	1,000	0,3017	0,0843	− 0,02545	+ 0,97455	0,0843	+ 1,97455	0,222	0,00710	− 0,00158	+ 1,97297	+ 0,1663
30	1,000	0,3017	0,2506	− 0,0757	+ 0,9243	0,0843	+ 2,89885	0,222	0,06284	− 0,01395	+ 2,88490	+ 0,2431
40	1,000	0,3017	0,4937	− 0,1490	+ 0,8510	0,0843	+ 3,74985	0,222	0,2436	− 0,0541	+ 3,69575	+ 0,3116
50	1,000	0,3017	0,8053	− 0,2433	+ 0,7567	0,0843	+ 4,50655	0,222	0,6482	− 0,1440	+ 4,36255	+ 0,3679
60 (1 min)	1,000	0,3017	1,1732	− 0,3544	+ 0,6456	0,0843	+ 5,15215	0,222	1,3760	− 0,3058	+ 4,84635	+ 0,4085
70	1,000	0,3017	1,5817	− 0,4775	+ 0,5225	0,0843	+ 5,67465	0,222	2,5015	− 0,5560	+ 5,11865	+ 0,4315
80	1,000	0,3017	2,0132	− 0,6075	+ 0,3925	0,0843	+ 6,06715	0,222	4,0550	− 0,9000	+ 5,16715	+ 0,4357
90	1,000	0,3017	2,4489	− 0,7390	+ 0,2610	0,0843	+ 6,32815	0,222	5,9950	− 1,330	+ 4,99815	+ 0,4213
100	1,000	0,3017	2,8702	− 0,8665	+ 0,1335	0,0843	+ 6,46165	0,222	8,3350	− 1,850	+ 4,61165	+ 0,3887
110	1,000	0,3017	3,2589	− 0,9830	+ 0,0170	0,0843	+ 6,47865	0,232	10,6070	− 2,358	+ 4,12065	+ 0,3475
120 (2 min)	1,000	0,3017	3,6064	− 1,0895	− 0,0895	0,0843	+ 6,38915	0,222	13,000	− 2,888	+ 3,50115	+ 0,2952

wobei $h = \beta \cdot v^2$ die Druckhöhenverluste darstellt, welche mit v veränderlich sind. Statisch stellt h die Dämpfung der Schwingung dar. Dieser Kraft P wirkt der gleich große Widerstand der im Stollen befindlichen Wassermasse infolge der ihr innewohnenden Trägheit entgegen. Es ergibt sich also, wie im Falle a), die Kraftgleichung zu

$$2) \quad \Delta v = \frac{g}{l}(z - h) \cdot \Delta t.$$

Mit Hilfe der Gleichungen 1a) und 2) läßt sich der Verlauf der Spiegelschwankungen im Schlosse abermals schrittweise verfolgen. Die Rechnung ist in Texttabelle 24 durchgeführt.

Auswertung der Ergebnisse der Untersuchung.

Im Falle der plötzlichen Entlastung (Fall a) ergibt sich eine maximale Erhebung des Wasserschloßspiegels um 4,66 m über die endgültige Ruhelage. Da diese für $Q = 0$ mit dem Seespiegel übereinstimmt, ist für die Festlegung dieses höchstmöglichen Wasserstandes im Schlosse infolge plötzlicher Entlastung vom höchsten vorkommenden Seespiegel auszugehen. Wie aus Abb. 93 zu entnehmen ist, liegt für unser Beispiel dieser höchstmögliche Spiegel im Schloß auf Kote 507,66 m. Deshalb müssen die Bedienungsstege bzw. die Begehungsgalerien im Schlosse

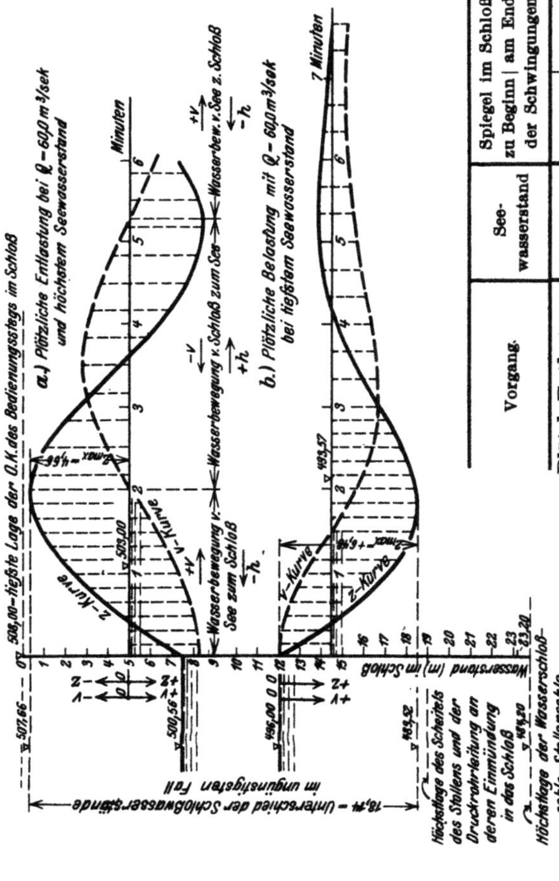

Vorgang	Seewasserstand	Spiegel im Schloß zu Beginn der Schwingungen	Spiegel im Schloß am Ende der Schwingungen	Höchste bzw. tiefste Spiegellage im Schloß infolge der Schwingungen
Plötzl. Entlastung (Fall a)	503,00	500,57	503,00	507,66
Plötzl. Belastung (Fall b)	496,00	496,00	493,57	489,52

Abb. 93. **Maximale Spiegelschwankungen im Wasserschloß einer Hochdruck-Großwasserkraftanlage.**

über diese Kote gelegt werden, um sie jederzeit wasserfrei zu halten. Sie wurden daher mit ihrer Oberkante in Abb. 93 auf Kote 508,00 m gebracht.

Eine Reduzierung der Spiegelerhebung nach oben läßt sich für den Fall der plötzlichen Entlastung erreichen, wenn im Schloß ein Überreich angebracht wird, welches das über eine ins Auge gefaßte Kote aufsteigende Wasser abführt. Dieses Wasser ist dann für den Kraftbetrieb meist verloren.

Im Falle der plötzlichen Belastung (Fall b) ergibt sich ein maximales Absinken des Schloßspiegels um 6,48 m unter den Ausgangswasserstand im Schloß. Da dieser letztere gleich jenem des Sees ist, weil zur Zeit $t = 0$ auch $Q = 0$ angenommen war, mußte für den ungünstigsten Fall der plötzlichen Vollbelastung vom tiefsten vorkommenden Seewasserstand ausgegangen werden. Dieser liegt auf Kote 496,00. Damit kann der Spiegel im Schloß bis auf Kote 489,52 sinken, so daß der Scheitel des Stollens, sowie die Scheitelkoten der Druckrohre an ihrer Einmündung in das Schloß unter dieser Kote liegen müssen. Es wurde im vorliegenden Beispiel deren höchste Lage von uns mit 489,00 angenommen. Da der Stollen 4,80 m Durchmesser hat, wurde die höchste Lage der Stollensohlenkote mit 489,00 — 4,80 = 484,20 m festgelegt. Freilich wird dieser Fall der plötzlichen Vollbelastung praktisch nicht leicht eintreten, jedenfalls nicht so leicht, wie der Fall der plötzlichen Entlastung bei voller Beanspruchung sämtlicher Turbinen. Es enthalten deshalb die Scheitel- und Sohlenkoten Sicherheiten.

Sind Stollenscheitel bzw. Stollensohle mit Rücksicht auf den tiefsten möglichen Wasserstand im Schlosse kotiert, so lassen sich die entsprechenden Koten des Stollens am Seeeinlauf festlegen unter Heranziehung des aus praktischen Gesichtspunkten gewählten Stollengefälles. In unserem Beispiel ergab sich eine maximale Scheitelkote des Stollen an seinem oberen Anfange am See von

$$489{,}00 + 0{,}003 \cdot 1164 = 489{,}00 + 3{,}49 = 492{,}49 \text{ m},$$

die entsprechende Sohlenkote zu

$$484{,}20 + 3{,}49 = 487{,}69 \text{ m},$$

d. i.

$$503{,}00 - 487{,}69 = 15{,}31 \text{ m}$$

unter dem höchsten, und

$$469{,}06 - 487{,}69 = 8{,}31 \text{ m}$$

unter dem tiefsten vorkommenden Seewasserstand.

Der Stollenscheitel zeigt bei tiefstem Seewasserstand noch eine Überdeckung von 3,51 m am Einlaufbauwerk.

III. Ausfluß aus Öffnungen; Wehre.

Aufgabe 34.

Zwei Wasserbecken sind durch eine lotrechte Zwischenwand getrennt. In derselben befindet sich eine Öffnung von $b = 3{,}0$ m Breite. Die Oberkante der Öffnung liegt auf Kote $+ 95{,}0$, die Unterkante auf $+ 93{,}0$. Der Wasserspiegel im Becken I (= O. W.-Spiegel) liegt konstant auf der Kote $+ 98{,}00$.

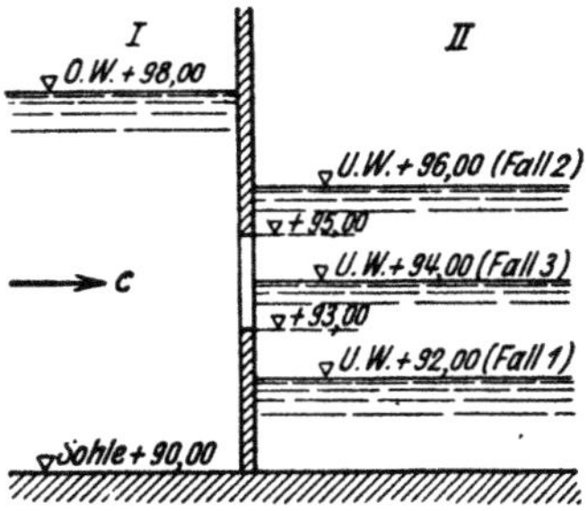

Abb. 94.

a) Welche Wassermenge fließt sekundlich durch die Öffnung vom Becken I in das Becken II, wenn im Becken I die Zuflußgeschwindigkeit $c = 0$ herrscht und wenn der Wasserspiegel im Becken II konstant

1. auf Kote $+ 92{,}0$ (Öffnung frei über dem U. W.),
2. auf Kote $+ 96{,}0$ (Öffnung ganz im U. W.),
3. auf Kote $+ 94{,}0$ (Öffnung teilweise im U. W.)

liegt?

b) Welche Wassermengen fließen für die Fälle 1. mit 3. von Becken I nach II, wenn die Zuflußgeschwindigkeit im Becken I $c = 2{,}0$ m/sec beträgt?

c) Welche Abflußmengen ergeben sich für die Fälle 1 mit 3, wenn auf die ganze Beckenbreite ($b = 8{,}0$ m) der über der Kote $+ 93{,}0$ gelegene Teil der lotrechten Zwischenwand zwischen Becken I und II vollständig entfernt wird und wenn die Zuflußgeschwindigkeit $c = 2{,}0$ m/sec beträgt? (Übergang zum vollkommenen und unvollkommenen Wehr!)

Lösung.

a) Zuflußgeschwindigkeit $c = 0$.

Fall 1. U. W.-Spiegelkote $= +92{,}0$, d. h. die Durchflußöffnung liegt vollkommen über dem U. W.

Greift man einen beliebigen Streifen dx der Durchflußöffnung von $b = 3{,}0$ m heraus, also einen Streifen von der Fläche

$$dF = b \cdot dx,$$

dann steht dieser Streifen unter der Druckhöhe x. Es entspricht ihm also eine Geschwindigkeit $v = \sqrt{2gx}$. (Man bezeichnet diese Beziehung als Torricellische Gleichung.) Theoretisch fließen demnach durch den Streifen dF ab:

$$dQ = dF \cdot \sqrt{2g \cdot x} = b \cdot \sqrt{2gx} \cdot dx.$$

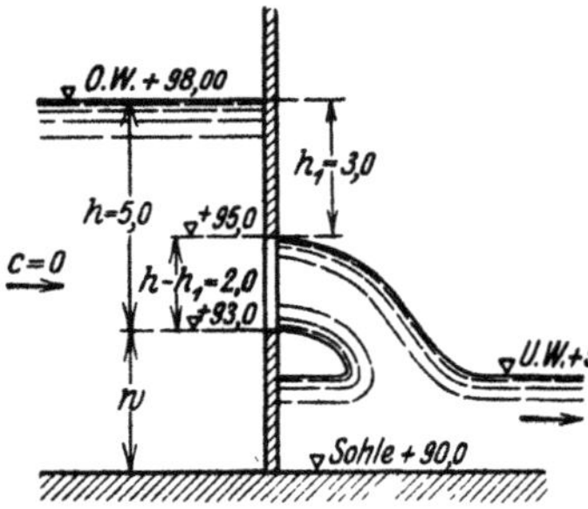

Abb. 95.

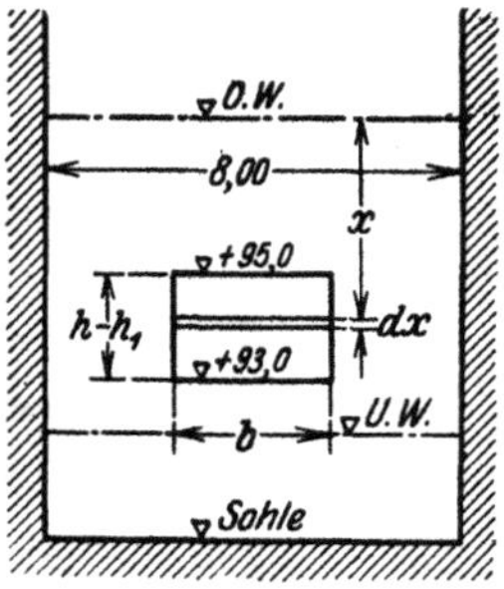

Abb. 96.

Da jedem Streifen dF eine andere Druckhöhe zukommt, entspricht ihm auch jeweils eine andere Durchflußmenge dQ.

In praxi geht dieser Abfluß nicht so glatt vonstatten. Reibung, Stöße und insbesondere Kontraktion geben Veranlassung, daß die tatsächlich abfließende Wassermenge kleiner ist. Man trägt dem Rechnung durch Beifügung des Beiwertes μ, wobei μ den Wirkungsgrad der Abflußöffnung in $^0/_0$ bzw. in Hundertstel angibt. Z. B. ist $\mu \sim 60\,^0/_0 = 0{,}60$ zu setzen, wenn die Unterkante der Öffnung über der Sohle liegt ($w > 0$), dagegen $\mu \sim 65$ bis $70\,^0/_0 = 0{,}65$ bis $0{,}70$, wenn die Unterkante der Öffnung mit der Sohle zusammenfällt, d. h. wenn

$w = 0$, weil hier die Kontraktion an der unteren Kante der Ausflußöffnung wegfällt[1]).

Unter Berücksichtigung des Wirkungsgrades wird also

$$dQ = \mu \cdot b \sqrt{2g \cdot x} \cdot dx .$$

Die gesamte durch die Öffnung hindurchfließende Wassermenge Q erhält man nun durch Summierung sämtlicher dQ zwischen den Grenzen $x = h$ und $x = h_1$, also

$$Q = \Sigma dQ = \mu \cdot b \cdot \sqrt{2a} \cdot \int_{h_1}^{h} \sqrt{x}\, dx .$$

Daraus folgt:

1) $$\underline{Q = \tfrac{2}{3} \cdot \mu \cdot b \cdot \sqrt{2g} \cdot (h^{3/2} - h_1^{3/2})} .$$

Für $\mu = 0{,}60$; $\frac{2}{3}\mu = 0{,}40$; $b = 3{,}0$ m; $\sqrt{2g} = 4{,}43$, $h = 5{,}0$ m; $h^{3/2} = 11{,}2$, $h_1 = 3{,}0$; $h_1^{3/2} = 5{,}20$ wird

$$Q = 0{,}40 \cdot 3{,}0 \cdot 4{,}43 \cdot (11{,}2 - 5{,}20),$$
$$Q = 32.0\ \text{m}^3/\text{sec} .$$

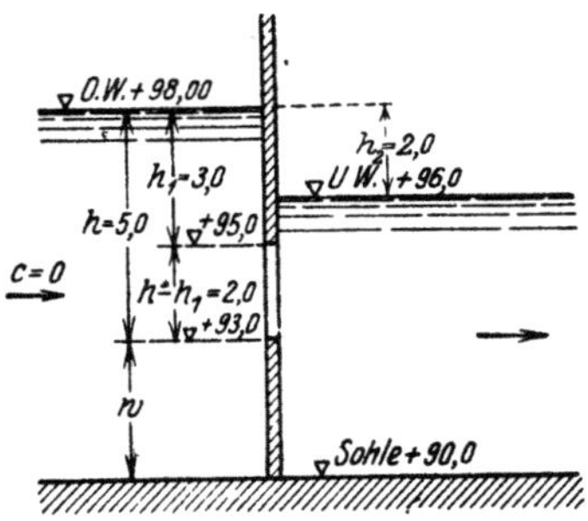

Abb. 97.

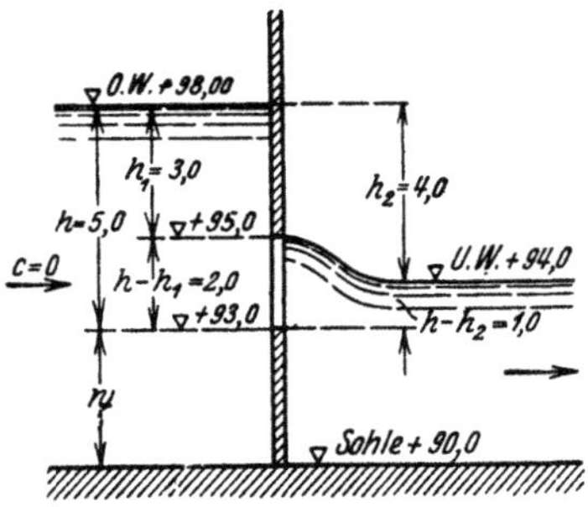

Abb. 98.

Fall 2. Beträgt der Unterschied zwischen O. W.- und U. W.-Spiegel h_2 m, so steht jeder beliebige Streifen dF der Durchflußöffnung unter dem konstanten Überdruck h_2, es fließt

[1]) Diese Angaben gelten für praktische Rechnungen, wenn genauere Werte μ fehlen. Für Wassermengenmessungen, Versuchszwecke usw. muß versucht werden, genauere Werte für die jeweiligen Beiwerte μ zu erhalten. Vgl. hierzu die Angaben über die zahlreichen durchgeführten Messungen für die wichtigsten vorkommenden Fälle und Formen in der Spezialliteratur.

also durch jedes dF die gleiche Wassermenge dQ ab. Die gesamte, zum Abfluß gelangende Wassermenge Q wird demnach

$$Q = \mu \cdot F \cdot \sqrt{2\,g\,h_2}\,.$$

Mit $F = b \cdot (h - h_1)$ wird

2) $$\underline{Q = \mu \cdot b \cdot (h - h_1) \cdot \sqrt{2\,g\,h_2}}\,.$$

Für $\mu = 0{,}60$, $b = 3{,}0$ m, $h - h_1 = 2{,}0$ m; $\sqrt{2\,g} = 4{,}43$, $h_2 = 2{,}0$ m, $\sqrt{h_2} = 1{,}415$ wird

$$Q = 0{,}60 \cdot 3{,}0 \cdot 2{,}0 \cdot 4{,}43 \cdot 1{,}415\,,$$
$$Q = \mathbf{22{,}5}\ \mathrm{m^3/sec}.$$

Fall 3. Wenn der U. W.-Spiegel die Durchflußöffnung teilweise bedeckt, dann stellt das eine Kombination der Fälle 1 und 2 dar. Für jenen Teil der Durchflußöffnung, welcher unter dem U. W.-Spiegel liegt, ergeben sich die Bedingungen für die Größe der Durchflußmenge aus Fall 2; denn es steht jeder Streifen dF dieses Teils der Öffnung unter dem konstanten Überdruck h_2. Die durch diesen Teil hindurchfließende Wassermenge beträgt demnach

$$Q_1 = \mu_1\, b\,(h - h_2) \cdot \sqrt{2\,g\,h_2}\,.$$

Für den über dem U. W.-Spiegel liegenden Teil der Öffnung ergibt sich, wie im Falle 1, für einen Streifen von der Höhe dx die Durchflußmenge

$$dQ = \mu_1 \cdot b \cdot dx\,\sqrt{2\,g\,x}\,.$$

Für den ganzen in Betracht kommenden Teil der Durchflußöffnung, welcher über dem U. W. liegt, d. i. also zwischen den Grenzen h_1 und h_2, wird demnach die Durchflußmenge

$$Q_2 = \tfrac{2}{3}\,\mu_2\, b \cdot \sqrt{2\,g}\,(h_2^{3/2} - h_1^{3/2})\,.$$

Die Gesamtdurchflußmenge für die ganze Öffnung wird sohin

$$Q = Q_1 + Q_2,$$

3) $$\underline{Q = \mu_1 \cdot b\,(h - h_2) \cdot \sqrt{2\,g\,h_2} + \tfrac{2}{3}\,\mu_2\, b \cdot \sqrt{2\,g} \cdot (h_2^{3/2} - h_1^{3/2})}.$$

Da sich bezüglich der Kontraktion an den Rändern der Durchflußöffnung im ganzen genommen nichts geändert hat gegenüber den Fällen 1 und 2, setzen wir wie dort $\mu_1 = \mu_2 = 60\,\% = 0{,}60$.

Für die gegebenen Werte $b = 3{,}0$ m, $\sqrt{2g} = 4{,}43$, $h = 5{,}0$ m, $h_2 = 4{,}0$ m; $h - h_2 = 1{,}0$ m; $\sqrt{h_2} = 2{,}0$; $h_2^{3/2} = 8{,}0$; $h_1^{3/2} = 5{,}20$ wird

$$Q = 0{,}60 \cdot 3{,}0 \cdot 1{,}0 \cdot 4{,}43 \cdot 2{,}0 + 0{,}40 \cdot 3{,}0 \cdot 4{,}43 \cdot (8{,}0 - 5{,}20),$$
$$Q = 16{,}0 + 14{,}8,$$
$$Q = \mathbf{30{,}8}\ \mathrm{m^3/sec}.$$

b) Zuflußgeschwindigkeit $c = 2{,}0$ m/sec.

Aus der Torricellischen Gleichung $c = \sqrt{2gk}$ folgt $k = \frac{c^2}{2g}$, d. h. das Vorhandensein der Zuflußgeschwindigkeit wirkt sich auf die Größe der Durchflußmenge gerade so aus, wie wenn die Zuflußgeschwindigkeit = Null und statt dessen die auf die Ausflußöffnung wirksame Druckhöhe jeweils um den Betrag k größer wäre. Damit folgt für die Größe der Durchflußmenge:

Fall 1.

1 a) $$\underline{Q = \tfrac{2}{3}\mu \cdot b \cdot \sqrt{2g} \cdot [(h + k)^{3/2} - (h_1 + k)^{3/2}]}.$$

Für $\mu = 0{,}60$, $\frac{2}{3}\mu = 0{,}40$, $b = 3{,}0$, $\sqrt{2g} = 4{,}43$, $h = 5{,}0$ m, $k = \frac{c^2}{2g} = \frac{2{,}0^2}{19{,}62} = 0{,}204$ m, $h + k = 5{,}0 + 0{,}204 = 5{,}204$ m; $(h + k)^{3/2} = 11{,}9$ m, $h_1 = 3{,}0$ m, $h_1 + k = 3{,}204$ m, $(h_1 + k)^{3/2} = 5{,}74$ wird

$$Q = 0{,}40 \cdot 3{,}0 \cdot 4{,}43 \cdot [11{,}9 - 5{,}74],$$
$$Q = \mathbf{32{,}8}\ \mathrm{m^3/sec}.$$

Fall 2.

2 a) $$\underline{Q = \mu \cdot b\,(h - h_1) \cdot \sqrt{2g\,(h_2 + k)}}.$$

Für $\mu = 0{,}60$, $b = 3{,}0$ m, $h - h_1 = 2{,}0$ m, $\sqrt{2g} = 4{,}43$, $h_2 = 2{,}0$ m, $k = 0{,}204$ m, $h_2 + k = 2{,}204$ m, $\sqrt{h_2 + k} = 1{,}487$ wird

$$Q = 0{,}60 \cdot 3{,}0 \cdot 2{,}0 \cdot 4{,}43 \cdot 1{,}487,$$
$$Q = \mathbf{23{,}7}\ \mathrm{m^3/sec}.$$

Fall 3.

$$Q = Q_1 + Q_2,$$

3a) $$Q = \mu_1 b (h - h_2) \sqrt{2g(h_2 + k)} + \tfrac{2}{3}\mu_2 \cdot b\sqrt{2g} \cdot [(h_2 + k)^{3/2} - (h_1 + k)^{3/2}].$$

Für $\mu_1 = \mu_2 = 0{,}60$, $\tfrac{2}{3}\mu_2 = 0{,}40$, $b = 3{,}0$ m, $\sqrt{2g} = 4{,}43$, $h_2 = 4{,}0$ m, $h - h_2 = 1{,}0$ m, $k = 0{,}204$ m, $h_2 + k = 4{,}204$ m, $\sqrt{h_2 + k} = 2{,}05$, $(h_2 + k)^{3/2} = 8{,}64$, $h_1 = 3{,}0$ m, $h_1 + k = 3{,}204$, $(h_1 + k)^{3/2} = 5{,}74$ wird

$$Q = 0{,}60 \cdot 3{,}0 \cdot 1{,}0 \cdot 4{,}43 \cdot 2{,}05 + 0{,}40 \cdot 3{,}0 \cdot 4{,}43 \cdot [8{,}64 - 5{,}74],$$
$$Q = 16{,}3 + 15{,}4,$$
$$Q = 31{,}7 \text{ m}^3/\text{sec}.$$

c) Abflußmengen für Wehre bei $c = 2{,}0$ m Zuflußgeschwindigkeit.

Durch die Entfernung jenes Teils der Zwischenwand, der über der Kote + 93,0 m gelegen ist, wird die Öffnung in der senkrechten Wand (Schützenöffnung) in einen Überfall übergeführt. In den unter a) und b) benützten Formeln ist dann $h_1 = 0$ zu setzen.

Fall 1. U. W. auf Kote + 92,0 m. Da die Überfallkante (Wehrkrone) auf + 93,0 m, also 1,0 m über dem U. W. liegt, haben wir einen vollkommenen Überfall (vollkommenes Wehr). Die Überfallwassermenge Q wird für $h_1 = 0$ nun

4) $$Q = \tfrac{2}{3}\mu b \cdot \sqrt{2g} \cdot [(h + k)^{3/2} - k^{3/2}].$$

Die Größe des Beiwertes μ hängt von der Form der Wehrkrone und von der konstruktiven Ausgestaltung der beiderseitigen Begrenzung des Wehres ab. Wenn die Unterlagen für eine genauere Bestimmung von μ fehlen, so wird bei vollkommenen Wehren gesetzt:

für abgerundete Wehrkronen $\mu = 0{,}80 \sim 0{,}83$,
„ eckige „ $\mu = 0{,}63 \sim 0{,}68$.

Die höheren Werte gelten dabei für Wehre ohne seitliche Einschnürung.

Wir nehmen in unserem Beispiel scharfrandige Krone ohne seitliche Einschnürung an, setzen also $\mu = 0{,}68$, $\tfrac{2}{3}\mu = 0{,}45$.

Ferner ist $b = 8{,}0$ m, $h = 5{,}0$ m, $k = 0{,}204$ m, $(h+k)^{3/2} = 11{,}90$, $k^{3/2} = 0{,}204^{3/2} = 0{,}09$. Damit

$$Q = 0{,}45 \cdot 8{,}0 \cdot 4{,}43 \cdot [11{,}90 - 0{,}09],$$
$$Q \doteq 189 \text{ m}^3/\text{sec}.$$

Fall 2 und 3. U. W. auf Kote $+ 94{,}0$ m bzw. $+ 96{,}0$ m. Es liegt also der U. W.-Spiegel in beiden Fällen über der Wehrkrone, d. h. wir haben es in beiden Fällen mit einem unvollkommenen Wehr (Grundwehr) zu tun. Es muß deshalb auch für beide Fälle die gleiche Formel für die Überfallwassermenge gelten. Man erhält sie, wenn man in der für Fall 3 der Frage b) abgeleiteten Formel $h_1 = 0$ setzt. Verschieden ist für die Fälle 2 und 3 jeweils nur die Größe h_2; also

$$Q = Q_1 + Q_2,$$

5) $$Q = \mu_1 \cdot b(h - h_2) \cdot \sqrt{2g\,(h_2 + k)} + \tfrac{2}{3}\mu_2\, b \sqrt{2g} \cdot [(h_2 + k)^{3/2} - k^{3/2}].$$

Dabei stellt Q_1 jenen Teil der Überfallwassermenge dar, der unter dem konstanten Druck $(h_2 + k)$, also zwischen Wehrkrone und Unterwasserspiegelkote zum Abfluß gelangt. Der über dem U. W.-Spiegel stattfindende Abfluß (Q_2) dagegen geht unter denselben Druckverhältnissen vor sich, wie der freie Überfall.

Da letztere Wassermenge Q_2 über die Wassermenge Q_1 gewissermaßen hinweggleitet, wirkt sich hier die durch die Wehrkrone veranlaßte Kontraktion nicht in dem Maße aus, wie bei der unmittelbar über das Wehr hinwegstreichenden Wassermasse Q_1, weshalb $\mu_2 \sim 0{,}68$ bis $0{,}83$ gesetzt wird, je nach dem Vorhandensein oder Fehlen seitlicher Kontraktion und je nach der Form der Wehrkrone.

Für μ_1 gilt das oben unter c, 1) Gesagte, wobei aber jetzt etwas kleinere Werte in Rechnung zu setzen sind.

Wird die Höhe des Wehres $w = 0$, hat man es also mit einem Grundablaß zu tun, für welchen die gleiche Formel wie für das unvollkommene Wehr gilt, so setzt man beim Fehlen seitlicher Kontraktion die Werte $\mu_1 = \mu_2 = 0{,}80$.

Wir setzen für unser Beispiel $\mu_1 = 0{,}65$ und demgemäß $\mu_2 = 0{,}70$, außerdem $b = 8{,}0$ m.

Für U. W.-Spiegel auf Kote $+94{,}0$ wird $h_2 = 4{,}0$ m, $h - h_2 = 1{,}0$ m, $h_2 + k = 4{,}204$ m, $\sqrt{h_2 + k} = 2{,}05$, $(h_2 + k)^{3/2} = 8{,}64$, $k^{3/2} = 0{,}09$; daher

$$Q = Q_1 + Q_2,$$
$$Q = 0{,}65 \cdot 8{,}0 \cdot 1{,}0 \cdot 4{,}43 \cdot 2{,}05 + \tfrac{2}{3} \cdot 0{,}70 \cdot 8{,}0 \cdot 4{,}43 \cdot [8{,}64 - 0{,}09],$$
$$Q = 47{,}3 + 140{,}7.$$
$$Q = \mathbf{188{,}0}\ \mathbf{m^3/sec}.$$

Für U. W.-Spiegel auf Kote $+96{,}0$ wird $h_2 = 2{,}0$ m, $h - h_2 = 3{,}0$ m, $h_2 + k = 2{,}204$ m, $\sqrt{h_2 + k} = 1{,}49$, $(h_2 + k)^{3/2} = 3{,}28$, $k^{3/2} = 0{,}09$; daher

$$Q = Q_1 + Q_2,$$
$$Q = 0{,}65 \cdot 8{,}0 \cdot 3{,}0 \cdot 4{,}43 \cdot 1{,}49 + \tfrac{2}{3} \cdot 0{,}70 \cdot 8{,}0 \cdot 4{,}43 \cdot [3{,}28 - 0{,}09],$$
$$Q = 103{,}0 + 54{,}5,$$
$$Q = \mathbf{157{,}5}\ \mathbf{m^3/sec}.$$

Aufgabe 35.

Ein Fluß von 14,8 m Sohlenbreite hat zweifüßige Böschungen ($m = 2$) und ein Gefälle 1 : 2000. Der Bordrand liegt 2,7 m über der Sohle. Der Wasserlauf soll bei M. W. von 1,5 m auf 2,1 m Wassertiefe aufgestaut werden durch ein festes Wehr von 14,8 m Breite. Wie hoch ist die Wehrkrone zu legen?

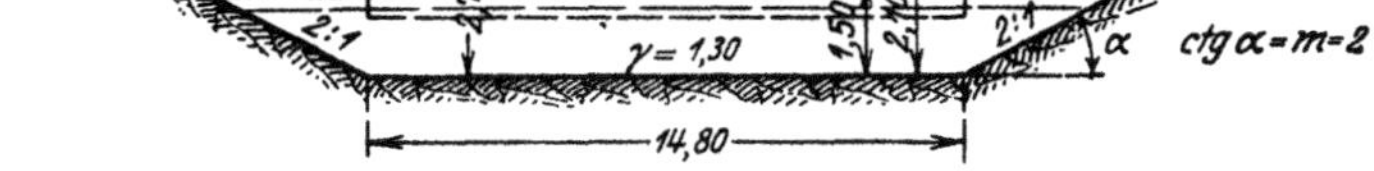

Abb. 99.

Lösung.

Die Wassermenge Q, welche nach Einbau des Wehres über dasselbe abfließt, muß so groß sein wie die Wassermenge des unverbauten Profils.

Für das ungestaute Profil gilt:

$$Q = v \cdot F$$

oder

$$Q = c \cdot \sqrt{R \cdot J} \cdot F.$$

Nun ist:

$$F = 14{,}8 \cdot 1{,}5 + 2 \cdot \frac{1{,}5 \cdot 3{,}0}{2} = 26{,}7 \text{ m}^2;$$

$$R = \frac{F}{p} = \frac{26{,}7}{14{,}8 + 2 \cdot \sqrt{1{,}5^2 + 3{,}0^2}} = 1{,}24 \text{ m};$$

für $\gamma = 1{,}30$ und $R = 1{,}24$ wird $c = 40{,}1$;

$$J = \frac{1}{2000} = 0{,}0005\,.$$

Daher

$$Q = 40{,}1 \cdot \sqrt{1{,}24 \cdot 0{,}0005} \cdot 26{,}7\,,$$
$$Q = 1{,}0 \cdot 26{,}7 = \mathbf{26{,}7 \text{ m}^3/\text{sec}}\,.$$

Zur Ermittlung der Wehrhöhe ist zunächst die Feststellung notwendig, um welche Art Wehr es sich in unserem Falle handelt, ob um ein vollkommenes oder aber um ein unvollkommenes Wehr.

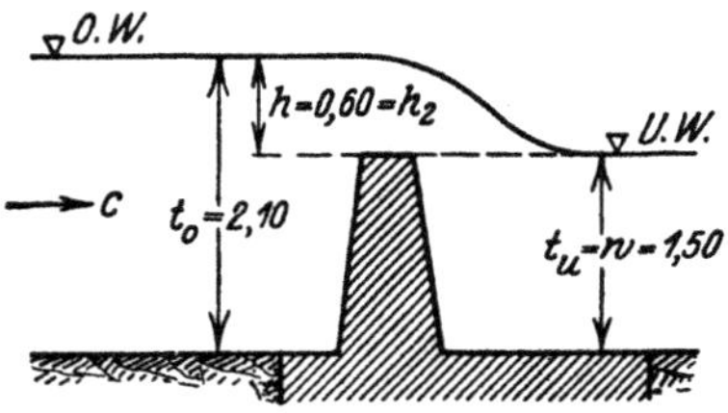

Abb. 100.

Wir entscheiden diese Frage durch eine Versuchsrechnung, indem wir den Grenzfall zwischen vollkommenem und unvollkommenem Wehr zugrunde legen. Für diesen Grenzfall gilt gerade noch die Formel für den freien Überfall (Aufgabe 34, Formel 4):

$$Q = \tfrac{2}{3}\,\mu\, b \cdot \sqrt{2g} \cdot [(h + k)^{3/2} - k^{3/2}]\,.$$

Bezüglich des Beiwertes μ ist zu beachten, daß die Überfallbreite des Wehres nur 14,80 m betragen soll (= Sohlenbreite). Das bedingt Erstellung von Widerlagsflügeln zum Anschluß des Wehres an die Böschungen, also seitliche Kontraktion. Da die Wehrkrone außerdem kantig ausgeführt ist, wählen wir $\mu = 0{,}63$ (vgl. Aufgabe 34, c, 1).

Nun fehlt noch die Geschwindigkeitshöhe k.

$$k = \frac{c^2}{2g}\,,$$

wobei

$$c = \frac{Q}{F_{\text{gestaut}}} = \frac{26{,}7}{14{,}8 \cdot 2{,}1 + 2 \cdot \frac{2{,}1 \cdot 4{,}2}{2}} = \frac{26{,}7}{39{,}9} = 0{,}67 \text{ m/sec}.$$

Somit

$$k = \frac{0{,}67^2}{19{,}62} = 0{,}023\ \mathrm{m}.$$

Daraus

$$Q = \tfrac{2}{3}\cdot 0{,}63\cdot 14{,}8\cdot 4{,}43\cdot[(0{,}60 + 0{,}023)^{3/2} - 0{,}023^{3/2}],$$

$$Q = \mathbf{13{,}5}\ \mathrm{m^3/sec}.$$

Da das Wehr eine Wassermenge $Q = 26{,}7\ \mathrm{m^3/sec}$ fördern muß, für den angenommenen Grenzfall aber nur $13{,}5\ \mathrm{m^3/sec}$ fördert, ist die Wehrhöhe zu groß. Das verlangte Wehr wird also ein unvollkommenes Wehr, dessen Krone unterhalb des U. W.-Spiegels liegt. Für die über das Wehr abfließende Wassermenge gilt deshalb (vgl. Aufgabe 34, Formel 5):

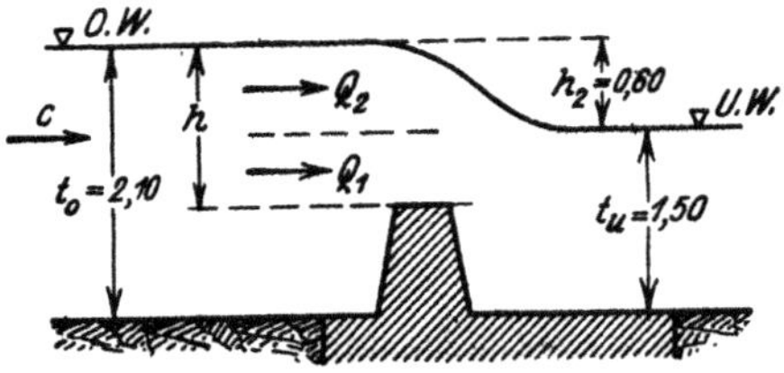

Abb. 101.

$$Q = Q_1 + Q_2,$$

$$Q = \mu_1\, b\,(h - h_2)\sqrt{2g\,(h_2 + k)} + \tfrac{2}{3}\,\mu_2\cdot b\sqrt{2g}\cdot[(h_2 + k)^{3/2} - k^{3/2}].$$

In dieser Gleichung ist alles außer $(h - h_2)$ bekannt. Setzen wir deshalb $h - h_2 = x$ und lösen nach x auf, so ergibt sich

$$x = \frac{Q - \frac{2}{3}\mu_2\cdot b\cdot\sqrt{2g}\,[(h_2 + k)^{3/2} - k^{3/2}]}{\mu_1\cdot b\cdot\sqrt{2g\,(h_2 + k)}}.$$

Setzen wir $\mu_1 = 0{,}63$, $\mu_2 = 0{,}70$ unter Berücksichtigung der seitlichen Einschnürung und der nicht allzu großen Größe h_2, dann wird

$$x = \frac{26{,}7 - \frac{2}{3}\cdot 0{,}70\cdot 14{,}80\cdot 4{,}43\cdot[(0{,}60 + 0{,}023)^{3/2} - 0{,}023^{3/2}]}{0{,}63\cdot 14{,}80\cdot 4{,}43\cdot\sqrt{0{,}60 + 0{,}023}},$$

$$x = \frac{26{,}7 - 15{,}0}{32{,}7} = 0{,}358 \sim \mathbf{0{,}36}\ \mathrm{m}.$$

Das Wehr muß deshalb $1{,}50 - 0{,}36 = \mathbf{1{,}14}$ m hoch sein.

Aufgabe 36.

Ein Flußprofil von der Durchflußfläche $F = 152\ m^2$ und einer Breite $B = 60{,}55$ m führt eine Wassermenge $Q = 300\ m^3/sec$ ab. Durch den Einbau der Pfeiler für eine Brücke wird die Durchflußbreite auf $b_e = 48$ m $(4 \cdot 12{,}0$ m) und die Durchflußfläche auf $F_e = 120\ m^2$ verringert. Es ist der Aufstau h_2 zu berechnen!

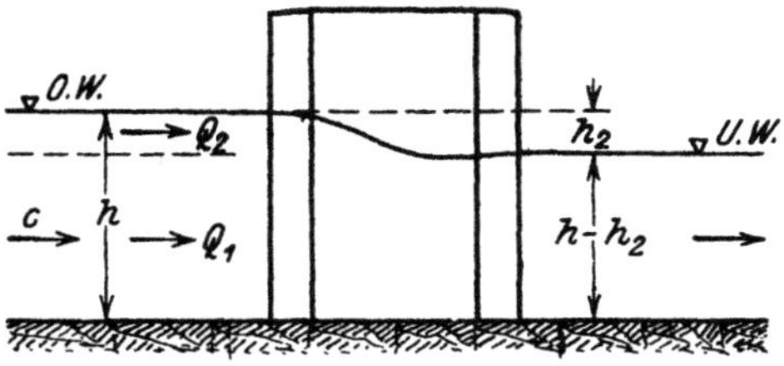

Abb. 102.

Lösung.

Wie aus Abb. 102 zu ersehen, handelt es sich bei dem Abfluß zwischen den Brückenpfeilern im Prinzip um einen Grundablaß. Derselbe kann als ein unvollkommenes Wehr betrachtet werden, wobei die Wehrhöhe $w = 0$ geworden ist. Für die Abflußmenge gilt deshalb Formel 5 der Aufg. 34. Es ist also

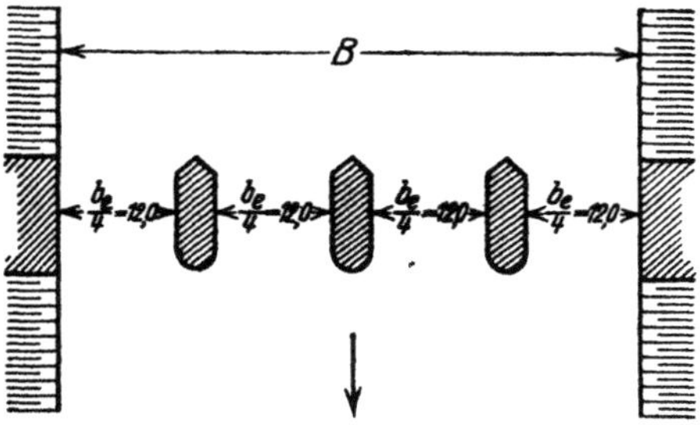

Abb. 103.

$$Q = Q_1 + Q_2$$

$$Q = \mu_1 \cdot b_e \cdot (h - h_2)\sqrt{2g(h_2 + k)} + \tfrac{2}{3}\mu_2 \cdot b_e \cdot \sqrt{2g}\,[(h_2 + k)^{3/2} - k^{3/2}].$$

Da

$$b_e \cdot (h - h_2) = F_e,$$

wird

$$Q = \mu_1 F_e \cdot \sqrt{2g(h_2 + k)} + \tfrac{2}{3}\mu_2 \cdot b_e \sqrt{2g} \cdot [(h_2 + k)^{3/2} - k^{3/2}].$$

In dieser Gleichung ist zunächst h_2 unbekannt und gesucht. Diese Unbekannte h_2 kommt aber auch in der Zuflußgeschwindigkeitshöhe k vor, denn

$$k = \frac{c^2}{2g}$$

Tabelle 25.

h_2	$B\cdot h_2$	$F+B\cdot h_2$	c	k	$k^{3/2}$	h_2+k	$(h_2+k)^{1/2}$	$(h_2+k)^{3/2}$	$(h_2+k)^{3/2}-k^{3/2}$	a	b	$a+b=f(Q)$
0,15	9,1	161,1	1,86	0,176	0,074	0,326	0,571	0,186	0,112	275	14,35	289,35
0,17	10,3	162,3	1,85	0,174	0,073	0,344	0,586	0,201	0,128	281	16,40	297,40
0,19	11,5	163,5	1,83	0,171	0,071	0,361	0,601	0,217	0,146	290	18,70	308,70
Probe: $0{,}17_5$	10,6	162,6	$1{,}84_5$	$0{,}173_8$	$0{,}072_2$	$0{,}348_3$	0,590	$0{,}205_5$	$0{,}133_8$	283	17,05	300,05

und
$$c = \frac{Q}{F_{\text{gestaut}}} = \frac{Q}{F + B\cdot h_2},$$
wenn man den Zuwachs der oberstromigen Durchflußfläche genügend genau mit $B\cdot h_2$ ansetzt.

Um zu einer einfacheren Form der Gleichung für Q zu kommen, setzen wir die gegebenen Werte in die rechte Seite derselben ein. Für die stumpfwinkligen Pfeilerköpfe setzen wir $\mu_1 = \mu_2 = 0{,}90$; außerdem ist $F_e = 120\,\text{m}^2$ und $b_e = 48$ m; daher
$$Q = 0{,}90\cdot 120\cdot 4{,}43\cdot(h_2+k)^{1/2} + \tfrac{2}{3}\cdot 0{,}90\cdot 48\cdot 4{,}43\,[(h_2+k)^{3/2} - k^{3/2}].$$
Mit $Q = 300\ \text{m}^3/\text{sec}$ ergibt sich demnach
$$300 = 480\,(h_2+k)^{1/2} + 128\cdot[(h_2+k)^{3/2} - k^{3/2}] = f(Q).$$

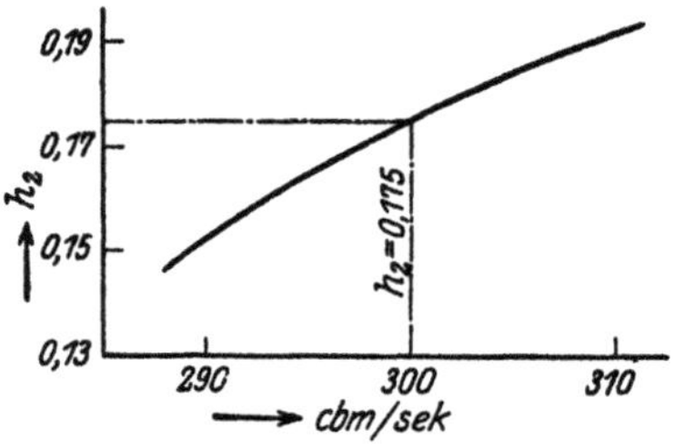

Abb. 104.

Die Gleichung ließe sich nun durch Versuchsrechnung lösen, indem man zunächst $B\cdot h_2 = 0$ setzt, also den Stau vernachlässigt, damit einen Näherungswert für k erhält und so h_2 ermittelt. Mit diesem h_2 könnte man dann k verbessern und damit h_2 usw.

Wir bestimmen h_2 mit dem graphisch-rechnerischen Verfahren. Wir setzen
$$480\cdot(h_2+k)^{1/2} = a,$$
$$128\cdot[(h_2+k)^{3/2} - k^{3/2}] = b,$$

also

$$a + b = f(Q) \, (= 300 \text{ m}^3/\text{sec}).$$

Die Rechnung selbst gibt nachstehende Tabelle 25, die graphische Lösung Abb. 104.

Für praktische Rechnungen ist es natürlich nicht immer notwendig, hinsichtlich der Genauigkeit des Wertes h_2 weit zu gehen. Denn die immerhin etwas willkürliche Annahme der Größe der Beiwerte μ gibt der Rechnung von vornherein den Charakter einer Näherungsrechnung. Deshalb würde es praktisch vollauf ausreichend sein, sich mit dem Werte $h_2 = 0{,}17$ m entsprechend einem $Q = 297{,}4$ m^3/sec zu begnügen.

Bei der Auswertung des zahlenmäßigen Stauwertes h_2, wie er sich bei Benützung der Formel für den Grundablaß ergab, ist zu beachten, daß dieses h_2 als reichlich zu betrachten ist (vgl. die Formeln von Rehbock und Krey für die Ermittlung des Brückenstaues).

C. Niederschlag und Abfluß. Verarbeitung hydrographischen Materials.

Einfluß der Änderung der Wasserwirtschaft (Wasserentzug) auf die Geschiebefracht. Wasserwirtschaftsplan. Seeretention.

Aufgabe 37.

In einem nordbayerischen Flusse ist zwischen Flußkilometer 73,4 und 76 eine Schleife vorhanden, die zum Doppelzwecke der Kraftausnutzung und Schiffahrtsverbesserung abgeschnitten werden soll.

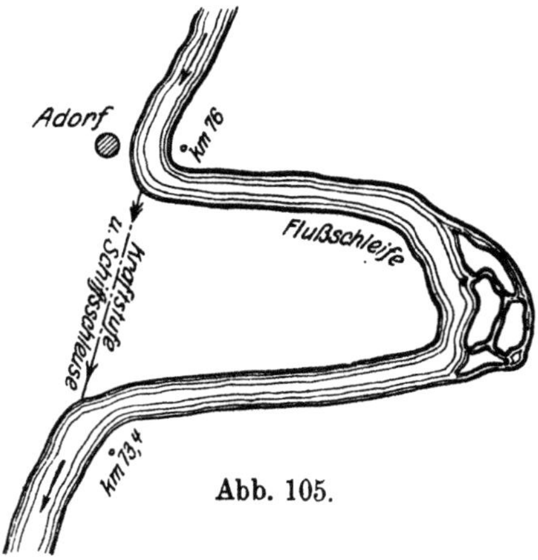

Abb. 105.

Von dem am oberen Schleifenbeginn befindlichen Pegel von Adorf liegen seit dem Hochwasser vom 7. II. 14 die regelmäßigen täglichen Ablesungen von 3 Jahren vor. Die durchschnittliche Häufigkeit dieser Pegelstände ist nachstehend gegeben. Ferner liegen die Ergebnisse einer Reihe von Wassermessungen vor, die in einem geeigneten Flußprofil beim Adorfer Pegel ausgeführt wurden. Außer diesem hydrographischen Material ist noch bekannt die Größe des im Mittelgebirge liegenden Einzugsgebiets von 13 287 km², sowie die im zehnjährigen Mittel für das ganze Gebiet durchschnittlich 700 mm betragende jährliche Regenhöhe.

1. Welche maximale sekundliche Abflußmenge ist bei der Größe des Einzugsgebietes schätzungsweise zu erwarten?

2. Welche Jahresabflußmenge in Kubikmeter ergibt sich, wenn neben der Größe des Einzugsgebietes noch die gegebene mittlere jährliche Regenhöhe und der Mittelgebirgscharakter des Einzugsgebietes Berücksichtigung findet?

3. Zu welchem Resultat führt die Aufbereitung des gegebenen hydrographischen Materials vom Adorfer Pegel hinsichtlich der jährlichen Abflußmenge in Kubikmeter?

(Erstellung der Häufigkeitslinie, Benetzungsdauerlinie, Konsumtionskurve und Wassermengendauerlinie!)

4. Wie groß ist der gewöhnliche und der gemittelte Wasserstand? Wie groß ist die gewöhnliche, die gemittelte und die 7-Monats-Wassermenge?

5. Wenn in der Wasserkraftanlage die 7-Monats-Wassermenge maximal ausgenützt werden soll, d. i. also diejenige Wassermenge, welche während 7 Monaten des Jahres vorhanden ist, wie groß ist dann die Werknutzbarkeit der Anlage, wie groß ist die Flußnutzbarkeit?

6. Welche Leistung in Pferdekraftstunden (PSh) — gemessen an der Turbinenwelle — liefert die Anlage bei Ausbau auf die 7-Monats-Wassermenge, wenn für alle Wassermengen und alle Tage des Jahres zunächst ein konstantes Gefälle von 5,80 m angenommen wird? Wieviel Kilowattstunden (kWh) ergibt das an der Schalttafel im Werk?

7. Welche Leistungskurve (Energielinie) zeigt die Anlage für die unten näher beschriebene Gefällsdauerlinie?

Lösung.

Zu 1. Die Abflußverhältnisse, welche für irgendein Einzugsgebiet zu erwarten stehen, sind abhängig nicht nur von der Größe des Niederschlagsgebietes, sondern auch von seiner tektonischen Beschaffenheit (— ob Flachland, ob Mittel- oder Hochgebirge —), ferner von seiner petrographischen Beschaffenheit (— Art des Bodens, ob wasserdurchlässig oder nicht —), dann von der vorhandenen Vegetation (— ob viel oder wenig Wald usw. —), von der Größe und Dauer der Niederschläge, der Temperatur (= klimatische Verhältnisse), schließlich von evtl. vorhandenen Retensionsbecken in Form von Seen und Sümpfen.

Tabelle 26.

Pegelhäufigkeiten im 3jährigen Mittel (1915 mit 1917).

Pegelstand cm	Häufigkeit Tage	Pegelstand cm	Häufigkeit Tage	Pegelstand cm	Häufigkeit Tage	Pegelstand cm	Häufigkeit Tage
		300–291	0,7	200–191	10,3	100–91	26,3
		290–281	1,7	190–181	12,3	90–81	43,7
		280–271	4,3	180–171	13,0	80–71	25,3
370–361	0,3	270–261	2,3	170–161	15,3	70–61	3,0
360–351	1,0	260–251	2,7	160–151	20,0	60–51	1,0
350–341	1,0	250–241	6,7	150–141	21,3		
340–331	0,0	240–231	6,7	140–131	27,3		
330–321	0,7	230–221	6,7	130–121	33,3		
320–311	1,7	220–211	6,0	120–111	26,7		
310–301	1,0	210–201	11,0	110–101	31,7		

Tabelle 27.

Wassermessungsergebnisse.

Datum	Pegelstand cm	Wassermenge m^3/sec	Datum	Pegelstand cm	Wassermenge m^3/sec
24. VIII. 13	73	25,0	19. II. 16	246	281,0
26. VIII. 13	59	20,6	29. VII. 16	47	27,6
7. II. 14	568 (?)	1520 (Schwimmermessung)	6. II. 17	203	172,0
5. II. 15	430 (?)	625 (Schwimmermessung)	8. II. 17	272	351,0
27. VI. 15	73	38,6	14. II. 17	181	145,0
14. VIII. 15	63	35,4	16. II. 17	155	114,0
26. VIII. 15	101	56,0	8. V. 17	119	70,2
15. II. 16	283	426,01	19. VIII. 17	70	37,0
16. II. 16	268	339,0			

Tabelle 28.

Beziehung zwischen Pegelstand und Gefälle am Krafthaus.

Pegelstand cm	350	300	275	250	225	200	175	150	125	100	85	82,5	80	70	50
Gefälle m	3,0	3,3	3,5	3,9	4,3	4,64	4,92	5,20	5,39	5,51	5,60	5,64	5,67	5,74	5,80

Diese zahlreichen und verschiedenartigen Faktoren lassen sofort erkennen, daß es unmöglich ist, mit Hilfe einer allgemein gültigen mathematischen Beziehung die Abflußverhältnisse irgendeines beliebigen Einzugsgebietes rechnerisch zu erfassen. Die obigen Faktoren deuten vielmehr darauf hin, daß — streng genommen — jedes Einzugsgebiet bezüglich der Ermittlung seiner Abflußverhältnisse individuell zu behandeln ist.

Daher werden auch bei wasserwirtschaftlichen Untersuchungen für Wasserkraftanlagen, Talsperrenanlagen, Flußkanalisierungen usw., wenn irgend möglich, jeweils umfassende Ermittlungen für das in Betracht kommende Einzugsgebiet angestellt. In Frage 3 der vorliegenden Aufgabe wird eine solche Ermittlung verlangt. Sie setzt das Vorhandensein von hydrographischen Daten, welche auf länger währenden und regelmäßig durchgeführten Beobachtungen beruhen, voraus.

Wo solches hydrographisches Material fehlt, sucht man nach anderen Wegen, um zu einem Bild über die Abflußverhältnisse zu gelangen. Ein solcher Weg ist der Vergleich des zu untersuchenden Einflußgebietes mit einem, seinen Abflußverhältnissen nach bekannten Gebiet. Diesem Verfahren liegt der Gedanke zugrunde, daß für annähernd gleich beschaffene und unter ähnlichen Bedingungen stehende Einzugsgebiete im großen und ganzen auch mit annähernd gleichen Abflußverhältnissen zu rechnen ist. Selbstredend kann aber ein solcherart gewonnenes Resultat nicht den gleichen Gütegrad aufweisen, wie die rein individuelle Untersuchung.

Den Gedanken, welcher der auf dem Vergleich beruhenden Untersuchung zugrunde liegt, weiter spinnend, wurden mit Hilfe des bereits vorhandenen hydrographischen und meteorologischen Materials empirische Formeln aufgestellt zur zahlenmäßigen Erfassung der Abflußverhältnisse. Sie sind natürlich nur verwendbar innerhalb der gesetzten Grenzen und für Ermittlungen, welche über einen mehr oder weniger groben Schätzungswert nicht hinausgehen wollen (z. B. größte zu erwartende Hochwassermenge).

Was nun über die Abflußverhältnisse im allgemeinen gesagt wurde, gilt auch für die sekundlichen Abflußmengen. Zu deren Ermittlung steht uns zunächst eine empirische Formel einfachster Art von Hofmann zur Verfügung, welche als Veränderliche nur noch die Größe des Einzugsgebietes enthält, während alle anderen Faktoren für die Abflußverhältnisse bereits zahlenmäßig in der Formel berücksichtigt sind. Sie gilt für das nicht im Einflußbereich des Hochgebirgs liegende Bayern und zwar für Einzugsgebiete, welche größer als 300 km² sind, und erfaßt die sekundlichen Abflußmengen gewöhnlicher Hochwässer.

Das für unsere Aufgabe in Frage kommende Einzugsgebiet liegt in Nordbayern, gehört also noch in den Einflußbereich, für welchen die Hofmannsche Beziehung aufgestellt wurde.

Bedeutet F das Einzugsgebiet in km², so wird

$$Q_{max} = \frac{3F}{(1+F)^{\frac{29}{100}}} \text{ m}^3/\text{sec};$$

wenn bei großem Einzugsgebiet $(1+F) = F$ gesetzt wird, dann ergibt sich

$$Q_{max} = 3 \cdot F^{0,71} \text{ m}^3/\text{sec}.$$

Für $F = 13287$ km² wird

$$Q_{max} = 3 \cdot 13287^{0,71} = \mathbf{2530} \text{ m}^3/\text{sec}.$$

Eine weitere Art der Ermittlung des Q_{max} lediglich mit Hilfe der Größe des Einzugsgebietes gibt Huber an. Sie beruht allerdings auf den Verhältnissen der böhmischen Gewässer.

Für sehr bedeutende Hochwässer wird darnach (vgl. z. B. Förster, Taschenbuch 1921, S. 1181)

$$Q_{max} = F \text{ km}^2 \cdot 0,095 \text{ m}^3/\text{sec}/\text{km}^2 = \text{m}^3/\text{sec},$$

$$Q_{max} = 13287 \cdot 0,095 = \mathbf{1260} \text{ m}^3/\text{sec};$$

für außerordentliche Katastrophenhochwässer

$$Q_{max} = F \text{ km}^2 \cdot 0,20 \text{ m}^3/\text{sec}/\text{km}^2 = \text{m}^3/\text{sec},$$

$$Q_{max} = 13287 \cdot 0,20 = \mathbf{2650} \text{ m}^3/\text{sec}.$$

Eine weitere empirische Formel hat Kressnik aufgestellt. Sie lautet

$$Q_{max} = \alpha \cdot \frac{32}{0,5 + \sqrt{F}} \text{ m}^3/\text{sec}/\text{km}^2.$$

F = Niederschlagsgebiet in km²; α meist 1, bei besonderen Verzögerungen zurückgehend bis auf 0,6.

Für das gesamte Einzugsgebiet F und für $\alpha = 1$ wird

$$Q_{\max} = 13287 \cdot 1 \cdot \frac{32}{0,5 + \sqrt{13287}} = \mathbf{3690}\ \mathrm{m^3/sec}.$$

Diese errechneten maximalen sekundlichen Abflußmengen zeigen weit auseinandergehende Resultate. Insbesondere liegen sie wesentlich höher, als die direkten Messungen ergaben. Berücksichtigt man aber, daß die vorliegende unmittelbare Beobachtung am Adorfer Pegel vom 7. II. 14 mit 1520 $\mathrm{m^3/sec}$ keineswegs das überhaupt vorkommende größte Katastrophenhochwasser zu sein braucht, so gewinnen die mit Hilfe der Empirie ermittelten Abflußmengen nach Hofmann und Huber an praktischer Bedeutung, besonders wenn es sich um die Bemessung der Durchflußprofile von Brücken u. dgl. handelt.

Zu 2. Zur Ermittlung der Jahresabflußmenge hat Keller empirische Formeln aufgestellt, welche nach seiner Angabe für ganz Mitteleuropa Geltung haben. Da sie zunächst für die Einzugsgebiete Nord- und Mitteldeutschlands aufgestellt wurden, gelten sie jedenfalls auch für das in der vorliegenden Aufgabe zu untersuchende Einzugsgebiet Nordbayerns.

Keller geht von der jährlichen Niederschlagshöhe h mm aus und zielt auf die Ermittlung der jährlichen Abflußhöhe A mm ab. Die Auswertung der hierüber vorliegenden Beobachtungsergebnisse führte zu folgenden empirischen Formeln:

I. $$A = 0,942 \cdot h - 430\ \mathrm{mm/m^2}.$$

Diese Formel gilt für größere Einzugsgebiete mit durchschnittlichen Abflußverhältnissen, solange die Niederschlagshöhen h nicht unter 500 mm jährlich heruntergehen.

Für die Einzugsgebiete der Gebirgs- und Alpenflüsse mit ihrem großen Abflußvermögen gilt als Grenzbedingung:

II. $$A = h - 350\ \mathrm{mm/m^2}.$$

Für die Einzugsgebiete der Flachlandflüsse mit ihren kleinen Abflußhöhen gilt als Grenzbeziehung:

III. $$A = 0,884 \cdot h - 460\ \mathrm{mm/m^2}.$$

Das Ergebnis ist als Durchschnittswert vieler Jahre zu betrachten. Die wirklich auftretenden einzelnen Jahresabflußhöhen können die mittels vorstehender Beziehungen ermittelten Jahresabflußhöhen A erheblich über- und unterschreiten.

Für die Feststellung der durchschnittlichen Jahresabflußmenge unserer Aufgabe soll von der Beziehung I Gebrauch gemacht werden, da es sich hier um Mittelgebirgsverhältnisse handelt und $h = 700$ mm, also > 500 mm ist.

Es wird die Abflußhöhe A:

$$A = 0{,}942 \cdot h - 430 \text{ mm/m}^2,$$

$$A = 9{,}042 \cdot 700 - 430,$$

$$A = 230 \text{ mm/m}^2 = \mathbf{0{,}23} \text{ m/m}^2.$$

Daraus folgt die durchschnittliche Jahresabflußmenge

$$Q_j = F \cdot A$$

$$Q_j = 13\,287 \cdot 1000^2 \cdot 0{,}230$$

$$Q_j = 3050 \cdot 1000^2$$

$$Q_j = \mathbf{3{,}05} \text{ Milliarden m}^3/\text{Jahr}.$$

Zu 3. Das gegebene hydrographische Material gestattet, die Jahresabflußmenge Q_j auch unmittelbar, d. h. individuell für das in Frage kommende Einzugsgebiet festzustellen.

Dazu sei folgende Überlegung angestellt:

Die gesamte Abflußmenge des Einzugsgebietes geht durch das Flußprofil beim Adorfer Pegel hindurch. Stellt man die momentanen Abflußmengen Q m³/sec fortlaufend in kurzen, gleichbleibenden Zeitabschnitten Δt fest, ermittelt hieraus die auf diese Zeitabschnitte treffenden Abflußmengen $Q \cdot \Delta t$, und summiert sämtliche $Q \cdot \Delta t$, so erhält man die Gesamtabflußmenge Q_j, welche vom Beginn der Beobachtung bis zum Ende durch das Adorfer Flußprofil gegangen ist.

In der Praxis ist es nun nicht üblich, fortlaufend in kurzen Zeitabschnitten die Q festzustellen, weil dieses Verfahren zu umständlich, zeitraubend und kostspielig ist. An Stelle der Q beobachtet man vielmehr die Pegelstände, welche ohne weiteres abgelesen werden können, und zwar aus der Erwägung heraus, daß ja einem bestimmten Pegelstande die jeweils gleiche Wassermenge Q entspricht. Dieser Schluß ist allerdings nicht immer zutreffend. Richtig ist er nur, wenn zur Zeit der Beobachtung des Pegels und gleichzeitiger Messung des Q im Fließvorgang Beharrungszustand herrscht. (Bei anschwellendem Hochwasser wird das tatsächliche Q für einen bestimmten Pegelstand größer, als dem letzteren im Beharrungszustand entspricht; bei abschwellendem Wasser liegen die Verhältnisse umgekehrt.)

Nehmen wir aber zunächst an, daß wir diese Verschiedenheiten des Q als Folge des jeweiligen Fließzustandes vernachlässigen, d. h. für jeden Pegelstand ein diesem zukommendes Q setzen dürfen, so können wir für unsere Untersuchung den Ausgangspunkt von den Pegelablesungen nehmen, die in gleichen Zeitintervallen betätigt wurden. Dadurch gewinnen wir eine Beziehung zwischen den Wasserständen und der Zeit.

Die ersten Überlegungen zur Ermittlung der Jahresabflußmenge führten auf die Beziehung zwischen Wassermenge und Zeit $Q_j = \Sigma(Q \cdot \Delta t)$. Wenn nun noch eine Beziehung zwischen Wasserstand und Wassermenge aufgestellt werden könnte, dann ist zur Feststellung von Q_j alles gegeben. Die ausgeführten Wassermessungen am Adorfer Pegel stellen nun die letztere Beziehung dar. Freilich ist nicht für jeden praktisch vorkommenden Wasserstand am Adorfer Pegel eine Wassermessung, also ein Q, gegeben. Auch sind viele der ausgeführten Messungen zu einer Zeit vorgenommen, wo sicherlich kein Beharrungszustand geherrscht hat (vgl. Tab. 27. Febr. 16 abschwellendes Hochwasser; im Febr. 17 geht während der viermaligen Messung eine Hochwasserwelle durch das Profil.) Selbst das Profil hat innerhalb der Beobachtungsjahre durch die Hochwässer vom 17. II. 14 und 5. II. 15 eine Änderung (Vertiefung!) erfahren, wie ein Vergleich der Messungsergebnisse vom Jahre 11 mit jenen vom Jahre 15 zeigt (vgl. Tabelle 27). Gleichwohl genügen die Messungsdaten zur Herstellung der Beziehung zwischen Wasserstand und Wassermenge, wenn wir nur die Werte vor eingetretener Vertiefung, also jene vom Jahre 13, ausschalten. Nach dieser kritischen Wertung des hydrographischen Materials kann an dessen Aufbereitung gegangen werden.

I. Beziehung zwischen Wasserstand und Zeit.

Als praktisches Maß für die Zeitintervalle Δt wird gewöhnlich ein Tag gewählt (tägl. Ablesung des Pegels zur gleichen Stunde!).

Die Wasserstände, welche in den Pegeltabellen oder Pegellisten zusammengestellt sind, lassen sich nun in bezug auf die Zeit auf zwei Arten graphisch darstellen:

1. dem zeitlichen Verlaufe nach (Jahreswasserstandskurve) (vgl. Abb. 109),
2. der Größe nach geordnet (Benetzungsdauerlinie) (vgl. Abb. 107 u. 108).

Die erstere Art der Darstellung ist deshalb sehr wertvoll, weil sie uns zeigt, wie sich die verschiedenen Wasserstände auf die einzelnen Monate des Jahres verteilen, wann also die hohen und wann die niederen Wasserstände zu erwarten sind (von Bedeutung für die Wasserwirtschaft von Wasserkraftanlagen, Talsperrenanlagen, dann für die Bauausführung bei Wasserbauten usw.)

Je größer die Zahl der aufeinanderfolgenden Jahre ist, für welche diese Jahreswasserstandskurven für ein und dieselbe Pegelstelle eines Gewässers erstellt werden können, weil langjährige Beobachtungen vorliegen, desto zuverlässiger wird das Bild über den Jahresverlauf der Wasserstände und desto zuverlässiger wird naturgemäß das Mittel aus den vieljährigen Wasserstandsbeobachtungen.

Um zur zweiten Art der Darstellung (Benetzungsdauerlinie) zu gelangen, geht man von der Frage aus, an wie vielen Tagen einer Beobachtungsperiode der Wasserstand sich zwischen zwei bestimmten Pegelhöhen bewegte. Man erhält so, wenn man dies auf alle vorkommenden Intervalle erstreckt, die Häufigkeit sämtlicher während dieser Beobachtungsperiode auftretenden Wasserstände bzw. Wasserstandsintervalle.

In unserem Beispiel wurde diese Feststellung für die Adorfer Pegelstände gemacht und zwar für einen Beobachtungszeitraum von drei Jahren (1915 mit 17). Die Division des Ergebnisses durch die Anzahl der Beobachtungsjahre (3) führte dann auf die mittleren Jahreshäufigkeiten, welche in der Beilage zur Aufgabe gegeben sind.

Sie bilden den Ausgangspunkt für die Erstellung der Wasserstandsdauerlinie. In einem Koordinatensystem mit Tagen als Abszissen und Pegelhöhen als Ordinaten lassen sich diese Häufigkeitszahlen ohne weiteres auftragen (vgl. Abb. 107). So entsteht die Häufigkeitslinie.

Behält man das gewählte Koordinatensystem bei, so erhält man durch Summierung der Häufigkeiten ohne weiteres die Benetzungsdauerlinie (= Wasserstandsdauerlinie). Sie gibt Antwort auf die Frage, wie lange die Pegellatte bis zu einer bestimmten Höhe benetzt war (oder wie viele Tage des Jahres ein bestimmter Wasserstand — wenn auch mit Unterbrechungen — angedauert hat, d. h. nicht unterschritten wurde).

II. Beziehung zwischen Wasserstand und Wassermenge.

Um von der Beziehung Wasserstand und Zeit (Wasserstandsdauerlinie) auf die Beziehung Wassermenge und Zeit (graphisch dargestellt als Wassermengendauerlinie) zu kommen, benötigen wir — wie wir bereits erkannt haben — die vermittelnde Beziehung zwischen Wasserstand und Wassermenge. Das Wesentliche darüber ist bereits gesagt. Graphisch dargestellt führt diese Beziehung die Namen Schlüsselkurve, Konsumtionskurve, Wassermengenkurve. Man wählt wiederum ein rechtwinkliges Koordinatensystem, in welchem die Abszisse Wassermengen in m^3/sec und die Ordinate Pegelstände in cm darstellt, wobei der Maßstab für letztere unverändert aus der Darstellung der Wasserstandsdauerlinie übernommen wird.

Nun entspricht jeder Wassermessung im Adorfer Pegelprofil ein bestimmter Pegelstand. Hat man die unbrauchbaren Messungsergebnisse ausgeschaltet, so lassen sich die verbleibenden in dem gewählten Koordinatensystem als Punkte eintragen (vgl. Abb. 107). Die unvermeidlichen Messungsfehler und der selten vorhandene Beharrungszustand im Fließvorgang bei Ausführung der Messungen bringen es mit sich, daß die aufgetragenen Punkte nicht sämtlich auf einer stetigen Kurve liegen, daß die Schlüsselkurve vielmehr die Schwerlinie dieser Punkthaufen darstellt. (Man erhält demnach die Schlüsselkurve, indem man durch die aufgetragenen Messungspunkte eine stetige Kurve so zieht, daß sie etwa die Schwerlinie dieser Punkte darstellt; vgl. Abb. 107.)

Will man die Schlüsselkurve analytisch festlegen, so geschieht das mit der Beziehung

$$Q = a + b \cdot h + c \cdot h^2 + d \cdot h^3 + e \cdot h^4 + \ldots .$$

Mit fünf Messungspaaren Q und h lassen sich fünf solche Gleichungen ansetzen und daraus die unbekannten Koeffizienten a bis e ermitteln, z. B.

38,6 m³/sec bei 73 cm Pegel:

1. $38{,}6 = a + b \cdot 73 + c \cdot 73^2 + d \cdot 73^3 + e \cdot 73^4$

35,4 m³/sec bei 63 cm Pegel:

2. $35{,}4 = a + b \cdot 63 + c \cdot 63^2 + d \cdot 63^3 + e \cdot 63^4$

usw.

Da d und e schon sehr klein werden, kann man sich meist darauf beschränken zu schreiben:

$$Q = a + b \cdot h + c \cdot h^2.$$

Selbstredend braucht man, da diese Gleichungen kein Naturgesetz, sondern eine analytische Annahme darstellen, eine größere Anzahl Wertepaare Q und h, die dann nach der Methode der kleinsten Quadrate ausgeglichen werden.

III. Beziehung zwischen Wassermenge und Zeit.

Aus der Benetzungsdauerlinie und der Schlüsselkurve läßt sich nun die Beziehung Wassermenge — Zeit (Wassermengendauerlinie) ganz mechanisch herstellen, indem man in einem rechtwinkligen Koordinatensystem als Abszissen Tage, als Ordinaten die sekundlichen Wassermengen aufträgt, welche dem Pegelstand des gleichen Zeitabschnittes entsprechen. Dabei werden die Maßstäbe für die Auftragung der Wasserstandsdauerlinie und der Schlüsselkurve unverändert übernommen.

Beispielsweise entspricht in Abb. 106 dem Punkte A der Wasserstandsdauerlinie ein Pegel h_A cm und t_a Tage. Dem gleichen Pegel h_A entspricht aus der Schlüsselkurve (Punkt S_A derselben) eine Wassermenge Q_A m³/sec. Zu dem Zeitpunkt t_A, an welchem die Wasserstandsdauerlinie demnach den Pegel

h_A cm aufweist, muß die Wassermengendauerlinie (Punkt W_A derselben) Q_A m³/sec anzeigen. Die analoge Betrachtung gilt für Punkt B.

Auf diese Weise kann man sich beliebig viele Punkte der Wassermengendauerlinie auftragen und damit diese selbst. Da die Auftragung der Wassermengendauerlinie in Anlehnung an die Wasserstandsdauerlinie erfolgte, letztere aber die vorkommenden Pegelstände der Größe nach geordnet zeigt, gilt

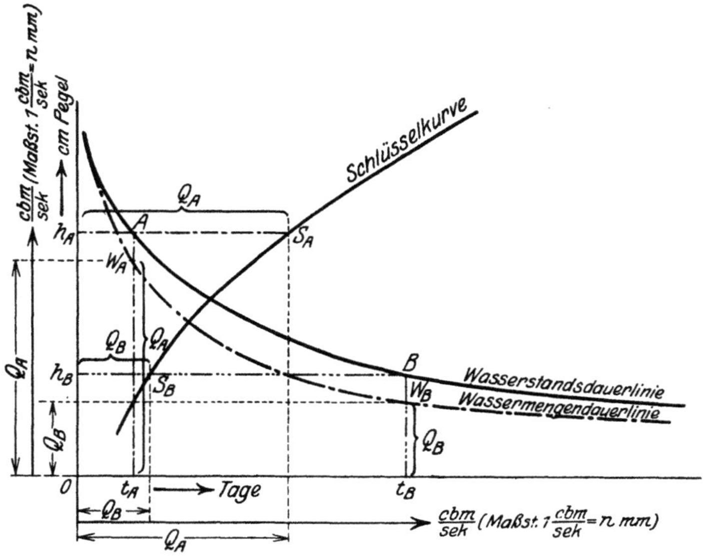

Abb. 106. Auftragung der Wassermengendauerlinie aus Wasserstandsdauerlinie und Schlüsselkurve.

dies naturgemäß auch für die Wassermengendauerlinie (vgl. die Abb. 107 u. 108).

Geht man dagegen von der mittleren Jahreswasserstandskurve aus, bei welcher die Pegelstände ihrem zeitlichen Auftreten nach geordnet aufgetragen sind, dann erhält man eine mittlere Jahreswassermengenkurve, welche die vorkommenden Wassermengen ihrem zeitlichen Auftreten nach darstellt (vgl. Abb. 109). Deren Auftragung geschieht natürlich genau so, wie jene der Wassermengendauerlinie.

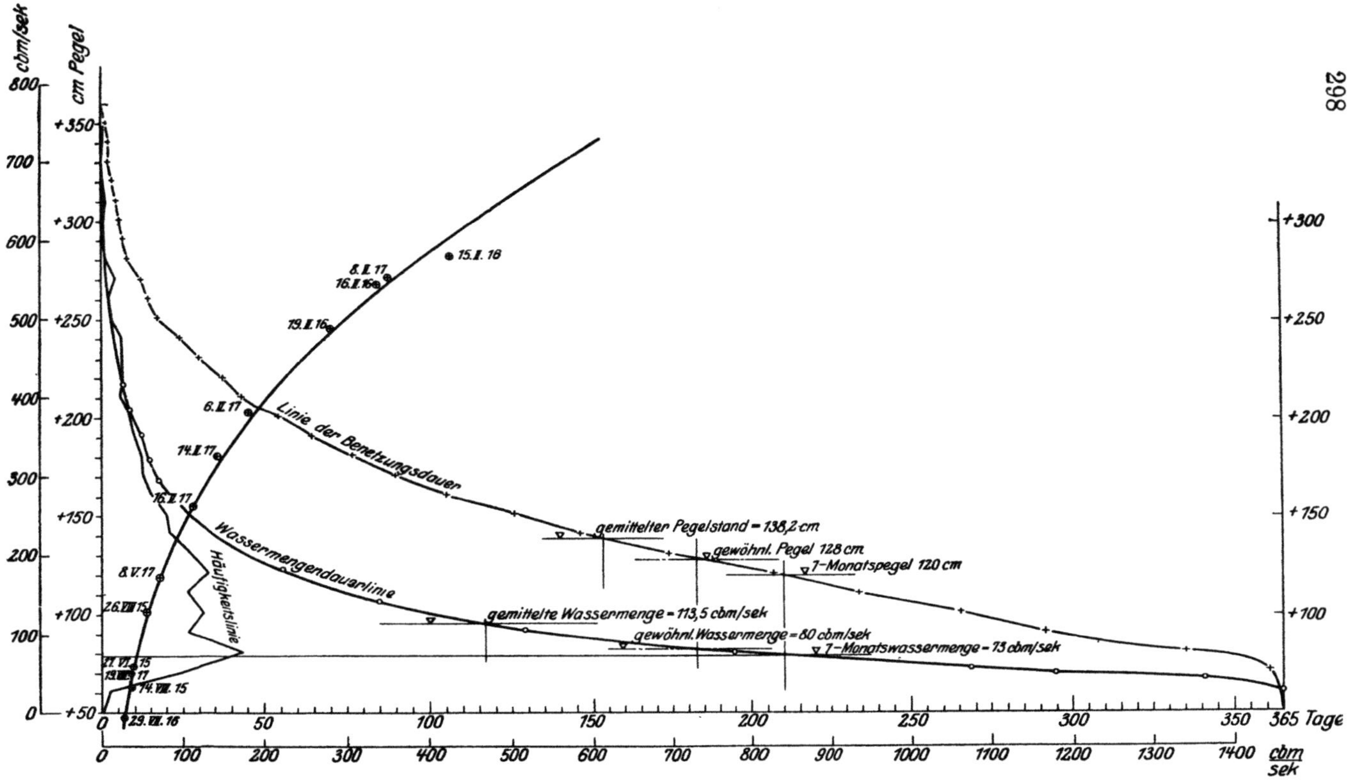

Abb. 107. Auswertung der gegebenen Wasserstandsbeobachtungen und Wassermessungsergebnisse vom Adorfer Flußprofil.

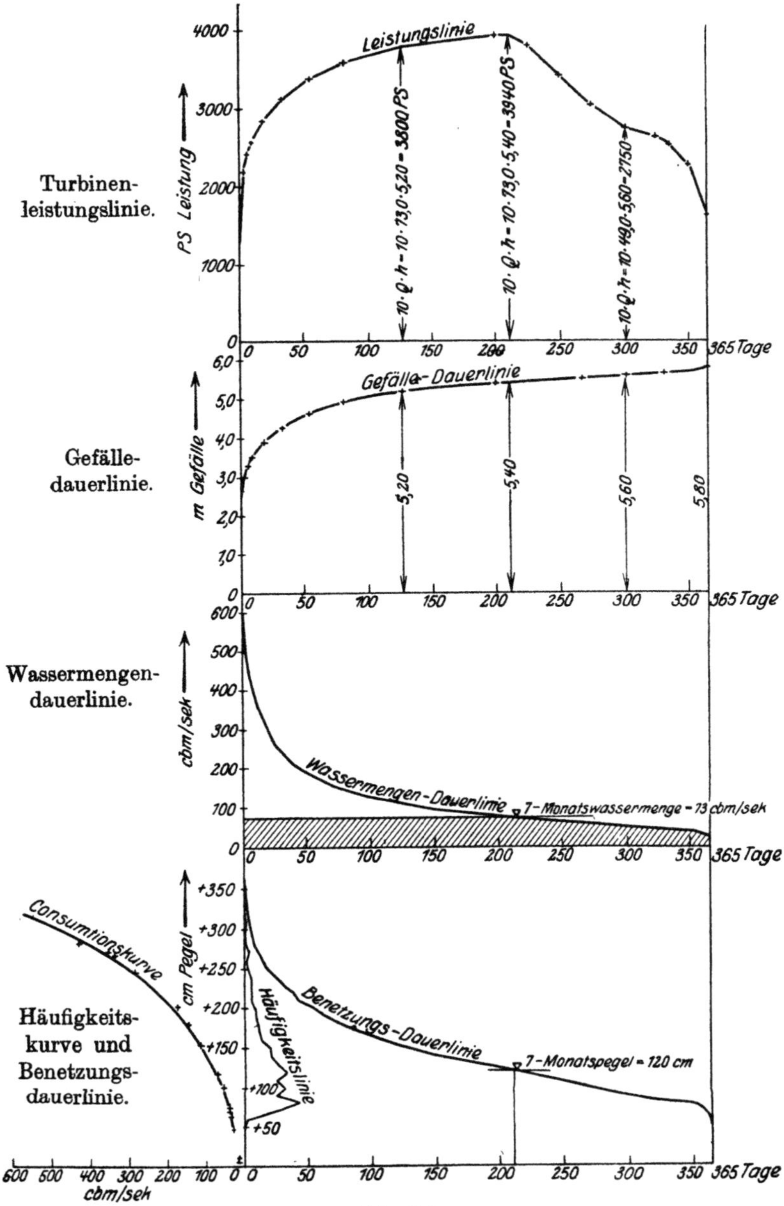
Turbinen-
leistungslinie.
PS Leistung
Leistungslinie
10·Q·h = 10·73,0·5,20 = 3800 PS
10·Q·h = 10·73,0·5,40 = 3940 PS
10·Q·h = 10·49,0·5,60 = 2750
365 Tage
Gefälle-
dauerlinie.
m Gefälle
Gefälle-Dauerlinie
5,20
5,40
5,60
5,80
365 Tage
Wassermengen-
dauerlinie.
cbm/sek
Wassermengen-Dauerlinie
7-Monatswassermenge = 73 cbm/sek
365 Tage
Häufigkeits-
kurve und
Benetzungs-
dauerlinie.
Consumtionskurve
cm Pegel
Häufigkeitslinie
Benetzungs-Dauerlinie
7-Monatspegel = 120 cm
cbm/sek
365 Tage

Abb. 108.

Nun ist es nicht mehr schwierig, die Jahresabflußmenge Q_j, welche als Mittel aus den Jahren 1915 bis 1917 durch den Adorfer Pegel hindurchgeht, zu ermitteln. Denn Q_j wird dargestellt durch die Fläche F, welche begrenzt ist oben von der Wassermengendauerlinie, beiderseits von den Vertikalen durch den Anfangs- und Endpunkt der Beobachtungszeit, unten von der Horizontalen durch den Nullpunkt des lotrechten Wassermengenmaßstabes. Auf das gleiche Ergebnis kommt man natürlich auch, wenn man statt von der Wassermengendauerlinie von der Jahreswassermengenkurve ausgeht.

Da die Ordinaten m^3/sec sind, während die Abszissen Tage darstellen, ist diese Fläche F mit $60 \cdot 60 \cdot 24 = 86400$ sec zu multiplizieren, um m^3 zu erhalten. Die Flächenermittelung unseres Beispieles ergibt

$$Q = 3{,}57 \text{ Milliarden } m^3/\text{Jahr}.$$

(Mit der Kellerschen Formel ergab sich Q_j zu 3,05 Milliarden m^3/Jahr.)

Zu 4 (vgl. Abb. 107). Der gewöhnliche Wasserstand läßt sich aus der Wasserstandsdauerlinie ohne weiteres ablesen. Es ist jener Wasserstand, welcher das Jahr über ebensooft überschritten als unterschritten wird, d. h. also der dem Abszissenpunkt $182^1/_2$ Tage entsprechende Pegel. In unserem Beispiel ist der gewöhnliche Wasserstand $\sim$ 128 cm.

Der gemittelte Wasserstand h_m ergibt sich als Mittel aus allen Wasserständen des Jahres. Planimetriert man demnach die Fläche F zwischen Abszisse und Wasserstandsdauerlinie und dividiert sie mit 365, so ist $\frac{F}{365} = h_m$ cm. In der Aufgabe wird $h_m = 138{,}2 \sim 138$ cm.

Die gewöhnliche Wassermenge ist jene, welche an ebenso vielen Tagen des Jahres überschritten als unterschritten wird, entspricht also dem gewöhnlichen Pegelstand — in der Aufgabe $\sim$ 80 m^3/sec.

Die gemittelte Wassermenge wird analog dem gemittelten Pegelstand gefunden. Sie ergibt sich als Ordinate in m^3/sec, wenn man die durch die Wassermengendauerlinie und die Abszissenachse begrenzte Fläche F in ein diesem flächengleiches Rechteck verwandelt.

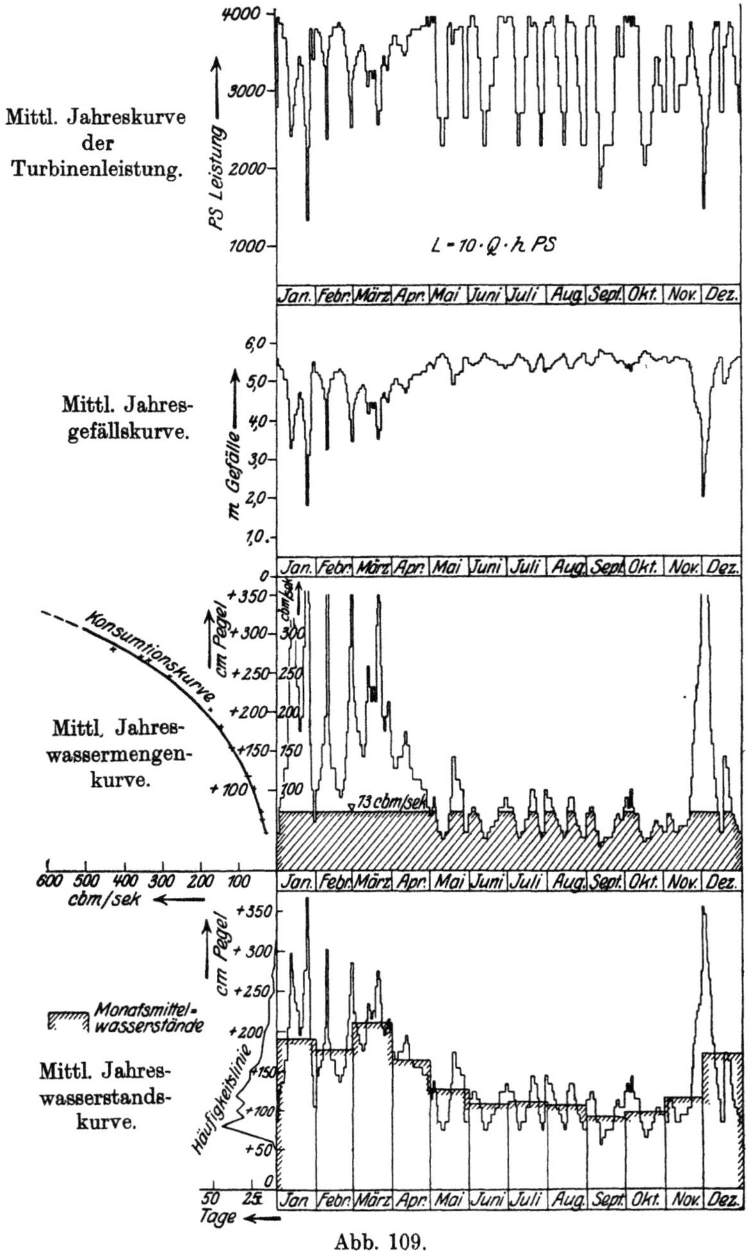
Mittl. Jahreskurve der Turbinenleistung.
PS Leistung
4000
3000
2000
1000
L = 10 · Q · h PS
Jan. Febr. März Apr. Mai Juni Juli Aug. Sept. Okt. Nov. Dez.
Mittl. Jahresgefällskurve.
m Gefälle
6,0
5,0
4,0
3,0
2,0
1,0
0
Jan. Febr. März Apr. Mai Juni Juli Aug. Sept. Okt. Nov. Dez.
Konsumtionskurve
Mittl. Jahreswassermengenkurve.
cm Pegel
cbm/sek
+350
+300
+250
+200
+150
+100
73 cbm/sek
600 500 400 300 200 100
cbm/sek
Jan. Febr. März Apr. Mai Juni Juli Aug. Sept. Okt. Nov. Dez.
Monatsmittelwasserstände
Mittl. Jahreswasserstandskurve.
Häufigkeitslinie
cm Pegel
+350
+300
+250
+200
+150
+100
+50
0
50 25
Tage
Jan Febr. März Apr. Mai Juni Juli Aug. Sept. Okt. Nov. Dez.

Abb. 109.

Da wir zur Ermittlung des Jahresabflusses Q_j diese Fläche bereits gerechnet haben, erhalten wir die gemittelte Wassermenge Q aus

$$Q = \frac{Q_j \text{ m}^3/\text{Jahr}}{365 \cdot 86400 \text{ sec/Jahr}} = 113{,}5 \text{ m}^3/\text{sec}\,.$$

Die 7-Monats-Wassermenge läßt sich ohne weiteres aus der Wassermengendauerlinie ablesen. Sie ist jene Wassermenge, welche während 7 Monaten (= an 210 Tagen) des Jahres vorhanden ist; in der Aufgabe $\sim$ 73 m³/sec.

Zu 5. Unter Werknutzbarkeit versteht man das Verhältnis der schraffierten Fläche $\overline{FBDE}$ zur Rechteckfläche $\overline{FCDE}$ (Abb. 110), d. h. also das Verhältnis der tatsächlichen Werkausnützung zur möglichen Werkausnützung (möglich im Hinblick auf die für 73 m³/sec installierten Maschinen).

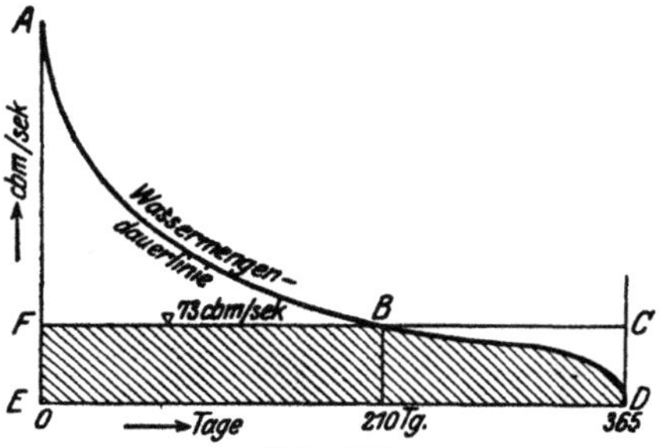

Abb. 110.

Da beide Flächen gleiche Abszissen haben, läßt sich die Werknutzbarkeit auch ansetzen als Verhältnis der gemittelten nutzbaren Wassermenge[1]) zur Ausbauwassermenge (= 7-Monats-Wassermenge); daher

$$\text{Werknutzbarkeit in } \% = \frac{65{,}2}{73{,}0} \cdot 100 = 89{,}4\,\%\,.$$

Unter Flußnutzbarkeit versteht man das Verhältnis der schraffierten Fläche $\overline{FBDE}$ zur Fläche $\overline{ABDE}$, d. h. das Verhältnis der tatsächlichen Werkausnützung zum Gesamtjahresabfluß (= der theoretisch möglichen Flußausnutzung, wenn alles Wasser des Flusses durch die Turbinen fließt).

Auch hier haben beide Flächen gleiche Abszissen, weshalb sich die Flußnutzbarkeit auch ausdrücken läßt als Verhältnis

[1]) Die gemittelte nutzbare Wassermenge ergibt sich als Ordinate jenes Rechtecks, das der schraffierten Fläche *FBDE* flächengleich ist und die gleiche Abszisse *ED* hat.

der bei der Werknutzbarkeit schon festgestellten gemittelten nutzbaren Wassermenge zur gemittelten Jahreswassermenge. In Prozenten ergibt sich deshalb eine Flußnutzbarkeit von

$$\frac{65{,}2}{113{,}5} \cdot 100 = 57{,}5\ {}^0/_0 .$$

Zu 6. Das theoretische Arbeitsvermögen der Wassermenge Q vom spezifischen Gewicht $\gamma = 1{,}0\ \mathrm{t/m^3}$ beträgt bei einem Nettogefälle von h m:

$$L_{th} = \gamma\, Q \cdot h\ (\mathrm{tm}) = \frac{\gamma \cdot Q \cdot h \cdot 1000}{75}\ \mathrm{PS}.$$

Bei Annahme eines Wirkungsgrades der Turbinen von $75\,{}^0/_0$ ergibt sich dann die wirkliche Leistung zu

$$L_e = \frac{\gamma \cdot Q \cdot h \cdot 1000}{75} \cdot \frac{75}{100}\ \mathrm{PS}.$$

Für $\gamma = 1{,}0\ \mathrm{t/m^3}$ wird

$$L_e = 10 \cdot Q \cdot h\ \mathrm{PS}.$$

Wenn nun 1 Stunde lang Q m³ h m herunterfallen, dann ergibt das

$$10 \cdot Q \cdot h \cdot 1\ \mathrm{PSh}\ (= \text{Pferdekraftstunden}),$$

also pro Tag (= 24 Stunden)

$$10 \cdot Q \cdot h \cdot 24\ \mathrm{PSh}$$

und in einem Jahr (= 365 Tage)

$$10 \cdot Q \cdot h \cdot 24 \cdot 365\ \mathrm{PSh}.$$

Wenn nun außer dem Gefälle h auch die Werkwassermenge Q das ganze Jahr über konstant bliebe, wäre die Arbeitsleistung der Turbinen gleich vorgenanntem Betrag an Pferdekraftstunden. Nun ist aber Q während des Jahres nicht konstant, sondern nur während eines bestimmten Teils des Jahres (7 Monate). Während der restlichen Zahl von Tagen ist es veränderlich und zwar kleiner. Deshalb wird auch die Leistung in ihrem Gesamtbetrage kleiner sein, als sie durch obigen Ausdruck angegeben ist. Unter der ausdrücklichen Voraussetzung eines konstanten Gefälles verhält sich die wirkliche Jahresleistung zur oben entwickelten ideellen Jahresleistung wie die gemittelte nutzbare Wassermenge zur **Ausbauwassermenge**, wie aus der Erläuterung der **Werknutzbarkeit** ohne weiteres zu übersehen ist. Es kann also die **wirkliche** Jahresarbeit — bei **konstantem** Gefälle — ohne weiteres aus der **ideellen** Jahresarbeit

$$10 \cdot Q \cdot h \cdot 24 \cdot 365 \text{ PSh}$$

mittels der **Werknutzbarkeit** abgeleitet werden. Sie ergibt sich für die 7 Monats-Wassermenge zu

$$\begin{aligned} & 0{,}894 \cdot 10 \cdot Q \cdot h \cdot 24 \cdot 365 \\ = {} & 0{,}894 \cdot 10 \cdot 73{,}0 \cdot 5{,}80 \cdot 24 \cdot 365 \\ = {} & \mathbf{33{,}2} \text{ Millionen PSh,} \end{aligned}$$

gemessen an der Turbinenwelle.

Setzt man den Wirkungsgrad der Generatoren (Dynamomaschinen) zu 90% an (also 10% Verlust), und berücksichtigt, daß 1 PSh = 0,736 kWh (= Kilowattstunden), so steht an der Schalttafel des Werks eine Leistung von

$$33{,}2 \cdot 0{,}90 \cdot 0{,}736 = 22 \text{ Millionen kWh,}$$

während des Durchschnittsjahres (bezogen auf 1915 mit 17) zur Verfügung.

Zu 7. Trägt man die im Aufgabentext (Tabelle 28) gegebene Beziehung zwischen Pegelstand und Gefälle entsprechend der Benetzungsdauerlinie auf (Abb. 108), so erhält man die **Gefälledauerlinie**. Da nun jedem Punkt der Gefälledauerlinie ein ganz bestimmter Punkt der Wassermengen-Dauerlinie entspricht, kommt also auch jedem Gefälle h eine ganz bestimmte Wassermenge Q zu und damit eine bestimmte Turbinenleistung $10 \cdot Q \cdot h$. Wird diese Ermittlung für verschiedene Zeitpunkte wiederholt und werden die Ergebnisse aufgetragen, dann ergibt sich die in Abb. 108 dargestellte Leistungslinie.

In dem Zeitabschnitt zwischen 0 und 210 Tagen ist diese *Leistungslinie* nur veränderlich mit dem Gefälle, weil Q während dieser Anzahl Tage konstant bleibt (= 73 m^3/sec). An 365 — 210 = 155 Tagen ist sowohl Q als auch h veränderlich, so daß die Leistung der Turbinen in diesem Bereich mit den beiden Veränderlichen Q und h schwankt.

Die von der Leistungslinie und von der Horizontalen durch den Nullpunkt der Ordinatenachse (=Nullpunkt des Leistungsmaßstabes) begrenzte Fläche gibt, mit 24 multipliziert, nun die Turbinenjahresleistung in PSh an, wenn nicht nur, wie in Frage 6, die Wassermenge Q, sondern auch noch das Gefälle h als veränderlich betrachtet wird. Man erhält jetzt 28,5 Millionen PSh.

Abb. 109 zeigt die gleichen Auftragungen, aber dem zeitlichen Verlaufe nach geordnet. Man ersieht aus ihnen, wie sich mit den wechselnden Wasserständen, d. i. also mit dem wechselnden Gefälle und den wechselnden Wassermengen die Turbinenleistung in den einzelnen Monaten des Jahres ändert.

Aufgabe 38.

Das Gefälle eines geschiebeführenden Flusses soll durch die Anlage einer Großwasserkraftanlage ausgenützt werden. Der Flußschlauch wurde vor Jahren reguliert und befindet sich im

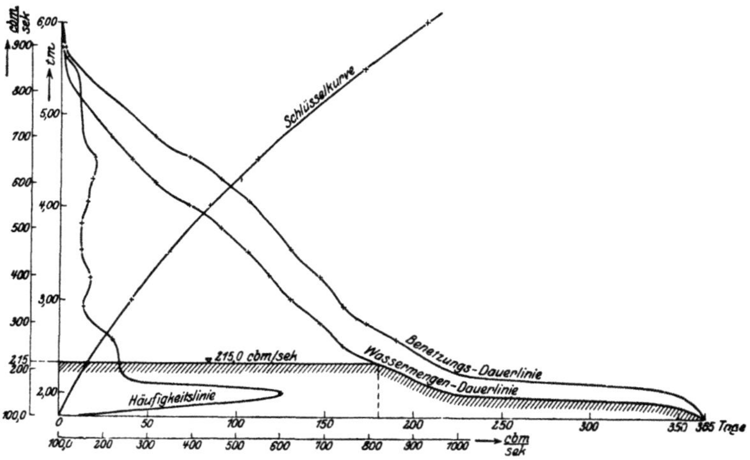

Abb. 111.

Beharrungszustand. Die hydrographischen Grundlagen für die zukünftige Wehrstelle sind bekannt und durch die Kurven der Pegelhäufigkeiten, der Schlüsselkurve, der Wasserstands- und Wassermengendauerlinie gegeben, ebenso das Flußprofil (vgl. Abb. 111 und 112). Das Wasserspiegelgefälle des Flusses kann für alle Wasserstände mit $1\,^0/_{00}$, die Rauhigkeitsziffer nach **Bazin** mit $\gamma = 1{,}70$ angenommen werden. Der Schleppkraftgrenzwert für das Geschiebe wurde mit $S_0 = 3{,}8$ kg/m² aus wiederholten Messungen ermittelt. Die unter dem Geschiebe anstehende Flußschlauchsohle selbst zeigt eine wesentlich größere Widerstandsfähigkeit gegen den Angriff des Wassers.

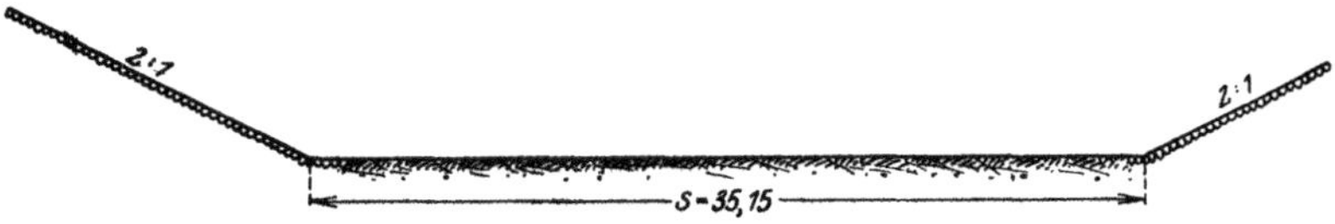

Abb. 112.

Wie muß das ursprüngliche Flußprofil ausgestaltet werden, wenn den Wasserkraftkonzessionären die Bedingung auferlegt wird, daß bei einem Ausbau der Wasserkraftanlage auf die 180tägige Wassermenge, das sind 215 m³/sec (vgl. Abb. 111), das Flußprofil zwischen dem vollkommen beweglichen Wehr und der Einmündung des Unterwasserkanals in den Fluß (= Entnahmestrecke) für den b e t t b i l d e n d e n W a s s e r s t a n d zu dimensionieren ist, d. i. für jenen Wasserstand, welcher während des Jahres das Maximum der Geschiebeabfuhr erzeugt, um dadurch eine geregelte Geschiebeabfuhr zu gewährleisten? Das Wasserspiegelgefälle J in der Entnahmestrecke soll auch nach der Entnahme von 250 m³/sec noch mindestens $1\,^0/_{00}$ betragen.

Lösung.

Die Entnahme von 250 m³/sec aus dem Flusse bedeutet einen gewaltsamen Eingriff in das Regime desselben, weil dem Flusse dadurch ein Teil seines Arbeitsvermögens entzogen und so eine Störung des Beharrungszustandes hervorgerufen wird. Wie sich diese Störung des Beharrungszustandes auf die Entnahmestrecke allerdings auswirkt, hängt in erster Linie von der Art des Wehres ab, das zur Ableitung des Kraftwassers in den Werkkanal notwendig ist.

Bei einem festen Wehr wird das von oben kommende Geschiebe oberhalb des Wehres liegen bleiben, bis im Laufe der Jahre dieser Stauraum aufgekiest ist. In der Entnahmestrecke findet in diesem Zeitraum kein Geschiebetransport statt, so daß die hierfür verbrauchte lebendige Energie des abfließenden Wassers frei wird. Wenn diese Wassermenge nun auch durch die seitliche Entnahme kleiner geworden ist und damit auch das Arbeitsvermögen des Flusses, so kann die freigewordene lebendige Kraft immerhin noch groß genug sein, um den Flußschlauch selbst anzugreifen.

Bei Anordnung eines vollkommen beweglichen Wehres, wie es in unserer Aufgabe vorgesehen ist, wird bei entsprechend großer Wasserführung das von oben kommende Geschiebe durch die dann teilweise oder ganz offenen Wehröffnungen transportiert und es frägt sich nun, ob unter Berücksichtigung des Wasserentzuges das Arbeitsvermögen in der Entnahmestrecke noch groß genug ist, dieses Geschiebe weiterzutransportieren, bzw. wie muß das neue Flußprofil in der Entnahmestrecke ausgestaltet werden, daß es

1. das erforderliche Fassungsvermögen für die in Betracht kommenden Wassermengen besitzt,

2. eine vollkommen geregelte Geschiebeabfuhr verbürgt. Das schließt die Bedingung mit ein, daß das Arbeitsvermögen des Wassers im neuen Profil unterhalb der Entnahmestelle (Wehrstelle) so sein muß, daß für dieses neue Profil ein Beharrungszustand erwartet werden kann.

Die Untersuchung kann auf zweierlei Wegen vor sich gehen:

a) ausgehend vom Geschiebetrieb,

b) ausgehend von der Geschiebefracht, die im Laufe eines Jahres durch das Profil transportiert wird.

Wir wählen hier den ersteren Weg.

Die Wassermenge, welche das neue Profil zu fördern vermag, ist

1) $$Q = v \cdot F = c \cdot \sqrt{R \cdot J} \cdot F$$

Bezeichnet $S = 1000 \cdot t \cdot J$ die Schleppkraft an der Sohle des in Betracht gezogenen Profilelements bei der Wassertiefe t und dem Gefälle J, $S_0 = 1000 \cdot t_0 \cdot J_0$ den Schleppkraftgrenzwert für die Wassertiefe t_0 und das zugehörige Gefälle J_0, so beträgt die Geschiebemenge, welche pro Sekunde durch die Breiteneinheit des Flusses geht, nach Du Boys bzw. nach Kreuter

$$G = \psi \cdot S \cdot (S - S_0) = \psi \cdot 1000^2 \cdot t \cdot J\,(t \cdot J - t_0 \cdot J_0).$$

Das ist die Gleichung für den Geschiebetrieb pro Breiteneinheit in neuer Form. ψ, die Du Boyssche Konstante, ist die Geschiebeabfuhrziffer, ein von der Geschiebegröße abhängiger Beiwert.

Da in unserem Falle J konstant angenommen wird, ist $J = J_0$ und die Gleichung geht über in

$$G = \psi \cdot (1000 \cdot J)^2 \cdot t\,(t - t_0).$$

Wird die Summierung über die ganze Profilbreite erstreckt, innerhalb welcher Geschiebegang stattfindet, innerhalb welcher also $t > t_0$, so ergibt sich

2) $$G = \psi \cdot (1000 \cdot J)^2 \int_0^b (t - t_0)\, t\, dx.$$

Da die Feststellung eines einwandfreien Wertes ψ bisher noch nicht möglich war, wird er aus der Berechnung ausgeschaltet, indem statt der tatsächlichen sekundlichen Geschiebemenge ihr Verhältniswert

$$G' = \frac{G}{\psi}$$

in die Rechnung eingeführt wird. Setzt man außerdem für den Ausdruck in Gleichung 2)

$$\int_0^b (t - t_0)\, t \cdot dx = \mathfrak{S},$$

wobei $\mathfrak{S}$ von den Profildimensionen abhängig ist, also $\mathfrak{S} = f(b, t)$, so geht Gleichung 2) in folgende Form über:

3) $$G' = \frac{G}{\psi} = (1000 \cdot J)^2 \cdot \mathfrak{S}.$$

$\mathfrak{S}$ wird mit „Maß der Geschiebebewegung" bezeichnet.

Wie noch gezeigt wird, läßt sich G' ermitteln, ist also als bekannt vorauszusetzen. Da außerdem Q und J als vorher bestimmt angenommen werden, sind in den Gleichungen 1) und 3) nur b und t unbekannt, können also daraus eindeutig ermittelt werden.

Das durch Gleichung 1) und 3) erhaltene Profil wird nun eine günstige Wasser- und Geschiebeführung streng genommen nur für jenen Wasserstand verbürgen, welcher der Profilberechnung zugrunde gelegt worden ist. Bei allen anderen Wasserständen jedoch wird das neuermittelte Profil den unter 1) und 3) genannten Bedingungen nicht Genüge leisten können, da sich mit dem Wasserstand in unserem Falle zwar nicht das Gefälle, wohl aber das Maß der Geschiebebewegung sowie die Durchflußmenge ändert. Sollte nun der theoretischen Forderung Rechnung getragen werden, daß der zu konstruierende Profilumriß bei jedem Wasserstand den für die Wasser- und Geschiebeabfuhr gestellten Bedingungen entspricht, so könnte dieser Bedingung nur dadurch Genüge geleistet werden, daß der Querschnitt veränderlich ausgebildet wird. Das ist natürlich praktisch undurchführbar[1]).

Deshalb handelt es sich darum, den neuen Querschnitt für den besonders charakteristischen Wasserstand zu dimensionieren. Da nun der Schwerpunkt einer richtigen Profilierung in der Erfüllung der geregelten Geschiebeabfuhr gelegen ist, so wird sich der „charakteristische" Wasserstand decken mit jenem Wasserstandsniveau, das während eines bestimmten Zeitintervalls (Jahr) das Maximum der Geschiebeabfuhr erzeugt hat. Dieses Wasserspiegelniveau ist nun der sogenannte bettbildende Wasserstand, oder, wie er vereinzelt auch noch bezeichnet wird, der „maßgebende Wasserstand" oder „hydrotechnische Wasserstand".

Soll nun in der künftigen Entnahmestrecke die gleiche Wasserführung und Geschiebeabfuhr gewährleistet sein, wie es im bestehenden Flußschlauch vor Einbau des Wehres und vor der Wasserentnahme der Fall ist, so wird die Erfüllung dieser Bedingung dann erwartet werden können, wenn der bettbildende Wasserstand des neuen Profils die gleiche Höhenlage aufweist, wie im bisherigen Profil, und wenn weiter bei diesem Wasserstand künftig die gleiche korrespondierende Wassermenge (d. i. die um die Kraftwassermenge verkleinerte Durchflußmenge), sowie die gleiche Geschiebemenge wie bisher zur Abfuhr gelangt.

Es handelt sich deshalb zunächst darum, entsprechend den bisherigen Wasserführungsverhältnissen den bettbildenden

[1]) Vgl. u. a.: Wochenschrift für den öffentl. Baudienst, 25. Jahrg., Heft 41. 1919 (Studie von Ing. Reich über die notwendige Umgestaltung der Donau bei Wien im Falle einer ständigen Wasserentnahme aus dieser Stromstrecke für Zwecke einer Großwasserkraftanlage, S. 483).

Wasserstand für das bestehende Stromquerprofil zu ermitteln, um auf Grund des sich hieraus ergebenden Resultats sodann die Auswertung der Gleichungen 1) und 3) durchführen zu können.

Versehen wir die Größen, welche sich auf die ursprünglichen Verhältnisse beziehen, mit dem Zeiger a, jene für das neue Profil mit dem Zeiger b, so erhalten wir

3a) $$G_a' = (1000 \cdot J_a)^2 \cdot \mathfrak{S}_a,$$

3b) $$G_b' = (1000 \cdot J_b)^2 \cdot \mathfrak{S}_b.$$

Soll nun die Geschiebeabfuhr im neuen Profil ebenso ungestört vor sich gehen, wie im ursprünglichen Profil, so muß die Forderung erfüllt sein

$$G_a' = G_b'$$

oder

$$(1000 \cdot J_a)^2 \cdot \mathfrak{S}_a = (1000 \cdot J_b)^2 \cdot \mathfrak{S}_b.$$

Daraus

$$\mathfrak{S}_b = \left(\frac{J_a}{J_b}\right)^2 \cdot \mathfrak{S}_a.$$

Strebt man weiterhin an, daß sich auch das Wasserspiegelgefälle in der künftigen Entnahmestrecke gegenüber den bisherigen Verhältnissen nicht ändern soll, d. h.

$$J_a = J_b,$$

dann muß auch sein

$$\mathfrak{S}_a = \mathfrak{S}_b.$$

Es wird sohin genügen, aus dem bestehenden Profil lediglich den Wert $\mathfrak{S}_a$, d. h. das Maß der Geschiebebewegung zu ermitteln, das dem bettbildenden Wasserstand entspricht, um daraus gemäß der Beziehung $\mathfrak{S}_a = \mathfrak{S}_b = f(b, t)$ den neuen Querschnittsumriß — selbstverständlich unter gleichzeitiger Einhaltung der durch Gleichung 1) gegebenen Beziehung — feststellen zu können.

Für die zahlenmäßige Auswertung der Gleichungen 1) und 3) ist zunächst der bettbildende Wasserstand und das diesem Wasserstand zugeordnete Maß der Geschiebebewegung für das bestehende Stromprofil zu ermitteln.

Nach Kreuter ist $\mathfrak{S}$:

4) $$\mathfrak{S} = U \cdot (t_0 + 2y),$$

wobei $U =$ Inhalt der schraffierten Fläche (vgl. Abb. 113), $y =$ Abstand des Schwerpunktes der Fläche U von der Horizontalen AB; daher

$$5) \qquad G' = \frac{G}{\psi} = (1000 \cdot J)^2 \cdot U \cdot (t_0 + 2\,y)\,.$$

Dabei ergibt sich t_0 aus

$$t_0 = \frac{S_0}{1000 \cdot J}.$$

S_0 ist bereits festgestellt, ebenso J; damit ist auch t_0, die Grenztiefe, bekannt, nämlich $t_0 = \frac{3{,}8}{1000 \cdot 0{,}001} = 3{,}8\,\text{m}$. Für jeden

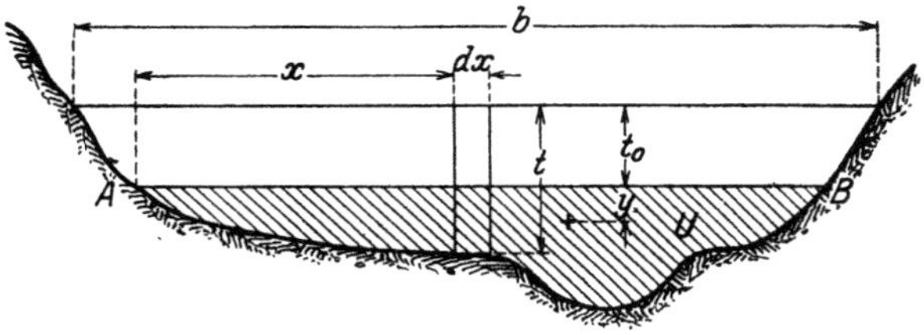

Abb. 113.

Pegelstand, das heißt also für jede Wassertiefe läßt sich nun U, y und damit $\mathfrak{S}$ ermitteln, so daß auch $G' = \frac{G}{\psi}$ für jeden Wasserstand festliegt und in einer Kurve aufgetragen werden kann. Die Rechnung ist in der Texttabelle 29 durchgeführt, die Ergebnisse sind in Abb. 115 aufgetragen $\left(\frac{G}{\psi}\text{-Kurve des ursprünglichen Profils}\right)$.

Zu der Rechnung in Texttabelle 29 ist noch folgendes zu bemerken:

Auf Grund der Wasserstandsbeobachtungen an dem der Wehrstelle zunächst gelegenen Pegel des untersuchten Flusses konnte die durchschnittliche Dauer τ für jedes Wasserstandsniveau bzw. für die zugeordneten Wasserstandsintervalle ermittelt werden. Sie sind mit der Häufigkeitskurve in Abb. 111 gegeben. Der für die Geschiebebewegung in Frage kommende Teil dieser Häufigkeitskurve ist in Abb. 115 vergrößert dargestellt und — wie schon oben erwähnt — die $G' = \frac{G}{\psi}$-Kurve des ursprünglichen Profils aufgetragen. Nun läßt sich für jeden Wasserstand das Produkt $\frac{G}{\psi} \cdot \tau$ bilden und abermals durch eine Kurve darstellen. Das ist für 10 ausgewählte Wasserstände geschehen und dadurch die $\frac{G}{\psi} \cdot \tau$-Kurve in Abb. 115 erhalten worden. Die Fläche, welche einerseits begrenzt ist durch die Vertikale durch den Punkt $\frac{G}{\psi} \cdot \tau = 0$ und andererseits durch die $\frac{G}{\psi} \cdot \tau$-Kurve selbst, gibt — bei Berücksichtigung der verwendeten Maßstabeinheiten — zahlenmäßig den Verhältniswert $\frac{G}{\psi}$ der durchschnittlichen jährlichen Geschiebemenge. Innerhalb dieses Durchschnittsjahres wird nun jener Wasserstand das Maximum der Geschiebeabfuhr verursacht haben, dem in der Kurve $\frac{G}{\psi} \cdot \tau$ die größte Abszisse zukommt. Dieser Wasserstand ist aber nichts anderes, als der sogenannte „bettbildende Wasserstand". Er ergibt sich für unser Beispiel zu 5,36 m (Abb. 115).

Für den „maßgebenden" Wasserstand $t = 5{,}36$ m wurde $\mathfrak{S}_a$ ermittelt zu 318 m³ (vgl. Tabelle 29). Es entspricht ihm außerdem eine Wassermenge $Q_a = 750$ m³/sec, wie aus der gegebenen Schlüsselkurve oder aus der Wassermengendauerlinie Abb. 111 abgelesen werden kann.

Wie muß nunmehr das neue Flußprofil in der Entnahmestrecke dimensioniert sein, daß es für

$$Q_b = Q_a - Q_w = 750 - 215 = 535 \text{ m}^3/\text{sec}$$

das gleiche bettbildende Widerstandsniveau hat, wie das ursprüngliche Flußprofil bei $Q_a = 750$ m³/sec?

Es muß sein:

$$\mathfrak{S}_a = \mathfrak{S}_b,$$

daher

$$\mathfrak{S}_a = \mathfrak{S}_b = U \cdot (t_0 + 2y).$$

Tabelle 29.

t m	$J^0/_{00}$ $= 1000 \cdot J$	t_0 m	y_a[1] m	U_a[1] m²	$\mathfrak{S}_a = U_a(t_0 + 2y)$ m³	$(J^0/_{00})^2$	$G' = \frac{G}{\psi}$	τ	$\frac{G}{\psi} \cdot \tau$
5,74	1	3,8	0,940	75,8	430	1	430	2	860
5,57	1	3,8	0,857	68,6	378	1	378	6	2268
5,36	1	3,8	0,758	59,8	318	1	318	10	3180
$5{,}17_5$	1	3,8	0,670	52,2	268	1	268	11	2948
$4{,}97_5$	1	3,8	0,576	44,0	218	1	218	12	2616
4,75	1	3,8	0,467	35,2	167	1	167	13	2171
$4{,}52_5$	1	3,8	0,355	26,6	120	1	120	20	2400
4,29	1	3,8	0,243	17,7	76	1	76	18	1368
4,05	1	3,8	0,125	8,9	36	1	36	16	576
3,80	1	3,8	0	0	0	1	0	12	0

Wenn das neue Profil wie das ursprüngliche Trapezform mit 2maligen Böschungen besitzen soll, dann gilt nach früherem:

$$U = s(t - t_0) + 2(t - t_0)^2$$

und

$$y = \frac{t - t_0}{6} \cdot \frac{3s + 4(t - t_0)}{s + 2(t - t_0)},$$

deshalb

$$6)\qquad \mathfrak{S}_b = [s(t - t_0) + 2(t - t_0)^2] \cdot \left[t_0 + \frac{t - t_0}{3} \cdot \frac{3s + 4(t - t_0)}{s + 2(t - t_0)}\right].$$

Ferner

$$Q = c\sqrt{R \cdot J} \cdot F.$$

Für

$$F = s \cdot t + m \cdot t^2$$

und

$$p = s + 2t\sqrt{1 + m^2}$$

wird

$$R = \frac{s \cdot t + m \cdot t^2}{s + 2t\sqrt{1 + m^2}};$$

---

[1]) Aus der Trapezform des ursprünglichen Profils folgt allgemein

$$y_a = \frac{t - t_0}{6} \cdot \frac{3s + 4(t - t_0)}{s + 2(t - t_0)},$$

$$U = s(t - t_0) + 2(t - t_0)^2,$$

wobei $s = 35{,}15$ m die Sohlenbreite ist, die Böschungen zweifüßig sind (vgl. Abb. 112), während die Bedeutung der übrigen Größen der Abb. 113 entnommen werden können.

daher

$$7)\quad Q = \frac{87}{1+\dfrac{\gamma}{\sqrt{\dfrac{s\,t+m\,t^2}{s+2t\sqrt{1+m^2}}}}}\cdot\sqrt{\frac{s\cdot t+m\cdot t^2}{s+2t\sqrt{1+m^2}}\cdot J\cdot(s\cdot t+m\cdot t^2)}.$$

In den Gleichungen 6) und 7) sind bereits bekannt oder gegeben

$$\mathfrak{S}_b = 318\ \text{m}^3;\quad t_0 = 3{,}80\ \text{m};\quad Q = Q_b = 535\ \text{m}^3/\text{sec};$$
$$\gamma_b = 1{,}70;\quad m_b = 2;\quad J_b = 1\,{}^0/_{00}.$$

Somit erhält man

$$6\text{a})\quad 318 = f(s,t) = [s(t-3{,}80)+2(t-3{,}80)^2]\cdot\left[3{,}80+\frac{t-3{,}80}{3}\cdot\frac{3\,s+4\,(t-3{,}80)}{s+2\,(t-3{,}80)}\right]$$

und

$$7\text{a})\quad 535 = f(s,t) = \frac{2{,}75}{\sqrt{\dfrac{s\cdot t+2t^2}{s+4{,}47\cdot t}}+1{,}70}\cdot\frac{(s\cdot t+2\cdot t^2)^2}{s+4{,}47\cdot t}.$$

Es lassen sich nun sowohl aus der Gleichung 6a) als auch aus Gleichung 7a) jeweils für gewählte Werte t die zugeordneten

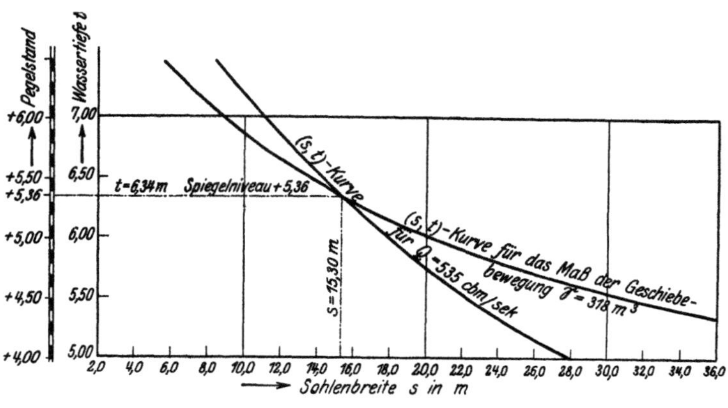

Abb. 114.

Werte s ermitteln und diese Wertepaare in einer Kurve darstellen (vgl. Abb. 114 und Tabelle 30). Sämtliche Wertepaare s

und t der Gleichung 7a) entsprechen dann einer Wassermenge $Q = 535\ m^3/sec$, sämtliche Wertepaare der Gleichung 6a) dem Maß der Geschiebebewegung von 318 m³. Da wir nun ein Wertepaar s und t suchen, das sowohl der Wassermenge $Q = 535\ m^3/sec$ als auch dem Maß der Geschiebebewegung $\mathfrak{S}_b = 318\ m^3$ entspricht, so ist das von uns gesuchte Wertepaar s und t bestimmt durch den Schnitt der beiden s, t-Kurven in Abb. 114. Der Kurvenschnittpunkt gibt $t = 6{,}34$ m und $s = 15{,}30$ m.

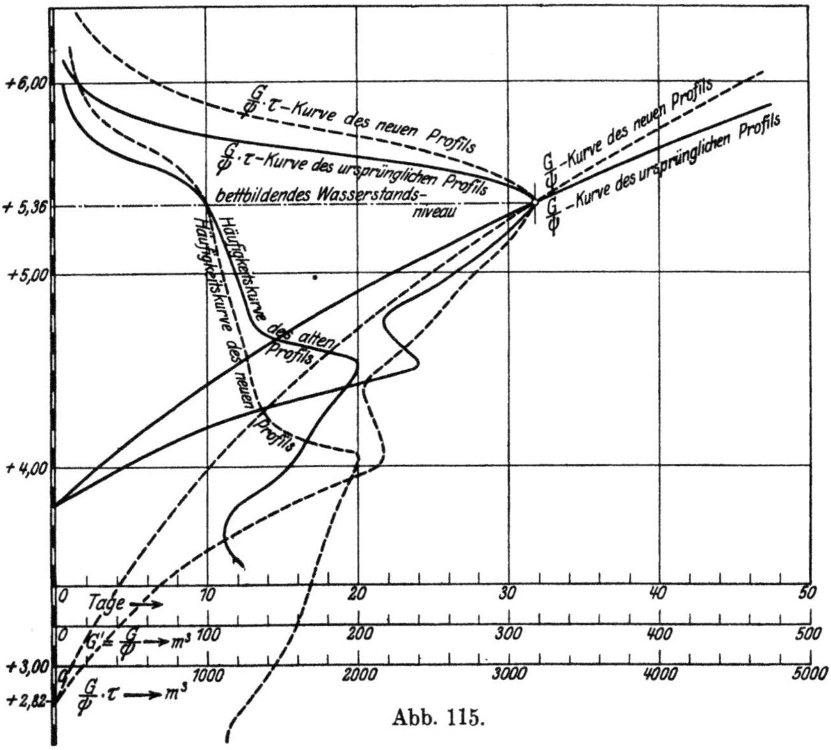

Abb. 115.

Nachdem das bettbildende Wasserstandsniveau + 5,36 m des ursprünglichen Profils auch gleichzeitig das bettbildende Wasserstandsniveau des neuen Profils sein soll, kommt im neuen Profil die Sohle auf

$$+ 5{,}36 - 6{,}34 = - 0{,}98\ \text{m}$$

zu liegen.

Tabelle 30.

$\mathfrak{S} = 318$ m³		$Q = 535$ m³/sec	
t m	s m	t m	s m
5,00	50,60	5,00	27,80
5,40	34,00	5,40	23,30
5,80	23,80	5,80	19,50
6,20	17,20	6,20	16,35
6,80	10,50	6,80	12,35
7,40	5,90	7,40	8,75
6,34	15,30	6,34	15,30

Die Abb. 116 zeigt das ursprüngliche und das neue Profil mit dem bettbildenden Wasserstandsniveau für beide Profile.

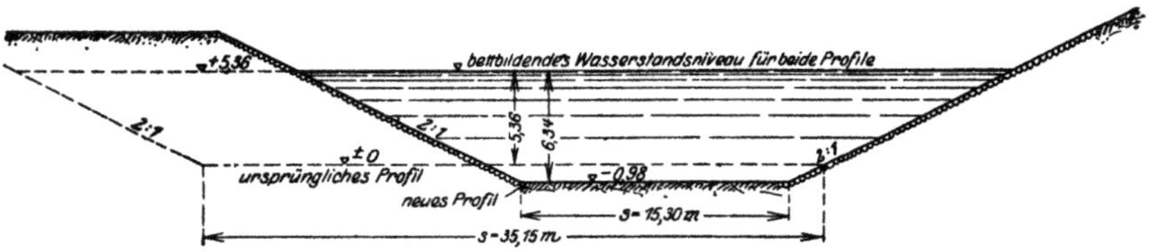

Abb. 116.

Die gestellte Aufgabe, welche lediglich die Dimensionierung des neuen Flußprofils für den bettbildenden Wasserstand forderte, ist damit gelöst.

Nun findet nicht nur beim bettbildenden Wasserstand Geschiebeabfuhr statt, sondern auch bei anderen Wasserständen.

Soll also das neue Profil die gleiche jährliche Geschiebefracht (= Geschiebemenge, welche pro Jahr durch den Querschnitt geht) bewältigen, wie das alte Profil, so müßte das neue Profil auch noch daraufhin untersucht werden. Der Gang dieser Untersuchung hätte sich wie folgt abzuwickeln.

Den in Texttabelle 29 aufgeführten Pegelständen entsprechen Wassermengen Q_a, welche der Schlüsselkurve in Abb. 111 entnommen werden können. Nach Inbetriebnahme der Wasserkraftanlage reduzieren sich diese Wassermengen Q_a je um den Betrag $Q_w = 215$ m³/sec. Dadurch ergeben sich Wassermengen Q_b, für welche aber bzw. die gleichen Häufigkeiten gelten, wie für die entsprechenden Wassermengen Q_a. Andererseits lassen sich für die verschiedenen Wasserstände des neuen Profils die zugehörigen Abflußmengen rechnen nach Gleichung 7) und durch eine Schlüsselkurve darstellen (Abb. 117). Daraus ergibt sich für die vorerrechneten Werte Q_b jeweils ein bestimmter Pegelstand, dem die gleiche Häufigkeit zukommt, wie dieser Wassermenge Q_b, und damit die gleiche Häufigkeit, wie der dieser Wassermenge Q_b jeweils entsprechenden früheren Wassermenge Q_a und dem diesem Q_a zugeordneten Pegelstand.

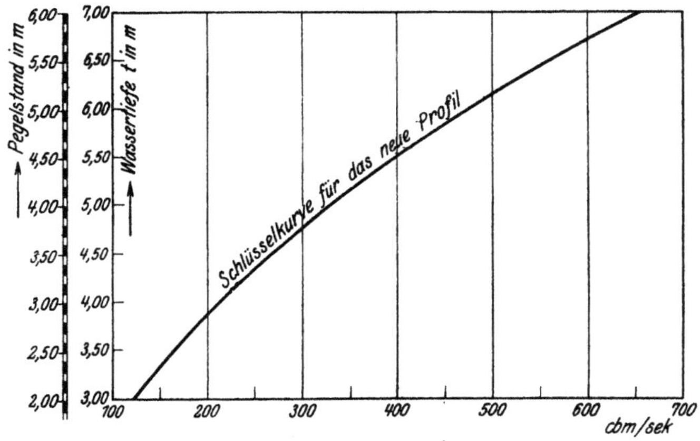

Abb. 117.

Trägt man nun für die den Wassermengen Q_b jeweils zukommenden Pegelstände die Häufigkeitskurve auf, ermittelt wieder die zugehörigen Werte $\mathfrak{S}$, $\frac{G}{\psi}$ und $\frac{G}{\psi} \cdot \tau$, trägt letztere beiden ebenfalls als Kurven auf (Abb. 115), so ist die jährliche Geschiebemenge, welche im neuen Profil gefördert wird, proportional der Fläche, welche begrenzt ist von der Ordinate durch den Punkt $\frac{G}{\psi} \cdot \tau = 0$ und durch die Kurve $\frac{G}{\psi} \cdot \tau$ für das **neue Profil.** In der Texttabelle 31 sind die zur Darstellung vorbenannter Kurven notwendigen Rechnungen bzw. Rechenergebnisse zusammengestellt.

Man erkennt aus Abb. 115, daß die mögliche jährliche Geschiebefracht des neuen Profils wesentlich größer ist als die tatsächliche für den ursprünglichen Querschnitt[1]), weshalb nicht zu befürchten steht, daß ein Teil des von oben kommenden Geschiebes in der Entnahmestrecke liegen bleibt. Solange das eigentliche Flußbettmaterial eine wesentlich größere Widerstandsfähigkeit gegenüber der Schleppkraft des abfließenden Wassers besitzt, als das von oben kommende Geschiebe, solange also mit einer Austiefung der Flußsohle nicht gerechnet zu werden braucht, bedarf das festgelegte neue Profil keiner Korrektur mehr. Das ist für das vorliegende Beispiel der Fall.

Tabelle 31.

Pegel im alten Profil	Häufigkeit τ	Wassermenge Q_a vor Entnahme	Wassermenge Q_b nach Entnahme $(Q_a - Q_w)$	Nebenstehende Wassermenge Q_b entspricht im neuen Profil einem Pegelstand von	U	y	$t_0 + 2y$	$\mathfrak{S}$	$G' = \frac{G}{\psi}$	$\frac{G}{\psi} \cdot$
5,74	2	850	635	+ 5,92	66,67	1,40	6,60	440	440	88
5,57	6	800	585	+ 5,66	59,58	1,29	6,38	380	380	228
5,36	10	750	535	+ 5,36	51,70	1,17	6,13	318	318	318
$5{,}17_5$	11	700	485	+ 5,07	44,53	1,04	5,88	262	262	288
$4{,}97_5$	12	650	435	+ 4,76	37,23	0,91	5,61	209	209	251
4,75	13	600	385	+ 4,42	29,59	0,76	5,31	157	157	204
$4{,}52_5$	20	550	335	+ 4,05	21,83	0,59	4,97	109	109	216
4,29	18	500	285	+ 3,65	14,08	0,40	4,60	65	65	117
4,05	16	450	235	+ 3,22	6,43	0,20	4,19	27	27	4[illegible]
3,80	12	400	185	+ 2,82	0	0	3,80	0	0	0

Stände dagegen zu befürchten, daß das nunmehr vorhandene, über den Transport der von oben kommenden Geschiebemenge hinausreichende Arbeitsvermögen des abfließenden Wassers im neuen Profil sich in einer allmählichen Zerstörung des Flußbettes auswirken könnte, so müßte auf dem Wege des Probierens ein anders geformtes Querprofil gesucht werden, das bei einem Wasserstandsniveau von + 5,36 ein Abführungsvermögen von

[1]) Da die Größen ψ und τ für beide Profile konstant sind, ist die jährliche Geschiebefracht jeweils direkt proportional der von den $\frac{G}{\psi} \cdot \tau$-Kurven umschlossenen Fläche. Es kann also umgekehrt aus der Größe dieser Fläche rückwärts auf die Größe der Geschiebefracht geschlossen werden. Da besagte Fläche für das neue Profil größer ist, als für das alte Profil, ist demnach auch die mögliche Geschiebefracht für das neue Profil größer als für das ursprüngliche Profil.

535 m^3/sec zeigt und ein Maß der Geschiebebewegung von 318 m^3, das aber überdies noch die gleiche jährliche Geschiebefracht aufweist, wie das alte Profil.

Aufgabe 39.

Eine bestimmte Schiffahrtskanalstrecke erfordert zur Gewährleistung eines Dauerbetriebs eine ununterbrochene Speisung mit 0,2 m^3/sec. Es ist beabsichtigt, diese Wassermenge der in der Nähe vorbeifließenden Schwarzach zu entnehmen. Über deren Wasserhaushalt liegen 6 jährige zusammenhängende Aufzeichnungen vor, von denen die monatlichen Abflußmengen gegeben sind (Tabelle 32). An die Benutzung des Schwarzachwassers zur Kanalspeisung ist die Bedingung geknüpft, 2 mal im Jahre und zwar vom 16. April bis 31. Mai und vom 16. August bis 30. September 300 ha Wiesen mit 1 l pro sec und ha zu bewässern.

Bei den großen Schwankungen der Zuflußmengen der Schwarzach in den einzelnen Monaten und Jahren ist schon die dauernde Bereitstellung des notwendigen Kanalspeisewassers allein nur möglich, wenn Überschußmengen für die Trockenperiode aufgespeichert werden. Die weitere Forderung, die Zuführung des geforderten Bewässerungswassers zu den angegebenen Zeiten unter allen Umständen zu gewährleisten, verstärkt diese Notwendigkeit der Schaffung einer Stauweiheranlage.

Welche wasserwirtschaftlichen Verhältnisse ergeben sich für die Stauweiheranlage bei den gemachten Angaben?

Ist es demnach auf Grund des gegebenen 6 jährigen Wasserhaushaltes der Schwarzach möglich, die geforderten Verbrauchswassermengen für diese 6 Jahre bedingungsgemäß bereitzustellen, wenn zur Berücksichtigung der Verdunstung eine mittlere jährliche Verdunstungshöhe von 590 mm und als Verdunstungsfläche ungefähr jene für volles Becken angesetzt wird?

Wie hoch wird die notwendige Staumauer für die gegebene Stauinhaltskurve, wenn der Stauinhalt bis zur Stauhöhe von 12 m als eiserner Bestand betrachtet wird?

Die verlangten Untersuchungen sind graphisch durchzuführen!

Tabelle 32.

Monatliche Abflußmengen in Kubikmeter.

Monate	Jahre					
	1898	1899	1900	1901	1902	1903
Januar	2 558 000	1 760 000	2 175 000	795 000	1 405 000	1 182 000
Februar	2 194 000	1 468 000	1 087 000	555 000	593 000	974 000
März	1 660 000	463 000	396 000	1 862 000	895 000	723 000
April	562 000	1 629 000	384 000	1 042 000	383 000	1 298 000
Mai	1 264 000	771 000	295 000	187 000	755 000	702 000
Juni	279 000	286 000	105 000	112 000	717 000	188 000
Juli	307 000	864 000	633 000	63 000	180 000	412 000
August	340 000	102 000	352 000	64 000	314 000	938 000
September	88 000	169 000	128 000	100 000	656 000	562 000
Oktober	114 000	214 000	202 000	748 000	806 000	1 022 000
November	119 000	198 000	587 000	1 476 000	455 000	1 337 000
Dezember	1 106 000	507 000	1 173 000	1 332 000	1 525 000	833 000

Tabelle 33.

Beziehung zwischen Stauinhalt Q, Wasserspiegelfläche F und Stauhöhe h.

h m	Q m^3	F ha
5	110 000	6,6
10	510 000	9,4
15	1 145 000	16,0
20	2 445 000	36,0
25	4 495 000	46,0
30	6 895 000	50,0
35	9 520 000	55,0

Lösung.

Die zeitlichen Bedingungen, welche an den Verbrauch des Schwarzachwassers geknüpft sind, führen zunächst dazu, den Wasserverbrauch zeitlich zu verfolgen. Da der Verbrauch vom Zufluß abhängig ist, muß auch für diesen letzteren der zeitliche Verlauf untersucht werden. Wir haben — mit anderen Worten — eine Beziehung zwischen Zufluß und Zeit, sowie eine solche zwischen Verbrauch und Zeit aufzustellen. Eine solche Darstellung nennt man einen Wasserwirtschaftsplan.

Dieser letztere kann zunächst in folgender Weise gebildet werden. In ein rechtwinkliges Koordinatensystem, dessen Abszissen die Zeiten angeben, während die Ordinaten Wassermengen pro Zeiteinheit darstellen, werden die jeweiligen Zuflußwassermengen pro Zeiteinheit laufend eingetragen. Man erhält so die jedem einzelnen Beobachtungsjahre zukommende Jahreswassermengenkurve (zum Unterschied der sich aus sämtlichen Beobachtungsjahren ergebenden mittleren Jahreswassermengenkurve der Abb. 109, Aufgabe 37), und zwar dem zeitlichen Verlaufe nach. Das gleiche, wie für die Zuflußwassermengen läßt sich auch für die Verbrauchswassermengen durchführen. Abb. 118 gibt eine schematische Darstellung dieser Auftragungen. Man sieht, daß bis zum Zeitpunkt D ständig mehr Wasser zufließt, als jeweils verbraucht wird. Die Kreuzung der Zufluß-

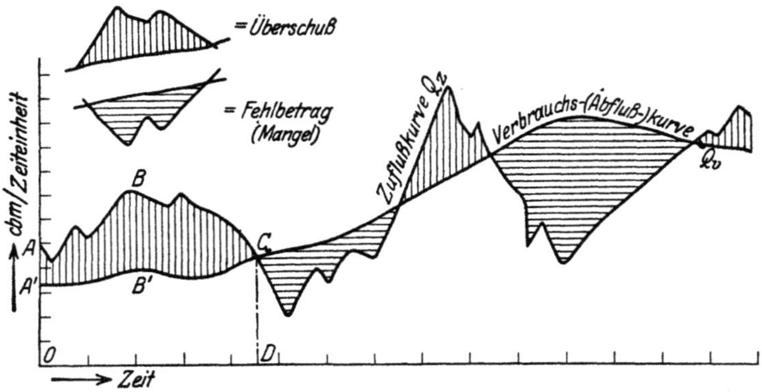

Abb. 118.

kurve ABC mit der Verbrauchskurve $A'B'C$ im Punkte C besagt, daß zum Zeitpunkt D Zufluß und Verbrauch gleich groß sind. In einem späteren Zeitpunkt reicht der Zufluß nicht aus, um den jeweiligen Bedarf zu decken. Es läßt sich also aus dieser Darstellung ohne weiteres ablesen, wann der augenblickliche Zufluß größer ist, als der zeitlich entsprechende Verbrauch, d. h. wann Überschuß vorhanden ist, und wann umgekehrt der jeweilige Verbrauch den entsprechenden momentanen Zufluß überwiegt, also Mangel auftritt.

Läßt man nun die Überschußmengen nicht weglaufen, sondern sammelt sie, so ist man in der Lage, zu Zeiten des Mangels Wasser zuschießen zu können. Darauf läuft nun unsere Aufgabe hinaus. Wir müssen zahlenmäßig feststellen, ob die gesamten Überschußmengen für den gegebenen Beobachtungszeitraum ausreichen, um auch in Zeiten des Mangels stets die geforderten Verbrauchswassermengen bereitstellen zu können.

Beachtet man, daß die Fläche $ABCB'A'$ der Abb. 118 die gesamte Überschußwassermenge vom Beginn der Beobachtung bis zum Zeitpunkt D angibt, analog die übrigen schraffierten Flächen die weiterhin zur Verfügung stehenden Überschußwassermengen bzw. die Fehlwassermengen, so läuft unsere Feststellung darauf hinaus, der Summe sämtlicher Überschußflächen für den gesamten Beobachtungszeitraum die Summe sämtlicher Mangelflächen vergleichend gegenüberzustellen.

Die Fläche $ABCB'A'$ entstand als Differenz der Flächen $ABCDO$ und $A'B'CDO$. Die Fläche $ABCDO$ stellt den gesamten Zufluß vom Beginn der Beobachtung bis zum Zeitpunkt D dar, die Fläche $A'B'CDO$ den summierten Verbrauch für den gleichen Zeitraum. Wenn man also die Zuflußwassermengen und ebenso die Verbrauchswassermengen fortlaufend summiert bis zu irgendeinem Zeitpunkt, so gibt deren Differenz die algebraische Summe sämtlicher bis dahin aufgetretenen Überschuß- und Mangelflächen. Trägt man diese summierten Zufluß- und Verbrauchswassermengen in einem rechtwinkligen Koordinatensystem mit der Abszissenachse als Zeitachse und der Ordinatenachse als Wassermengenachse auf, bildet also die sogenannten Summenkurven, so läßt sich für jeden beliebigen Zeitpunkt D' die Differenz

$$\Sigma Q_z - \Sigma Q_v = C'C'' \quad \text{(vgl. Abb. 119)}$$

sofort ablesen. Deshalb wird bei derartigen wasserwirtschaftlichen Untersuchungen von den Summenkurven Gebrauch gemacht unter Verzicht auf die oben angedeutete Ermittlung der Überschuß- und Mangelflächen, und deren algebraische Zusammenziehung.

Natürlich geben die schraffierten Flächen, welche zwischen den ΣQ_z- und ΣQ_v-Linien liegen (Abb. 119), lediglich den Bereich an, in welchem Überschuß oder Mangel auftritt. Die Größe des Überschusses oder Mangels vom Anfang der Beobachtung bis zu dem ins Auge gefaßten Zeitpunkt (z. B. D') gibt stets der lotrechte Abstand zwischen der ΣQ_z- und ΣQ_v-Linie an dieser Stelle (z. B. $C'C''$). Die schraffierten Flächen haben keine weitere Bedeutung mehr, wie ja aus der Bedeutung der Summenkurven ohne weiteres hervorgeht.

Die Summenlinien stellen den eigentlichen Wasserwirtschaftsplan dar. Dessen wesentliche Größen sind demnach

1. der Zufluß zum Stauweiherbecken — ΣQ_z-Linie,

2. die Wasserabgabe aus dem Becken einschließlich der Verluste durch Versickern und Verdunsien — ΣQ_v-Linie (= Abfluß- oder Verbrauchssummenlinie).

Zur Lösung unserer Aufgabe werden wir zunächst also die Summenlinien auftragen. Die gemachten Angaben erlauben es, die Zuflußsummenkurve ΣQ_z unmittelbar aufzustellen. Wir

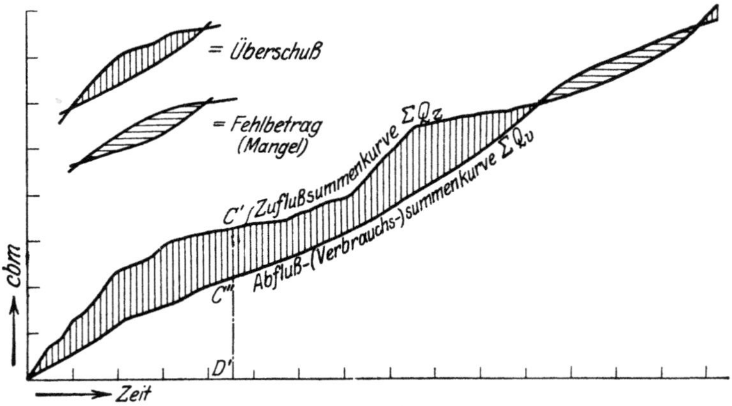

Abb. 119.

wählen zu diesem Zwecke ein rechtwinkliges Koordinatensystem, dessen Abszisse in unserem Falle eine Zeitunterteilung nach Monaten zeigt, während die Ordinaten m^3 darstellen. Addiert man nun die in einem Monat zugeflossene Wassermenge zu der bis zu diesem Monat insgesamt zugeflossene Wassermenge und trägt diesen Betrag am Ende des beobachteten Monats als Ordinate auf; so hat man einen Punkt der ΣQ_z-Linie.

Unsere Beobachtungsergebnisse gehen bis auf den Januar 1898 zurück. Die Zuflüsse in der weiter zurückliegenden Zeit sind unbekannt. Deshalb beginnen wir mit der Untersuchung am 1. Januar 1898, indem wir den Zufluß bis dahin, ebenso auch den Abfluß (= Verbrauch) = Null setzen.

Es beträgt darnach der Zufluß bis 31. Januar 1898 2,558 Mill. m^3, d. h. am 31. Januar 1898 ist die Ordinate

2,558 Mill. m^3 aufzutragen. Vom 1. bis 28. Februar 1898 sind 2,194 Mill. m^3 zugeflossen. Der Gesamtzufluß bis zum 28. Februar 1898 ergibt sich darnach zu $2{,}558 + 2{,}194 = 4{,}752$ Mill. m^3, und dieser Betrag ist am Ende des Monats Februar 1898 wiederum als Ordinate aufzutragen. Der Zufluß während des Monats März 1898 betrug 1,660 Mill. m^3, der Gesamtzufluß vom Anfang der Beobachtungszeit bis 31. März 1898 demnach $4{,}752 + 1{,}660 = 6{,}412$ Mill. m^3. Ende März 1898 ist also die Ordinate 6,412 Mill. m^3 aufzutragen usw.

Abb. 120 gibt den Verlauf der Zuflußsummenkurve für die gegebenen 6 Beobachtungsjahre.

Nun zur Verbrauchssummenlinie!

Der Verbrauch setzt sich aus verschiedenen Teilbeträgen zusammen. Da haben wir zunächst den Verbrauch zur Speisung des Schiffahrtskanals. Dieser Verbrauch ist in unserem Beispiel jahraus jahrein gleich, und zwar beträgt er in jeder Sekunde 0,2 m^3. Wir können die Summierung des Verbrauchs für die Kanalspeisung gleich auf die gesamte Beobachtungsperiode erstrecken, weil infolge der Unveränderlichkeit dieses Verbrauchs dessen Summenkurve geradlinig verlaufen muß. Man erhält für 6 Jahre

$$0{,}2 \cdot 60 \cdot 60 \cdot 24 \cdot 365 \cdot 6 = \mathbf{37{,}8} \text{ Mill. m}^3.$$

Ein weiterer Verbrauch ergibt sich aus der Bereitstellung von Wasser zur Wiesenbewässerung. Hierfür sind erforderlich 1 l/sec und ha. Zu bewässern sind 300 ha und zwar vom 16. April bis 31. Mai und vom 16. August bis 30. September. Das sind also 2 Perioden zu je 46 Tagen für jedes Jahr. Pro Bewässerungsperiode ergibt sich hieraus

$$0{,}001 \cdot 300 \cdot 60 \cdot 60 \cdot 24 \cdot 46 = \mathbf{1{,}19} \text{ Mill. m}^3.$$

Als weiterer Verbrauch ist der Verlust an Wasser durch Verdunstung anzusehen. Diese ist das ganze Jahr über gleichbleibend angenommen und zwar mit 590 mm pro Jahr. Als Verdunstungsfläche soll jene Wasserspiegelfläche in Ansatz gebracht werden, welche ungefähr jener für volles Becken entspricht.

Da ein weiterer Verbrauch bei den vorliegenden Belangen nicht mehr in Frage kommt, wäre — um die Wasserspiegelfläche für volles Becken zu ermitteln — der Wasserwirtschaftsplan für ΣQ_z und ΣQ_v, letzterer bezogen auf Kanalspeisung und Wiesenbewässerung, zu erstellen, daraus der Beckeninhalt und mit Hilfe der Beziehung zwischen Beckeninhalt Q und Wasserspiegelfläche F (Abb. 122) letztere zu ermitteln. Mit diesem F läßt sich der Verbrauch aus der Verdunstung berechnen. Man erhält so eine Verdunstungsfläche von $F \sim 50$ ha.

Um die Aufgabe zu vereinfachen, wird nun vorausgesetzt, daß das Becken dauernd voll ist, was natürlich praktisch nicht zutrifft. Bei dieser Annahme verteilt sich der aus der Verdunstung resultierende Verbrauch gleichmäßig über die ganze Beobachtungsperiode, stellt sich also als geradlinig verlaufende Summenlinie dar, wenn dieser Verbrauch für sich allein aufgetragen wird. Wie den Verbrauch aus der Kanalspeisung, können wir deshalb auch den Verbrauch aus der Verdunstung unmittelbar für die ganze Beobachtungsperiode summieren und erhalten:

$$0{,}590 \cdot 50 \cdot 100^2 \cdot 6 = \mathbf{1{,}77} \text{ Mill. m}^3.$$

Damit sind alle Verbräuche festgelegt, so daß an die Auftragung der ΣQ_v-Linie gegangen werden kann. Dies geschieht nun am zweckmäßigsten so, daß die summierten Verbräuche aus der Kanalspeisung und jene aus der Verdunstung zuerst graphisch summiert werden, weil diese Summenlinie im Wirtschaftsplan als Gerade erscheint. Zu diesen Verbräuchen wird dann schrittweise der Verbrauch für Wiesenbewässerung zugefügt (vgl. Abb. 120).

Die wasserwirtschaftlichen Verhältnisse sind nun dargestellt für die 6 Beobachtungsjahre. Die Auftragungen geben jede gewünschte Auskunft. Obwohl beispielsweise die gesamten Verbrauchsmengen in der zweiten Hälfte des Jahres 1898 und in der zweiten Hälfte des Jahres 1899 wesentlich größer sind als die Zuflußmengen in diesen Zeitabschnitten, überwiegen letztere bis Ende 1899 — im ganzen genommen — doch den Gesamtverbrauch bis dahin. Z. B. sind nach 16 Monaten, also bis Ende April 1899, 4,3 Mill. m³ insgesamt mehr zugeflossen, als bis zu diesem Zeitpunkt verbraucht wurden. Mitte September 1900 tritt eine Wendung ein. Denn zu diesem Zeitpunkt hat der gesamte Wasserverbrauch vom 1. Januar 1898 bis dahin den gleichen Betrag erreicht, wie die summierten Zuflüsse vom 1. Januar 1898 bis Mitte September 1900. Da die Zuflüsse nach diesem Zeitpunkt hinter den geforderten Verbrauchsmengen zurückbleiben, tritt ein Mangel ein. Es muß deshalb Vorsorge getroffen werden, daß auch für diese Mangelperioden Wasser zur Verfügung steht. Nunmehr wechseln Überschuß- und Mangelperioden. Am Ende des 6jährigen Beobachtungsabschnittes schneiden sich die ΣQ_z- und ΣQ_v-Linien. Das besagt, daß die vom 1. Januar 1898 bis 31. Dezember 1903 summierten Zuflußmengen ebenso groß sind, als die im gleichen Zeitraum benötigten Verbrauchswassermengen. Es ist also auf Grund des gegebenen 6jährigen Wasserhaushaltes der Schwarzach möglich, die geforderten Verbrauchswassermengen für diese 6 Jahre bedingungsgemäß bereitszustellen. Dabei ergibt sich ein vollkommener Ausgleich des Zuflusses mit dem Verbrauch, weil ebensoviel Millionen m^3 im Beobachtungszeitraum zugeflossen sind, als in diesem Zeitabschnitt verbraucht wurden. Theoretisch ist also kein m^3 übrig, keiner ungenützt abgeflossen, kein Mangel aufgetreten.

Welche baulichen Maßnahmen haben wir nun zu treffen, um die im Wasserwirtschaftsplan theoretisch dargestellten Wasserwirtschaftsverhältnisse für unsere Bedürfnisse praktisch zu verwirklichen?

Bei den weiter oben angestellten wasserwirtschaftlichen Betrachtungen über den Wirtschaftsplan unserer Aufgabe haben wir gesehen, daß die Schwarzach zunächst mehr Wasser liefert, als verbraucht wird (etwa bis Mitte April 1898). Von Ende April bis Ende November 1898 übersteigt der jeweilige Verbrauch die momentanen Zuflüsse. Wir brauchen also für diese Periode bereits Zuschußwasser. Dieses erhalten wir, wenn wir die jeweils augenblicklich nicht benötigten überschüssigen Zuflußmengen in einem Becken aufspeichern, also eine Stauweiheranlage schaffen. Wie groß muß dieses nun werden?

Aus unseren bereits angestellten Überlegungen folgte, daß kein m^3 des Zuflusses unbenutzt abfließen darf, wenn die Zuflußmengen sämtliche Verbrauchsmengen decken sollen. Der Sammelteich muß also zunächst so groß sein, daß er die größte vorkommende Überschußmenge aufzunehmen vermag. Der Wasserwirtschaftsplan zeigt uns aber, daß diese aufgespeicherten

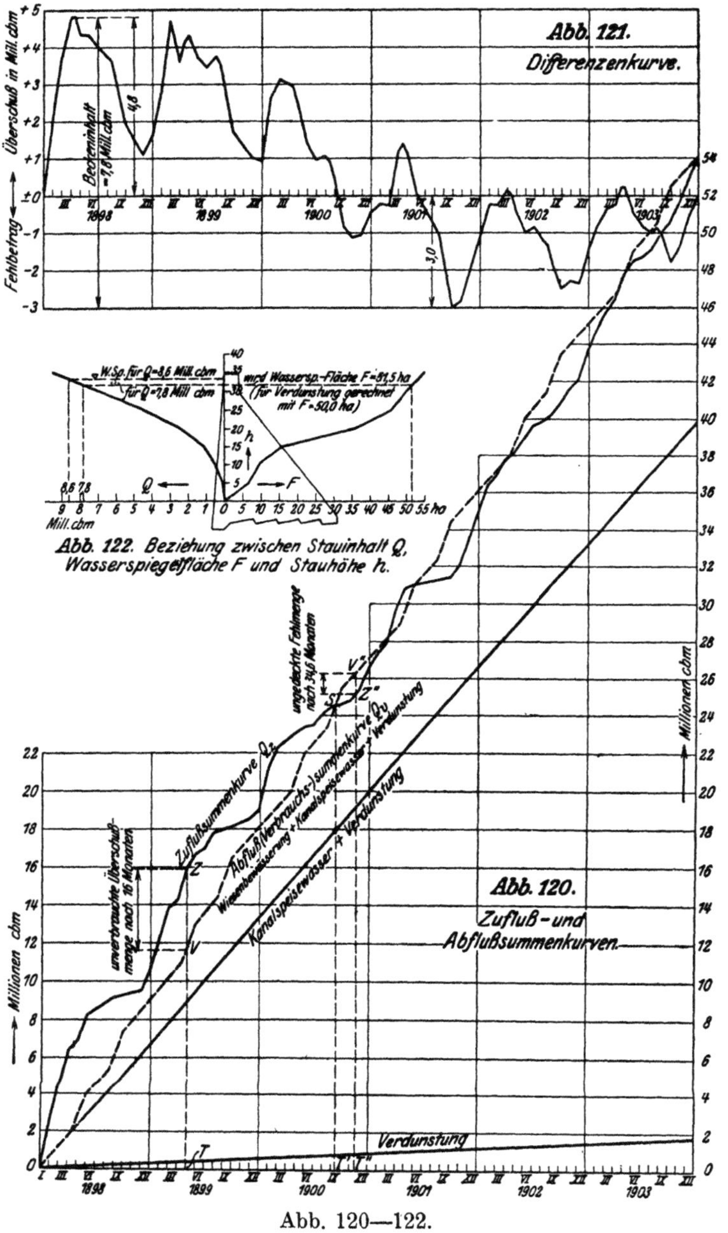
Abb. 121.
Differenzenkurve.
Überschuß in Mill. cbm
Fehlbetrag
Beckeninhalt = 7,8 Mill. cbm
4,8
3,0
Abb. 122. Beziehung zwischen Stauinhalt Q, Wasserspiegelfläche F und Stauhöhe h.
W.Sp. für Q = 8,6 Mill. cbm
für Q = 7,8 Mill. cbm
wird Wassersp.-Fläche F = 81,5 ha
(für Verdunstung gerechnet mit F = 50,0 ha)
Mill. cbm
Abb. 120.
Zufluß- und Abflußsummenkurven.
Zuflußsummenkurve Q_z
Abfluß (Verbrauchs-) summenkurve Q_v
Wiesenbewässerung + Kanalspeisewasser + Verdunstung
Kanalspeisewasser + Verdunstung
Verdunstung
unverbrauchte Überschußmenge nach 16 Monaten
ungedeckte Fehlmenge nach 34,6 Monaten
Millionen cbm
1898
1899
1900
1901
1902
1903

Abb. 120—122.

Überschußmengen zur Deckung des Bedarfs noch nicht ausreichen.

Dies wird am deutlichsten ersichtlich, wenn man für jeden Zeitpunkt die Differenzen zwischen ΣQ_z und ΣQ_v aus dem Wirtschaftsplan herausgreift und in einem geeigneten Maßstab aufträgt (Differenzenkurve, Abb. 121). Die Differenzenkurve zeigt, daß bereits im September 1900 die aufgespeicherten Überschußmengen restlos aufgebraucht sind. In den restlichen Jahren übertrifft der Zufluß die Verbrauchsmengen nur für kurze Zeitabschnitte und dann auch nur um geringe Beträge. Der größte Teil dieser Zeit ist vielmehr durch Wassermangel gekennzeichnet. Soll nun gleichwohl stets soviel Wasser vorhanden sein, als dem Verbrauch entspricht, dann muß das Speicherbecken auch noch die größten vorkommenden Fehlmengen fassen können. Es ergibt sich also der Beckeninhalt als Summe aus dem größten vorkommenden Überschuß und dem größten vorkommenden Fehlbetrag.

Der größte vorkommende Überschuß wird aus der Differenzenkurve zu 4,8 Mill. m³ entnommen, die größte vorkommende Fehlbetrag zu 3,0 Mill. m³; es ist also ein Beckeninhalt von

$$4{,}8 + 3{,}0 = 7{,}8 \text{ Mill. m}^3$$

notwendig. Dem entspricht in Abb. 122 eine Staumauerhöhe über dem Gelände von 31,5 m.

Der Beckeninhalt bis zu 12,0 m Stauhöhe soll als eiserner Bestand gelten. Dieser Stauhöhe entspricht in der Stauinhaltskurve eine Wassermenge von 0,8 Mill. m³. Daher ist der endgültige Beckeninhalt

$$Q_b = 7{,}8 + 0{,}8 = 8{,}6 \text{ Mill. m}^3 .$$

Diesem Q_b entspricht eine Staumauerhöhe von 33,0 m. Gibt man für Wellenschlag noch einen Zuschlag von 1,0 m, so liegt die Mauerkrone 33,0 + 1,0 = 34,0 m über Gelände.

In Abb. 123 sind noch die Spiegelschwankungen des Stauweihers dargestellt für die der Untersuchung zugrunde gelegten sechs Beobachtungsjahre. Die einzelnen Spiegelkoten wurden erhalten, indem aus der Differenzenkurve (Abb. 121) für den entsprechenden Zeitpunkt der Gesamtstauinhalt abgelesen wurde und dann für dieses Q aus Abb. 122 die zugehörige Stauhöhe entnommen wurde. Für die Auftragung der Spiegelschwankungen mußte noch die Überlegung angestellt werden, mit welcher Stauseekote, d. h. mit welcher Stauhöhe zu beginnen war. Da Ende September 1901 nicht nur sämtliche Überschußmengen, sondern auch noch der größte Fehlbetrag, also die Mangelreserve aufgebraucht ist, muß der Betrieb der Stauweiheranlage so gedacht werden, daß nach Vollendung der Sperrmauer der See

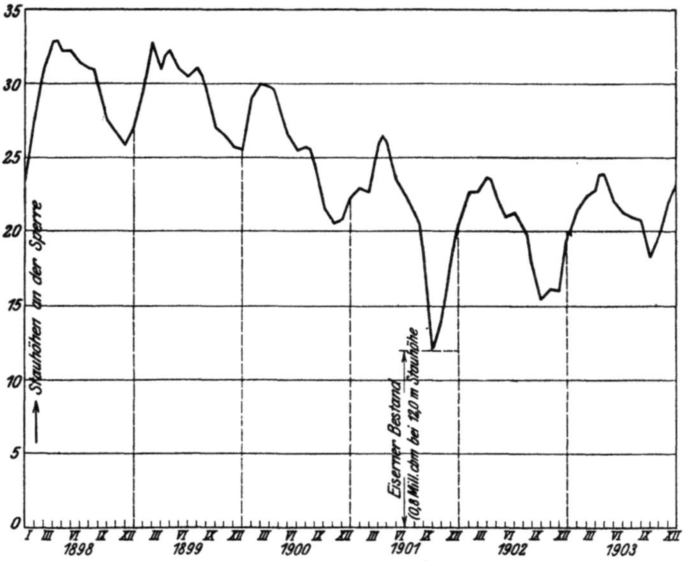

Abb. 123. Spiegelschwankungen des Stausees während der 6 Beobachtungsjahre.

zunächst auf $3{,}0 + 0{,}8 = 3{,}8$ Mill. m³ Inhalt gebracht wird (= größte Fehlmenge + eiserner Bestand), und dann erst mit dem Betriebe begonnen wird. Diesen 3,8 Mill. m³ entspricht aber eine Stauhöhe von 23,4 m. Von diesem Seespiegel war also auszugehen. Innerhalb der sechs Jahre wird dann der See *einmal ganz voll sein* und einmal bis auf den eisernen Bestand geleert.

Am Ende der sechs Jahre zeigt der Seespiegel wiederum den gleichen Stand wie am Anfange.

Aufgabe 40.

In einem Stausee von 500 ha Wasserspiegelfläche ergießt sich infolge starker Gewitterregen eine Hochwasserwelle, die wie folgt festgestellt wurde:

Tabelle 34.

20. VII.	12^{00} mittags	20	m^3/sec	21. VII.	2^{00} morgens	240	m^3/sec
	2^{00} „	29	„		4^{00} „	214	„
	4^{00} „	60	„		6^{00} „	178	„
	6^{00} abends	120	„		8^{00} „	142	„
	8^{00} „	200	„		10^{00} „	110	„
	10^{00} „	240	„		12^{00} mittags	76	„
	12^{00} nachts	250	„		2^{00} „	50	„
					4^{00} „	34	„
					6^{00} abends	24	„
					8^{00} „	20	„

Der Abfluß während der Beobachtungszeit geht so vor sich, daß 20 m^3/sec dauernd durch die Rohrstollen der Grundablässe den Turbinen zuströmen, während der Rest über den Hochwasserüberfall von 42 m Gesamtlänge abfließt.

Welchen zeitlichen Verlauf nimmt die Hochwasserwelle am Überfall, wenn zu Beginn der Beobachtung der Wasserspiegel des Sees gerade bis an die Wehrkrone des Überfalls reicht?

Die durch das Steigen des Seespiegels bedingte Vergrößerung der Seeoberfläche kann bei der Rechnung vernachlässigt werden.

Lösung.

Allgemeine Betrachtung.

Solange der Zufluß in den See genau so groß ist, wie der Abfluß, befindet sich der Seespiegel im Beharrungszustand. Das ist in unserem Beispiel noch am 20. VII. 12^{00} mittags der Fall, weil zu diesem Zeitpunkt 20 m^3/sec zufließen und ebenso 20 m^3/sec zur Kraftgewinnung aus dem See entnommen werden. In diesem Zustand reicht der Wasserspiegel gerade bis an die Wehrkrone des Überfalls. Würden Zufluß und Abfluß unverändert auf 20 m^3/sec beharren, bliebe auch die Seespiegelkote unverändert.

Nun steigert sich aber der Zufluß ab 20. VII. 12^{00} mittags von zwei Stunden zu zwei Stunden. Dieses Mehr an Zufluß ergißt sich in den See und bringt diesen zum Steigen. Die Folge ist, daß die Krone des Überfalls überflutet wird, d. h. daß über den Überfall Wasser abfließt entsprechend der Überströmungshöhe z dortselbst.

Da sich der Zufluß gewissermaßen über die ganze Seefläche ausbreitet, ist die Überströmungshöhe z am Wehr zunächst klein, also auch die dort abfließende Wassermenge. Die Differenz zwischen Zufluß und Abfluß wird vom See zurückgehalten. Auf Grund der Kontinuitätsbedingung muß der Zufluß in der Zeit Δt genau so groß sein, wie der Abfluß in der Zeit Δt + der Seeaufspeicherung in dieser Zeit Δt, oder

$$Q_z \cdot \Delta t = Q_a \cdot \Delta t + F \cdot \Delta h .$$

Dabei bedeuten:

Q_z = jeweiliger Zufluß in m^3/sec,
Q_a = jeweiliger Abfluß in m^3/sec,
F = Seespiegelfläche,
Δt = Beobachtungszeitintervall,
Δh = Wasserspiegelerhöhung des Sees im Zeitintervall Δt.

Das Q_z wurde ermittelt, indem alle zwei Stunden oberhalb des Seeeinlaufes der Pegelstand des Zuflußgewässers festgestellt und aus der Schlüsselkurve die diesem Pegelstand entsprechende Wassermenge Q_z abgelesen wurde. Bei diesem Beobachtungsmodus für den Zufluß hat es praktisch keinen Wert, die Beobachtungszeitintervalle für die Rechnung kleiner als zwei Stunden zu wählen. Es ergibt sich somit $\Delta t = 2$ Stunden $= 7200$ sec. Q_z ist bekannt für den Anfang und für das Ende eines solchen Zeitintervalls. Deshalb nehmen wir an, daß innerhalb dieses Zeitintervalls die Änderung des Zuflusses geradlinig verläuft, wählen also für jedes Zeitintervall Δt jenen Wert Q_z, der sich als Mittel aus dem zu Anfang und am Ende dieses Zeitintervalls festgestellten Q_z ergibt.

Nun zum Abfluß Q_a!

Q_a setzt sich zusammen

1. aus der konstant bleibenden Kraftwassermenge

$$Q_a' = 20 \text{ m}^3/\text{sec};$$

2. aus der Wassermenge Q_a'', welche sekundlich über das Überfallwehr abfließt. Da die Größe der Übereichwassermenge

aber abhängt von der Überströmungshöhe z, und letztere (z) wiederum von dem Steigen oder Fallen des Seespiegels, ist auch Q_a'' abhängig vom jeweiligen Seewasserstand, d. h. veränderlich mit Δh.

Diese Zusammenhänge führen auf eine Differentialgleichung, wobei Q_a'' dargestellt werden könnte durch die Beziehung:

$$Q_a'' = f(z_{\Delta h}).$$

Bei einer Überströmungshöhe z am Überfall ergibt sich Q_a'' allgemein zu

$$Q_a'' = \tfrac{2}{3}\mu \cdot b \cdot z \cdot \sqrt{2gz}.$$

Das ist jene Wassermenge, welche über einen vollkommenen Überfall von der Breite b und der Überströmungshöhe z abfließt. Setzen wir den Wirkungsgradbeiwert $\mu = 0{,}63$ [1]); die Überfallbreite, wie gegeben, $= 42{,}0$ m; $\sqrt{2g} = 4{,}43$, so wird:

$$Q_a'' = \tfrac{2}{3} \cdot 0{,}63 \cdot 42{,}0 \cdot 4{,}43 \cdot z^{3/2}$$

$$Q_a'' = 78 \cdot z^{3/2}.$$

Unsere Kontinuitätsgleichung lautet jetzt:

$$Q_z \cdot \Delta t = Q_a' \, \Delta t + Q_a'' \cdot \Delta t + F \cdot \Delta h$$

oder für die Zeiteinheit und für $Q_a'' = 78 \cdot z^{3/2}$

$$Q_z - Q_a' = 78 \cdot z^{3/2} + \frac{F \cdot \Delta h}{\Delta t}.$$

Da $F = 500$ ha $= 5\,000\,000$ m² und $\Delta t = 2$ Std. $= 7200$ sec, ergibt sich

$$\frac{F}{\Delta t} = \frac{5\,000\,000}{7200} = 694.$$

Daher

$$Q_z - Q_a' = 78 \cdot z^{3/2} + 694 \cdot \Delta h.$$

Die Überströmungshöhe z am Ende eines Beobachtungsintervalls ist die jeweilige algebraische Summe der bis dahin für jedes Beobachtungsintervall ermittelten Seespiegelhebungen bzw. Senkungen. Wir lösen die Aufgabe deshalb schrittweise, indem wir für jedes Zeitintervall die entsprechende Wasser-

[1]) Um sicher zu gehen, wird mit eckiger Krone mit seitlicher Einschnürung gerechnet, daher $\mu = 0{,}63$.

spiegelhebung Δh berechnen und damit dann die z ermitteln Freilich ist mit der schrittweisen Berechnung allein noch nicht viel gewonnen, weil das jeweilige Δh auch noch im z steckt in der Form

$$z_n = z_{n-1} + \Delta h_n = \sum_1^{n-1} \Delta h + \Delta h_n,$$

so daß auch bei dieser schrittweisen Berechnung für jedes Zeitintervall obige umständliche Gleichung nach Δh_n aufzulösen wäre durch Versuchsrechnung oder auf graphisch-rechnerischem Wege.

Um einfacher zum Ziele zu gelangen, bedienen wir uns eines Näherungsverfahrens. Bekanntlich stellt der Summand $78 \cdot z^{3/2}$ das Q_a'' dar. Dieses Q_a'' läßt sich nun von vornherein für verschiedene Werte z ermitteln. Aufgetragen, geben diese Werte eine Schlüsselkurve für den Überfall (Abb. 124).

Nun können wir in 1. Annäherung setzen

$$z_n = \sum_1^{n-1} \Delta h,$$

d. h. wir rechnen für das Zeitintervall n mit der Überströmungshöhe z, wie sie sich für das unmittelbar vorhergehende Intervall rechnerisch ergab, rechnen also mit anderen Worten mit jenem Q_a'' im n^{ten} Intervall, wie es für das $n-1^{\text{te}}$ Intervall ermittelt wurde.

Für den ersten Beobachtungsabschnitt, d. i. am 20. VII. von 12^{00} bis 2^{00} mittags setzen wir demnach $z = 0$, weil vor dem 20. VII. 12^{00} mittags der Wasserspiegel gerade bis zur Wehrkrone reichte, z also Null war. Dem entspricht ein $Q_a'' = 0$.

Unsere Gleichung lautet dann:

$$Q_z - Q_a' = 694 \cdot \Delta h$$

und

$$\Delta h = (Q_z - Q_a') \cdot 0{,}00144 \,.$$

Für

$$Q_z = \frac{20 + 29}{2} = 24{,}5 \text{ m}^3/\text{sec}, \qquad Q_a' = 20 \text{ m}^3/\text{sec}$$

wird

$$\Delta h = (24{,}5 - 20{,}0) \cdot 0{,}00144 = 0{,}0065 \text{ m} = z\,.$$

Diesem $z = 0{,}0065$ m entspricht in der Abflußkurve für das Wehr eine Wassermenge $Q_a'' = 0{,}2 \text{ m}^3/\text{sec}$.

Für das zweite Intervall von 2^{00} bis 4^{00} mittags setzen wir nun $Q_a'' = 0{,}2\ \mathrm{m^3/sec}$, entsprechend der Überströmungshöhe $z = 0{,}0065$ m des vorangegangenen Intervalls und erhalten

$$\Delta h = (Q_z - Q_a' - Q_a'')\cdot 0{,}00144\,.$$

Für

$$Q_z = \frac{29+60}{2} = 44{,}5\ \mathrm{m^3/sec};\quad Q_a' = 20\ \mathrm{m^3/sec};\quad Q_a'' = 0{,}2\ \mathrm{m^3/sec}$$

wird $\Delta h = (44{,}5 - 20{,}0 - 0{,}2)\cdot 0{,}00144 = 0{,}0350$ m.

Die Überfallhöhe z ist nun angewachsen auf

$$z = \sum_1^2 \Delta h = 0{,}0065 + 0{,}0350 = 0{,}0415\ \mathrm{m}\,,$$

woraus sich ein Q_a'' von $1{,}1\ \mathrm{m^3/sec}$ ergibt.

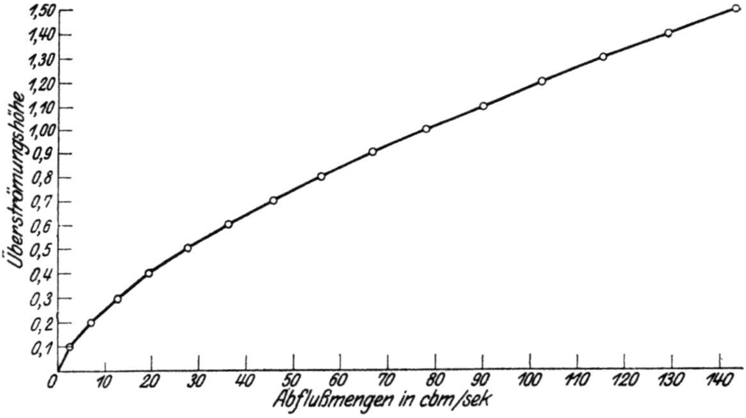

Abb. 124. Abführungsvermögen des Talsperrenübereichs.

Mit diesem Q_a'' wird im nächsten Zeitintervall weiter gerechnet, wodurch ein neues Δh und daraus ein $z = \sum_1^3 \Delta h$ erhalten wird, dem in der Abflußkurve wiederum ein Q_a'' zugeordnet ist usw.

Dieses Verfahren liefert zu große Werte für Q_a'', weil bei dem eingeschlagenen Verfahren die Δh zu groß werden und damit auch die $z = \sum_1^n \Delta h$. Es ist nun leicht zu übersehen, wie diese ersten Näherungswerte verbessert werden können.

Bekanntlich haben wir im ersten Zeitintervall $Q_a'' = 0$ gesetzt und damit $\Delta h = z_1 = 0{,}0065$ m erhalten, woraus sich ein $Q_{a_1}'' = 0{,}2$ m³/sec ergab. Setzen wir dieses Q_{a_1}'' nun als Abfluß für das erste Zeitintervall an, so wird

$$\begin{aligned}\Delta h &= (Q_z - Q_a' - Q_{a_1}'')\cdot 0{,}00144\\ &= (24{,}5 - 20{,}0 - 0{,}2)\cdot 0{,}00144\\ &= 0{,}0062 \text{ m},\end{aligned}$$

also auch

$$z_{1\,\text{verb.}} = \sum_1^1 \Delta h = 0{,}0062 \text{ m}.$$

$Q_{a_1\,\text{verb.}}''$ bleibt unverändert 0,2 m³/sec.

Wird nun im zweiten Zeitintervall zunächst wiederum mit diesem $Q_{a_1\,\text{verb.}}''$ gerechnet, so erhält man

$$\Delta h = (44{,}5 - 20{,}0 - 0{,}2)\cdot 0{,}00144 = 0{,}035 \text{ m}.$$

Die Überströmungshöhe z wird demnach

$$z_2 = \sum_1^2 \Delta h = 0{,}0062 + 0{,}035 = 0{,}0412 \text{ m};$$

die Schlüsselkurve gibt dafür ein $Q_{a_2}'' = 1{,}0$ m³/sec.

Nimmt man nun an, daß der Abfluß im zweiten Zeitintervall im Mittel 1,0 m³/sec beträgt, ermittelt man also Δh nochmals mit diesem Q_{a_2}'' für den zweiten Beobachtungszeitraum, so führt dies auf

$$\Delta h = (44{,}5 - 20{,}0 - 1{,}0)\cdot 0{,}00144 = 0{,}0338 \text{ m},$$

so daß

$$z_{2\,\text{verb.}} = \sum_1^2 \Delta h = 0{,}0062 + 0{,}0338 = 0{,}040 \text{ m}.$$

$Q_{a_2\,\text{verb.}}''$ bleibt unverändert rd. 1,0 m³/sec.

Genau so wird im dritten Intervall verfahren.

Zunächst

$$\Delta h = (90{,}0 - 20{,}0 - 1{,}0)\cdot 0{,}00144 = 0{,}0992 \text{ m}.$$

Daraus

$$z_3 = \sum_1^3 \Delta h = 0{,}040 + 0{,}0992 = 0{,}1392 \text{ m}$$

und

$$Q_{a_3}'' = 4{,}3 \text{ m}^3/\text{sec}.$$

Tabelle 34.

z	0,10	0,20	0,30	0,40	0,50	0,60	0,70	0,80
$z^{3/2}$	0,0316	0,0895	0,1642	0,2530	0,3540	0,465	0,585	0,715
Q_a''	2,46	6,97	12,80	19,48	27,60	36,20	45,70	55,80

z	0,90	1,00	1,10	1,20	1,30	1,40	1,50
$z^{3/2}$	0,854	1,000	1,153	1,314	1,481	1,655	1,837
Q_a''	66,60	78,0	90,0	102,4	115,3	129,0	143,2

Verbesserter Wert Δh:

$$\Delta h = (90,0 - 20,0 - 4,3) \cdot 0,00144 = 0,0945 \text{ m},$$

also verbessertes z

$$z_{3\,\text{verb.}} = \sum_1^3 \Delta h = 0,040 + 0,0945 = 0,1345 \text{ m}$$

und verbessertes

$$Q''_{a_3\,\text{verb.}} = 4,1 \text{ m}^3/\text{sec} \quad \text{usw.}$$

Die so gewonnenen Abflußmengen Q_a'' sind nun zwar etwas zu klein. Man kann sich aber leicht überzeugen, daß sie bereits sehr nahe an die rechnerisch genauen Abflußmengen herankommen und deshalb — besonders auch bei Berücksichtigung der sonstigen gemachten Annahmen und unerfaßten Faktoren — als praktisch hinreichend genau betrachtet werden können.

Durchführung der Zahlenrechnung.

Die Rechnung wurde in Tabellenform durchgeführt, wobei die Zwischenrechnung jeweils in Klammern beigefügt ist (Tabelle 35). Die Auftragung der Ergebnisse führte zu Abb. 125.

Ermittlung der Schlüsselkurvenwerte (Abflußmengen am Wehr):

$$Q_a'' = 78 \cdot z^{3/2} \text{ m}^3/\text{sec.} \quad \text{(Tabelle 34).}$$

Die Auftragung dieser Werte ergab die Schlüsselkurve Abb. 124.

Die Darstellung des zeitlichen Verlaufes der Hochwasserwelle im Zuflußrinnsal (Q_z) und am Überfallwehr (Q_a'') führt ohne weiteres auch zur Darstellung jener Wassermenge $[\Sigma(F\,\Delta h)]$, welche der See zurückhält. Sie ergibt sich als jene Fläche, welche oben von der Q_z-Linie, unten von der Q_a''-Linie begrenzt und in der Zeichnung mit Φ bezeichnet ist. Man ersieht auch, daß die Retension bis zum 21. VII. etwa 8^{00} morgens (nach Abb. 125 genau bis 8^{36} morgens)

Tabelle 35

Berechnung der Q_a''-Werte.

Zeit	Zufluß-menge Q_z pro sec	Mittel	Q_a'	$Q_z - Q_a' - Q_a''$	Δh	$z = \sum_1^n \Delta h$	Q_a''
	m³	m³/sec	m³/sec	m³/sec	m	m	m³/sec
20. VII. 12⁰⁰ mittgs.	20			(24,5 — 20,0 = 4,5)	(0,0065)	(0,0065)	(0,2)
		24,5	20,0	24,5 − 20,0 − 0,2 = 4,3	0,0062	0,0062	0,2
2⁰⁰ „	29			(44,5 — 20,0 — 0,2 = 24,3)	(0,035)	(0,0412)	(1,0)
		44,5	20,0	44,5 − 20,0 − 1,0 = 23,5	0,0338	0,0400	1,0
4⁰⁰ „	60			(90,0 — 20,0 — 1,0 = 69,0)	(0,0992)	(0,1392)	(4,3)
		90,0	20,0	90,0 − 20,0 − 4,3 = 65,7	0,0945	0,1345	4,1
6⁰⁰ abends	120			(160,0 — 20,0 — 4,1 = 135,9)	(0,1954)	(0,3299)	(14,8)
		160,0	20,0	160,0 − 20,0 − 14,8 = 125,2	0,1805	0,3150	13,8
8⁰⁰ „	200			(220,0 — 20,0 — 13,8 = 186,2)	(0,2680)	(0,5830)	(34,8)
		220,0	20,0	220,0 − 20,0 − 34,8 = 165,2	0,2380	0,5530	32,2
10⁰⁰ „	240			(245,0 — 20,0 — 32,2 = 192,8)	(0,2775)	(0,8305)	(59,2)
		245,0	20,0	245,0 − 20,0 − 59,2 = 165,8	0,2384	0,7914	55,2
12⁰⁰ nachts	250			(245,0 — 20,0 — 55,2 = 169,8)	(0,2440)	(1,0354)	(82,4)
		245,0	20,0	245,0 − 20,0 − 82,4 = 142,6	0,205	0,9964	77,6
21. VII. 2⁰⁰ morgs.	240			(227,0 — 20,0 — 77,4 = 129,6)	(0,1865)	(1,1829)	(100,4)
		227,0	20,0	227,0 − 20,0 − 100,4 = 106,6	0,1533	1,1497	96,1
4⁰⁰ „	214			(196,0 — 20,0 — 96,1 = 79,9)	(0,1149)	(1,2646)	(110,75)
		196,0	20,0	196,0 − 20,0 − 110,75 = 65,25	0,0939	1,2436	108,3
6⁰⁰ „	178			(160,0 — 20,0 — 108,3 = 31,7)	(0,0456)	(1,2892)	(113,7)
		160,0	20,0	160,0 − 20,0 − 113,7 = 26,3	0,0378	1,2814	113,0
8⁰⁰ „	142			(126,0 — 20,0 — 113,0 = — 7,0)	(— 0,0101)	(1,2713)	(111,7)
		126,0	20,0	126,0 − 20,0 − 111,7 = − 5,7	− 0,0082	1,2732	111,9
10⁰⁰ „	110			(93,0 — 20,0 — 111,9 = — 38,9)	(— 0,0560)	(1,2172)	(104,3)
		93,0	20,0	93,0 − 20,0 − 104,3 = − 31,3	− 0,0450	1,2282	105,8
12⁰⁰ mittgs.	76			(63,0 — 20,0 — 105,8 = — 62,8)	(— 0,0903)	(1,1379)	(94,8)
		63,0	20,0	63,0 − 20,0 − 94,8 = − 51,8	− 0,0745	1,1537	96,8
2⁰⁰ „	50			(42,0 — 20,0 — 96,8 = — 74,8)	(— 0,1076)	(1,0461)	(83,6)
		42,0	20,0	42,0 − 20,0 − 83 6 = − 61,6	− 0,0886	1,0651	86,0
4⁰⁰ „	34			(29,0 — 20,0 — 86,0 = — 77,0)	(— 0,1108)	(0,9543)	(73,0)
		29,0	20,0	29,0 − 20,0 − 73,0 = − 64,0	− 0,0920	0,9731	75,0
6⁰⁰ abends	24			(22,0 — 20,0 — 75,0 = — 73,0)	(— 0,1050)	(0,8681)	(63,2)
		22,0	20,0	22,0 − 20,0 − 63,2 = − 61,0	− 0,0877	0,8854	65,0
8⁰⁰ „	20			(20,0 — 20,0 — 65,0 = — 65,0)	(— 0,0935)	(0,7746)	(53,3)
		20,0	20,0	− 53,3	− 0,0766	0,8088	56,7

anwächst, also auch der Seespiegel ansteigt (vgl. auch zeitlichen Verlauf der Seespiegelschwankung in Abb. 125!). Nach diesem Zeitpunkt ist der Abfluß Q_a'' größer als der Zufluß Q_z, d. h. der See gibt die zurückgehaltenen Wassermengen nach und nach wieder ab ($-\Delta h$ in Tabelle 35), und im gleichen Maße sinkt

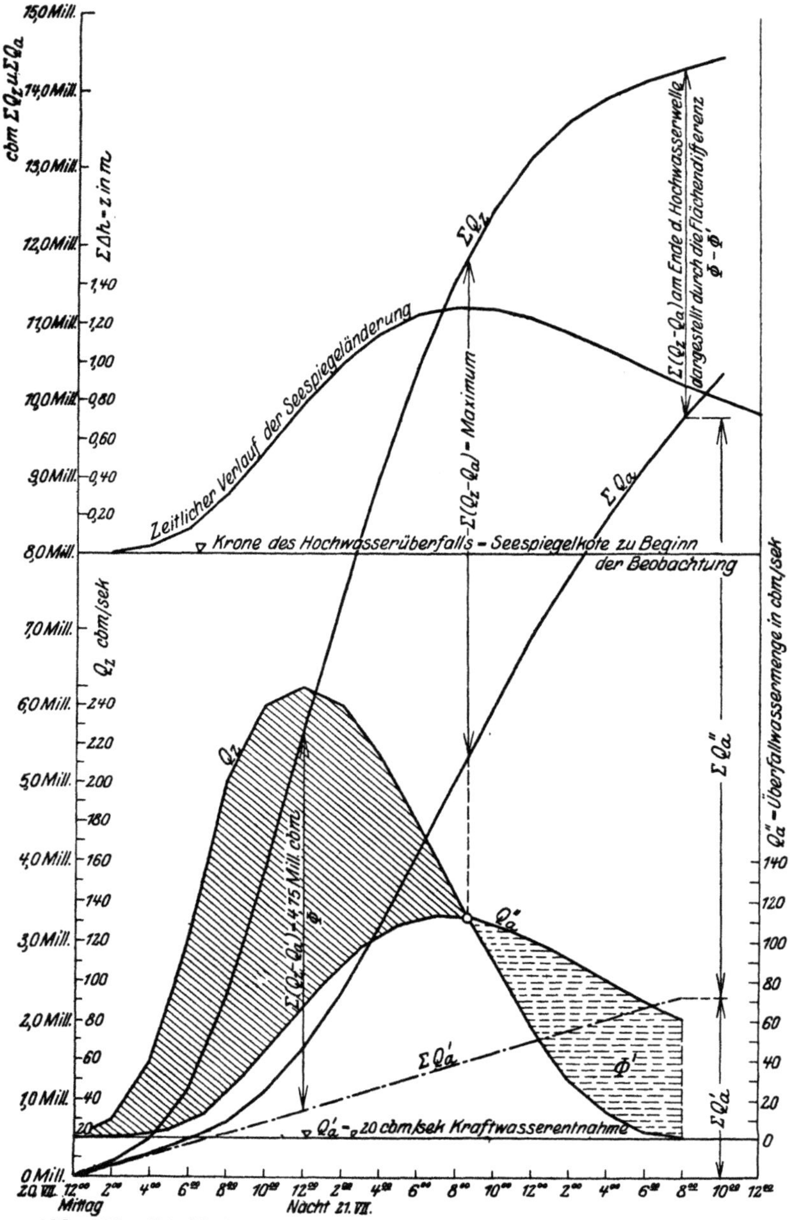

Abb. 125. Rückhalt (Retension) einer Hochwasserwelle durch einen See bei gegebenen Abflußbedingungen.

der Wasserspiegel des Sees. Dank der Retensionswirkung des letzteren ist also der Abfluß der verhältnismäßig kurze Zeit andauernden, aber dafür sehr hohen Zuflußwelle auf einen größeren Zeitraum verteilt und die Wellenspitze nur noch halb so groß, wie beim Zufluß (Bedeutung von Seen für die Vergleichmäßigung des Abflusses bei stark schwankenden Zuflußwassermengen: Hochwasserschutz, Wasserwirtschaft bei Wasserkraftanlagen usw.).

In Abb. 125 wurde auch noch die ΣQ_z- und ΣQ_a-Linie zur Darstellung gebracht. Dabei gibt die ΣQ_z-Linie — wie in Aufgabe 39 — für irgendeinen Zeitpunkt die vom Anfang der Beobachtung bis zu diesem Zeitpunkt insgesamt zugeflossene Wassermenge in m^3 an, analog die ΣQ_a-Linie den gesamten Abfluß in m^3 bis zu diesem Beobachtungszeitpunkt. Die Differenz $\Sigma Q_z - \Sigma Q_a$ bzw. $\Sigma (Q_z - Q_a)$ gibt demnach für jeden Zeitpunkt die gerade vorhandene Rückhaltwassermenge des Sees oder seine Retension an. Das Maximum der Retension liegt bei jenem Zeitpunkt, bei welchem die Beziehung $Q_z > Q_a''$ übergeht in die Beziehung $Q_z < Q_a''$.

Soweit der Abfluß Q_a den entsprechenden Zufluß überwiegt, wird er vom Seerückhalt gespeist.

Verfolgt man die Q_a''-Linie weiter, als es in Abb. 125 geschehen ist, so findet man, daß sie sich theoretisch asymptotisch der Q_a'-Linie (= Horizontale für 20 m^3/sec) nähert. Da der See sein gesamtes Rückhaltwasser wieder abgibt, muß $\Phi = \Phi'$ werden (vgl. Abb. 125) und $\Sigma (Q_z - Q_a) = 0$. Das ist theoretisch im Unendlichen der Fall. Da die Q_a''-Linie aber, wenn sie nahe an die Q_a'-Linie herangekommen ist, nahezu parallel der letzteren läuft, kann man sie ohne großen Fehler in die Q_a'-Linie einbiegen, so zwar, daß $\Phi = \Phi'$ wird. Man erhält damit einen für praktische Zwecke hinreichend genauen Anhalt, wann der Anfangsbeharrungszustand für das gegebene Beispiel zeitlich wieder vorhanden ist, d. h. wann der See den gesamten Rückhalt an Wasser wieder abgegeben hat.

Man könnte nun die Frage aufwerfen, wie sich der Abfluß Q_a'' gestaltet hätte, wenn am Anfange der Beobachtung der Wasserspiegel des Sees beispielsweise 0,95 m unter der

Wehrkrone des Überfalls gelegen wäre. Die Verhältnisse lassen sich aus Abb. 125 leicht ablesen.

Soweit der Zufluß Q_z über den Abfluß $Q_a' = 20$ m³/sec hinausgeht, wird er zunächst zur Auffüllung des Sees verbraucht bis dessen Spiegelkote gleich wird mit der Überfallkrone. Dazu sind erforderlich bei 5000000 m² Seespiegelfläche

$$5000000 \cdot 0{,}95 = 4750000 \text{ m}^3 .$$

Der See wird also zunächst diese 4,75 Millionen m³ absorbieren; dann erst beginnt der Abfluß Q_a'' über den Hochwasserüberfall. Wann tritt dieser Zeitpunkt nun ein? Offenbar dann, wenn die Beziehung besteht

$$\Sigma Q_z - \Sigma Q_a' = 4750000 \text{ m}^3 ,$$

denn zu diesem Zeitpunkt sind ΣQ_z m³ insgesamt zugeflossen, $\Sigma Q_a'$ m³ insgesamt zur Wasserkraftnutzung verbraucht, dem See also entnommen worden. Die Differenz ist diejenige Wassermenge, welche im See zurückgeblieben ist und seinen Spiegel bis zur Wehrkronenkote gehoben hat.

Man hat in Abb. 125 lediglich nachzusehen, an welcher Stelle, also zu welchem Zeitpunkt der vertikale Abstand zwischen der ΣQ_z-Linie und $\Sigma Q_a'$ Linie 4,75 Millionen m³ beträgt. In unserem Beispiel ist das in der Nacht vom 20. VII. auf den 21. VII. und zwar um 12 Uhr der Fall. Der Teil der Fläche Φ, welcher links, also zeitlich vor diesem Zeitpunkt liegt, stellt nun die 4,75 Millionen m³ dar. Sie kommen für den Abfluß über das Wehr nicht mehr in Frage.

Der weitere Verlauf der Untersuchung über den Abflußvorgang am Überlauf (Q_a''-Linie) gestaltet sich nun genau wie früher. Für die Q_a'' ist dabei nur noch jener Teil der Hochwasserwelle maßgebend, der zeitlich nach Mitternacht vom 20. auf 21. VII. liegt. Von diesem Zeitpunkt an setzt sich die Q_a''-Linie auch erst auf die Q_a'-Linie auf, ebenso die ΣQ_a-Linie $(= \Sigma (Q_a' + Q_a''))$ auf die $\Sigma Q_a'$-Linie, da Q_a'' bis zu diesem Zeitpunkt = Null ist. Am Schlusse des Vorganges, wenn der gesamte eigentliche Seerückhalt abgeflossen, also wieder Beharrungszustand eingetreten ist, beträgt die Differenz $\Sigma (Q_z - Q_a)$ natürlich nicht Null, wie im ersten Falle, sondern 4,75 Millionen m³, weil diese Wassermenge zwar zugeflossen, aber nicht mehr zum Abfluß gelangte.

Graphisches Verfahren nach Koženy.

Um die Konstruktion der Ablaufkurve Q_a'' zu vereinfachen, nehmen wir an, der Zufluß betrage stets nur $Q_z - Q_a'$, so daß der Abfluß Q_a' für die Konstruktion ohne Belang ist. Es steht nun die Aufgabe zur Lösung, Q_a'' als Funktion von t darzustellen, wenn der Zufluß $(Q_z - Q_a')$ als Funktion der Zeit t, ferner der Abfluß Q_a'' als Funktion der Überströmungshöhe z am Überfallwehr (= der Seehöhe) und der Seeinhalt M ebenfalls als Funktion der Seehöhe z bekannt sind. Demnach:

gegeben: $(Q_z - Q_a') = f(t)$ (Abb. 128),
$Q_a'' = f(z)$ (Abb. 126),
$M = f(z)$ (Abb. 126),

gesucht: $Q_a'' = f(t)$.

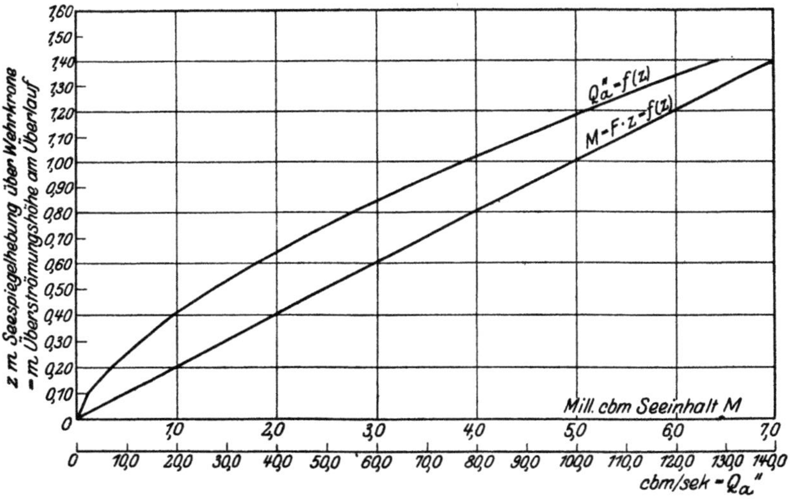

Abb. 126.

Zur Erläuterung des Verfahrens wurde in Abb. 127 ein Teil der in Abb. 128 durchgeführten Konstruktion vergrößert herausgezeichnet.

Angenommen, bis zum Zeitpunkt t_1 kennt man die Abflußkurve Q_a''; wie verläuft nun die Abflußkurve weiter? Zunächst wird in Abb. 127 die $\Sigma(Q_z - Q_a')$-Linie als Funktion der Zeit t

und dann die Abflußkurve Q_a'' als Funktion des Seeinhalts M, also

$$Q_a'' = f(M)$$

aufgetragen.

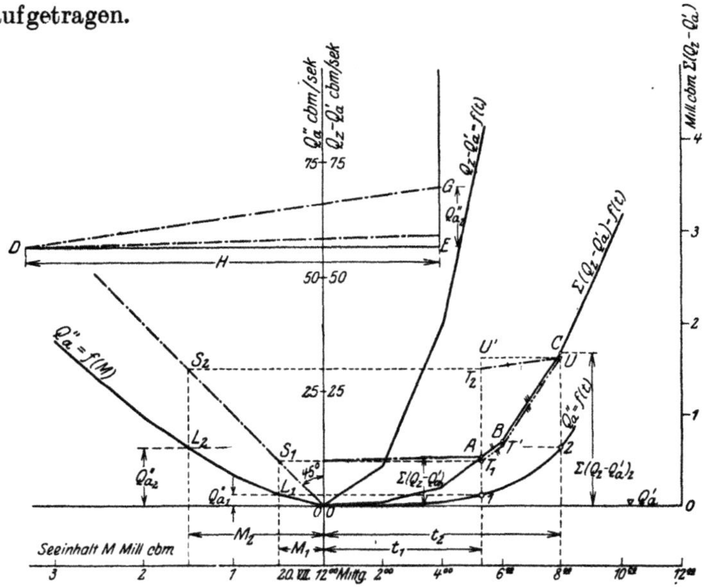

Abb. 127.

Maßstäbe:

Q_a'', $(Qz - Q'a) : \varkappa = 1{,}68$ m³/sec pro 1 mm

M, $\Sigma(Qz - Q'a) : \sigma = 84\,000$ m³ pro 1 mm

Zeit: $\tau = 0{,}253$ st $= 910$ sec pro 1 mm

$$H = \frac{\sigma}{\varkappa \cdot \tau} = \frac{84\,000}{1{,}68 \cdot 910} = 55 \text{ mm}.$$

$T_2\,U \parallel D\,G$ (|)

$T_1\,T' \parallel A\,B$ (||)

$T'\,U \parallel B\,C$ (|||)

$\overline{T_2\,T_1} = M_2 - M_1 =$ Zunahme des Seeinhalts,

$\overline{T_1\,U'} =$ Gesamter Zufluß in der Zeit $t_2 - t_1$,

daher $\overline{T_1\,U'} - \overline{T_2\,T_1} = \overline{T_2\,U'} =$ Gesamter Abfluß in der Zeit $t_2 - t_1$,

oder $[\Sigma(Q_z - Q_a')_2 - \Sigma(Q_z - Q_a')_1] - (M_2 - M_1) = Q_a''(t_2 - t_1)$,

d. h. $(Q_z - Q_a')(t_2 - t_1) - (M_2 - M_1) = Q_a''(t_2 - t_1)$.

Unter Seeinhalt ist dabei die Retension verstanden, also jene Wassermenge, welche **über dem Seeniveau des vorhergegangenen Beharrungszustandes** liegt. Um nun Q_a'' als Funktion von M darzustellen, benützen wir die Kurven in Abb. 126. Dort entspricht einer Seespiegelhebung (= Seehöhe) von $z_1 = 0{,}10$ m eine Überfallwassermenge Q_{a_1}'' von etwa

2,5 m³/sec und ein Seeinhalt M_1 von 0,5 Mill. m³. Es ist also in den Abb. 127 bzw. 128 bei $M_1 = 0{,}5$ Mill. m³ $Q''_{a_1} = 2{,}5$ m³/sec aufzutragen. Analog erhält man für eine Seehöhe $z_2 = 0{,}30$ m $Q''_{a_2} = 13{,}0$ m³/sec und $M_2 = 1{,}5$ Mill. m³. In den Abb. 127 bzw. 128 für $M_2 = 1{,}5$ Mill. m³ $Q''_{a_2} = 13{,}0$ m³/sec eingetragen, liefert wiederum einen Punkt der Kurve $Q_a'' = f(M)$ usw.

Nun verfährt man ganz mechanisch wie folgt:

Durch den Nullpunkt des Koordinatensystems wird eine 45°-Linie nach links oben gezogen, dann bringt man die Lote durch L_1 und L_2 zum Schnitt mit dieser 45°-Linie, wodurch man die Punkte S_1 und S_2 erhält. Durch S_1 und S_2 werden Horizontale gelegt. Diese schneiden das Lot durch den bereits bekannt vorausgesetzten Punkt 1 der Kurve $Q_a'' = f(t)$ in den Punkten T_1 und T_2. Nun zieht man durch T_1 eine Parallele zu jenem Teil der $\Sigma(Q_z - Q_a')$-Linie, der senkrecht darüber oder darunter liegt. Da in Abb. 127 die $\Sigma(Q_z - Q_a')$-Linie bei B einen Knick hat, setzt sich auch die Parallele aus den beiden Teilen $T_1 T' \parallel AB$ und $T'U \parallel BC$ zusammen.

Darauf wird in einem besonderen Graphikon, dessen Grundlinie H ist, der Wert $Q''_{a_2} = EG$ aufgetragen und dann G mit D verbunden. $T_2 U \parallel DG$ gezogen, liefert auf den Parallelen $T_1 T'$ bzw. $T'U$ den Schnittpunkt U. Senkrecht unter U auf der Wagrechten durch L_2 liegt der gesuchte Punkt 2, also die Fortsetzung der $\{Q_a'' = f(t)\}$-Linie.

Nun ist

$\overline{T_2 T_1} = M_2 - M_1 =$ Zunahme des Seeinhalts (= Zunahme der Seeretension) in der Zeit $t_2 - t_1$,

$\overline{T_1 U}' =$ gesamter Zufluß in der Zeit $t_2 - t_1$;

daher

$\overline{T_1 U}' - \overline{T_2 T_1} =$ gesamter Zufluß in der Zeit $(t_2 - t_1)$ — Zunahme der Seeretension in der Zeit $(t_2 - t_1)$ = gesamter Abfluß in der Zeit $(t_2 - t_1) = \overline{T_2 U}'$,

oder

$$[\Sigma(Q_z - Q_a')_2 - \Sigma(Q_z - Q_a')_1] - (M_2 - M_1) = Q_a''(t_2 - t_1),$$

d. h. $$(Q_z - Q_a')(t_2 - t_1) - (M_2 - M_1) = Q_a''(t_2 - t_1).$$

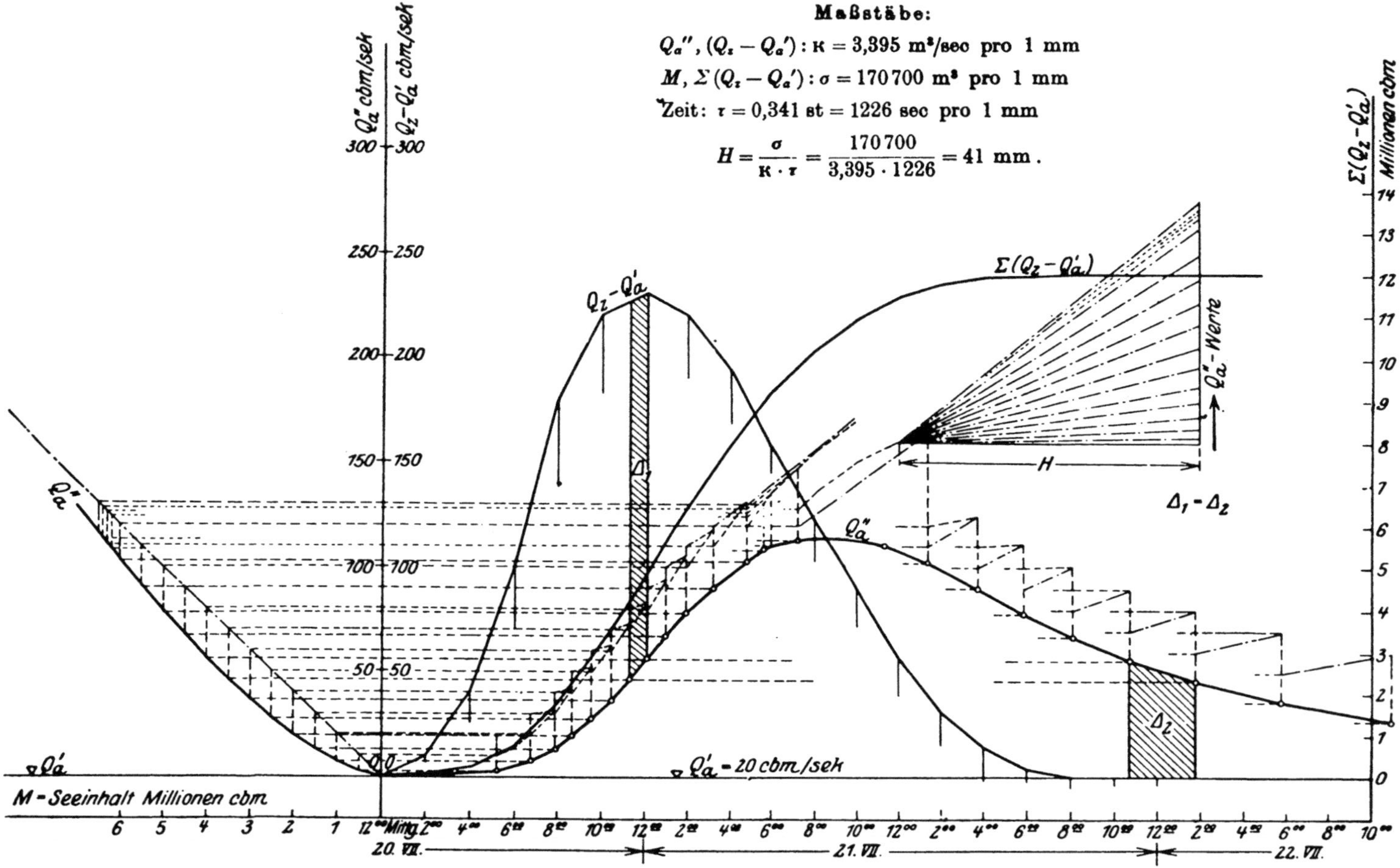
Maßstäbe:
Q_a'', $(Q_z - Q_a')$: $\kappa = 3{,}395$ m³/sec pro 1 mm
M, $\Sigma(Q_z - Q_a')$: $\sigma = 170\,700$ m³ pro 1 mm
Zeit: $\tau = 0{,}341$ st $= 1226$ sec pro 1 mm
$H = \frac{\sigma}{\kappa \cdot \tau} = \frac{170\,700}{3{,}395 \cdot 1226} = 41$ mm.
Q_a'' cbm/sek
$Q_z - Q_a'$ cbm/sek
$\Sigma(Q_z - Q_a')$ Millionen cbm
$Q_z - Q_a'$
$\Sigma(Q_z - Q_a')$
Q_a''-Werte
H
Δ_1
Δ_2
$\Delta_1 = \Delta_2$
Q_a''
Q_a'
$Q_a' = 20$ cbm/sek
M - Seeinhalt Millionen cbm
12⁰⁰ Mittg.
20. VII.
21. VII.
22. VII.

Setzt man, wie früher, $t_2 - t_1 = \Delta t$ und $M_2 - M_1 = F \cdot \Delta h$, so erhält man wieder

$$(Q_z - Q_a') \cdot \Delta t - F \cdot \Delta h = Q_a'' \cdot \Delta t.$$

Damit ist der Beweis für die Richtigkeit der Konstruktion erbracht.

Der Maßstab der Größe H in dem obengenannten Graphikon ist durch die übrigen Maßstäbe festgelegt. Aus der Ähnlichkeit der Dreiecke DGE und UT_2U' folgt

$$\frac{H}{Q_a''} = \frac{t}{\Sigma(Q_z - Q_a') - (M_2 - M_1)},$$

also

$$H = Q_a'' \frac{t}{\Sigma(Q_z - Q_a') - (M_2 - M_1)}$$

$$H = \frac{\sigma}{\varkappa \cdot \tau} \text{ in mm},$$

wenn $\sigma = \text{m}^3/\text{mm}$, $\varkappa = \text{m}^3/\text{sec}/\text{mm}$ und $\tau = \text{sec}/\text{mm}$ angeben.

Die verwendeten Maßstäbe für H sind den Abb. 127 und 128 zu entnehmen.

Die eigentliche Konstruktion ist in Abb. 128 durchgeführt. Der abfallende Ast der Q_a''-Kurve wurde dabei in gleicher Weise wie der aufsteigende Ast konstruiert. Am Scheitelbogen der Kurve wurden noch Zwischenpunkte für die Konstruktion eingeschaltet.

Wie in Abb. 128 angedeutet ist, läßt sich der absteigende Ast auch dadurch festlegen, daß die den entsprechenden Kurvenpunkten zugeordneten Flächenstreifen Δ_1 und Δ_2 einander gleich sein müssen.

Anhang.

Tafel 1.

Größe der Rauhigkeitsziffer nach Bazin im Geschwindigkeitsbeiwert

$$c = \frac{87}{1 + \frac{\gamma}{\sqrt{R}}}.$$

Klasse	Beschaffenheit der Gerinnewandung	γ
I	Sehr glatte Wände und Sohle, z. B. älterer, vollständig glattgeputzter Beton[1]); glattgehobeltes Holz; eiserne geschweißte Druckrohrleitung. von großem Durchmesser; Druckrohrleitungen in Eisenbeton.	0,06
II	Glatte Wände und Sohle, z. B. unverputzter, glatter Feinbeton mit verstrichenen Rändern[1]); mit „Kanalhaut" überzogene Zementrohre; sauberes, glattes Ziegel- oder Quadermauerwerk; gewöhnlicher Bretterbelag; quer- und längsgenietete Eisenrohre mit im Verhältnis zum Durchmesser starken Rändern.	0,16
	Wände und Sohle aus rauh zugeriebenen älteren Betonputzflächen; gewöhnliches Schichten- oder Backsteinmauerwerk.	0,30

[1]) Für neuen vollständig glattgeputzten Beton (Spiegelputz) kann der Wert γ noch unter 0,06 heruntergehen. Freilich muß bei der Wahl des γ für Betongerinne, wenn es sich um Rechnungen für die Praxis handelt, immer im Auge behalten werden, daß die Größe des Wertes γ im Dauerbetrieb von der Haltbarkeit des Betonputzes bzw. des Betons überhaupt abhängt, also eine Funktion des Gütegrades der Bauausführung, der jeweiligen hydraulischen Bedingungen (Größe der Wassergeschwindigkeit, Häufigkeit und Umfang der Spiegelschwankungen usw.), oder der klimatischen Verhältnisse (häufige erhebliche Temperaturunterschiede usw.) ist. Um für das Fördervermögen des Gerinnes sicherzugehen, soll deshalb γ von vornherein schon nicht zu klein gewählt werden (für Betongerinne Normalwert $\gamma = 0,30$).

Tafel 1 (Fortsetzung).

Klasse	Beschaffenheit der Gerinnewandung	γ
III	Wände und Sohle aus gefugtem, hammerrechtem Bruchsteinmauerwerk (Pflasterung); ebene Betonflächen ohne Putz.	0,46
IV	Wände gemischter Natur, z. B. Profil, dessen Böschungen (Wände) aus altem, unverputztem Beton oder Mauerwerk (Pflasterung) bestehen und dessen Sohle unbefestigt ist (Erde); sehr regelmäßige Querschnitte in Erde (ohne Pflanzen); Wandungen aus sehr glattem Fels.	0,85
V	Regelmäßige Profile (Kanäle und Flüsse) mit Böschungen und Sohle in Erde (Kies mit steiniger oder schlammiger Sohle, sonst aber rein).	1,30
VI	Gewässer in Erde mit in Bewegung befindlichem Geschiebe oder Verkrautung, Eisgang; verwilderte Flußbetten.	1,75
	Rauh aus dem Fels gesprengte Gerinne ohne weitere Bearbeitung.	1,75 und mehr

Tafel 2.

Größe der Rauhigkeitsziffer n nach Ganguillet-Kutter im Geschwindigkeitsbeiwert

$$c = \frac{23 + \frac{1}{n} + \frac{0,00155}{J}}{1 + \left(23 + \frac{0,00155}{J}\right) \cdot \frac{n}{\sqrt{R}}}.$$

Klasse	Beschaffenheit der Gerinnewandung	n
I	Sehr glatte Wände und Sohle, z. B. neuer, vollständig glattgeputzter Beton (sog. Spiegelputz); glattgehobeltes Holz; eiserne Druckrohrleitungen, neu, ohne Ränder.	0,010 (– 0,011)
II	Z. B. älterer, vollständig glattgeputzer Beton; weite eiserne Druckrohrleitungen, geschweißt, aber mit Quernähten, Druckrohrleitungen in Eisenbeton.	0,012
III	Glatte Wände und Sohle, z. B. saub. glattes Ziegel- oder Quadermauerwerk; mit „Kanalhaut“ überzogene Zementrohre; quer- und längsgenietete Eisenrohre mit im Verhältnis zum Durchmesser starken Rändern.	0,013 (– 0,0135)
	Wände und Sohle aus rauh zugeriebenen älteren Betonflächen; gewöhnliches Schichten- oder Backsteinmauerwerk.	0,015
IV	Wände und Sohle aus gefugtem, hammerrechtem Bruchsteinmauerwerk (Pflasterung); ebene Betonflächen ohne Putz.	0,017
	Wände gemischter Natur, z. B. Kanäle mit gepflasterten Böschungen und unbefestigter Sohle (Erde); sehr regelmäßige Querschnitte in Erde.	0,020
V	Regelmäßige Profile (Kanäle und Flüsse) mit Böschungen und Sohle in Erde (Kies), rein.	0,025
VI	Gewässer, steinig oder etwas Wasserpflanzen.	0,030
	Sehr schlecht unterhaltene Kanäle; Gewässer mit in Bewegung befindlichem Geschiebe oder Verkrautung, Eisgang.	0,035
	Rauh aus dem Felsen gesprengte Gerinne ohne weitere Bearbeitung.	0,035 und mehr

Tafel 2a.

Bestimmung der Rauhigkeitsziffer *m* nach Kutter.

Die Rauhigkeitsziffer m im abgekürzten Kutterschen Geschwindigkeitsbeiwert

$$c = \frac{100 \cdot \sqrt{R}}{m + \sqrt{R}}$$

erhält man, wenn man setzt

$$m = 100 \cdot n - 1,$$

wobei n die Rauhigkeitsziffer des Geschwindigkeitsbeiwertes nach Ganguillet-Kutter (vgl. vorstehende Tabelle 2) ist.

Für Berechnungen aus dem Gebiet der Wasserversorgung und Kanalisation seien noch folgende Werte m angeführt:

1.	Weite Eisen- und Eisenbetonleitungen	0,20
2.	Sorgfältigst hergestelltes Backstein- und rein gearbeitetes Grundmauerwerk; reine Steinzeugkanäle; Wasserleitungsrohre nach längerem Gebrauch, wenn die Inkrustation nicht zu stark wird	0,25
3.	Backsteinmauerwerk, im Gebrauch befindliche Steinzeug- und Zementrohrkanäle; glatte Backsteinkanäle; quer- und längsgenietete nicht zu weite Eisenrohre . . .	0,30—0,35
4.	Gewöhnliches Mörtelmauerwerk von gespitzten Steinen; altes Backsteinmauerwerk; rauher Betonputz . .	0,45—0,50
5.	Bestochenes Bruchsteinmauerwerk; gut gefugtes Pflaster; ungeputzter Beton	0,55—0,75

Tafel 3.

Tabelle für den Bazinschen Geschwindigkeitsbeiwert $c = \dfrac{87}{1 + \dfrac{\gamma}{\sqrt{R}}}$ bei gegebenem R in m.

R in m	Geschwindigkeitsbeiwert c für $\gamma =$ 0,06	0,16	0,30	0,46	0,85	1,30	1,75
0,06	69,8	52,6	39,1	30,2	19,4	13,8	10,7
0,07	70,9	54,2	41,0	31,7	20,6	14,7	11,4
0,08	71,8	55,6	42,3	33,1	21,7	15,5	12,1
0,09	72,5	56,7	43,5	34,4	22,7	16,3	12,7
0,10	73,1	57,7	44,6	35,5	23,6	17,0	13,3
0,11	73,6	58,7	45,7	36,5	24,4	17,7	13,9
0,12	74,1	59,5	46,6	37,4	25,2	18,3	14,4
0,13	74,6	60,2	47,5	38,2	25,9	18,9	14,9
0,14	75,0	60,9	48,3	39,0	26,7	19,4	15,3
0,15	75,3	61,5	49,0	39,7	27,2	19,9	15,8
0,16	75,6	62,1	49,7	40,5	27,8	20,4	16,2
0,17	75,9	62,7	50,4	41,2	28,4	20,9	16,6
0,18	76,2	63,2	51,0	41,8	29,0	21,4	17,0
0,19	76,5	63,6	51,5	42,4	29,5	21,8	17,3
0,20	76,7	64,1	52,0	42,9	30,0	22,3	17,7
0,21	76,9	64,5	52,5	43,5	30,5	22,7	18,1
0,22	77,1	64,9	53,0	44,0	30,9	23,1	18,4
0,23	77,3	65,2	53,5	44,4	31,4	23,4	18,7
0,24	77,5	65,5	54,0	44,8	31,8	23,8	19,0
0,25	77,6	65,9	54,4	45,3	32,2	24,2	19,3
0,26	77,8	66,2	54,8	45,7	32,6	24,5	19,6
0,27	78,0	66,5	55,2	46,1	33,0	24,8	19,9
0,28	78,1	66,8	55,6	46,5	33,4	25,2	20,2
0,29	78,3	67,0	55,9	46,9	33,7	25,5	20,5
0,30	78,4	67,3	56,2	47,3	34,1	25,8	20,7
0,31	78,5	67,6	56,5	47,6	34,3	26,1	21,0
0,32	78,6	67,8	56,8	47,9	34,7	26,4	21,2
0,33	78,8	68,0	57,1	48,4	35,1	26,7	21,5
0,34	78,9	68,2	57,4	48,5	35,4	26,9	21,7
0,35	79,0	68,4	57,7	48,8	35,7	27,2	22,0
0,36	79,1	68,6	58,0	49,2	36,0	27,5	22,2
0,37	79,2	68,8	58,3	49,5	36,3	27,7	22,4
0,38	79,2	69,0	58,6	49,8	36,6	28,0	22,7
0,39	79,3	69,2	58,8	50,1	36,8	28,2	22,9
0,40	79,4	69,4	59,0	50,4	37,1	28,5	23,1
0,41	79,5	69,6	59,2	50,6	37,4	28,7	23,3
0,42	79,6	69,7	59,4	50,9	37,6	28,9	23,5
0,43	79,7	69,9	59,6	51,1	37,9	29,2	23,7
0,44	79,7	70,1	59,8	51,4	38,1	29,4	23,9
0,45	79,8	70,2	60,0	51,6	38,4	29,6	24,1
0,46	79,9	70,4	60,2	51,8	38,6	29,8	24,3
0,47	80,0	70,5	60,5	52,1	38,8	30,0	24,5
0,48	80,0	70,6	60,7	52,3	39,1	30,2	24,7

Geschwindigkeitsbeiwert c für $\gamma =$ 0,06	0,16	0,30	0,46	0,85	1,30	1,75	R in m
80,1	70,8	60,9	52,5	39,3	30,4	24,8	0,49
80,2	70,9	61,1	52,7	39,5	30,6	25,0	0,50
80,4	71,5	62,0	53,7	40,5	31,6	25,9	0,55
80,7	72,1	62,9	54,6	41,4	32,5	26,7	0,60
80,9	72,6	63,6	55,4	42,3	33,3	27,4	0,65
81,1	73,0	64,1	56,1	43,1	34,1	28,1	0,70
81,3	73,4	64,6	56,8	43,9	34,8	28,8	0,75
81,5	73,8	65,1	57,4	44,6	35,5	29,4	0,80
81,7	74,1	65,6	58,0	45,2	36,1	30,0	0,85
81,8	74,4	66,1	58,6	45,9	36,7	30,6	0,90
81,9	74,7	66,6	59,1	46,5	37,3	31,1	0,95
82,0	75,0	67,0	59,6	47,0	37,8	31,6	1,00
82,2	75,4	67,7	60,5	48,0	38,8	32,6	1,10
82,4	75,9	68,3	61,3	48,9	39,7	33,5	1,20
82,6	76,3	68,9	62,0	49,8	40,6	34,3	1,30
82,8	76,6	69,4	62,6	50,6	41,4	35,1	1,40
82,9	76,9	69,9	63,2	51,3	42,2	35,8	1,50
83,0	77,2	70,4	63,8	52,0	42,9	36,5	1,60
83,1	77,5	70,8	64,3	52,6	43,6	37,1	1,70
83,2	77,7	71,2	64,8	53,2	44,2	37,7	1,80
83,3	77,9	71,5	65,2	53,8	44,8	38,3	1,90
83,4	78,1	71,7	65,6	54,3	45,3	38,9	2,00
83,6	78,5	72,3	66,4	55,3	46,4	39,9	2,20
83,7	78,8	72,9	67,1	56,2	47,3	40,8	2,40
83,8	79,1	73,4	67,7	57,0	48,1	41,7	2,60
83,9	79,4	73,8	68,2	57,7	48,9	42,5	2,80
84,0	79,6	74,2	68,7	58,3	49,7	43,3	3,00
84,1	79,8	74,5	69,2	58,9	50,4	44,0	3,20
84,2	80,0	74,8	69,6	59,5	51,0	44,6	3,40
84,3	80,2	75,1	70,0	60,1	51,6	45,2	3,60
84,4	80,4	75,4	70,4	60,6	52,2	45,8	3,80
84,4	80,5	75,6	70,7	61,0	52,7	46,4	4,00
84,6	80,9	76,2	71,5	62,1	53,9	47,6	4,50
84,7	81,2	76,7	72,1	63,0	55,0	48,8	5,00
84,8	81,4	77,1	72,7	63,8	55,8	49,8	5,50
84,9	81,6	77,5	73,2	64,6	56,6	50,7	6,00
85,0	81,8	77,9	73,7	65,2	57,5	51,6	6,50
85,0	82,0	78,2	74,1	65,8	58,3	52,3	7,00
85,1	82,2	78,5	74,5	66,4	58,9	53,0	7,50
85,2	82,3	78,7	74,8	66,9	59,5	53,7	8,00
85,2	82,4	78,9	75,1	67,4	60,1	54,3	8,50
85,3	82,6	79,1	75,4	67,8	60,7	54,9	9,00
85,3	82,8	79,5	75,9	68,5	61,6	56,0	10,00

Tafel 4. (Für die Anwendung vgl. Aufgabe 9.)

Für das **günstigste** Trapezprofil (und nur für dieses) gilt

Wasserquerschnitt $F = t^2 \cdot M$; Wassertiefe $t = \frac{\sqrt{F}}{\sqrt{M}}$.

4a) Werte für $2\sqrt{1+m^2}$; M; $\sqrt{M}$ und $\frac{1}{\sqrt{M}}$ bei verschiedenen Werten für $\operatorname{ctg}\alpha = m$.

$\operatorname{cotg}\alpha = m$ =	3,0	2,5	2,0	1,75	1,50	1,25	1,00	0,75	0,50	0,25	0,0
$2\sqrt{1+m^2}$ =	6,32	5,38	4,47	4,03	3,60	3,20	2,82	2,50	2,24	2,06	2,0
$M = 2\sqrt{1+m^2} - m$ =	3,32	2,88	2,47	2,28	2,10	1,95	1,82	1,75	1,74	1,81	2,0
$\sqrt{M}$ =	1,82	1,696	1,57	1,51	1,45	1,396	1,35	1,323	1,32	1,345	1,415
$\frac{1}{\sqrt{M}}$ =	0,549	0,589	0,637	0,662	0,689	0,716	0,740	0,755	0,757	0,743	0,706

Die Formgrößen p, R, s, b für **günstigstes** Trapezprofil, **auf** t **bezogen**:

Benetzter Umfang $p = 2 \cdot t \cdot M$; Sohlenbreite $s = t\,(M - m)$

Hydraulischer Radius $R = \frac{t}{2}$; Spiegelbreite $b = t\,(M + m)$

4b) Werte für M, $(M - m)$ und $(M + m)$ bei verschiedenen Werten für $\operatorname{ctg}\alpha = m$.

$\operatorname{cotg}\alpha = m$ =	3,0	2,5	2,0	1,75	1,50	1,25	1,00	0,75	0,50	0,25	0,0
M =	3,32	2,88	2,47	2,28	2,10	1,95	1,82	1,75	1,74	1,81	2,0
$(M - m)$ =	0,32	0,38	0,47	0,53	0,60	0,70	0,82	1,00	1,24	1,56	2,0
$(M + m)$ =	6,32	5,38	4,47	4,03	3,60	3,20	2,82	2,50	2,24	2,06	2,0

Die Formgrößen p, R, s, b für **günstigstes** Trapezprofil, **auf** $\sqrt{F}$ **bezogen**:

Benetzter Umfang $p = 2\sqrt{F} \cdot \sqrt{M}$; Sohlenbreite $s = \sqrt{F} \cdot \left(\sqrt{M} - \frac{m}{\sqrt{M}}\right)$.

Hydraulischer Radius $R = \frac{\sqrt{F}}{2\sqrt{M}}$; Spiegelbreite $b = \sqrt{F} \cdot \left(\sqrt{M} + \frac{m}{\sqrt{M}}\right)$.

4c) Werte für M, $\sqrt{M}$, $\frac{1}{2\sqrt{M}}$, $\left(\sqrt{M}-\frac{m}{\sqrt{M}}\right)$, $\left(\sqrt{M}+\frac{m}{\sqrt{M}}\right)$ bei verschiedenen Werten für $\operatorname{cotg}\alpha = m$.

$\operatorname{cotg}\alpha = m$	=	3,0	2,5	2,0	1,75	1,50	1,25	1,00	0,75	0,50	0,25	0,0
M	=	3,32	2,88	2,47	2,28	2,10	1,95	1,82	1,75	1,74	1,81	2,0
$\sqrt{M}$	=	1,82	1,696	1,57	1,51	1,45	1,396	1,35	1,323	1,32	1,345	1,415
$\frac{1}{2\sqrt{M}}$	=	0,275	0,295	0,318	0,331	0,345	0,358	0,370	0,378	0,379	0,372	0,353
$\left(\sqrt{M}-\frac{m}{\sqrt{M}}\right)$	=	0,175	0,223	0,295	0,351	0,416	0,501	0,610	0,756	0,941	1,159	1,415
$\left(\sqrt{M}+\frac{m}{\sqrt{M}}\right)$	=	3,465	3,169	2,845	2,669	2,484	2,291	2,090	1,890	1,699	1,531	1,415

Tafel 5.

Profilverengerung bei Rohrleitungen.

Setzt man den Druckhöhenverlust infolge der Profilverengerung

$$h = \zeta \cdot \frac{v^2}{2g},$$

so ist nach Weißbach

$$\zeta = \frac{0{,}0765}{\mu^2} + \left(\frac{1}{\mu} - 1\right)^2.$$

μ hängt vom Verhältnis $\frac{F_2}{F_1}$ ab. Es wird für:

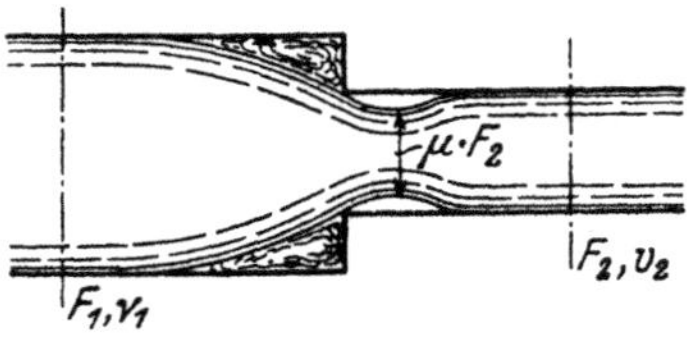

Abb. 129.

$\frac{F_2}{F_1}$	μ	ζ
0,01	0,64	0,50
0,10	0,65	0,47
0,20	0,66	0,42
0,30	0,68	0,37
0,40	0,70	0,33
0,60	0,75	0,25
0,80	0,84	0,15
1,00	1,00	0,00

Wird das Verhältnis $\frac{F_2}{F_1}$ nicht berücksichtigt, dann läßt sich setzen

$$h = \zeta \cdot \frac{v^2}{2g}, \qquad \text{wobei} \quad \zeta = \left(\frac{1}{\psi} - 1\right)^2;$$

ψ = Zusammenziehungsziffer; für $\psi \sim 0{,}64$ wird $\zeta = 0{,}315$.

Tafel 6.

(Für die Anwendung vgl. Aufgabe 19.)

Beziehung zwischen Q, J, d und v bei vollaufenden Kreisprofilen und $m = 0,25$ (nach Kutter $c = \frac{100 \cdot \sqrt{R'}}{m + \sqrt{R}} = \frac{100 \cdot \sqrt{d}}{0,50 + \sqrt{d}}$.

Die Tabellen geben die Durchmesser d in mm, die Fördermengen Q in l/sec, die Geschwindigkeiten in m/sec.

I. Vollaufende Röhren von der Lichtweite d.

Profil / Gefälle Verhältnis	J	$d = 10$ mm v	Q	$d = 20$ mm v	Q	$d = 30$ mm v	Q	$d = 40$ mm v	Q
1: 10	0,10000	0,26	0,021	0,60	0,29	0,71	0,50	0,90	1,1
1: 15	0,06667	0,22	0,017	0,49	0,24	0,58	0,41	0,74	0,9
1: 20	0,05000	0,19	0,015	0,42	0,21	0,50	0,35	0,64	0,8
1: 25	0,04000	0,17	0,013	0,38	0,19	0,45	0,32	0,57	0,7
1: 30	0,03333	0,15	0,012	0,35	0,17	0,41	0,29	0,52	0,7
1: 35	0,02857	0,14	0,011	0,32	0,16	0,38	0,27	0,48	0,6
1: 40	0,02500	0,13	0,010	0,30	0,15	0,35	0,25	0,45	0,6
1: 45	0,02222	0,12	0,010	0,28	0,14	0,33	0,24	0,43	0,5
1: 50	0,02000	0,12	0,009	0,27	0,13	0,32	0,22	0,40	0,5
1: 60	0,01667	0,11	0,0085	0,25	0,12	0,29	0,20	0,37	0,5
1: 70	0,01429	0,10	0,0078	0,23	0,11	0,27	0,19	0,34	0,4
1: 80	0,01250	—	—	0,21	0,10	0,25	0,18	0,32	0,4
1: 90	0,01111	—	—	0,20	0,098	0,24	0,17	0,30	0,4
1:100	0,01000	—	—	0,19	0,093	0,22	0,16	0,29	0,4
1:125	0,00800	—	—	0,17	0,084	0,20	0,14	0,26	0,3
1:150	0,00667	—	—	0,15	0,076	0,18	0,13	0,23	0,3
1:175	0,00571	—	—	0,14	0,071	0,17	0,12	0,21	0,3
1:200	0,00500	—	—	0,13	0,066	0,16	0,11	0,20	0,3
1:225	0,00444	—	—	0,12	0,062	0,15	0,11	0,19	0,2
1:250	0,00400	—	—	0,12	0,059	0,14	0,10	0,18	0,2
1:275	0,00364	—	—	—	—	0,13	0,10	0,17	0,2
1:300	0,00333	—	—	—	—	0,13	0,09	0,17	0,2
1:325	0,00301	—	—	—	—	0,12	0,09	0,16	0,2
1:350	0,00286	—	—	—	—	0,12	0,08	0,15	0,2
1:375	0,00267	—	—	—	—	0,12	0,08	0,15	0,2
1:400	0,00250	—	—	—	—	0,11	0,08	0,14	0,2
1:425	0,00235	—	—	—	—	0,11	0,08	0,14	0,2
1:450	0,00222	—	—	—	—	0,11	0,07	0,13	0,2
1:475	0,00210	—	—	—	—	0,10	0,07	0,13	0,2
1:500	0,00200	—	—	—	—	0,10	0,07	0,13	0,2
1:550	0,00182	—	—	—	—	0,10	0,07	0,12	0,2
1:600	0,00167	—	—	—	—	—	—	0,12	0,1
1:650	0,00154	—	—	—	—	—	—	0,11	0,1
1:700	0,00143	—	—	—	—	—	—	0,11	0,1
1:750	0,00133	—	—	—	—	—	—	0,10	0,1

II. Vollaufende Röhren von der Lichtweite *d*.

Profil / Gefälle		$d = 50$ mm		$d = 60$ mm		$d = 70$ mm		$d = 80$ mm		$d = 90$ mm		$d = 100$ mm		$d = 125$ mm		$d = 150$ mm	
Verhältn.	J	v	Q	v	Q	v	Q	v	Q	v	Q	v	Q	v	Q	v	Q
1: 10	0,10000	1,09	2,1	1,21	3,6	1,45	5,6	1,61	8,1	1,78	11,3	1,94	15,2	2,31	28,4	2,68	47,3
1: 15	0,06667	0,89	1,8	1,04	2,9	1,18	4,5	1,32	6,6	1,45	9,2	1,58	12,4	1,89	23,2	2,19	38,6
1: 20	0,05000	0,77	1,5	0,90	2,6	1,03	3,9	1,14	5,7	1,26	8,0	1,37	10,8	1,64	20,1	1,89	33,4
1: 25	0,04000	0,69	1,4	0,81	2,3	0,92	3,5	1,02	5,1	1,13	7,2	1,22	9,6	1,46	18,0	1,69	29,9
1: 30	0,03333	0,63	1,2	0,74	2,1	0,84	3,2	0,93	4,7	1,03	6,5	1,12	8,8	1,34	16,4	1,55	27,3
1: 35	0,02857	0,59	1,1	0,68	1,9	0,77	3,0	0,86	4,3	0,95	6,1	1,03	8,1	1,24	15,2	1,43	25,2
1: 40	0,02500	0,55	1,0	0,64	1,8	0,72	2,8	0,81	4,1	0,89	5,7	0,97	7,6	1,16	14,2	1,34	23,6
1: 45	0,02222	0,52	1,0	0,60	1,7	0,68	2,6	0,76	3,8	0,84	5,3	0,91	7,2	1,09	13,4	1,26	22,3
1: 50	0,02000	0,49	0,9	0,57	1,6	0,65	2,5	0,72	3,6	0,80	5,0	0,87	6,8	1,04	12,7	1,20	21,1
1: 60	0,01667	0,45	0,9	0,52	1,5	0,59	2,3	0,66	3,3	0,73	4,6	0,79	6,2	0,95	11,6	1,09	19,3
1: 70	0,01429	0,41	0,8	0,48	1,4	0,55	2,1	0,61	3,1	0,67	4,3	0,73	5,8	0,88	10,7	1,01	17,9
1: 80	0,01250	0,39	0,8	0,45	1,3	0,51	2,0	0,57	2,9	0,63	4,0	0,68	5,4	0,82	10,0	0,95	16,7
1: 90	0,01111	0,37	0,7	0,43	1,2	0,48	1,9	0,54	2,7	0,59	3,8	0,65	5,1	0,77	9,5	0,89	15,8
1: 100	0,01000	0,35	0,7	0,40	1,1	0,46	1,8	0,51	2,6	0,56	3,6	0,61	4,8	0,73	9,0	0,85	14,9
1: 125	0,00800	0,31	0,6	0,36	1,0	0,41	1,6	0,46	2,3	0,50	3,2	0,55	4,3	0,65	8,0	0,76	13,4
1: 150	0,00667	0,28	0,6	0,33	0,9	0,37	1,4	0,42	2,1	0,46	2,9	0,50	3,9	0,60	7,3	0,69	12,2
1: 175	0,00571	0,26	0,5	0,31	0,9	0,34	1,3	0,39	1,9	0,43	2,7	0,46	3,6	0,55	6,8	0,64	11,3
1: 200	0,00500	0,24	0,5	0,29	0,8	0,32	1,2	0,36	1,8	0,40	2,5	0,43	3,4	0,52	6,4	0,60	10,6
1: 225	0,00444	0,23	0,5	0,27	0,8	0,31	1,2	0,34	1,7	0,37	2,4	0,41	3,2	0,49	6,0	0,56	10,0
1: 250	0,00400	0,22	0,4	0,26	0,7	0,29	1,1	0,32	1,6	0,35	2,3	0,39	3,0	0,46	5,7	0,54	9,5
1: 275	0,00364	0,21	0,4	0,24	0,7	0,28	1,1	0,31	1,5	0,34	2,2	0,37	2,9	0,44	5,4	0,51	9,0
1: 300	0,00333	0,20	0,4	0,23	0,7	0,27	1,0	0,30	1,5	0,33	2,1	0,35	2,8	0,42	5,2	0,49	8,6
1: 325	0,00301	0,19	0,4	0,22	0,6	0,26	1,0	0,28	1,4	0,31	2,0	0,34	2,7	0,41	5,0	0,47	8,3
1: 350	0,00286	0,19	0,4	0,22	0,6	0,25	0,9	0,27	1,4	0,30	1,9	0,33	2,6	0,39	4,8	0,45	8,0
1: 375	0,00267	0,18	0,4	0,21	0,6	0,24	0,9	0,26	1,3	0,29	1,8	0,32	2,5	0,38	4,6	0,44	7,7
1: 400	0,00250	0,17	0,3	0,20	0,6	0,23	0,9	0,26	1,3	0,28	1,8	0,31	2,4	0,37	4,5	0,42	7,5
1: 425	0,00235	0,17	0,3	0,20	0,6	0,22	0,9	0,25	1,2	0,27	1,7	0,30	2,3	0,36	4,4	0,41	7,3
1: 450	0,00222	0,16	0,3	0,19	0,5	0,22	0,8	0,24	1,2	0,27	1,7	0,29	2,3	0,35	4,3	0,40	7,0
1: 475	0,00210	0,16	0,3	0,18	0,5	0,21	0,8	0,23	1,2	0,26	1,6	0,28	2,2	0,34	4,1	0,39	6,9
1: 500	0,00200	0,15	0,3	0,18	0,5	0,21	0,8	0,23	1,1	0,25	1,6	0,27	2,2	0,33	4,0	0,38	6,7
1: 550	0,00182	0,15	0,3	0,17	0,5	0,20	0,8	0,22	1,1	0,24	1,5	0,26	2,1	0,31	3,8	0,36	6,4
1: 600	0,00167	0,14	0,3	0,17	0,5	0,19	0,7	0,21	1,0	0,23	1,5	0,25	2,0	0,30	3,7	0,35	6,1
1: 650	0,00154	0,14	0,3	0,16	0,4	0,18	0,7	0,20	1,0	0,22	1,4	0,24	1,9	0,29	3,5	0,34	5,8
1: 700	0,00143	0,13	0,3	0,15	0,4	0,17	0,7	0,19	1,0	0,21	1,4	0,23	1,8	0,28	3,4	0,32	5,6
1: 750	0,00133	0,13	0,2	0,15	0,4	0,17	0,6	0,19	0,9	0,21	1,3	0,22	1,8	0,27	3,3	0,31	5,5
1: 800	0,00125	0,12	0,2	0,14	0,4	0,16	0,6	0,18	0,9	0,20	1,3	0,22	1,7	0,26	3,2	0,30	5,3
1: 850	0,00117	0,12	0,2	0,14	0,4	0,16	0,6	0,18	0,9	0,19	1,2	0,21	1,7	0,25	3,1	0,29	5,1
1: 900	0,00111	0,11	0,2	0,13	0,4	0,15	0,6	0,17	0,9	0,19	1,2	0,20	1,6	0,24	3,0	0,28	5,0
1: 950	0,00105	0,11	0,2	0,13	0,4	0,15	0,6	0,17	0,8	0,18	1,2	0,20	1,6	0,24	2,9	0,27	4,9
1:1000	0,00100	0,11	0,2	0,13	0,4	0,15	0,6	0,16	0,8	0,18	1,1	0,19	1,5	0,23	2,8	0,27	4,7
1:1100	0,00091	0,10	0,2	0,12	0,3	0,14	0,5	0,15	0,8	0,17	1,1	0,18	1,5	0,22	2,7	0,26	4,5
1:1200	0,00083	—	—	0,12	0,3	0,13	0,5	0,15	0,7	0,16	1,0	0,18	1,4	0,21	2,6	0,24	4,3
1:1300	0,00077	—	—	0,11	0,3	0,13	0,5	0,14	0,7	0,16	1,0	0,17	1,3	0,20	2,5	0,24	4,1
1:1400	0,00071	—	—	0,11	0,3	0,12	0,5	0,14	0,7	0,15	1,0	0,16	1,3	0,20	2,4	0,23	4,0
1:1500	0,00066	—	—	0,10	0,3	0,12	0,5	0,13	0,7	0,15	0,9	0,16	1,2	0,19	2,3	0,22	3,9
1:1600	0,00062	—	—	—	—	0,11	0,4	0,13	0,6	0,14	0,9	0,15	1,2	0,18	2,2	0,21	3,7
1:1700	0,00059	—	—	—	—	0,11	0,4	0,12	0,6	0,14	0,9	0,15	1,2	0,18	2,2	0,21	3,6
1:1800	0,00056	—	—	—	—	0,11	0,4	0,12	0,6	0,13	0,8	0,14	1,1	0,17	2,1	0,20	3,5
1:1900	0,00053	—	—	—	—	0,11	0,4	0,12	0,6	0,13	0,8	0,14	1,1	0,17	2,1	0,19	3,4
1:2000	0,00050	—	—	—	—	0,10	0,4	0,11	0,6	0,13	0,8	0,14	1,1	0,16	2,0	0,18	3,3

III. Vollaufende Röhren von der Lichtweite *d*.

Profil / Gefälle		*d* = 175 mm		*d* = 200 mm		*d* = 225 mm		*d* = 250 mm		*d* = 275 mm		*d* = 300 mm		*d* = 325 mm		*d* = 350 mm	
rhältn.	*J*	*v*	*Q*	*v*	*Q*	*v*	*Q*	*v*	*Q*	*v*	*Q*	*v*	*Q*	*v*	*Q*	*v*	*Q*
: 10	0,10000	3,02	72,5	3,33	104,6	3,65	145,2	3,95	194,0	4,25	252,1	4,53	320	4,80	399	5,07	488
: 15	0,06667	2,46	59,2	2,71	85,4	2,98	118,5	3,23	158,4	3,47	205,8	3,70	261	3,92	325	4,14	398
: 20	0,05000	2,13	51,3	2,36	74,0	2,58	102,7	2,80	137,2	3,00	178,3	3,20	226	3,40	282	3,58	345
: 25	0,04000	1,91	45,9	2,11	66,2	2,31	91,6	2,50	122,7	2,69	159,4	2,86	202	3,04	252	3,21	308
: 30	0,03333	1,74	41,9	1,92	60,4	2,11	83,8	2,28	112,0	2,45	145,5	2,62	185	2,77	230	2,93	282
: 35	0,02857	1,61	38,8	1,78	55,9	1,95	77,6	2,11	103,7	2,27	134,7	2,42	171	2,57	213	2,71	261
: 40	0,02500	1,51	36,3	1,67	52,3	1,83	72,6	1,98	97,0	2,12	126,0	2,26	160	2,40	199	2,54	244
: 45	0,02222	1,42	34,2	1,57	49,3	1,72	68,4	1,86	91,4	2,00	118,8	2,14	151	2,26	188	2,39	230
: 50	0,02000	1,40	32,4	1,49	46,8	1,63	64,9	1,77	86,8	1,90	112,7	2,03	143	2,15	178	2,27	218
: 60	0,01667	1,23	29,6	1,36	42,7	1,49	59,3	1,61	79,2	1,73	102,9	1,85	131	1,96	163	2,07	199
: 70	0,01429	1,14	27,4	1,26	39,5	1,38	54,9	1,49	73,3	1,60	95,3	1,71	121	1,82	151	1,92	184
: 80	0,01250	1,07	25,6	1,18	37,0	1,29	51,3	1,40	68,6	1,50	89,1	1,60	113	1,70	141	1,79	172
: 90	0,01111	1,01	24,2	1,11	34,9	1,22	48,4	1,32	64,7	1,42	84,0	1,51	107	1,60	133	1,69	163
: 100	0,01000	0,95	22,9	1,05	33,1	1,16	45,9	1,25	61,3	1,34	79,7	1,43	101	1,52	126	1,60	154
: 125	0,00800	0,85	20,5	0,94	29,6	1,03	41,1	1,12	54,9	1,20	71,3	1,28	91	1,36	113	1,43	138
: 150	0,00667	0,78	18,7	0,86	27,0	0,94	37,5	1,02	50,1	1,10	65,1	1,17	83	1,24	103	1,31	126
: 175	0,00571	0,72	17,3	0,80	25,0	0,87	34,7	0,95	46,4	1,02	60,3	1,08	77	1,15	95	1,21	117
: 200	0,00500	0,67	16,2	0,75	23,4	0,82	32,5	0,88	43,4	0,95	56,4	1,01	72	1,07	89	1,13	109
: 225	0,00444	0,64	15,3	0,70	22,1	0,77	30,6	0,83	40,9	0,90	53,1	0,96	68	1,01	84	1,07	103
: 250	0,00400	0,60	14,5	0,67	20,9	0,73	29,0	0,79	38,8	0,85	50,4	0,91	64	0,96	80	1,01	98
: 275	0,00364	0,58	13,8	0,64	19,9	0,70	27,7	0,75	37,0	0,81	48,1	0,86	61	0,92	76	0,97	93
: 300	0,00333	0,55	13,2	0,61	19,1	0,67	26,5	0,72	35,4	0,78	46,0	0,83	58	0,88	73	0,93	89
: 325	0,00308	0,53	12,7	0,58	18,3	0,64	25,5	0,69	34,0	0,75	44,2	0,79	56	0,84	70	0,89	86
: 350	0,00286	0,51	12,3	0,56	17,7	0,62	24,5	0,67	32,8	0,72	42,6	0,77	54	0,81	67	0,86	82
: 375	0,00267	0,49	11,8	0,54	17,1	0,60	23,7	0,65	31,7	0,69	41,2	0,74	52	0,78	65	0,83	80
: 400	0,00250	0,48	11,5	0,53	16,5	0,58	23,0	0,63	30,7	0,67	39,9	0,72	51	0,76	63	0,80	77
: 425	0,00235	0,46	11,1	0,51	16,0	0,56	22,3	0,61	29,8	0,65	38,7	0,70	49	0,74	61	0,78	75
: 450	0,00222	0,45	10,8	0,50	15,6	0,54	21,6	0,59	28,9	0,63	37,6	0,68	48	0,72	59	0,76	73
: 475	0,00210	0,44	10,5	0,48	15,2	0,53	21,1	0,57	28,1	0,62	36,6	0,66	46	0,70	58	0,74	71
: 500	0,00200	0,43	10,3	0,47	14,8	0,52	20,5	0,56	27,4	0,60	35,7	0,64	45	0,68	56	0,72	69
: 550	0,00182	0,42	9,8	0,45	14,1	0,49	19,6	0,53	26,2	0,57	34,0	0,61	43	0,65	54	0,68	66
: 600	0,00167	0,39	9,4	0,43	13,5	0,47	18,7	0,51	25,0	0,55	32,5	0,59	41	0,62	51	0,65	63
: 650	0,00154	0,37	9,0	0,41	13,0	0,45	18,0	0,49	24,1	0,53	31,3	0,56	40	0,60	49	0,63	61
: 700	0,00143	0,36	8,7	0,40	12,5	0,44	17,4	0,47	23,2	0,51	30,1	0,54	38	0,57	48	0,61	58
: 750	0,00133	0,35	8,4	0,39	12,1	0,42	16,8	0,46	22,4	0,49	29,1	0,52	37	0,55	46	0,59	56
: 800	0,00125	0,34	8,1	0,37	11,7	0,41	16,2	0,44	21,7	0,48	28,2	0,51	36	0,54	45	0,57	55
: 850	0,00117	0,33	7,9	0,36	11,3	0,40	15,7	0,43	21,0	0,46	27,3	0,49	35	0,52	43	0,55	53
: 900	0,00111	0,32	7,6	0,35	11,0	0,39	15,3	0,42	20,4	0,45	26,6	0,48	34	0,51	42	0,53	51
: 950	0,00105	0,31	7,4	0,34	10,7	0,38	14,9	0,41	19,9	0,44	25,9	0,47	33	0,49	41	0,52	50
: 1000	0,00100	0,30	7,2	0,33	10,4	0,37	14,5	0,40	19,4	0,42	25,2	0,45	32	0,48	40	0,51	49
: 1100	0,00091	0,29	6,9	0,32	10,0	0,35	13,8	0,38	18,5	0,41	24,0	0,43	31	0,46	38	0,48	47
: 1200	0,00083	0,28	6,6	0,30	9,5	0,33	13,3	0,36	17,7	0,39	23,0	0,41	29	0,44	36	0,46	45
: 1300	0,00077	0,26	6,4	0,29	9,2	0,32	12,7	0,35	17,0	0,37	22,1	0,40	28	0,42	35	0,45	43
: 1400	0,00071	0,26	6,1	0,28	8,8	0,31	12,3	0,33	16,4	0,36	21,3	0,38	27	0,41	34	0,43	41
: 1500	0,00066	0,25	5,9	0,27	8,5	0,30	11,9	0,32	15,8	0,35	20,8	0,37	26	0,39	33	0,41	40
: 1600	0,00062	0,24	5,7	0,26	8,3	0,29	11,5	0,31	15,3	0,34	19,9	0,36	25	0,38	32	0,40	39
: 1700	0,00059	0,23	5,6	0,26	8,0	0,28	11,1	0,30	14,9	0,33	19,3	0,35	25	0,37	31	0,39	37
: 1800	0,00056	0,23	5,4	0,25	7,8	0,27	10,8	0,30	14,5	0,32	18,8	0,34	24	0,36	30	0,38	36
: 1900	0,00053	0,22	5,3	0,24	7,6	0,27	10,5	0,29	14,1	0,31	18,3	0,33	23	0,35	29	0,37	35
: 2000	0,00050	0,21	5,1	0,24	7,4	0,26	10,3	0,28	13,7	0,30	17,8	0,32	23	0,34	28	0,36	35

IV. Vollaufende Röhren von der Lichtweite *d*.

Profil / Gefälle Verhältn.	*J*	*d* = 375 mm *v*	*Q*	*d* = 400 mm *v*	*Q*	*d* = 425 mm *v*	*Q*	*d* = 450 mm *v*	*Q*	*d* = 475 mm *v*	*Q*	*d* = 500 mm *v*	*Q*	*d* = 550 mm *v*	*Q*	*d* = 600 mm *v*	*Q*
1: 10	0,10000	5,63	589	5,59	702	5,83	828	6,08	966	6,32	1120	6,55	1286	7,00	1663	7,45	2105
1: 15	0,06667	4,36	481	4,56	574	4,76	676	4,96	789	5,16	914	5,35	1050	5,72	1358	6,08	1719
1: 20	0,05000	3,77	417	3,95	497	4,13	585	4,30	683	4,47	792	4,63	910	4,95	1176	5,26	1488
1: 25	0,04000	3,37	373	3,54	444	3,69	523	3,84	611	4,00	708	4,14	813	4,43	1052	4,71	1331
1: 30	0,03333	3,08	340	3,23	406	3,37	478	3,51	558	3,65	647	3,78	743	4,04	960	4,30	1215
1: 35	0,02857	2,85	315	2,99	375	3,12	442	3,25	517	3,38	599	3,50	688	3,74	889	3,98	1125
1: 40	0,02500	2,67	295	2,80	351	2,92	414	3,04	483	3,16	560	3,28	643	3,50	831	3,72	1053
1: 45	0,02222	2,51	278	2,64	331	2,75	390	2,86	456	2,98	528	3,09	606	3,30	784	3,51	992
1: 50	0,02000	2,39	264	2,50	314	2,61	370	2,72	432	2,83	501	2,93	575	3,13	744	3,33	941
1: 60	0,01667	2,18	241	2,28	287	2,38	338	2,48	395	2,58	457	2,67	525	2,86	679	3,04	859
1: 70	0,01429	2,02	223	2,11	266	2,21	313	2,30	365	2,39	423	2,48	486	2,65	629	2,81	796
1: 80	0,01250	1,89	208	1,98	248	2,06	293	2,15	342	2,23	396	2,32	455	2,48	588	2,63	744
1: 90	0,01111	1,78	196	1,86	234	1,94	276	2,03	322	2,11	373	2,18	429	2,33	554	2,48	702
1: 100	0,01000	1,69	186	1,77	222	1,85	262	1,92	306	2,00	354	2,07	407	2,21	526	2,35	666
1: 125	0,00800	1,51	167	1,58	199	1,65	234	1,72	275	1,79	317	1,85	364	1,98	470	2,11	595
1: 150	0,00667	1,38	152	1,44	181	1,51	214	1,57	250	1,63	289	1,69	332	1,81	429	1,92	544
1: 175	0,00571	1,27	141	1,34	168	1,39	198	1,45	231	1,51	268	1,57	307	1,67	398	1,78	503
1: 200	0,00500	1,19	132	1,25	157	1,30	185	1,36	216	1,41	250	1,47	288	1,57	372	1,67	471
1: 225	0,00444	1,13	124	1,18	148	1,23	174	1,28	204	1,33	236	1,38	271	1,48	351	1,57	444
1: 250	0,00400	1,07	118	1,12	141	1,17	166	1,22	193	1,26	224	1,31	257	1,40	333	1,49	421
1: 275	0,00364	1,02	112	1,07	134	1,11	158	1,16	184	1,21	214	1,25	245	1,34	317	1,42	401
1: 300	0,00333	0,97	108	1,02	128	1,07	151	1,11	176	1,15	204	1,20	235	1,28	304	1,36	384
1: 325	0,00308	0,94	103	0,98	123	1,05	145	1,07	170	1,11	196	1,15	226	1,23	292	1,31	369
1: 350	0,00286	0,90	100	0,95	119	0,99	140	1,03	163	1,07	189	1,11	217	1,18	281	1,26	356
1: 375	0,00267	0,87	96	0,91	115	0,95	135	0,99	158	1,03	183	1,07	210	1,14	272	1,22	344
1: 400	0,00250	0,84	93	0,88	111	0,92	131	0,96	153	1,00	177	1,04	203	1,11	263	1,18	333
1: 425	0,00235	0,82	90	0,86	108	0,90	127	0,93	148	0,97	172	1,01	197	1,07	255	1,14	323
1: 450	0,00222	0,80	88	0,83	105	0,87	123	0,91	144	0,94	167	0,98	192	1,04	248	1,11	314
1: 475	0,00210	0,77	86	0,81	102	0,85	120	0,88	140	0,92	163	0,95	187	1,02	241	1,08	305
1: 500	0,00200	0,75	83	0,79	99	0,83	117	0,86	137	0,89	158	0,93	182	0,99	235	1,05	298
1: 550	0,00182	0,72	79	0,75	95	0,79	112	0,82	130	0,85	151	0,88	173	0,94	224	1,00	284
1: 600	0,00167	0,69	76	0,72	91	0,75	107	0,78	125	0,82	145	0,85	166	0,90	215	0,96	272
1: 650	0,00154	0,66	73	0,69	87	0,72	103	0,75	120	0,78	139	0,81	160	0,87	206	0,92	261
1: 700	0,00143	0,64	70	0,67	84	0,70	99	0,73	116	0,76	134	0,78	154	0,84	199	0,89	252
1: 750	0,00133	0,62	68	0,65	81	0,67	96	0,70	112	0,73	129	0,76	149	0,81	192	0,86	243
1: 800	0,00125	0,60	66	0,63	79	0,65	93	0,68	108	0,71	125	0,73	144	0,78	186	0,83	235
1: 850	0,00117	0,58	64	0,61	76	0,63	90	0,66	105	0,69	121	0,71	140	0,76	180	0,81	228
1: 900	0,00111	0,56	62	0,59	74	0,62	87	0,64	102	0,67	118	0,69	136	0,74	175	0,79	222
1: 950	0,00105	0,55	60	0,57	72	0,60	84	0,62	99	0,65	115	0,67	132	0,72	171	0,76	216
1:1000	0,00100	0,53	59	0,56	70	0,58	83	0,61	97	0,63	112	0,66	129	0,70	166	0,75	211
1:1100	0,00091	0,51	56	0,53	67	0,56	79	0,58	92	0,60	107	0,63	123	0,67	159	0,71	201
1:1200	0,00083	0,49	54	0,51	64	0,53	76	0,56	88	0,58	102	0,60	117	0,64	152	0,68	192
1:1300	0,00077	0,47	52	0,49	62	0,51	73	0,53	85	0,55	98	0,57	113	0,61	146	0,65	185
1:1400	0,00071	0,45	50	0,47	59	0,49	70	0,51	82	0,53	95	0,55	109	0,59	141	0,63	178
1:1500	0,00066	0,44	48	0,46	57	0,48	68	0,50	79	0,52	91	0,54	105	0,57	136	0,61	172
1:1600	0,00062	0,42	47	0,44	56	0,46	65	0,48	76	0,50	89	0,52	102	0,55	132	0,59	166
1:1700	0,00059	0,41	45	0,43	54	0,45	64	0,47	74	0,49	86	0,50	99	0,54	128	0,57	161
1:1800	0,00056	0,40	44	0,42	52	0,44	62	0,45	72	0,47	84	0,49	96	0,52	124	0,56	157
1:1900	0,00053	0,39	43	0,41	51	0,42	60	0,44	70	0,46	81	0,48	93	0,51	121	0,54	153
1:2000	0,00050	0,38	42	0,40	50	0,41	59	0,43	68	0,45	79	0,46	91	0,50	118	0,53	149

V. Vollaufende Röhren von der Lichtweite d.

Profil / Gefälle		$d = 650$ mm		$d = 700$ mm		$d = 750$ mm		$d = 800$ mm		$d = 900$ mm		$d = 1000$ mm		$d = 1100$ mm		$d = 1200$ mm	
hältn.	J	v	Q	v	Q	v	Q	v	Q	v	Q	v	Q	v	Q	v	Q
10	0,10000	7,86	2610	8,28	3186	8,68	3835	9,06	4556	9,82	6249	10,55	8281	11,23	10667	11,92	13474
15	0,06667	6,42	2131	6,76	2602	7,09	3131	7,40	3718	8,02	5102	8,61	6762	9,17	8710	9,73	11002
20	0,05000	5,56	1845	5,86	2253	6,14	2711	6,41	3221	6,95	4419	7,46	5856	7,94	7543	8,43	9528
25	0,04000	4,97	1650	5,24	2015	5,49	2425	5,73	2881	6,21	3952	6,67	5238	7,10	6747	7,54	8522
30	0,03333	4,54	1507	4,78	1840	5,01	2214	5,23	2630	5,67	3608	6,09	4781	6,48	6159	6,88	7780
35	0,02857	4,20	1395	4,43	1703	4,64	2050	4,85	2435	5,25	3340	5,64	4427	6,00	5702	6,37	7203
40	0,02500	3,93	1305	4,14	1593	4,34	1917	4,53	2278	4,91	3125	5,27	4141	5,61	5334	5,96	6737
45	0,02222	3,71	1230	3,90	1502	4,09	1808	4,27	2148	4,63	2946	4,97	3904	5,29	5029	5,62	6352
50	0,02000	3,52	1167	3,70	1425	3,88	1715	4,05	2037	4,39	2795	4,72	3704	5,02	4770	5,33	6026
60	0,01667	3,21	1065	3,38	1301	3,54	1566	3,70	1860	4,01	2551	4,31	3381	4,58	4355	4,86	5501
70	0,01429	2,97	986	3,13	1204	3,28	1449	3,43	1722	3,71	2362	3,99	3130	4,24	4032	4,50	5093
80	0,01250	2,78	923	2,93	1127	3,07	1356	3,20	1611	3,47	2209	3,73	2928	3,97	3771	4,21	4764
90	0,01111	2,62	870	2,76	1062	2,89	1278	3,02	1519	3,27	2083	3,52	2760	3,74	3556	3,97	4492
100	0,01000	2,49	825	2,62	1008	2,75	1213	2,87	1441	3,11	1976	3,33	2619	3,55	3373	3,77	4261
125	0,00800	2,22	738	2,34	901	2,46	1085	2,56	1289	2,78	1768	2,98	2342	3,18	3017	3,37	3811
150	0,00667	2,03	674	2,14	823	2,24	990	2,34	1176	2,54	1614	2,72	2138	2,90	2754	3,08	3479
175	0,00571	1,88	624	1,98	762	2,08	917	2,17	1089	2,35	1494	2,52	1980	2,68	2550	2,85	3214
200	0,00500	1,76	584	1,85	713	1,94	857	2,03	1019	2,20	1397	2,36	1852	2,51	2385	2,66	3013
225	0,00444	1,66	550	1,75	672	1,83	808	1,91	960	2,07	1317	2,22	1746	2,37	2249	2,51	2841
250	0,00400	1,57	522	1,66	637	1,74	767	1,81	911	1,97	1250	2,11	1656	2,25	2133	2,38	2695
275	0,00364	1,50	498	1,58	608	1,66	731	1,73	869	1,87	1192	2,01	1579	2,14	2034	2,27	2570
300	0,00333	1,44	476	1,51	582	1,59	700	1,66	832	1,79	1141	1,93	1512	2,05	1948	2,18	2460
325	0,00308	1,38	458	1,45	559	1,52	673	1,59	799	1,72	1096	1,85	1453	1,97	1871	2,09	2364
350	0,00286	1,33	441	1,40	539	1,47	648	1,53	770	1,66	1056	1,78	1400	1,90	1803	2,01	2278
375	0,00267	1,28	426	1,35	520	1,42	626	1,48	744	1,60	1021	1,72	1352	1,83	1742	1,95	2200
400	0,00250	1,24	413	1,31	504	1,37	606	1,43	720	1,55	988	1,67	1309	1,78	1687	1,88	2131
425	0,00235	1,21	400	1,27	489	1,33	588	1,39	699	1,51	959	1,62	1270	1,72	1636	1,83	2067
450	0,00222	1,17	389	1,23	475	1,29	572	1,35	679	1,46	932	1,57	1235	1,67	1590	1,78	2009
475	0,00210	1,14	379	1,20	462	1,26	556	1,32	661	1,43	907	1,53	1202	1,63	1548	1,73	1955
500	0,00200	1,11	369	1,17	451	1,23	542	1,28	644	1,39	884	1,49	1171	1,59	1509	1,69	1906
550	0,00182	1,06	352	1,12	430	1,17	517	1,22	614	1,33	843	1,42	1117	1,51	1438	1,61	1817
600	0,00167	1,02	337	1,07	411	1,12	495	1,17	588	1,27	807	1,36	1069	1,45	1377	1,54	1740
650	0,00154	0,98	324	1,03	395	1,08	476	1,12	565	1,22	775	1,31	1027	1,39	1323	1,48	1671
700	0,00143	0,94	312	0,99	381	1,04	458	1,08	545	1,17	747	1,26	990	1,34	1275	1,42	1611
750	0,00133	0,91	301	0,96	368	1,00	443	1,05	526	1,13	722	1,22	956	1,30	1232	1,38	1556
800	0,00125	0,88	292	0,93	356	0,97	429	1,01	509	1,10	699	1,18	926	1,26	1193	1,33	1507
850	0,00117	0,85	283	0,90	346	0,94	416	0,98	494	1,07	678	1,14	898	1,22	1157	1,29	1462
900	0,00111	0,83	275	0,87	336	0,92	404	0,96	480	1,04	659	1,11	873	1,18	1124	1,26	1420
950	0,00105	0,81	268	0,85	327	0,89	393	0,93	467	1,01	641	1,08	850	1,15	1094	1,22	1385
1000	0,00100	0,79	261	0,83	319	0,87	384	0,91	456	0,98	625	1,06	828	1,12	1067	1,19	1348
1100	0,00091	0,75	249	0,79	304	0,83	366	0,86	434	0,94	596	1,01	790	1,07	1017	1,14	1285
1200	0,00083	0,72	238	0,76	291	0,79	350	0,83	416	0,90	571	0,96	756	1,03	974	1,09	1230
1300	0,00077	0,69	229	0,73	280	0,76	336	0,80	400	0,86	548	0,92	726	0,98	936	1,05	1182
1400	0,00071	0,67	221	0,70	269	0,73	324	0,77	385	0,83	528	0,89	700	0,95	902	1,01	1139
1500	0,00066	0,64	213	0,68	260	0,71	313	0,74	372	0,80	510	0,86	676	0,92	871	0,97	1100
1600	0,00062	0,62	206	0,66	252	0,69	303	0,72	360	0,78	494	0,83	655	0,89	843	0,94	1065
1700	0,00059	0,60	200	0,64	244	0,67	294	0,70	349	0,75	479	0,81	635	0,86	818	0,91	1033
1800	0,00056	0,59	195	0,62	238	0,65	286	0,68	340	0,73	466	0,79	617	0,84	795	0,89	1004
1900	0,00053	0,57	189	0,60	231	0,63	278	0,66	331	0,71	453	0,77	601	0,81	774	0,86	978
2000	0,00050	0,56	185	0,59	225	0,61	271	0,64	322	0,70	442	0,75	586	0,79	754	0,84	953

Tafel 7. (Für die Anwendung vgl. Aufgabe 28.)

Werte für das Verhältnis der Schleppkraftstärken $n = \frac{S}{S_0}$ bei verschiedenen Böschungswinkeln α. [1])

In nachstehender Tabelle bezeichnen:

α^0 = Böschungsneigungswinkel an einer Stelle, wo die Wassertiefe t m, die Schleppkraftstärke S kg/m² beträgt;

cotg $\alpha = m$ = Böschungsverhältnis;

t_0 und S_0 geben Wassertiefe und Schleppkraft an der wagrechten Sohle an;

ϱ = Grenzwinkel des Erdreichs über Wasser. Unter „Grenzwinkel" versteht man dabei jenen Winkel, unter dem eine freiliegende Böschung eben noch stehen bleibt.

Da $S : S_0 = t : t_0$, so ergibt sich für die Eckpunkte des gebrochenen Böschungslinienzuges

$$n = \frac{S}{S_0} = \frac{t}{t_0} = \frac{\sin\varrho - \sin\alpha}{\sin\varrho + \sin\alpha}.$$

ctg $\alpha = m$	α	sin α	für $\varrho = 90^0$ sin $\varrho = 1$ $n = \frac{t}{t_0} = \frac{S}{S_0}$	für $\varrho = 60^0$ sin $\varrho = 0{,}866$ $n = \frac{t}{t_0} = \frac{S}{S_0}$	für $\varrho = 45^0$ sin $\varrho = 0{,}707$ $n = \frac{t}{t_0} = \frac{S}{S_0}$
50	1° 10′	0,020	0,961	0,955	0,945
20	3°	0,052	0,902	0,886	0,863
10	5° 50′	0,102	0,815	0,790	0,748
5	11° 20′	0,197	0,671	0,630	0,564
3	18° 30′	0,317	0,518	0,464	0,381
2	26° 30′	0,446	0,384	0,320	0,226
1,5	33° 40′	0,554	0,287	0,220	0,121
1,25	38° 40′	0,625	0,231	0,162	0,061
1,0	45°	0,707	0,172	0,101	0,000
0,80	51° 20′	0,781	0,123	0,052	—
0,67	56° 20′	0,832	0,092	0,020	—
0,50	63° 30′	0,895	0,055	—	—
0,20	78° 40′	0,980	0,011	—	—

Tafel 8. (Für die Anwendung vgl. Aufgabe 29.)

Tabelle zur Berechnung der *Stau*kurven nach *Tolkmitt*.

Entfernung x vom Wehr, für welche der Aufstau noch z beträgt:

$$x = \frac{a}{J}\left[f\left(\frac{a+h}{a}\right) - f\left(\frac{a+z}{a}\right)\right],$$

Stauspiegelgefälle y von einem Punkt x m oberhalb des Wehres bis zu letzterem:

$$y = a\left[F\left(\frac{a+z}{a}\right) - F\left(\frac{a+h}{a}\right)\right]$$

[1]) Vgl. Handb. d. Ing.-Wiss. III, 6, Flußbau v. Kreuter, 4. Aufl., 1910, S. 19.

bei Vernachlässigung des Rückgewinns an lebendiger Kraft.

Dabei bedeuten: a = Wassertiefe im ungestauten Zustand, z = Zunahme der Wassertiefe a durch den Stau, h = Aufstau am Wehr (d. h. Zunahme der Wassertiefe am Wehr), J = Spiegelgefälle im ungestauten Zustand (meist gleich dem Sohlgefälle), vgl. Abb. 130 und 131.

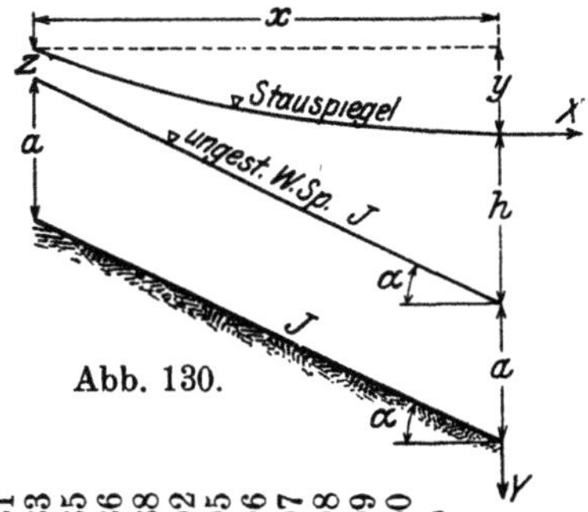

Abb. 130.

$\frac{a+h}{a}$, $\frac{a+z}{a}$	$F\left(\frac{a+h}{a}\right)$, $F\left(\frac{a+z}{a}\right)$	$f\left(\frac{a+h}{a}\right)$, $f\left(\frac{a+z}{a}\right)$	$\frac{a+h}{a}$, $\frac{a+z}{a}$	$F\left(\frac{a+h}{a}\right)$, $F\left(\frac{a+z}{a}\right)$	$f\left(\frac{a+h}{a}\right)$, $f\left(\frac{a+z}{a}\right)$	$\frac{a+h}{a}$, $\frac{a+z}{a}$	$F\left(\frac{a+h}{a}\right)$, $F\left(\frac{a+z}{a}\right)$	$f\left(\frac{a+h}{a}\right)$, $f\left(\frac{a+z}{a}\right)$	$\frac{a+h}{a}$, $\frac{a+z}{a}$	$F\left(\frac{a+h}{a}\right)$, $F\left(\frac{a+z}{a}\right)$	$f\left(\frac{a+h}{a}\right)$, $f\left(\frac{a+z}{a}\right)$
1,00	∞	− ∞	1,125	0,345	0,780	1,36	0,153	1,207	1,65	0,079	1,571
1,005	1,107	− 0,102	1,130	0,337	0,793	1,37	0,149	1,221	1,70	0,072	1,628
1,010	0,936	+ 0,074	1,135	0,329	0,806	1,38	0,145	1,235	1,75	0,065	1,685
1,015	0,836	+ 0,179	1,140	0,322	0,818	1,39	0,141	1,249	1,80	0,060	1,740
1,020	0,766	+ 0,254	1,150	0,308	0,842	1,40	0,138	1,262	1,85	0,055	1,795
1,025	0,712	0,313	1,160	0,295	0,865	1,41	0,134	1,276	1,90	0,050	1,850
1,030	0,668	0,362	1,170	0,283	0,887	1,42	0,131	1,289	2,00	0,043	1,957
1,035	0,632	0,403	1,180	0,272	0,908	1,43	0,128	1,302	2,10	0,037	2,063
1,040	0,600	0,440	1,190	0,262	0,928	1,44	0,125	1,315	2,20	0,032	2,168
1,045	0,572	0,473	1,200	0,252	0,948	1,45	0,122	1,328	2,30	0,028	2,272
1,050	0,548	0,502	1,210	0,243	0,967	1,46	0,119	1,341	2,40	0,024	2,376
1,055	0,526	0,529	1,220	0,235	0,985	1,47	0,116	1,354	2,50	0,022	2,478
1,060	0,506	0,554	1,230	0,227	1,003	1,48	0,113	1,367	2,60	0,019	2,581
1,065	0,487	0,578	1,240	0,219	1,021	1,49	0,111	1,379	2,70	0,017	2,683
1,070	0,471	0,599	1,250	0,212	1,038	1,50	0,108	1,392	2,80	0,015	2,785
1,075	0,455	0,620	1,260	0,205	1,055	1,51	0,106	1,404	2,90	0,014	2,886
1,080	0,441	0,639	1,270	0,199	1,071	1,52	0,103	1,417	3,00	0,012	2,988
1,085	0,428	0,657	1,280	0,193	1,087	1,53	0,101	1,429	3,50	0,008	3,492
1,090	0,415	0,675	1,290	0,187	1,103	1,54	0,099	1,441	4,00	0,005	3,995
1,095	0,403	0,692	1,300	0,181	1,119	1,55	0,097	1,453	4,50	0,004	4,496
1,100	0,392	0,708	1,310	0,176	1,134	1,56	0,094	1,466	5,00	0,003	4,997
1,105	0,382	0,723	1,320	0,171	1,149	1,57	0,093	1,477	6,00	0,002	5,998
1,110	0,372	0,738	1,330	0,166	1,164	1,58	0,091	1,489	8,00	0,001	7,999
1,115	0,362	0,753	1,340	0,162	1,178	1,59	0,089	1,501	10,00	0	10,000
1,120	0,353	0,767	1,350	0,157	1,193	1,60	0,087	1,513	∞	0	∞

Tafel 9.

Tabelle zur Berechnung der *Senkungs*kurven nach *Tolkmitt*.

Unter Bezugnahme auf die Bezeichnungen in Abb. 132 gilt:

$$x = \frac{a}{J}\left[f\left(\frac{a-z}{a}\right) - f\left(\frac{a-h}{a}\right)\right] - \frac{\alpha \cdot J \cdot c^2}{g}\left[F\left(\frac{a-z}{a}\right) - F\left(\frac{a-h}{a}\right)\right]$$

$$y = a\left(1 - \frac{\alpha \cdot J \cdot c^2}{g}\right)\left[F\left(\frac{a-z}{a}\right) - F\left(\frac{a-h}{a}\right)\right] \quad (\alpha = 1{,}0 \text{ bis } 1{,}1^{1)}).$$

$\frac{a-h}{a}$, $\frac{a-z}{a}$	$F\left(\frac{a-h}{a}\right)$, $F\left(\frac{a-z}{a}\right)$	$f\left(\frac{a-h}{a}\right)$, $f\left(\frac{a-z}{a}\right)$	$\frac{a-h}{a}$, $\frac{a-z}{a}$	$F\left(\frac{a-h}{a}\right)$, $F\left(\frac{a-z}{a}\right)$	$f\left(\frac{a-h}{a}\right)$, $f\left(\frac{a-z}{a}\right)$	$\frac{a-h}{a}$, $\frac{a-z}{a}$	$F\left(\frac{a-h}{a}\right)$, $F\left(\frac{a-z}{a}\right)$	$f\left(\frac{a-h}{a}\right)$, $f\left(\frac{a-z}{a}\right)$	$\frac{a-h}{a}$, $\frac{a-z}{a}$	$F\left(\frac{a-h}{a}\right)$, $F\left(\frac{a-z}{a}\right)$	$f\left(\frac{a-h}{a}\right)$, $f\left(\frac{a-z}{a}\right)$
1,000	∞	∞	0,905	1,118	0,213	0,76	0,823	0,063	0,57	0,583	0,013
0,995	1,889	0,894	0,900	1,103	0,203	0,75	0,808	0,058	0,56	0,572	0,012
0,990	1,714	0,724	0,895	1,089	0,194	0,74	0,794	0,054	0,55	0,561	0,011
0,985	1,610	0,625	0,890	1,075	0,185	0.73	0,780	0,050	0,54	0,550	0,010
0,980	1,536	0,556	0,885	1,062	0,177	0,72	0,766	0,046	0,53	0,539	0,009
0,975	1,479	0,504	0,880	1,049	0,169	0,71	0,752	0,042	0,52	0,528	0,008
0,970	1,431	0,461	0,875	1,037	0,162	0,70	0,739	0,039	0,51	0,517	0,007
0,965	1,391	0,426	0,870	1,025	0,155	0,69	0,726	0,036	0,50	0,506	0,006
0,960	1,355	0,395	0,865	1,013	0,148	0,68	0,713	0,033	0,475	0,480	0,005
0,955	1,324	0,369	0,860	1,002	0,142	0,67	0,701	0,031	0,450	0,454	0,004
0,950	1,296	0,346	0,850	0,980	0,130	0,66	0,688	0,028	0,425	0,428	0,003
0,945	1,270	0,325	0,840	0,960	0,120	0,65	0,676	0,026	0,400	0,402	0,002
0,940	1,246	0,306	0,830	0,940	0,110	0,64	0,664	0,024	0,350	0,351	0,001
0,935	1,224	0,289	0,820	0,922	0,102	0,63	0,652	0,022	0,300	0,300	0,000
0,930	1,204	0,274	0,810	0,904	0,094	0,62	0,640	0,020	0,200	0,200	—
0,925	1,185	0,260	0,800	0,887	0,087	0,61	0,628	0,018	0,100	0,100	—
0,920	1,166	0,246	0,790	0,870	0,080	0,60	0,617	0,017	0	0	—
0,915	1,149	0,243	0,780	0,854	0,074	0,59	0,606	0,016			
0,910	1,139	0,223	0,770	0,838	0,068	0,58	0,594	0,014			

1) Vgl. Fußnote S. 201 zu Aufgabe 29.

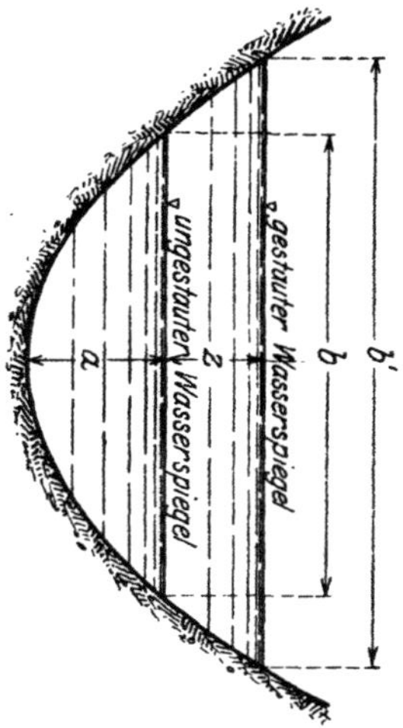

Abb. 131.

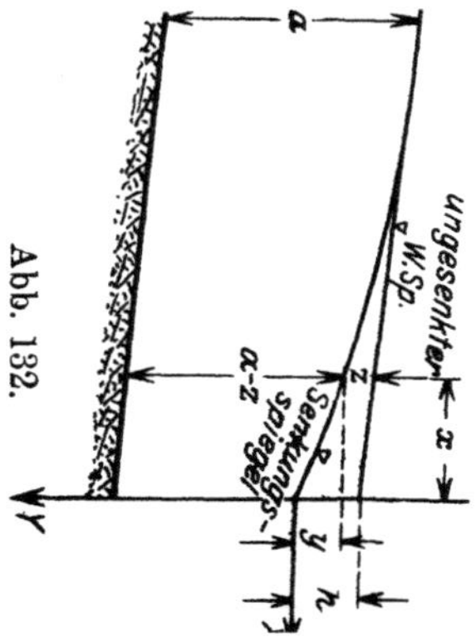

Abb. 132.

Tafel 10 (für die Anwendung vgl. Aufgabe 29).

Tabelle zur Berechnung der *Stau*kurven nach *Rühlmann*.

Wenn die Wassertiefe für den ungestauten Zustand $a = t$ gesetzt wird, sonst aber die in der Tolkmittschen Formel verwendeten Bezeichnungen (vgl. Tafel 8) beibehalten werden, dann gilt für die Entfernung x vom Wehr:

$$x = \frac{t}{J}\left[\varphi\left(\frac{h}{t}\right) - \varphi\left(\frac{z}{t}\right)\right].$$

$\frac{h}{t}$, $\frac{z}{t}$	$\varphi\left(\frac{h}{t}\right)$, $\varphi\left(\frac{z}{t}\right)$	Δ	$\frac{h}{t}$, $\frac{z}{t}$	$\varphi\left(\frac{h}{t}\right)$, $\varphi\left(\frac{z}{t}\right)$	Δ	$\frac{h}{t}$, $\frac{z}{t}$	$\varphi\left(\frac{h}{t}\right)$, $\varphi\left(\frac{z}{t}\right)$	Δ	$\frac{h}{t}$, $\frac{z}{t}$	$\varphi\left(\frac{h}{t}\right)$, $\varphi\left(\frac{z}{t}\right)$	Δ
0,01	0,0067	0,2377	0,28	1,3054	0,0189	0,60	1,7980	0,0263	1,70	3,0458	0,1050
0,02	0,2444	0,1419	0,29	1,3243	0,0185	0,62	1,8243	0,0260	1,80	3,1508	0,1045
0,03	0,3863	0,1026	0,30	1,3428	0,0182	0,64	1,8503	0,0257	1,90	3,2553	0,1041
0,04	0,4889	0,0812	0,31	1,3610	0,0179	0,66	1,8760	0,0254	2,00	3,3594	0,1037
0,05	0,5701	0,0675	0,32	1,3789	0,0175	0,68	1,9014	0,0252	2,10	3,4631	0,1033
0,06	0,6376	0,0582	0,33	1,3964	0,0172	0,70	1,9266	0,0251	2,20	3,5664	0,1030
0,07	0,6958	0,0524	0,34	1,4136	0,0170	0,72	1,9517	0,0248	2,30	3,6694	0,1026
0,08	0,7482	0,0451	0,35	1,4306	0,0167	0,74	1,9765	0,0245	2,40	3,7720	0,1025
0,09	0,7933	0,0420	0,36	1,4473	0,0165	0,76	2,0010	0,0244	2,50	3,8745	0,1023
0,10	0,8353	0,0386	0,37	1,4638	0,0163	0,78	2,0254	0,0241	2,60	3,9768	0,1021
0,11	0,8789	0,0359	0,38	1,4801	0,0161	0,80	2,0495	0,0240	2,70	4,0789	0,1019
0,12	0,9098	0,0336	0,39	1,4962	0,0157	0,82	2,0735	0,0240	2,80	4,1808	0,1018
0,13	0,9434	0,0317	0,40	1,5119	0,0156	0,84	2,0975	0,0238	2,90	4,2826	0,1017
0,14	0,9751	0,0300	0,41	1,5275	0,0155	0,86	2,1213	0,0236	3,00	4,3843	1,0115
0,15	1,0051	0,0284	0,42	1,5430	0,0153	0,88	2,1449	0,0234	4,00	5,3958	1,0062
0,16	1,0335	0,0273	0,43	1,5583	0,0151	0,90	2,1683	0,0233	5,00	6,4020	1,0036
0,17	1,0608	0,0261	0,44	1,5734	0,0150	0,92	2,1916	0,0232	6,00	7,4056	2,0041
0,18	1,0869	0,0250	0,45	1,5884	0,0148	0,94	2,2148	0,0232	8,00	9,4097	2,0023
0,19	1,1119	0,0242	0,46	1,6032	0,0147	0,96	2,2380	0,0231	10,00	11,412	5,002
0,20	1,1361	0,0234	0,47	1,6179	0,0145	0,98	2,2611	0,0228	15,00	16,414	5,001
0,21	1,1595	0,0226	0,48	1,6324	0,0144	1,00	2,2839	0,1132	20,00	21,415	10,000
0,22	1,1821	0,0219	0,49	1,6468	0,0143	1,10	2,3971	0,1113	30,00	31,415	20,001
0,23	1,2040	0,0214	0,50	1,6611	0,0282	1,20	2,5084	0,1095	50,00	51,416	50,004
0,24	1,2254	0,0207	0,52	1,6893	0,0277	1,30	2,6179	0,1085	100,00	101,420	
0,25	1,2461	0,0203	0,54	1,7170	0,0274	1,40	2,7264	0,1073			
0,26	1,2664	0,0197	0,56	1,7444	0,0270	1,50	2,8337	0,1064			
0,27	1,2861	0,0193	0,58	1,7714	0,0266	1,60	2,9401	0,1057			

Tafel 11.

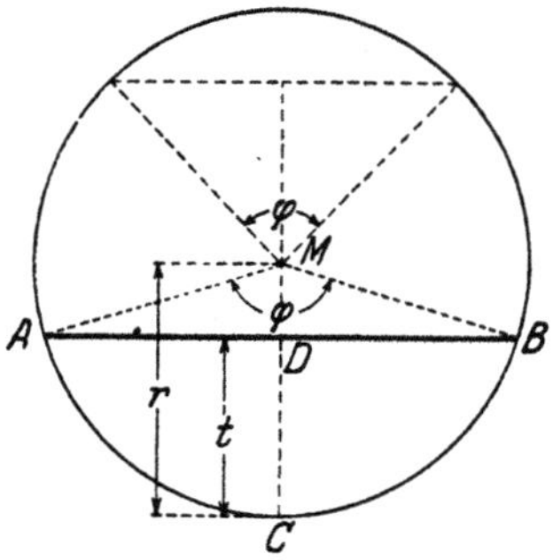

Abb. 133. Beziehung zwischen Rohrhalbmesser r, Fülltiefe t, F und R.

$\overline{CD}$ = Fülltiefe t;

$$t = r - \overline{MD} = r - r \cdot \cos\frac{\varphi^0}{2} =$$

$$= r\left(1 - \cos\frac{\varphi^0}{2}\right) = r \cdot \alpha .$$

Wasserquerschnitt für die Fülltiefe t:

$$F = \frac{r^2}{2}(\varphi - \sin\varphi^0);$$

benetzter Umfang

$$p = r \cdot \varphi ;$$

hydraulischer Radius

$$R = \frac{F}{p} = \frac{r}{2}\left(1 - \frac{\sin\varphi^0}{\varphi}\right)$$

$$\frac{R}{r} = \frac{1}{2} \cdot \left(1 - \frac{\sin\varphi^0}{\varphi}\right) \quad \text{und} \quad \frac{F}{r^2} = \frac{1}{2}(\varphi - \sin\varphi^0).$$

Jedem Werte $\alpha = \frac{t}{r}$, wobei $\alpha \leqq 2{,}0$, da $t \leqq 2 \cdot r$, entspricht nun ein bestimmter Wert φ, $\frac{F}{r^2}$ und $\frac{R}{r}$. Nebenstehende Tafel 11 gibt diese Beziehungen von $\alpha = 0$ bis $\alpha = 1{,}9$. Über die praktische Verwendung der Tafel vergleiche Aufgabe 32 dieser Sammlung.

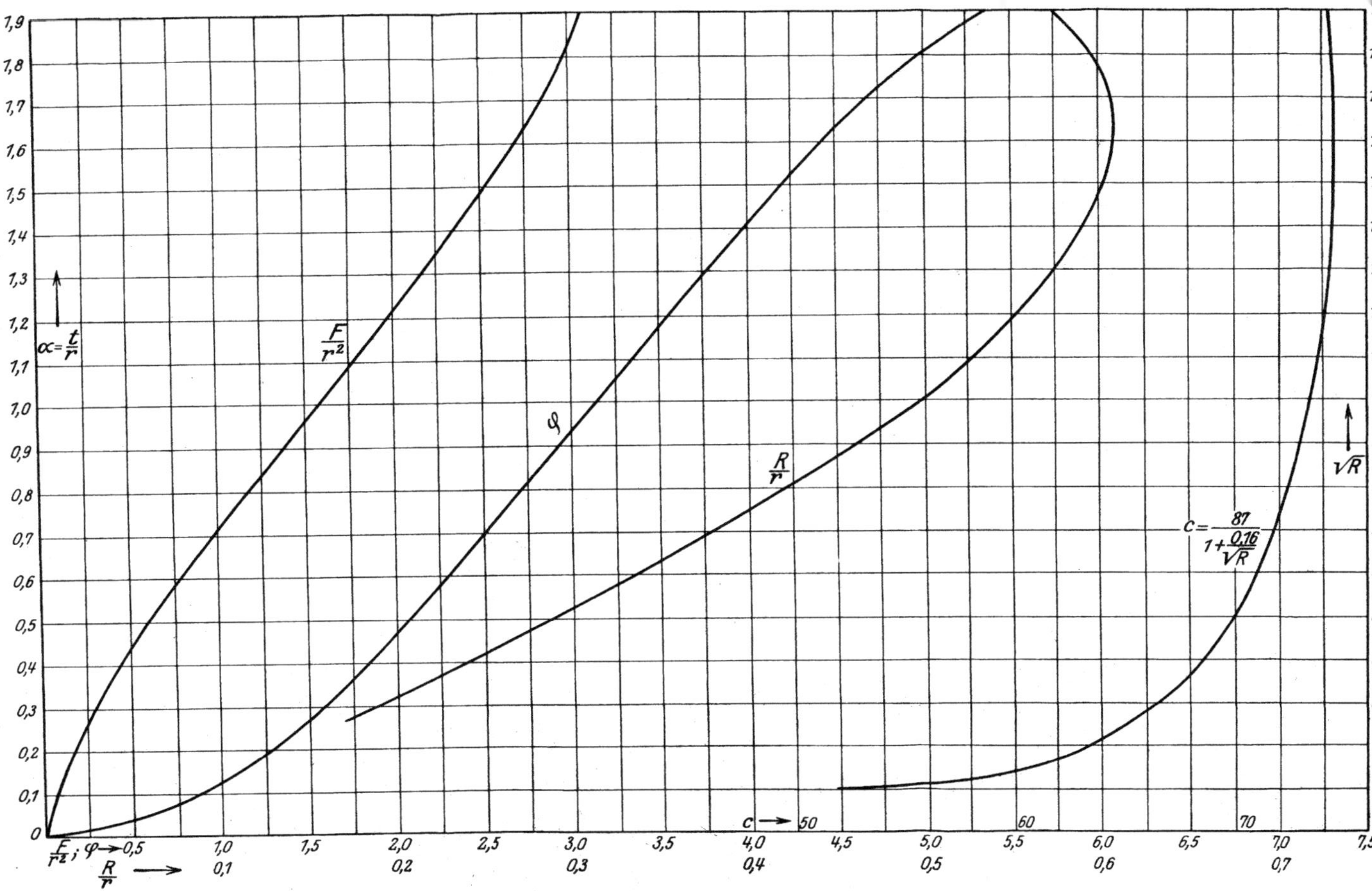

Streck, Aufgaben.

Verlag von Julius Springer in Berlin.

GPSR Compliance

The European Union's (EU) General Product Safety Regulation (GPSR) is a set of rules that requires consumer products to be safe and our obligations to ensure this.

If you have any concerns about our products, you can contact us on ProductSafety@springernature.com

In case Publisher is established outside the EU, the EU authorized representative is:

Springer Nature Customer Service Center GmbH
Europaplatz 3
69115 Heidelberg, Germany

Batch number: 10682427

Printed by Printforce, the Netherlands